U0213235

本书为北京市社会科学基金重大项目
《北京专史集成》（第三辑）成果

北 京 专 史 集 成

主 编 王 岗

北京园林史

本书主编 董 焱

人 民 出 版 社

《北京专史集成》课题组成员

总 顾 问： 王学勤

总 策 划： 周 航

主　　编： 王 岗

特聘学术顾问（以姓氏笔划为序）：

陈高华　陈祖武　林甘泉　曹子西

蔡美彪　戴 逸

名誉顾问： 崔新建

执行策划： 王 岗　吴文涛　刘仲华　王建伟　章永俊

编委会主任： 李宝臣

编　　委： 王 玲　尹钧科　阎崇年　王灿炽　吴建雍

于德源　李宝臣　孙冬虎　袁 熹　王 岗

吴文涛　郑永华　刘仲华　王建伟

分卷主编：（见各卷）

课题组成员： 王 岗　尹钧科　吴建雍　于德源　李宝臣

袁 熹　邓亦兵　孙冬虎　吴文涛　郑永华

刘仲华　张雅晶　赵雅丽　章永俊　何岩巍

许 辉　张艳丽　董 焱　王建伟　程尔奇

高富美　靳 宝　陈清茹

课题组特邀成员（以姓氏笔划为序）：

马建农　邓瑞全　李建平　宋大川

宋卫忠　杨共乐　赵志强　郗志群

姚 安　黄兴涛　韩 朴　谭烈飞

丛书主编：王　岗
本书主编：董　焱

本书撰稿人员（以姓氏笔划排序）

王　岗　王建伟　刘仲华　郑永华
赵雅丽　董　焱　靳　宝

编写说明

2006年，历史所在北京市社科院领导的大力支持下，《北京专史集成》将作为院内重大课题立项。10年来已经出版了15部专著。这些专著是在全所同事的共同努力和所外专家的大力支持下下陆续编写、出版的，并得到了从事北京史研究同行们的认可。

2014年我们将已经出版的12部专史编为“第一辑”，又确定了《北京专史集成》第二辑新的12部专史书目，并得到了北京市哲学社会科学规划办公室领导的大力支持，再次把《北京专史集成》第二辑列为北京市哲学社会科学重点课题，我们在此深表感谢。同样，《北京专史集成》第二辑的出版也得到了人民出版社的领导和负责编辑工作的专家们的大力支持。我们在此也深表感谢。

在《北京专史集成》课题立项之后，我们特别聘请了一批著名历史学家作为课题的学术顾问，他们为专史第一辑的撰写工作提出了很多宝贵的意见，我们在此表示深深的敬意与感激。在专史第一辑的撰写过程中，有些著名专家因年事已高而辞世，我们在此也深表悼念之情。学术研究是全社会的事情，这些年事已高的著名专家在学术上的无私帮助给我们今后的研究工作树立了榜样，激励着我们做好专史第二辑的研究工作。我们相信，在院领导的大力支持下，在著名历史学家们的无私帮助下，在出版社领导和责编的积极配合下，特别是在全所科研人员的共同努力下，北京专史第二辑的编写和出版工作一定会顺利完成。

王岗　于2019年5月

前　言

园林是什么？是人类对自身生存环境的美化过程。帝王为了生存在美好的环境中，可以建造一座规模宏大的皇家园林；而百姓为了美好的环境，也可以在窗前屋后栽种一些喜爱的花草。这都是人们对生活美的追求。在中国古代，就连僧人们建造寺庙，也要选择在风光秀丽的名山大川之上，故而有所谓“天下名山僧占多”之谚，这也是对生存环境的一种美好追求。

在中国古代，人们建造的园林规模大小不同，所需要付出的成本多少也就不同。帝王为了建造皇家园林，堆石成山，挖土为湖，修建亭台楼阁，遍寻天下奇花异草，付出了巨额的人力物力。官绅士大夫为了建造私家园林，也不惜成本，精心设计，聘请能工巧匠，因地布景，追求完美。这些历代建造的皇家与私家园林，皆是中国古代园林艺术的杰出代表。

近现代以来，随着公共社会空间的不断发展，园林也不再是私有财产。清王朝灭亡后，许多皇家园林、坛庙陆续向公众开放，变成了著名的公园。许多私家园林、名胜古迹和郊游胜地也被开辟为公园，成为供更多人享用的自然与文化空间。特别是在近几十年来，人们在各个城市里面一些条件较好的地方，还修建有一批街头或街心公园。

在当代的中国，随着社会迅速发展，“乡村城市化”变成了一种发展趋势，更多的人脱离乡村，走向城市。当生活在茅屋里的人们来到马路宽阔、高楼林立的城市中，自然会被工业化的庞大场面所震撼，这种城市景观的“美”，是乡村无法与之相比的，也是园林景观中所没有的。

而在城市的生活中，人们逐渐远离了大自然环境，在他们眼中，已经很少见到绿水青山了。“城市化”的过程，也就是消灭大自然原生状态的过程。青山变成了荒山，绿水变成了污水，人们在城市中创造了更多的财富，有了金山银山，却失去了绿水青山。这个过程，在人类不断进化的过程中，是各发达国家曾经普遍存在的现象。

但是，当人类社会再进一步进化之后，人们开始有了更高的生活追求。在高楼林立已经成为普遍现象的时候，在人们远离大自然原生的绿水青山之后，回归大自然的追求变得越来越强烈。这时的人们，不仅要回归大自然，而且要在城市里面再造大自然，于是，城市园林化开始成为人们努力追求的目标。

今天，城市里的公园已经不少了，有了较为优美的自然环境。但是，在这里还是有着浓郁的城市生活氛围，人们仍然无法做到全身心的放松下来。因此，在北、上、广等一线城市中，假期的“乡村郊野游”渐成风尚，这是人们追求回归大自然的一种具体表现，也是人们需要远离城市喧嚣的一种精神体现。

“采菊东篱下，悠然见南山”。作者讲的并不是园林，却有着深刻的园林文化意境。人们不论是否身处园林之中，只要有这样一种意境，身边的一花一草也就是最好的园林景观了。即使是身在最美的园林之中，而心中仍然不能放下身边的烦心事，又怎么能去真正体会园林的美好景致呢！人们追求园林的过程，也就是在追求身心放松的过程。

王岗

2019 年 5 月

目　录

概　述

在北京历史文化发展的漫长历程中，园林文化以往很少引起人们的关注。因为在大多数人的意识中，园林只是一个休闲的场所，而休闲又只能是人们工作之余的事情，无足轻重。然而，随着人类社会的不断发展，人们生活水准的不断提高，对于园林文化的认识也在不断发生变化。故而对于北京园林史、乃至于中国园林史就有了重新加以审视的必要。

中国古代园林的出现及发展始于先秦时期，到汉唐时期渐趋于兴盛，而在宋元明清时期臻于极盛。这是大致的发展脉络。而北京地区的园林也是出现在先秦时期，但是在此后的很长一段时间没有进一步的发展。直到金海陵王营建中都城之后，才开始建造初具规模的皇家园林，此后的金世宗、金章宗又进一步完善了皇家园林体系。这时北京园林的发展，逐渐与全国其他主要城市园林的发展保持了同步的水准。

从元代开始，北京成为全国的政治和文化中心，园林文化的发展也趋于兴盛。元代的皇家园林大致承袭了金代的规模，而私家园林的发展有了长足的进步。到了明代，不论是皇家园林还是私家园林，其发展规模都超过了元代。而到了清代，北京的园林发展吸取全国乃至世界其他国家园林文化之特长，达到了中国古代园林文化的最高峰。特别是皇家园林的大规模建造，更是创造了人类园林文化的罕见奇迹，堪与万里长城、京杭大运河相媲美。

清朝灭亡之后，北京地区陆续出现了一些现代意义的公园，使北京园林史的发展进入了一个新的阶段。但是，因为北京地区一直处于政治动荡的局势中，北洋军阀政府、民国政府、日本占领时期带来的民不聊生的状况，导致公园的发展也出现停滞不前的状况。新中国建立之后，在党和政府的大力关注和支持下，北京的公园出现了飞跃发展，成为全国公园系统最为完备的大都会。

改革开放以来，北京的公园又有了进一步的发展，出现了许多供广大市民休闲娱乐的新型公园，有些新建的街头公园、小区公园等，更是成为人们日常生活中不可缺少的活动场所。回顾几千年来北京园林的发展历程，不难看出，北京的园林发展史与整个城市的发展史是密切联系在一起的，北京的园林，就是北京城市的一个重要组成部分，而北京的园林文化则是北京历史文化的一个重要组成部分。

第一节　北京园林的发展概况

北京园林是中国园林的一个重要组成部分，而中国园林的发展，始于皇家园林。皇帝（秦代以前称“王”）的权力至高无上，权力的表现之一就是超越普通人的创造能力，即当时当地人们集体能力的实现。许多私人不敢想、也不可能实现的事情，在帝王看来是完全可以实现的，皇家园林的产生就是最好的例证。

帝王为什么要修建园林？从原则上来讲，“溥天之下，莫非王土”[(1)]，天下的山川美景都是属于帝王的，他们想去哪里就可以去哪里，是不用修建园林的。但是，事实上并不如此，帝王在很多情况下只能在一个地方活动，这个地方就是都城。而都城在政治上是最安全的地方，却不一定就会有山川美景。于是，帝王就要在都城修建皇家园林，建造一处或多处他们想要去的最美的地方。

天下哪里的景色最美，山南海北，各有各的特点，江南的水乡、北方的草原，遍布各地的名山大川，皆有独自的魅力。但是，最美的景色是在传说中的仙境，而不是世上的自然环境。人们在夸赞自然环境的美景时，往往把它们比喻为传说中神仙们生活的地方。因此，帝王在修建皇家园林时，也往往依照传说中仙境的模式来施工。而建造完成的皇家园林中的许多景物，如山水、楼台等，也就会冠以传说中的名称。

现在见于历史文献记载的皇家园林主要有：“周灵囿　汉上林苑　甘泉苑　御宿苑　思贤苑　博望苑　西郊苑　二十六苑　乐游苑　宣春下苑　梨园”[(2)]“周灵沼　汉昆明池　镐池　沧池　太液池　唐中泓　百子池　十池（在十林苑）　饮飞外池　秦酒池　影娥池　琳池　鹤池　冰池”[(3)]。这些皇家园林，显然各有各的美景，遍布在都城内外。

至于园中景物的名称，也大多见于历史文献的记载。如唐代的《初学记》引《三秦记》曰："秦始皇作长池，张渭水东西二百里，南北二十里，筑土为蓬莱山，刻石为鲸鱼，长二百丈。……穆天子西征，有玄池、瑶池、乐池，与西王母宴所。汉有建章宫、太液池，中筑方丈瀛洲，象海中神山。"(4)书中的"蓬莱山"、"太液池"、"瀛洲"等，就都是传说中仙境里面的景物。这些名称，如太液池、昆明湖（汉代称"昆明池"）等，则一直被皇家园林所沿用。

显然，中国古代皇家园林文化的内涵来源之一，是远古时期的神仙传说。而由此产生的功能，则是供帝王们的物质与精神的双重享受。每当帝王们游览在皇家园林之中时，就会产生一种飘飘欲仙的感觉，这种感觉是非常愉快的。此外，有些希望长生不老的皇帝，还想用这种如仙境般的园林来吸引天上的神仙下凡，与自己约会，并且传授给自己一些长生不老之术。但是，这种幻想是永远都不能实现的。

在古代的历史文献中，皇家园林又是帝王管理国家、处理政务的地方。在皇家园林里面，往往修建有高大的台子，"按《山海经》有轩辕台、（《山海经》曰：西王母之山，有轩辕台。射者不敢西向，畏轩辕之台。）帝尧台、帝舜台，（在昆仑山东北。）其后夏有璇台、钧台，（《归藏》曰：夏后启筮享神于晋之墟，为作璇台。又曰：享神于大陵而上钧台。）殷有鹿台、（《尚书》曰：散鹿台之财。《史记》曰：纣厚赋以实鹿台。）南单台，（晋《束晰汲冢书抄》云：周武王亲禽受于南单之台。）周有灵台、（《淮南子》云：文王筑灵台。）重璧台。（见《穆天子传》。）秦有章台、（见《史记》。）凤皇台、（见《列仙传》。）望海台、（见《齐地记》。）琅邪台、（《史记》云：始皇作琅邪台，刻石颂德。）汉有柏梁台、渐台、（武帝作。）神明台、八风台、思子台。（并见《汉书》。）"(5)这些高台，是皇家园林中的重要景观。

但是，这些高台并不仅仅是出于娱乐观赏风景的需要，最初也有处理政务的功能。"又《五经异义》曰：天子有三台：灵台以观天文，时台以观四时、施化，囿台以观鸟兽鱼鳖。诸侯卑，不得观天文，无灵台。但有时台、囿台也。"(6)这"三台"的功能各不相同，如灵台，应该发展成为后来的天文台，是观测天象变化、以制定历法的地方。时台后世已不多见，囿台则是皇家园林中的高台。因为在古代的皇家园林中饲养着一些鸟兽，因此可以通过观察鸟兽的生活而了解它们的四时变化。"观四时"和"观鸟兽鱼鳖"，都是帝王们制订各项政策的依据。

这种出于处理政务需要的皇家园林文化内涵，一直延续到明清时期。如明代嘉靖皇帝在西园（今北海公园）中建有帝社坛、帝稷坛，以及先蚕坛等文化设施。又如清代康熙、雍正、乾隆诸帝在三山五园中设置的众多殿、阁、楼、台中，皆有与治理国家相关的文化内容，而许多重要的国家政务，也是在这些皇家园林里面加以决策的。当然，有时皇家园林中的设施与先秦时期是大致相同的，而文化内涵却是不同的。如元代和明代的皇家园林中，都设置有豢养禽兽的地方，即元代的灵圃和明代的豹房，但是帝王们已经不是用它来观察鸟兽的四时变化，而仅仅是一种娱乐享受。

北京的皇家园林，在各个不同历史时期的文化内涵是有所不同的。最初建造的皇家园林始于金代，在海陵王扩建中都城时，即模仿宋朝皇家园林的模式而在金中都城建造了西苑等皇家园林，这种模仿的痕迹是非常明显的，不仅许多园林建筑的名称与宋朝是一样的，就连园林自身的名称（如“同乐园”）也是相同的。甚至园林中的一些建筑材料，以及假山、奇石等，也是从开封运到金中都来的。对宋朝皇家园林的模仿，在文化内涵上虽然没有新的突破，却使得这里的皇家园林建造从一开始就处于较高的发展层面。此后，随着朝代的更替和城市的变迁，金朝的西苑、南苑等皇家园林我们已经见不到了，但是，从留下的北苑（今北海公园的前身）山水，我们可以领略到金代皇家园林发展的大致状况。

到了元代，皇家园林的发展出现了一些文化上的变化，带来了更多游牧文化的特色。其特色之一，是把宫殿与园林融为一体。在元代之前，皇家园林往往是与宫殿分开的，形成两个完全不同的功能区。到元世祖营建大都城（今北京）时，是以金代的北苑为中心来建造皇城的，皇宫正殿建造在太液池东岸，皇太子的东宫建造在太液池西岸。此后，元武宗即位后，又在太液池西岸为皇太后建造一组宫殿，形成宫殿环湖的格局，使得宫殿与园林合而为一。两个单一的功能区合并为一个综合功能区，成为新的皇家园林模式。

其特色之二，是把园林变成了射猎场所。早在辽代，契丹统治者就习惯于四季射猎的活动，并在辽南京（今北京）的延芳淀设置有“捺钵”，所谓“秋冬违寒，春夏避暑，随水草就畋渔，岁以为常。四时各有行在之所，谓之‘捺钵’。”(7)对于辽朝帝王在这里举行射猎活动，史称：“辽每季春，弋猎于延芳淀，居民成邑，就城故漷阴镇，后改为县。在京东南九十里。延芳淀方数百里，春时鹅鹜所聚，夏秋多菱芡。国主春猎，卫士皆衣墨绿，各持连锤、鹰食、刺鹅锥，列水次，相去五七步。上风击鼓，惊鹅稍离水面。国主亲放海东青鹘擒之。鹅坠，恐鹘力不胜，在列者以佩锥刺鹅，急取其脑饲鹘。得头鹅者，例赏银绢。”[8]

这处皇家游猎的场所到了金代已经被废弃不用了，但是到了元代，再次成为皇家园林，而且地位更加重要，成为元朝帝王每年春天必去的游猎场所，称柳林行宫。随同游猎的有满朝大臣，以及重要的外国首领及使节。安南（今越南一带）国王陈益稷就曾随同元世祖在柳林狩猎，并做诗《驾畋柳林随侍》一首曰：

仙仗平明拥翠华，景阳钟发海东霞。
千官捧日临春殿，万骑屯云动晓沙。
白鹞鞲翻山雾薄，黄龙旗拂柳风斜。
太平气象民同乐，南北梯航共一家。[9]

生动描述了元代帝王在柳林行宫举行狩猎活动的壮观场面。

据此可知，在元大都地区的皇家园林已经有了不同功能的分别，城内的太液池作为皇城的主要景观是与帝王的日常生活密切相关的。而城郊的柳林行宫则是为帝王狩猎活动提供最佳环境的场所。这里是一大片（方圆数百里地）北方湿地，每年春天都会有大量的候鸟聚集到这里，从而成为元朝帝王猎杀的主要对象。这两处园林也显示出了不同的文化内涵，太液池与琼华岛这处园林是对金朝和宋朝园林的继承，带有更多农耕文化的特色。而柳林行宫则是对辽代行宫园林的继承，带有更多游牧文化的特色。

到了明代，洪武年间定都南京，元大都的皇家宫殿与园林遭到严重毁坏，但是太液池中的水和琼华岛上的山却得到了保留。因此，当明成祖发动“靖难之役”夺得皇权，并重新营建北京城的时候，皇家园林的建设也就成为一项重要内容。一方面，是对原有的皇家园林加以恢复和扩建；另一方面，则是新建皇家园林。就第一方面而言，明朝把宫殿整个建造在太液池东岸，而不是环绕太液池建造，从而把宫殿与园林截然分开，宫殿群称紫禁城，皇家园林称西苑。从而恢复了宋代和金代在宫殿与园林格局方面的基本模式。

就第二方面而言，明朝帝王在新建的紫禁城北部，又建造有御花园。在紫禁城的东边又建造有东苑，而在北京城的南郊则建造有南苑，并且把元代的柳林行宫废弃。在御花园北面的煤山，基本上保留了元代的状况，没有进一步的发展，也没有废弃。经过明代改建后的北京皇家园林，基本上丧失了游牧文化的特色，而进一步发展了农耕文化的园林特色。只有城郊的南苑是比较适合狩猎的场所，而明朝帝王却很少到那里去，形同虚设。

到了清代，在皇家园林的发展中达到了中国古代历史的最高峰。一方面，是在承德修建了避暑山庄，这是模仿元代每年前往上都避暑的模式。另一方面，则是在北京西郊建造了一组规模庞大的皇家园林，被后人称为“三山五园”。在这组皇家园林中的每一个单体园林，又是由几十个不同风格的园中园所组成，并且有了十分明确的文化主题，最具代表性的，就是所谓的“圆明园四十景”。这些文化主题，有些是吸收自江南的园林文化，但更多的，则是体现了皇家文化的磅礴大气，是任何一个中国古代的私家园林皆无法与之相比的。

在清代西郊的皇家园林中，有些是独自发展起来的，有些则是利用了前代私家园林、寺庙园林的遗址，并且以这些遗址为基础建造起来的。例如康熙年间建造的畅春园，就是在明代皇亲李伟的私家园林清华园和明代士大夫米万钟的私家园林勺园的基址上重建的。又如建造于京西香山的静宜园，乾隆帝御制有二十八景，其中如璎珞岩、青未了、蟾蜍峰、听法松、来青轩等景致，皆为金元以来香山寺园林景区内的著名景点。

在北京地区，与皇家园林相比，私家园林的文化内涵是有所不同的。修建私家园林的大致可以分为两类人，一类是皇亲国戚、达官贵人，另一类则是文人士大夫。这两类人由于社会地位的不同，而使得修建的私家园林所反映出来的文化内涵也就完全不同。前者修建私家园林，一是出于自身的享乐需求，二是出于身份、财富的炫耀，是个人虚荣心的表现。而后者修建私家园林，一是出于自身修养的需要，二是希望脱离尘世心态的表现。如果用简单的一句话加以概括，两种文化内涵不同的私家园林的本质区别就是“雅”与“俗”的差异。

在元代以前，由于辽金文献的缺失，很少能够看到与私家园林相关的记载。到了元代，传世文献逐渐增多，就使得人们可以见到一些与私家园林相关的诗文，了解到一些当时私家园林发展的情况。再到此后的明清时期，北京地区的私家园林发展越来越兴盛，而相关文献的记载也越来越多，使人们对这一时期私家园林的发展有了更多了解。民国以后，北京地区建造私家园林的越来越少，公园建设成为主流，逐渐取代了皇家园林和私家园林的各种功能。

在元代大都地区的私家园林中，有些园林的名声很高，成为众多文人学者游览和吟咏的主要对象。如金元之际燕京城（即金中都城）有文士赵汲古，他建造的种德园位于燕京城西，就有文人学士前来游玩，并且留有诗篇。金末大文豪元好问在游览种德园之后即作有《赵吉甫西园》诗一首，其中有曰：

筑屋临清流，开窗见西山。人境偶相值，遂无城市喧。……汲古先有斋，种德今有园。[10]

元好问又曾作有《赵汲古南园》诗一首，据此可知，赵汲古在燕京至少有两处私家园林。

此后不久，又有名士郝经作有《种德园记》，称：

赵氏燕膴仕之家也，汲古先生置园别第，缭园而卉木发，辟馆而泉石列。不务嬉游，而不啬宴乐，有意乎推本之而种夫德也，故名之曰种德。[11]

此后，文人学士吟咏不断，仅元初名士王恽就曾经为赵氏园林作诗十四首，其中的“东皋八咏”有匏瓜亭、遐观台、清斯池、流憩园等景观。其他如胡祗遹、魏初等文士也都作有诗多首。

在元初的私家园林中，又以廉希宪所建“廉园”最为著称。廉希宪是从西域到大都城来定居的少数民族官员，但是他对于中原儒家学说十分崇拜，作为自己的从政和生活准则。而在他的居所之外，亦建有私家园林，被时人称为“廉园”，因为园林位于都城之南，又被称为“南园”。园中的景色非常美丽，故而被称为“京城第一”，特别是园中的名花数千株，更是名闻遐迩。

当时的文人士大夫经常在这里聚会，吟咏诗文。如元初文士王恽作有《秋日宴廉园清露堂》诗曰：

何处新秋乐事嘉，相君丝竹宴芳华。
风怜柳弱婆娑舞，雨媚莲娇次第花。
照眼东山人未老，举头西日手空遮。
宾筵醉里闻佳语，喜动金柈五色瓜。（之一）[12]

又如元人张养浩曾作有《寒食游廉园》诗称：

湖天过雨淡春容，辇路迢迢失软红。
花柳巧为莺燕地，管弦遥递绮罗风。

群仙出没空明里，千古销沉感慨中。
免俗未能君莫笑，赏心吾亦与人同。[13]

到了明代，北京的私家园林有了进一步发展。这时建造私家园林的主体，仍然是皇亲国戚与官僚士大夫们。其中，又以皇亲李伟和士大夫米万钟最具代表性。皇亲李伟是明神宗的外公，官封武清侯。他在北京城内外，即建有三处私家园林。一处在阜成门外钓鱼台，当时称李皇亲墅。园中的景致被时人称为：

今不台，亦不亭矣。堤柳四垂，水四面，一渚中央，渚置一榭，水置一舟，沙汀鸟闲，曲房人邃，藤花一架，水紫一方。[14]

文中的台指钓鱼台，亭指玉渊亭，皆为金元时期的名胜。通过描述，这里的风景颇有江南的情趣。

皇亲李伟最著名的私家园林称清华园，位于京城西北。这处园林规模极大，当时许多人都有所描述。其一曰：

方十里，正中，挹海堂。堂北亭，置“清雅”二字，明肃太后手书也。亭一望牡丹，石间之，芍药间之，濒于水则已。飞桥而汀，桥下金鲫，长者五尺，锦片片花影中，惊则火流，饵则霞起。[15]

其二曰：

西北水中起高楼五楹，楼上复起一台，俯瞰玉泉诸山。御书“青天白日”四字于中，东西书“光华”、“乾坤”相对，字各长二尺余。[16]

其三曰：

清华园前后重湖，一望漾渺，在都下为名园第一。若以水论，江淮以北亦当第一也。[17]

通过这些描述可知，当时只有皇亲的私家园林才会有如此宏大的气派。

作为士大夫代表的米万钟，在京城也有三处私家园林。这三处园林的名称都很别致，分别称为漫园、湛园和勺园。米万钟园林的一大特点，就是造园风格大多模仿江南特色。时人称：

都下园亭相望，然多出戚畹勋臣以及中贵。大抵气象轩豁，廊庙多而山林少，且无寻丈之水可以游汎。……又米仲诏进士园，事事模效江南，几如桓温之于刘琨，无所不似。[18]

漫园在城内积水潭东岸，建有三层高阁，临水远眺，当然是一派江南景象。湛园在明代西苑旁边，园中有所谓石丈斋、仙籁馆、书画船、绣佛居、敲云亭等十八景，应该是米万钟的得意之作。

而米万钟最得意的造园作品当属位于京城西北郊的勺园。在这座私家园林中有着许多景致，并有着不俗的名称，如“风烟里”、“色空天”、“太乙叶”、“翠葆榭”、“林于澨”，等等。当时人曾经把米万钟的勺园和李伟的清华园加以比较称：

海淀米太仆勺园，园仅百亩，一望尽水，长堤大桥，幽亭曲榭，路穷则舟，舟穷则廊，高柳掩之，一望弥际。旁为李戚畹园，钜丽之甚，然游者必称“米氏园”。……闽中叶公向高曰：“李园不酸，米园不俗”。[19]

不酸和不俗恰好是对明代北京私家园林的不同评价标准。

到了清代的北京，在官僚士大夫们中间建造私家园林已经成为一种风气，不仅定居在北京的士大夫们建造有园林，而且那些在北京任职的士大夫们也在寓所中建造有园林。甚至连一些有钱的富商大贾到北京定居之后，也要附庸风雅，建造一些私家园林。此外，在北京的王府中往往建造有花园，又有许多外地设置在京城的会馆中，也建造有规模大小不等的园林。

在清代初期的北京，宛平王崇简父子的名气是很大的。而他家建造的怡园，在当时颇有影响，时人称：

大学士宛平王公，招同大学士真定梁公、学士涓来兄（泽宏）游怡园，水石之妙，有若天然。华亭张然所造也。然字陶庵，其父号南垣。以意创为假山，以营邱、北苑、大痴、黄鹤画法为之。峰壑湍濑，曲折平远，经营惨淡，巧夺化工。

南垣死，然继之。今瀛台、玉泉、畅春苑，皆其所布置也。[20]

据此可知，王崇简家的怡园是由江南造园名匠张然建造的。这座著名的私家园林，位于今西城区（原宣武区）境内。

因为王崇简在北京名气很大，他的怡园也就成为京城文士聚会的一处主要场所。

怡园跨西、北二城，为宛平王文靖公第。宾朋觞咏之盛，诸名家诗几充栋。胡南苕会恩《牡丹》十首，铺张尽致。石为张南垣所堆，见于《池北偶谈》。查查浦集有《公孙枝、孙景曾庚辰招同年饮怡园》。时已非全盛。[21]

其他名士，如毛奇龄、陈维崧、朱彝尊、张英、汤右曾等皆曾经游览怡园，并留下诗作。

又有一说，怡园为王崇简之子王熙所建。

京师北半截胡同潼川会馆南院有石山，曲折有致，昔与绳匠胡同（后名丞相）毗连，为明严嵩父子别墅。北名听雨楼，世蕃所居。南名七间楼，嵩所居也。康熙间，相国王熙就七间楼遗址构怡园，中饶花木池台之胜。其听雨楼遗址则归查氏，诸名士文酒流连无虚日。不及百年，池塘平，高台摧，地则析为民居，鞠为茂草，仅余荒石数堆，供人家点缀。潼川会馆之石山，即东楼故物也。[22]

然据《日下旧闻考》记载，怡园在南半截胡同。

清代前期的北京私家园林中，又有在京任职的冯溥所建之万柳堂较为著称。史称：

溥居京师，辟万柳堂，与诸名士觞咏其中。性爱才，闻贤能，辄大书姓名于座隅，备荐擢。一时士论归之。[23]

这里原为一片荒地，冯溥辟为园后广植柳树，时人称：

益都冯文毅公溥尝于崇文门外购隙地，建万柳堂。始创时，募人植柳堤上，凡植数株者即可称地主。李笠翁句云：

"只恨堤宽柳尚稀，募人植此栖黄鹂，但种一株培寸土，便称业主管芳菲。此令一下植者众，芳塍渐觉青无缝，十万纤腰细有情，三千粉黛浑无用。"盖纪实也。[24]

由此可见，这处私家园林乃为众手所成。

及冯溥退休离开京城不久，这座著名的私家园林即改为寺庙。时人称

> 京师园亭，自国初至今未废者，其万柳堂乎，然正藉拈花寺而存耳。此园冯益都相国临去赠与石都统天柱，石后改为拈花寺。当时诗人颇有讥之者，而不知石之见甚远。盖自古园亭，最难久立。子孙不肖，尺木不存。《帝京景物略》所载，今何如乎？石湖之治平寺，古人已有行之者矣。今寺中尚存御书楼，阮文达榜曰：元万柳堂。以神谶体书之，朱野云为之补柳作图。近寺僧颇知修葺，补栽花木甚盛。……然园地多碱，实不宜柳。野云所补，既无存。潘文勤又种百株，亦成枯枿。惟池水清冷，苇花萧瑟。土山上有松六株，尚是旧物。[25]

由于建造园林为一时风气所尚，有些京城的富人也附庸风雅，大建园林。如时人称：

> 京师如米贾祝氏，自明代起家，富逾王侯。其家屋宇至千余间，园亭瑰丽，人游十日，未竟其居。宛平查氏、盛氏其富丽亦相仿。[26]

又如内务府有素某，因贪污钱财而富甲京师，被革职后，

> 家居无事，乃起楼阁，修园林，以大理石铺地，紫肝碎石叠花径。一切器皿，皆以银为之，至灶上之温水镣子，亦以银为之。[27]

这些私家园林仅为富人显示财富的一种工具，已经失去了中国传统园林文化的本意。

在清代的北京，又建有许多各地会馆，作为外地文人入京做官、

赶考和经商的落脚之处。在有些规模较大的会馆中，也有一些园林景观。如位于宣武门外的江苏会馆，时人称：

> 曩寓京师，尝燕集宣武门外半截胡同江苏会馆，院落绝修广，遍地纤草如罽，名“铺地锦”。时届暮春，著花五色，每色又分浓淡数种，或一花具二色、三色，或并二色、三色为一色。如茶绿、雪湖之类，殆不下数十色，风偃縠纹，蹙绣弥望，当时绝爱赏之。[28]

又如安徽会馆之建立：

> 同治戊辰，各直省军务敉平，合肥李少荃相国入觐天颜。退朝之暇，同乡诸公宴相国于江蓉舫前辈宅。因议买后孙公园孙侍郎旧居，设立安徽会馆。时予方奉观察粤东之命，相国遂倩蓉舫总司其事。次年吾兄芰塘以书寄予，则楼台池馆一律告成，兼示太湖赵子方太史继元所撰楹帖云：“结庐挹退谷，风流胜迹重新，应续春明梦余录；把酒话皖公，山色乡心遥寄，难忘江上大观亭。”笔情飞舞，雄跨古今。[29]

这处会馆今日尚存，为国家重点文物保护单位。

综上所述，北京的园林滥觞于先秦时期，始兴于金元时期，而到明清时期臻于极盛，至清末，皇家园林与私家园林相继而趋于衰败，公园逐渐兴起，遂成为北京园林发展的主流。时至今日，许多皇家园林和私家园林相继转变为公园，甚至一些著名的坛庙、寺院也转变为公园，使得公园成为广大市民休闲娱乐的主要场所，而园林文化的发展，也进入了一个新的时期。

第二节　北京园林的发展特点

北京位于华北平原的北端，北面和西面群山环抱，东面和南面地势较为平坦，西面和北面的河流、溪泉大多从西北流向东南，其间形成一些湖泊和湿地。就自然环境而言，是典型的北方地理风貌。这种地理环境对园林的建造有着直接的影响，是园林得以产生和存在的客观因素。而生活在北京地区的历朝历代的居民，则是在这里建造园林的主体，他们在生产和生活中所形成的文化特质，对于园林的建造，以及从园林中反映出来的文化内涵，是与其他地域的园林文化不尽相同的。换言之，北京园林的发展有着一些独特的规律，形成了一些鲜明的特点。

在北京园林的发展历程中，特点之一，是大多数园林皆为依山傍水、自然与人工的结合。在北方地区，土阔山雄，有着宏大的浑厚气势，而缺少的，则是山清水秀的灵秀气韵。因此，在这里，凡是有水的地方，特别是有湖泊的地方，往往就成为人们建造园林的主要场所。在古代的北京地区，有这样几片水域以及湿地，成为人们历代建造园林的地方。一片是莲花池，因位于旧蓟城的西面，又称西湖。另一片是积水潭，古人又曾称之为海子、什刹海等，位于元、明、清都城的里面。第三片是瓮山泊（今昆明池），古人亦曾称之为西湖，位于北京城的西北方。第四片是下马飞放泊，因为是在积水潭之南，又被称为南海子，位于北京城的南面。第五片是延芳淀，位于北京城的东南方。

位于蓟城西面的莲花池，魏晋南北朝时期又称西湖：

> 湖有二源，水俱出县西北平地导泉，流结西湖。湖东西二里，南北三里，盖燕之旧池也。绿水澄淡，川亭望远，亦为游瞩之胜所也。[30]

由此可见，早在这时，莲花池已经成为蓟城的游览胜地。到了金代，海陵王迁都燕京（即蓟城），扩建为金中都城，遂把莲花池纳入城里，加以改造，成为著名的皇家园林，因其位于皇宫之西，故称之为西园。史称：“西园有瑶光台，又有琼华岛，又有瑶光楼。”[31]时人又称：“西出玉华门曰同乐园，若瑶池、蓬瀛、柳庄、杏村，尽在于是。”[32]

这处皇家园林既称西园，又称同乐园（同乐园之名当源自北宋东京的皇家园林之名），海陵王在此建造的许多宫殿皆与莲花池水有关，如瑶光台、瑶光楼、琼华岛、瑶池、蓬瀛等，或是建在岛上，或是建在水边。金人师拓曾作有《游同乐园》诗曰：

> 晴日明华构，繁阴荡绿波。蓬丘沧海远，春色上林多。
> 流水时虽逝，迁莺暖自歌。可怜欢乐极，钲鼓散云和。[33]

正如金人所预感的，金朝统治者在西园寻欢作乐，物极必反，蒙古铁骑的南下“钲鼓”打破了他们的美梦。在成吉思汗的指挥下，蒙古军队攻占了金中都城，西园也随之遭到废毁。

积水潭位于新建的大都城内，自元代以来即为居民岁时游览胜地，至明代及清代，岁时游人日盛，周边园林日增。时人述其游览之感受颇为精彩，所谓：

> 酒后一苇，山光水色，箫鼓中流。时复相遇，江以北来，无此胜游。然泛必从小径抵虾菜亭，乃尽幽深之致。……中元夜，寺僧于净业湖边放水灯，杂入莲花中，游人设水嬉，为盂兰会。梵呗钟鼓杂以宴饮，达旦不已。水中花炮，有凫雁、龟鱼诸种。[34]

这时的积水潭，实际上是一处没有园墙的大公园。

在相关历史文献的记载中，元代的积水潭周围尚未见有私家园林，而到了明代，开始出现了一些私家园林的建造，如定国公徐家建造的太师圃、名宦李东阳建造的西涯别墅、文士米万钟建造的漫园等。而在明代的积水潭周围，兴建的许多寺庙，成为人们岁时游览的主要场所。如金刚寺（又称般若庵）、莲花庵、净业寺、镇水观音庵（即汇通祠）、海印寺等。这些寺庙的功能与当时的私家园林大致相同，明代文人在游览积水潭时，往往在庙中小憩，吟诗赋词，饮酒品茶，亦为一时之盛会。

到了清代，内城居民皆被驱赶到外城，内城按八旗分布，已经见不到私家园林了。在积水潭周围，只有为分封的亲王们建造的王府中，有一些王府花园。其中，今日得见的，当以恭王府花园最具代表性。这处园林最初是乾隆时权臣和珅的宅第，嘉庆年间，和珅被处决，其宅第改为王府，今称恭王府，其中的花园在京城十分著称，有西洋门、御书“福”字及大戏楼，被称为园中“三绝”。这座花园被认定为全国重点文物保护单位，同时又是北京的一处重要旅游景点。

与积水潭相连者为皇城内的三海，即北海、中海与南海，明清时期又被称为西海子，因其位于积水潭（即海子）之西故得名。这片水域在金元时期称为太液池，是金代行宫万宁宫和元代大都皇城的重要水域。换言之，自金元至明清，这片水域皆是皇家园林使用的主要水域。只是在元代，积水潭的水源为高梁河水系，而太液池的水源为玉泉水，分为两条水道从都城西面入城。及明代将两条水道合而为一，才将积水潭与太液池连为一体。

瓮山泊在京城西北三十里左右，前为西湖（今昆明湖），后为瓮山（今万寿山），风景优美。到元代中后期，因为元文宗在湖边建造有大承天护圣寺而前来游览的人们才日渐增多。元人陈旅在一次出游时记述了如下情景：

> 出平则门，沿大堤并驻跸亭下，转入湖曲。逢赵宗吉、成汉卿二编修与刘敬先典籍骑驴，从苍头，挈匏樽，邀余与继清就堤侧藉草坐。灌木延阴，风泠然生涧底，幽鸟鸣其上。命苍头堤傍取荷为盘，以实腊肉，倒尊中浊醪，饮数行。瓮山流黛，与湖影相荡潏于杯盘巾袂之上。余在京师七年，盖未有一适如此时也。(35)

这种水色湖景，在城里确实很难见到。

当地居民又称这片湖泊为西湖景，时人称：

> 我说与你，西湖是从玉泉里流下来，深浅长短不可量，湖心中，有圣旨里盖来的两座琉璃阁，远望高接青霄，近看时远侵碧汉，四面盖的如铺翠，白日黑夜瑞云生，果是奇哉，那殿一剅是缠金龙木香停柱，泥椒红墙壁，盖的都是龙凤凹面花头筒瓦和仰瓦，两角兽头都是青琉璃，地基地肴都是花斑石，玛琉幔地，两阁中间有三叉石桥，栏杆都是白玉石，……。(36)

这里所描述的，即是大承天护圣寺的景象，此后的明代，该寺改称大功德寺，是湖畔的一处重要景观。

明代的瓮山泊开始受到越来越多的关注，时人称：

> 西湖在玉泉山下，泉水所汇。环湖十余里，皆荷蒲菱芡，故沙禽水鸟尽从而出没焉。出湖以舴艋入玉河，两岸树阴掩映，远望城阙在返照间。每驾幸西山，必由此回銮。(37)

明代著名文士文征明在北京供职期间，就曾到此游览，并作有《西湖》诗曰：

> 春湖落日水拖蓝，天影楼台上下涵。
> 十里青山行画里，双飞白鸟似江南。
> 思家忽动扁舟兴，顾影深怀短绶惭。

不尽平生淹恋意，绿阴深处更停骖。[38]

文征明在看到西湖的一派江南水乡景色，遂引发思乡的情绪。

明朝帝王们不仅在游览西山时往往在此驻跸休息，而且在前往昌平拜谒皇陵之后也常常在此休息。时人记载：

嘉靖五年，世宗既奉章圣皇太后谒庙，礼成，十五年三月议兴寿工。三月丙子，又奉皇太后率皇后谒陵。……癸未，由青龙桥，奉皇太后登舟游西湖，至高梁桥，入阜成门。[39]

时人又曾记载：

万历十六年，谒陵回銮，幸西山，经西湖，登龙舟，后妃嫔御皆从。先期，水衡于下流闭水，水与岸平，白波淼荡，一望十里。内侍潜系巨鱼水中以标识之，一举网，紫鳞泼刺波面，天颜亦为解颐。是时，艅艎青雀，首尾相衔，即汉之昆明，殆不过是。[40]

此时的高梁河道已经成为连接西湖与京城的主要通道之一。

南海子在元代又称下马飞放泊，是一片面积极大的湿地，当时是十分理想的射猎之地。“下马”形容离都城很近，“飞放”是射猎的意思，飞者为鹰，放者为犬，都是人们进行射猎活动不可缺少的助手，“泊”则是指水域。这片水域到了明代变成了皇家行宫，四周建有围墙，禁止居民出入。

南海子即古上林苑。中、大、小三海水四时不竭，禽、鹿、獐、兔、果蔬、草木之属皆禁物也。据址，周一万八千六百丈，尚不及百里，仅当汉之十一，虽有按鹰等台，亦不为甘泉校猎之用，乃本朝度越处。[41]

自设立行宫之后，明朝帝王已经很少在这里举行射猎活动，仅为一处养殖场。

到了清代，这里仍然是皇家行宫。

南苑在永定门外。距都城二十里。周垣百二十里。缭垣为门凡九。……晾鹰台在南海子内。高六丈。径十九丈有奇。围径百二十七丈。团河有九十四泉。又一亩泉有二十三泉。有五海子。[42]

此时南苑水脉仍然较为充沛，但是在这里举行的各种活动，大多已经与水域无关。如康熙年间，清圣祖至南苑游览，时人称：

《圭塘小藁》有《斗驼赋》，盖蹄角羽毛之属，无不可教斗者。康熙中，驾幸南苑，观象与虎斗，虎竟为象所毙。此又一奇也。[43]

习武阅兵，成为南苑的皇家主要活动。

延芳淀在北京城东南，也是一片湿地，但是规模比下马飞放泊要大得多。早在辽代，这里就是一处皇家狩猎行宫，称之为“捺钵”。史称：

延芳淀方数百里，春时鹅鹜所聚，夏秋多菱芡。国主春猎，卫士皆衣墨绿，各持连鎚、鹰食、刺鹅锥，列水次，相去五七步。上风击鼓，惊鹅稍离水面。国主亲放海东青鹘擒之。鹅坠，恐鹘力不胜，在列者以佩锥刺鹅，急取其脑饲鹘。得头鹅者，例赏银绢。[44]

这处皇家行宫到金代曾经一度荒废，而在元代再度启用，而且更加热闹。

元朝帝王称之为柳林行宫，每年春天必率百官、侍卫军等到此狩猎。少则十天八天，多则月余。因为这里是湿地，每年春天有大批候鸟经过，也就成为帝王们射猎的主要对象。时人曾作诗描述其情景曰：

柳林笳鼓晓晴饶，王子春蒐出近郊。
云锦宫袍攒万马，铁丝箭镞落双雕。
蒲桃压酒开银瓮，野鹿充庖藉白茅。
共说从官文采盛，不闻旧尹赋祈招。[45]

在北京地区，除了水域成为园林建造的最佳选择之外，雄浑的山脉也是园林建造的主要场所。京城东面和南面多为平原，而西面和北面群山环抱，故而西北一带也就建造有众多园林。在北京西北一带的群山中，以香山、玉泉山、卢师山、平坡山（又称翠微山）、五华山（又称寿安山）、仰山、石经山、马鞍山、大房山、妙峰山等较为著称。这些山峰的景色十分优美，充分展示了北方风景的雄浑魅力。

如香山，在京城西北三十里处，金朝著名文士李晏称：

> 西山苍苍，上干云霄，重冈叠翠，来朝皇阙。中有古道场曰香山，上有二大石，状如香炉、虾蟆，有泉出自山腹，下注溪谷，亦号“小清凉”。[46]

这座山上古迹颇多，如金章宗时遗迹有祭星台、护驾松、梦感泉等。到了清代，这里被改建为皇家园林，称静宜园。

又如玉泉山，山与泉融为一体，再加上诸多古迹遗存，更增添了景色的魅力。明人称：

> 玉泉在宛平县西北三十里。山有石洞三，一在山之西南，其下有泉，深浅莫测。一在山之阳，泉自山而出，鸣若杂佩，色如素练，澄泓百顷，鉴形万象，莫可拟极。一在山之根，有泉涌出，其味甘洌，洞门刻“玉泉”二字。山有观音阁，又南有石岩，名“吕公洞”。其上有金时芙蓉殿废址，相传以为章宗避暑处。[47]

到了清代，这里被改建为皇家园林静明园。

此外，京郊卢师山、平坡山、五华山、仰山等，寺庙林立，古迹遍野，亦多为京城民众岁时游览的胜地。如卢师山，元人称：“卢师山，二月二日南北二城游赏如燕九节。”[48]二月二日在民俗传说中是龙抬头的日子，而卢师山下有青龙潭，相传隋代有大、小两条青龙在此听高僧说法，由此得道。故而在龙抬头的这一天，京城百姓皆到此游玩。而卢师山下的寺庙俗称卢师寺，卢师就是指感化两条青龙的高僧。

在北京园林的发展历程中，特点之二，是园林格局以皇家园林为主，而以其他园林为辅。在中国古代社会中，鲜明的等级制度体现在各个方面，在园林建造方面也是如此。首先，园林建造需要有宽阔的空间，而空间占有的大小是直接和权力大小成正比的。金朝的皇家园林太宁宫（明清时期称西苑）系建造在中都城的西北郊，所用空间肯定比在城里要宽松得多，而到了元明时期，这座皇家园林已经被括入京城之内，发展空间受到极大限制，却仍然有一些扩展，特别是在明代，将元代的太液池继续向南扩展，从而形成三海的格局，中海和南海的两岸还增加了许多新的园林建筑。

到了清代，在京城西北郊建造三山五园，因为没有受到城市空间的约束，也就使得皇家园林的建造，其空间规模更加宏大。据相关统计数字显示，在三山五园中，占地面积较小的静宜园占地 160 公顷（一说为占地两千三百亩），而颐和园占地 290 余公顷，最大的圆明园占地则多达 350 公顷。位于城内的皇家园林西园中的一部分（除去中南海的面积），今为北海公园，占地也多达 68 公顷。这种宏大的园林空间，是私家园林无法与之相比的。如明代皇亲李伟的名园——清华园，在私家园林中占地已经是很大的了，也只不过是占地“方十亩”而已。

其次，园林建造需要有巨额的资金，这与园林的景观质量有直接的关系。投入的资金越多，相对而言也就使得园林景观的质量越高。我们仍以清代的皇家园林为例，颐和园在乾隆年间的建造费用多达白银将近五百万两，这样的资金投入以用于建造园林，是当时任何一个私人都不可能花费的，也是无法承担的。又如光绪年间维修西苑的工程费用，就多达白银五百余万两，而这只是一次集中维修的费用，平时的日常维修费用也不会太少。

而在建造皇家园林时使用的建筑材料之多、工匠人数之多，也是十分惊人的。据相关统计数字显示：“仅寿膳房一处就用木料 44355 立方尺，计重 1330650 斤。这些木料，要从开采地水运到通州，再从通州运到工地。而从通州到工地，要行走 60 里，木料用大车运输，每车装 1500 斤，共装 887 车。……建筑所用的人力亦相当惊人。其中，排云殿承作内檐装修，计用南木匠 15749 工、锯匠 2863 工、雕匠 168216 工、水上匠 87699 工、镶嵌匠 989 工、包厢匠 146 工、裱匠 4778 工，共计达 275724 工。”(49)这种投入，也是私家园林建造时无法达到的。

再次，园林中景观建造规模之宏大，是皇家园林突出的特色。例如在金代北苑琼华岛上的万岁山，建有广寒殿，是仿照神话传说中的故事而建造的。在金元之际的战乱中遭到破坏，而到了元代加以修复，其规模是非常宏大的，时人称：

广寒殿在山顶，七间，东西一百二十尺，深六十二尺，高五十尺。重阿藻井，文石甃地，四面琐窗，板密其里，遍缀金红云，而蟠龙矫蹇于丹楹之上。中有小玉殿，内设金嵌玉龙御榻，左右列从臣坐床。[50]

这座宫殿高约 17 米，占地面积约 800 平方米，能够同时容纳数百人。站在万岁山上的广寒殿前，京城及周边山川之美景尽收眼底。

此外，在园林建造完成之后所形成的景观方面，私家园林与皇家园林相比，其差距也是很大的。如在清代的皇家三山五园中，静宜园有著名的二十八景，圆明园有四十景（乾隆帝后来修建的大水法等西洋景观尚未包括在内），今日保存较为完好的颐和园则有一百余处景观。这些景观都有十分明确的文化主题，如静宜园二十八景，皆以三字命名，如勤政殿的文化主题是勤理政务，虚朗斋的文化主题是“虚则公，公则明”（见乾隆帝御制虚朗斋诗序），也是在园林中不忘政务之意。而圆明园四十景则是以四字为一景之名，如九州清宴、镂月开云、天然图画、碧桐书院，等等。而在私家园林中，大致以“十景”、“八景”为主题，很少有超过“十景”的。

在北京园林的发展历程中，特点之三，是园林风格从耕猎野趣逐渐转变为休闲雅致。从先秦时期的古燕国，一直到隋代，历史文献中记载在这里曾经有一些宫殿建筑，如燕国的碣石宫、隋朝的临朔宫等，但是这些宫殿与园林究竟是什么关系，并没有详细的描述。从辽代开始，这里变成陪都，也就有了皇家的行宫，当时称为“捺钵”之地的延芳淀。这处皇家行宫的面积虽然不小，但是却很少有著名的园林建筑。到了此后的元代，这里变为柳林行宫，使用的频率越来越高，与宫廷生活的联系越来越密切，却仍然没有著名的园林建筑。

契丹统治者和蒙古统治者皆为北方游牧部落的领袖，他们的生活习俗是极为相似的，只注重于游猎，而不注重于休闲。正是这种生活习俗的趣向决定了皇家行宫园林的文化特色。与之有所不同的是金朝和清朝的帝王，他们虽然也是来自北方的少数民族领袖，却在很短的时间内就完成了“汉化”的过程，较为全面地接受了农耕文化的精髓。这一点，通过皇家园林的建设也有所体现。金代的行宫建设主要是在金章宗在位时期，有所谓的“八大水院”，今其遗迹多已不存。但是，存留下来的历史文献却让人们对于金代的行宫略有了解，得知这些行宫所体现出来的园林文化已经有了一些初步的休闲因素。到了此后的清代，北京的皇家园林已经成为全国园林的集大成者，所包含的园林文化更是包罗万象，表现出更加鲜明的休闲雅致的特色。在这些园林中，却很少见到游牧文化中的射猎特色。

在北京地区的私家园林中，这种从耕猎野趣逐渐转变为休闲雅致的风格演进也表现得比较突出。在元代的北京地区，著名的私家园林如种德园和万柳堂等，园中的景观大多与农耕主题相关。如种德园中有匏瓜亭、耘轩、流憩园等景观，耕耘是农业生产的重要程序，而匏瓜则是农产品中与人们生活密切相关的农产品。万柳堂则是以大面积的柳树种植为主要景观，而榆树和柳树则是北方农民种植的主要树种，不仅可以用其木材搭建房屋，而且在农业生产歉收时，可以用树叶和树皮充饥。

这种文化特色一直延续到明代，如明朝中期著名文士李东阳的私家园林中，有十二处景观，其中的“桔槔亭”、“杨柳湾”、“稻田”、“菜园”等，皆体现了园林主人对农业生产的关注。而到了明代后期，在私家园林中出现了文化特色的巨大变化，许多园林建造者开始追求休闲雅致的风格，如皇亲李伟所建新园，“亭如鸥，台如凫，楼如船，桥如鱼龙。”(51)在园林的建造中，对亭、台、楼、桥都赋予了新的文化内涵，以显示建园者的独具匠心，以及休闲雅致。

与李皇亲大致同时，又有万驸马所建的私家园林，称曲水园。这座园林面积并不大，却突出了一个曲曲弯弯的园林情趣。

> 府第东入，石墙一遭，径迢迢皆竹。竹尽而西，迢迢皆水。曲廊与水而曲，东则亭，西则台，水其中央。滨水又廊，廊一再曲，临水又台，台与室间，松化石攸在也。(52)

亭台、竹石，皆掩映在曲水与曲廊之间，由此所显示的造园技巧，与李皇亲新园大有异曲同工之妙。这种以追求休闲雅致为文化特色的造园艺术，已经成为当时的一种社会时尚。在此后清代私家园林的建造过程中，大致延续了这种造园风尚。

在北京园林的发展历程中，特点之四，是从仿效到创新，从跟随到引领。在中国古代，少数民族民众大量进入中原地区，第一次是在先秦时期，第二次是在魏晋南北朝时期，第三次则是在辽、宋、西夏、金、元时期。这时进入中原地区的少数民族民众都在努力学习中原地区的先进文化。辽朝与北宋的对峙、金朝与南宋的对峙，主要表现在政治和军事方面，并没有阻断双方在文化方面的交流。辽、金两代是由少数民族统治者建立的政权，他们在文化发展方面是明显落后于两宋的水平。因此，不论是契丹统治者还是女真统治者，都在积极地学习宋朝的文化，在园林文化方面也是如此。

金海陵王在决定迁都燕京之后，在金中都城和宫殿、园林建设方面，是完全模仿的北宋都城开封府的。早在迁都之前，女真统治者就曾经在金上京（今黑龙江阿城境内）仿照宋朝的模式来建造园林，这一点我们通过海陵王与梁汉臣的对话可以看出一些端倪。天德二年（1150年）七月：

> 一日，宫中宴闲，因问汉臣曰："朕栽莲二百本而俱死，何也?"汉臣曰："自古（河）[江]南为橘，江北为枳，非种者不能，盖地势然也。上都地寒，惟燕京地暖，可栽莲。"主曰："依卿所请，择日而迁"。(53)

据此可知，海陵王在金上京的宫殿中建造有莲池，并种有荷花，是仿照江南园林的情调。但是，金上京气候寒冷，荷花无法生长，都被冻死了。

但是，迁都到燕京之后，情况就完全不同了，这里的宫殿、园林是可以种植许多树木、花草的，完全可以仿照北宋东京开封府的模式。如在新扩建的金中都皇家园林瑶池中，就种植有许多荷花。而在南宋都城临安（今浙江杭州），也有一处种满荷花的瑶池。这种在园林中的池塘中种植荷花的做法，就是海陵王学习宋朝园林文化的一种模仿形式。又如，在北宋都城中的皇家园林，有一处称为琼林苑，而金中都的皇家园林中，也有一处称为琼林苑，在北宋的皇家园林中有一处称同乐园，而在金中都的皇家园林中也有一处称同乐园，连名称都完全一样，可见这种模仿已经到了惟妙惟肖的地步。

到了元代，世祖忽必烈营建新大都城，对于皇家园林进行了一次创新。出于游牧民族的生活习惯，在新建的皇城里面，出现了把宫殿与园林融为一体的现象。元世祖在太液池的东岸建造有皇宫正殿大明殿、延春阁等主体建筑，又在太液池西岸建造有皇太子的东宫（后称隆福宫），形成以太液池、万岁山为主体的皇城模式。这种模式在元武宗即位后进一步得到加强，他在隆福宫北面又建造了一组宫殿，称兴圣宫，使得万岁山居于皇城正中间、宫殿与园林融为一体的主题更加明显。这种对园林模式的创新，在以往的诸多都城中是很难见到的。

当然，就大都城的整体而言仍然是以贯穿皇城的中轴线为全城的主题，而大明殿、延春阁皆坐落在中轴线上。到了此后的明代，明成祖朱棣夺得皇权，迁都北京，重新建造紫禁城，使得皇家宫殿与园林再次分开，以太液池为中心的亭台楼阁建筑被称为西苑，而帝王、皇后、皇子、嫔妃们的住所全都被围在紫禁城内。这种宫殿与园林分开的模式，是中国古代都城中是最为常见的一种模式。清朝统治者在进驻北京城之后，也沿用了这种模式。

在中国古代，都城的园林发展通常是处于引领地位的。但是，也有一些例外。如北京地区的园林发展，最初是处于模仿和跟随的状态，在成为都城之初（如金中都时期）也没有改变这种状态。到了此后的元大都时，虽然有所创新，却仍然没有处于引领的地位。这是因为两个因素在产生影响。第一个因素，是北方的文化发展整体仍然落后于南方，而在园林文化的发展方面也是如此。第二个因素，是北方的山水景观与南方相比也有诸多的不足，缺少丰沛的水源是不足之一，寒冷的季节导致植被的凋零是不足之二，而这些因素都是在园林发展中至关重要的因素。

因此，从元代到明代，北京虽然已经成为全国的政治和文化中心，但是在园林发展方面，仍然有着对南方园林的模仿痕迹。一直到清代前期，江南的一些造园名家来到京城，在参加皇家园林建造的同时，又涉足到一些私家园林的建造，才使得京城的造园艺术开始在全国产生引领作用。而随着三山五园的皇家园林的营建，将中国古典园林的建造推到了一个新的高峰，成为古典园林建造的集大成者。与此同时，域外文化的更多传入，也带来了域外园林文化的新风尚，这种西方的园林风尚很快就受到清朝帝王的青睐，并将其加入到新建造的皇家园林之中，使得北京地区的园林发展又达到了一个新的高度，其代表作品即是堪称为“万园之园”的圆明园。

到清代中期以后，随着清朝国力的由盛转衰，北京园林的发展也开始由盛转衰，逐渐失去了对园林文化发展的引领作用。清朝灭亡之后，皇家园林也逐渐从禁地转变为公园，以供游人岁时游览，从而进入了一个新的发展时期。新中国建立后，党和政府投入大量人力、物力，对北京的公园进行了大规模的修缮，使得诸多古典园林焕然一新，遂再度发挥了重要的引领作用，成为全国公园发展的典范。

第三节 对北京园林史的评价

北京园林史的发展，如果从古燕国时期开始算，已经有了三千多年的历史，如果从金朝建造中都城开始算，也已经有了八百多年的历史。在这段漫长的历史进程中，北京的园林发展史从初起，到兴盛，再到中衰，直到今天的再度兴盛，其间的曲折变化，以及改朝换代所带来的诸多变化，印证了中华文明的发展历程，也表现了中华文明的博大精深。在整个人类的园林发展史上，独树一帜，延续不绝，历经劫难，屡毁屡建，终于保留了一座又一座的园林结晶。

首先，北京的园林发展史是北京历史的一个重要组成部分。北京园林的产生与发展，涉及到了历史上北京社会的各个方面。皇家的园林文化，涉及到了宫廷生活的各个方面。从宫廷礼仪中的典章制度，到日常生活中的衣食住行；从帝王们的宗教信仰到他们的私人喜好，等等，皆有极为充分的表现。就目前我们见到的相关文献记载，皇家的园林文化也在不断发生变化，如金代的皇家园林中，存在着浓厚的“求仙得道”的文化主题，这一点，我们通过琼华岛、太液池、广寒殿、瑶池等园林景观的建造即可看出来。但是到了清代，除了沿用琼华岛、太液池等原有景观之外，在新建造的园林景观中，出现了新的文化主题，如在圆明园的四十景中有“勤政亲贤”、“九州清宴”、“坦坦荡荡”等，已经不再以“求仙得道”为主题，而是以“治国理民”为主题。

这种文化主题的转变，表明皇家园林的功能也出现了变化，从单纯的休闲娱乐场所，变为宫廷处理政务场所的延伸。事实也是如此，随着三山五园的建成，清朝帝王在皇家园林中活动的时间不断增加，许多重要的国家大事也是在这些园林中决定并加以落实的。当然，这时皇家园林的休闲娱乐功能并没有消失，而且随着与处理政务的功能融合在一起，更加提高了皇家园林的社会地位和文化品味。这种现象，在此前的明朝是比较少见的。综观古代众多的历朝帝王中，清朝帝王们的勤政意识和躬亲政务的做法确实是非常突出的，随时处理政务已经成为他们生活中不可分割的一部分。

在北京建造的私家园林则与官僚士大夫和普通市民的日常生活息息相关。在诸多的私家园林中，士大夫们结成相对固定的团体，每逢岁时节令，就会相邀于园林中，饮酒品茶，赋诗作文，由此而产生出许多文学佳作。又有一些文人学士在私家园林中结为诗社，切磋文艺创作的心得体会，被后人传为佳话。由于有了众多文人学者的活动，也就使得北京的许多私家园林得以扬名当时，流传后世，在北京园林发展史上留下了浓浓的一笔色彩。除了岁时宴集之外，许多文人士大夫们还把私家园林作为社交活动的重要场所，如为某人长辈祝寿、为某人升官庆贺，等等。

而在北京的名山胜水、著名寺庙、道观等地，又往往具备了今日公园的雏型，成为广大居民岁时游乐的主要场所。名山如西山、玉泉山、大房山、妙峰山、丫髻山等，胜水如城内的积水潭、城南的陶然亭、城西的玉渊潭和瓮山泊等，皆是京城民众岁时游览的主要场所。而著名寺庙的庙会活动，又往往显示出北京民俗的独特魅力，如白云观的燕九节，妙峰山和丫髻山的庙会，等等，曾经引起许多著名学者的关注，并加以研究。

其次，北京的园林发展史是中国园林发展史的一个重要组成部分。在中国古代，帝王们对建造园林皆十分热心，《三秦记》称："秦始皇作长池，张渭水东西二百里，南北二十里，筑土为蓬莱山，刻石为鲸鱼，长二百丈。秦又有兰池、镐池。……汉有建章宫太液池，中筑方丈瀛洲，象海中神山。春二月黄鹄下池中。未央宫有沧池，中筑渐台。王莽死其上。汉上林有池十五所。承露池、昆灵池、池中有倒披莲、连钱荇、浮浪根菱。天泉池，上有连楼阁道，中有紫宫。戟子池、龙池、鱼池、牟首池、蒯池、菌鹤池、西陂池、当路池、东陂池、太一池、牛首池、积草池，池中有珊瑚，高丈二尺，一本三柯，四百六十条，尉佗所献，号曰烽火树。"(54)当时的皇家园林，大多在长安（今西安）和洛阳等地。这种情况，一直延续到隋唐时期。而在这个时期，北京地区的园林发展仅处于萌芽状态。

到了辽宋金元时期，中国的政局发生较大变化，文化发展中也出现了许多新的因素。其中的重大变化之一，是都城地位的变迁，西安和洛阳的全国政治中心地位的消失，代之而起的则是开封、北京和杭州的崛起，特别是到了元代，统一金、西夏和南宋，使得北京开始成为全国的政治中心。而且这个地位一经确立，就很少再发生变化。都城地位的变迁，带来了皇家园林建设的变迁。西安和洛阳的众多皇家园林由此趋于衰败，私家园林也从此由盛转衰。与之相对应的，则是开封、北京、杭州等地园林建设的进一步兴盛和发展。

特别是北京，在元朝之后的明朝和清朝，仍然承担着全国政治中心的重任，同时也就变成了全国的文化中心。在历经元、明、清三朝七百多年的都城发展历程之后，北京的皇家园林和私家园林不仅迅速发展，而且日趋鼎盛，最终成为中国古代园林文化的集大成者。在皇家园林中，既有历时八百年的皇家园林，从金代的北苑到明清时期的西苑；又有清代新建的三山五园的皇家园林组群。而在私家园林中，更是出现了一大批著名的园林典范，从元代的种德园、廉园，到明代的清华园、勺园，再到清代的众多王府花园、会馆花园、私人士大夫园林，等等，共同组成了中国园林发展繁荣的大都会。

综观中国园林发展的几千年历程，北京的园林发展占有十分重要的历史地位，这种重要作用是其他任何一座城市（如西安、洛阳、开封、杭州及南京等）皆无法与之相比的。虽然在一些经济发展十分繁荣的城市（如苏州、扬州、无锡等）中有着著名的私家园林，也达到了园林艺术建造的巅峰，但是，因为它们没有成为全国都城的历史，故而缺少了园林建筑中最主要的一项，即皇家园林的建造，因此，它们在中国园林发展史中的地位也是不能与北京相媲美的。与之相反的是，在北京的规模宏大的园林建筑中，却包含了许多江南私家园林的艺术特色，这也正是北京的园林之所以称为中国古典园林之集大成者的一个重要原因。

再次，北京园林是目前存在的、保护最为完好的古典园林的代表。在中国古代的园林发展史上，曾经产生过许多著名的皇家园林和私家园林。这一点，我们通过历史文献的记载是可以了解到的。但是，随着时间的推移，众多曾经名噪一时的著名园林我们今天已经见不到了。最著名的，当属秦朝建造的阿房宫，史称："阿房宫，亦曰阿城。惠文王造，宫未成而亡，始皇广其宫，规恢三百余里。离宫别馆，弥山跨谷，辇道相属，阁道通骊山八十余里。表南山之颠以为阙，络樊川以为池。"(55) 史又称：秦始皇以都城咸阳人多，"乃营作朝宫渭南上林苑中。先作前殿阿房，东西五百步，南北五十丈，上可以坐万人，下可以建五丈旗。周驰为阁道，自殿下直抵南山。表南山之颠以为阙。为复道，自阿房渡渭，属之咸阳，以象天极阁道绝汉抵营室也。"(56) 这座宏大的皇家园林在秦末的战乱中遭到焚毁。

又如汉初由丞相萧何所建有未央宫，其中建有宣室殿、白虎殿、承明殿、麒麟阁、天禄阁、柏梁台、渐台、沧池等，建成后汉高祖曾在此为其父祝寿。此后，汉宣帝曾于甘露三年（公元前 51 年）在麒麟阁绘制功臣画像：

> 法其形貌，署其官爵姓名。唯霍光不名，曰大司马大将军博陆侯姓霍氏，次曰卫将军富平侯张安世，……次曰典属国苏武。皆有功德，知名当世，是以表而扬之，明著中兴辅佐，列于方叔、召虎、仲山甫焉。凡十一人，皆有传。(57)

后代帝王多仿此做法，绘制功臣画像于宫廷殿阁之中。这座汉代著名的皇家园林，在王莽篡汉的动乱中遭到毁坏。

此外，如唐代的著名园林曲江池，原为汉武帝时所造宜春下苑故址：

开元中疏凿，遂为胜境。其南有紫云楼、芙蓉苑，其西有杏园、慈恩寺。花卉环周，烟水明媚。都人游玩，盛于中和、上巳之节。彩幄翠帱，匝于堤岸。鲜车健马，比肩击毂。上巳即赐宴臣僚，京兆府大陈筵席，长安、万年两县以雄盛相较，锦绣珍玩，无所不施。百辟会于山亭，恩赐太常及教坊声乐。池中备彩舟数只，唯宰相、三使、北省官与翰林学士登焉。每岁倾动皇州，以为盛观。(58)

这处园林在唐文宗时曾加以重修，成为都城民众岁时游览的胜地。唐朝灭亡后，亦逐渐废毁。“曲江池，天祐初，因大风雨，波涛震荡，累日不止。一夕无故其水尽竭，自后宫阙成荆棘矣。今为耕民畜作陂塘，资浇溉之用。”(59)

随着朝代的更替，皇家园林的兴衰是必然的。而在有些战乱的破坏之下，这些著名的园林又往往首当其冲，成为破坏者的主要目标。北京的皇家园林也不例外，自清代中期以后，西方列强纷纷对中国发动侵略战争，许多北京的著名园林就是在这时惨遭破坏，最昭彰的罪行就是英法联军火烧圆明园。不幸中的万幸，是西苑和颐和园在遭到破坏之后而重新加以修建，恢复了皇家园林的恢弘气象，并且保存较为完好，一直到今天。这是我们得以见到的最接近原貌的皇家园林，颐和园已经被联合国确认为世界文化遗产。

最后，在北京的园林发展史上所产生的众多园林是当代首都园林文化发展的重要基础和文化渊源。在今天的北京，有着众多公园分别属于不同的部门加以管理，如园林部门、文物部门、各区县，等等。在这些园林中，有相当一部分最有名气的园林都是历史留给我们的重要文化遗产。如最著名的北京十大公园中，颐和园、北海公园、景山公园、香山公园以往皆为皇家园林。中山公园、天坛公园以往则是皇家坛庙，而玉渊潭公园自金元以来就是私家园林汇集之地。只有动物园、八达岭长城和世界公园是自民国以后或者是新中国成立后才被开辟为公园的。此外，北京又有十大遗址公园（如圆明园遗址公园、万寿公园、八大处遗址公园等），与北京残存的园林文化遗迹有着更加密切的联系。这些历史留给我们的园林文化遗产是今天北京园林事业发展的重要基础。

在北京漫长的园林发展史上，杰出的造园艺人、手艺精湛的工匠，以及众多民工和百姓，以他们辛勤的劳动建造出了一座又一座园林精品。这些园林作品，有些已经消失了，如金代的西苑、南苑、元代的柳林行宫、廉园与万柳堂、明代的清华园、勺园，以及清代的宜园、寄园、祖氏园，等等，但是，经过这些园林建造的实践而形成的诸多造园艺术经验，却为此后的人们建造各种园林提供了重要的文化渊源，这些重要的建园经验又为人们今天建造园林提供了十分宝贵的参考意见。正是在继承了这个文化渊源的前提之下，我们今天园林事业的发展才有了巨大的潜力。

通过对北京园林史的研究，我们认识到，园林和人们的生活有着极为密切的联系。在古代，从高高在上的帝王到社会底层的民众，都曾经建造有大小不等的园林。在今天，又有哪一个北京市民能够说在生活中从来没有去游览过园林？因此，园林在人们的生活中已经占有越来越重要的位置。我们每个人都会思考，园林是什么？其实，它只是人们生活中的一块空间。只要心中有园林，身边的一树一石、一花一草，就都是园林。晋代诗人陶渊明有一句名诗："采菊东篱下，悠然见南山。"这就是园林的意境，手边的菊花，眼前的南山，就是很美的园林景致。唐代诗人王维也有一句名诗："独坐幽篁里，弹琴复长啸。"这也是园林的意境，在幽静的竹丛里，抚琴而歌，是多么美好的精神享受。

如果说，住宅是人们物质生活的家园，那么，园林就是人们精神生活的家园。如果说，工作给人们带来了繁重的劳动，那么，园林给人们带来的则是轻松的休闲。"一张一弛，文武之道"，愿我们今天的园林事业有更大发展，给人们带来更加绚丽的精神生活家园。

注释：

(1)《诗经·小雅·北山》，十三经注疏本，上海古籍出版社 1997 年版。

(2)（汉）佚名著，陈直校证：《三辅黄图》卷四《苑囿》，陕西人民出版社 1982 年版。

(3)《三辅黄图》卷四《池沼》。

(4)（唐）徐坚等：《初学记》卷七《地部下》，中华书局 2004 年版。

(5)《初学记》卷二十四《居处部》。

(6)《初学记》卷二十四《居处部》。

(7)《辽史》卷三十二《营卫志》。

(8)《辽史》卷四十《地理志》。

(9)（元）苏天爵：《国朝文类》卷六《五言律诗》，文渊阁四库全书本。

(10) 诗见（金）元好问：《遗山集》卷二，吉林出版集团 2005 年版。

(11)（元）郝经：《陵川集》卷二十五，吉林出版集团 2005 年版。

（12）（元）王恽：《秋涧集》卷二十二，吉林出版集团2005年版。

（13）（元）张养浩：《归田类稿》卷十九上海古籍出版社1981年版。

（14）（明）刘侗、于奕正：《帝京景物略》卷五《钓鱼台》，北京古籍出版社1983年版。

（15）（明）刘侗、于奕正：《帝京景物略》卷五《海淀》。

（16）《日下旧闻考》卷七十九转引《燕都游览志》。

（17）《日下旧闻考》卷七十九转引《明水轩日记》。

（18）（明）沈德符：《万历野获编》卷二十四《京师园亭》，北京燕山出版社1998年版。

（19）（清）孙承泽：《天府广记》卷三十七《名迹》，北京古籍出版社，1984年版。

（20）（清）王士禛：《居易录》卷上，中华书局1985年版。

（21）（清）戴璐：《藤阴杂记》卷九《北城上》，上海古籍出版社，1985年版。

（22）（清）徐珂：《清稗类钞·园林类》，中华书局，1984年版。

（23）《清史稿》卷二百五十《冯溥传》，中华书局，1984年版。

（24）（清）徐珂：《清稗类钞·园林类》。

（25）（清）震钧：《天咫偶闻》卷六《外城东》，北京古籍出版社1982年版。

（26）（清）昭梿：《啸亭杂录》卷十《本朝富民之多》，中华书局1980年版。

（27）（清）陈恒庆：《谏书稀庵笔记》，民国刻本。

（28）（清）况周颐：《餐樱庑随笔》，山西古籍出版社1996年版。

（29）（清）方浚师：《蕉轩随录》卷十二《赵子方楹联》，中华书局1995年版。

（30）《水经注疏》卷十三《漯水》，江苏古籍出版社1989年版。

（31）《金史》卷二十四《地理志》。

（32）（南宋）宇文懋昭：《大金国志》卷三十三《燕京制度》，中华书局1986年版。

（33）（金）元好问辑《中州集》卷四，华东师范大学出版社2014年版。

（34）《日下旧闻考》卷五十三引《燕都游览志》。

（35）（元）陈旅：《安雅堂集》卷三《西山诗》序，上海古籍出版社2007年版。

（36）（明）佚名：《朴通事谚解》上。

（37）（明）王士性：《广志绎》卷二《两都》，中华书局1981年版。

（38）（明）文徵明：《甫田集》卷十，吉林出版集团2005年版。

（39）（明）朱国祯：《涌幢小品》卷六《寿陵》，上海古籍出版社2012年版。

（40）（明）蒋一葵：《长安客话》，北京古籍出版社1982年版。

（41）（明）王士性：《广志绎》卷二《两都》。

（42）《大清会典事例》卷七百八《兵部》，新文丰出版公司1976年影印版。

（43）（清）王士禛：《池北偶谈》卷二十三《谈异》，中华书局1982年版。

(44)《辽史》卷四十《地理志》。

(45)(元) 郭钰:《静思集》卷七《和虞学士春兴八首》,四库全书本,商务印书馆 1989 年版。

(46)(明) 李贤等:《明一统志》卷一《京师》,上海古籍出版社 1978 年版。

(47)《日下旧闻考》卷八《形胜》引《燕山八景图诗序》。

(48)《日下旧闻考》卷一百四十七《风俗》引《析津志》。

(49) 孙文启等编:《颐和园志》第二编第二章《建筑工程》,中国林业出版社 2006 年版。

(50)(元) 陶宗仪:《南村辍耕录》卷二十一《宫阙制度》,中华书局 2004 年版。

(51)(明) 刘侗、于奕正:《帝京景物略》卷三《李皇亲新园》,北京古籍出版社 1983 年版。

(52)(明) 刘侗、于奕正:《帝京景物略》卷二《曲水园》。

(53)(南宋) 宇文懋昭:《大金国志》卷十三《海陵炀王纪》。

(54)《初学记》卷七《地部》所引,中华书局 2004 年版。

(55)(汉) 佚名著,陈直校证:《三辅黄图》卷一《咸阳故宫》,陕西人民出版社 1982 年版。

(56)《史记》卷六《秦始皇本纪》。

(57)《汉书》卷五十四《苏武传》。

(58) (唐) 康骈《剧谈录》卷下《曲江》,四库全书本,商务印书馆 1989 年版。

(59)(宋) 钱易:《南部新书·庚》,中华书局 1958 年版。

第一章　战国至隋唐时期北京地区的园林

北京地区园林发展的历史也是较为久远的，早在战国时期，以黄金台园林文化为代表的一大批台观宫苑兴起。秦汉时期，中国历史进入一个新的阶段。随之燕蓟地区的园林建设也有了一定的发展。直到隋唐时期，寺观园林的兴盛，为这一长时段北京地区园林发展增添了光色。

第一节　战国时期燕国台观宫苑

中国园林最早的形式是猎苑与台观。以北京为中心的北方广大地区，在战国属燕国所辖。根据传世文献资料，燕国亦有园林的初始形态。如《墨子·明鬼下》载曰：

> 昔者燕简公杀其臣庄子仪而不辜。庄子仪曰："吾君王杀我而不辜，死人无知亦已，死人有知，不出三年，必使吾君知之。"期年，燕将驰祖。燕之有祖，当齐之社稷，宋之有桑林，楚之有云梦也，此男女之所属而观也。日中，燕简公方将驰于祖涂。庄子仪荷朱杖而击之，殪之车上。当是时，燕人从者莫不见，远者莫不闻，著在燕之《春秋》。诸侯传而言之曰："凡杀不辜者，其得不祥。"鬼神之诛若此，其憯遬也。以若书之说观之，则鬼神之有，岂可疑哉？非惟若书之说为然也。

虽说墨子对燕之《春秋》所著录的这一段鬼神故事存疑，但所言燕之有祖应可信。赵光华遂指出，“这是说老百姓都可以去看的一处很大的狩猎园，并与当时齐、宋、楚诸国之名猎园作等量齐观。”(1)这是对“祖”等的一种臆断，实际上这里的“祖”、“桑林”等是指祭祀的场所。如唐代释道世《法苑珠林》卷五十七《君臣篇第四十一·燕臣庄子仪》载曰：

> 燕臣庄子仪无罪，而简公杀之。子仪曰：“死者无知则已，若其有知，不出三年，必使君知之。”期年，简公祀于祖泽。燕之有祖泽，犹宋之有桑林，国之大祀也，男女观之。仪起于道左，荷朱杖击公，公死于车上。

宋人李昉等撰《太平广记》卷一百十九《报应十八·燕臣庄子仪》引《报冤记》与此记载一致。“国之大祀”说明这一场所的功能是祭祀。

除了“祖”这一形态外，燕国还有其他一些形式的台观。据赵光华考证，有黄金台、碣石宫、展台、燧林、握日台、祗明室、泉昭馆、通云堂、昭王台东之三峰、燕下都之武阳台、元英、历室、宁台、华阳馆、华阳台、东宫池以及督亢地区风景区。燕国的这些台观宫苑，大多分布在今北京西南诸如古城、涿县、易县一带。(2)

黄金台，又名昭王台、郭隗台、幽州台。据《战国策·燕策一》记载，燕昭王收破燕后即位，卑身厚币，以招贤者，欲以报仇。故往见郭隗，咨询强国复仇策略。郭隗向他陈述了人才强国的战略，且以古人千金求千里马的故事进行阐释。燕昭王听后非常高兴，并为郭隗筑宫而师之。刘向《新序·杂事三》与此记载基本一致，而《说苑·君道》虽载此事，却没有千金求千里马之故事。我们再看，司马迁在《史记》卷三十四《燕召公世家》是这样记载的：

> 燕昭王于破燕之后即位，卑身厚币，以招贤者，谓郭隗曰：“齐因孤之国乱而袭破燕，孤极知燕小力少不足以报，然诚得贤士以共国，以雪先王之耻，孤之愿也。先生视可者，得身事之。”郭隗曰：“王必欲致士，先从隗始。况贤于隗者，岂远千里哉？”于是昭王为隗改筑宫而师事之。

这里根本没有以千金求千里马的故事，相比《战国策》、《新序》，司马迁的记载要简略的多。《太平御览》卷一百七十七引《史记》曰：

“燕昭王置千金于台上，以延天下士，谓之黄金台。”这是把《战国策》的记叙进行加工而演绎出来的黄金台文化现象。

关于黄金台的位置问题，清代陈厚耀《春秋战国异辞》卷三十二《燕》引刘向《别录》曰：“燕昭王于易水筑黄金台，延天下士。邹衍闻之，乃自梁入，燕昭王筑碣石宫师事之。”如果这条材料可信的话，那么这是黄金台一名出现最早的地方，且其在易水。明代董说《七国考》亦言：“黄金台位于易水东南十八里，昭王置千金于台上，以延天下之士。”

关于黄金台的位置，还有一说，即在今北京地区。《史记》卷七十四《孟子荀卿列传》载曰：“（邹衍）如燕，昭王拥彗先驱，请列弟子之座而受业，筑碣石宫，身亲往师之。”《正义》曰：“碣石宫，在幽州蓟县西三十里，宁台之东。”这与刘向所言黄金台在易水，显然不是同一地。《太平御览》卷一七八引《述异记》曰：“燕昭王为郭隗筑台，今在幽州燕王故城中，士人呼为贤士台，亦谓之招贤台，又谓之黄金台。”《大清一统志》卷六《顺天府三》载曰：“按：《史记》昭王为郭隗改筑宫而师事之，不言筑台。后汉孔融论盛宪书始云昭王筑台以事郭隗，然亦无所谓黄金台也。至郦道元《水经注》及《文选》李善注引王隐《晋书》、隋《上国图经》始有黄金台之名，然皆在今易州。惟《述异记》谓台在幽州，后人缘此以筑耳。”这或许道出了造成黄金台与碣石宫相混淆的史料来源。

随着时代的推移，世人对黄金台有了更多的遐思和猜想，或许是人们不断对燕昭王黄金台招贤纳士称赞而做了演绎，导致很多所谓的“金台”现象，以至于各家记述奇异多多；或者是当时燕昭王确实为了招贤纳士，构筑了一大群台观，统称为黄金台。

如《太平寰宇记》卷六十七《河北道·易州·易县》载曰：

> 金台在县东南三十里，燕昭王所造，置金于上，以招贤士。又有西金台，俗呼此为东金台。……西金台在县东南六十里，即燕王以金招贤士之所。小金台在县南十五里，燕昭王所造郭隗台也。按《春秋语》云：“郭隗谓燕王礼贤从隗始，乃为碣石馆于台前。”兰马台在县东南十五里。《水经》云：“黄金台北有兰马台。”候台在州子城西南，隅高三层，燕昭王所筑以候云物。三公台在县东南十八里，其台相去三十六步，并高大，燕昭王所立，乐毅、邹衍、剧辛所游之处，故曰三公台。

这里有东金台、西金台、小金台、兰马台、候台、三公台等。清代陈厚耀《春秋战国异辞》卷三十二《燕》引刘向《别录》曰："易州有候台。相传周武王筑，为日者占候之所。燕昭建五楼于上，更名五花台。"这又说候台乃周武王所筑，而燕昭王建五楼于上，更名为五花台。《明一统志》卷二《保定府》对此说的更为详尽：

> 候台：在易州治，相传周武王筑，为日者占候之所。战国燕昭王建五楼于其上，尝游乐其间，更名五花台。其楼东曰增明，西曰晚翠，南曰观月，北曰游卧，中曰萃秀。

《太平御览》卷一百七十四《居处部二·室》载曰："《拾遗录》曰：老君居反景之室日与世人绝迹。又曰：燕昭王坐祇明之室，升于泉昭之馆，此馆常有白凤白鸾绕集其间。"《太平广记》卷四百二《宝三》亦载曰："燕昭王坐握日台，时有黑鸟白颈集王之所，衔洞光之珠圆径一尺。"《仙传拾遗》载曰："燕昭王好道，仙人甘儒臣事之，为王述昆台登真之事。……后一年，王母果至，与王游燧林之下，说炎黄钻火之术，燃绿桂膏以照夜。"

明代董说《七国考》卷四《燕宫室》对此专有记述：

> 甘棠宫：昔召公巡行乡邑，有棠树，决狱改事其下。召公卒，而民人思召公之政，怀棠树，不敢伐，作《甘棠》之诗。后昭王慕召公之政，起甘棠宫，祠召公焉。

又曰：

> 洞宫：《仙传》："燕昭王得洞光之珠，以饰宫，故曰洞宫。"刘沧有《宿洞宫诗》：沐发清斋宿洞宫。又唐人称道院曰洞宫。明光宫：《十二国续史》："燕惠王起明光宫。"《金纬玉经》：白刃为表周宫，为衣迷，不知其所从入。"东宫：《燕丹子》："燕太子丹自喜得荆轲，永无秦忧，日与轲游东宫，临池而观，拾瓦投鼃。太子令人捧盘金丸进之。"按《左传注》云太子不敢居上位，故常居东宫正寝。

再曰：

> 灵台：《范志》："燕昭王起灵台，穷极珍巧，子时起工，午毕，谓之子午台。"……崇霞台：《拾遗记》："昭王登崇霞之台。"……禅台：《薛氏孟子章句》曰："燕哙筑禅台，让于子之后。昭王复登禅台，让于乐毅毅，以死自誓不，敢受禅。禅台一名尧舜台。"逃齐台：燕有逃齐台，在小金台东北十六里，相传为子之之乱，齐伐燕，群臣登台避兵，后名台曰逃齐台，见《史记》旧注。……三台：三台城在容城县，见志。《城冢记》云燕魏分易水为界，筑三台，登降以耀武即此。……。通云台：《拾遗记》："昭王坐通云之台，亦曰通霞台，山西有昭石，去石十里，视人物之影如镜焉。碎石片片，皆能照人，而质方一丈，则重一两，昭王舂此石为泥泥通霞之台。"……又按《水经注》易水二馆之城，涧曲泉清，山高林茂风，烟披薄触，目怡情方外之士，尚凭依旧，居取畅林木，二馆谓樊于期、荆轲之馆也。又云易水又东历燕之长城，又东径渐离城南，盖太子丹馆，高渐离处也。

又《大明一统志》卷一《京师》载曰："展台：在涿州西南，旧传燕昭王尝展礼于此。……华阳台：在涿州城。《索隐》：'燕太子丹与樊将军置酒华阳馆，出美人、奇马，即此。'"《明一统志》卷二《保定府》载曰："仙台：在易州，相传燕平曾学仙于此。刘因诗：'碣石来海际，西南奄全燕；中有学仙台，燕平欲升天。'"

《大清一统志》卷六《顺天府三》亦载曰：

> 燕昭王台，在涿州西南五十里，亦称仙台。《水经注》濡水出燕王仙台东，台南三峰甚崇峻腾云，冠峰高霞翼岭岫壑，冲深含烟罩雾者，旧言燕昭王求仙处。……武平亭，在文安县北。《史记·赵世家》：惠文王二十一年，徙漳水武平西，二十六年，徙漳水武平东。《括地志》：武平亭，今名渭城，在文安县北七十二里。《县志》：今胜芳镇，在县东北七十里，浊漳滹沱会流于此，疑即武平也。督亢亭，在固安县南。《后汉书·郡国志》：方城县有督亢亭。按《明统志》谓在涿州东南十五里，高丈余，周七十步，又见新城县。

《畿辅通志》卷五十三《古迹·顺天府》载曰："雀台，在固安县西南十八里，传是赵李牧故迹。《县志》：雀台高丈余，广平数百步，其地有雀台寺。”《畿辅通志》卷五十四《古迹·易州》：“古将台，在易州南二十五里，昭王练兵处。……古花园，在易州西北二里，燕昭王建。荆轲馆，在易州，燕丹馆荆轲处。”

又《史记》卷八十《乐毅传》载乐毅报遗燕惠王书曰：“珠玉财宝车甲珍器尽收入于燕。齐器设于宁台，大吕陈于元英，故鼎反乎磨室，蓟邱之植植于汶篁。自五伯已来，功未有及先王者也。”对于宁台，《索隐》：“燕台也。”《正义》引《括地志》云：“按元英、磨室二宫，皆燕宫，在幽州蓟县西四里宁台之下。”元英，《索隐》：“大吕，齐钟名。元英，燕宫殿名也。”磨室，《集解》引徐广曰：“磨，歷也。”《索隐》：“燕鼎前输于齐，今反入于磨室。磨室亦宫名。《战国策》作‘歷室’也。”《正义》引《括地志》云：“歷室，燕宫名也。”又引高诱云：“燕哙乱，齐伐燕，杀哙，得鼎。今反归燕故鼎。”

综合上述文献记载，战国时期燕国有碣石宫、东金台、西金台、小金台、兰马台、五花台、三公台、祇明室、泉昭馆、握日台、燧林、甘棠宫、明光宫、洞宫、东宫、崇霞台、逃齐台、通云台、禅台、三台、樊于期、荆轲之二馆、太子丹馆、华阳台、展台、仙台、武平亭、督亢亭、雀台、古将台、古花园、宁台、元英、磨室、武阳台等共35处台馆宫苑，相比赵光华所考证的多出18处。

第二节　秦汉魏晋北朝时期幽州（燕国）的园林

秦汉是中国统一多民族国家形成的重要阶段，以郡县制为主体的郡国并行制度乃当时的国家政治制度。就北京地区来讲，汉初先是分封异姓王，后不断分封同姓王于此。在行政建置上，燕国、燕郡、广阳国、广阳郡不断变化，总的趋势是侯国不断缩小，汉郡逐渐增大。到景帝时期，基本形成“燕北无边郡”这样的形势。蓟城在两汉四百余年，始终为封国都城。关于具体位置，多数学者认为其在今广安门、宣武门一带，但仍有不同看法，有待考古发掘进一步认识和确知。

秦始皇统一六国后，“为驰道于天下，东穷燕、齐，南极吴、楚。江湖之上，濒海之观，毕至。道广五十步，三丈而树，厚筑其外，隐以金椎，树以青松，为驰道之丽至于此。”(3) 这已具备了公共园林的形式，当然这样的御道只供帝王使用，还算不上严格意义上的公共园林建设。

蓟城在秦汉之前就为天下名都，到了两汉时期，依然备受关注。《汉书·地理志下》载曰：“蓟，南通齐、赵，勃、碣之间一都会也。”

《盐铁论·通有》载大夫言："燕之涿、蓟，赵之邯郸，魏之温、轵，韩之荥阳，齐之临淄，楚之宛丘，郑之阳翟，三川之二周，富冠海内，皆为天下名都。"这样的大都会，不可能没有早期形态的园林建筑或设施。据《汉书》卷六十三《武五子传·刘旦》记载，燕王刘旦与他人谋反败露后，有些遗恨和绝望，于是在都城蓟城万载宫置酒，自歌曰："归空城兮，狗不吠，鸡不鸣，横术何广广兮，固知国中之无人!"华容夫人起舞曰："发纷纷兮实渠，骨籍籍兮亡居。母求死子兮，妻求死夫。徘徊两渠间兮，君子独安居!"因迎后姬诸夫人于明光殿，最后自杀。同书又载曰："是时天雨，虹下属宫中饮井水，井水竭。厕中豕群出，坏大官灶。乌鹊斗死。鼠舞殿端门中。殿上户自闭，不可开。天火烧城门。大风坏宫城楼，折拔树木。流星下坠。后姬以下皆恐。王惊病，使人祠葭水、台水。王客吕广等知星，为王言'当有兵围城，期在九月十月，汉当有大臣戮死者'。"《汉书》卷二十七《五行志》亦载曰："昭帝元凤元年，燕王都蓟大风雨，拔宫中树七围以上十六枚，坏城楼。"从这些描写可以看出，蓟城王宫内有河渠、小溪，街巷成行，大树成荫，有宫，也有殿，虽无法与当时的长安宫殿相比，但在北方地区也算得上有一定恢弘气派的宫殿园林了。再如，王都南面的文安县，有一处规模较大的猎场，燕王刘旦曾"发民会围，大猎文安县，以讲士马"。[4]

两汉时期，在蓟城东北有一处祭祀黄帝的陵庙，这也是很重要的社庙遗迹。唐代大诗人陈子昂在其《蓟丘览古赠卢居士臧用》序中曰："吾北征，出自蓟门，历观燕之旧都，其城池霸迹已芜没（一作昧）矣。乃慨然仰叹，忆昔乐生、邹子群贤之游盛矣。因登蓟楼，作七诗，以志之，寄终南卢居士。亦有轩辕遗迹。"其中《轩辕台》又云："北登蓟丘望，求古轩辕台。应龙已不见，牧马空黄埃。尚想广成子，遗迹白云隈。"唐代大诗人李白在《北风行》一诗中写道："烛龙栖寒门，光耀犹旦开。日月照之何不及此（一作日月之赐不及此），唯有北风号怒天上来。燕山雪花大如席，片片吹落轩辕台。幽州思妇十二月，停歌罢笑双蛾摧。"[5]宋代杨齐贤注曰："轩辕台，在汉上谷郡涿鹿县。"[6]清代王琦在其《李太白集注》卷三《乐府三十首》中引《直隶·名胜志》曰："轩辕台在保安州西南界之乔山上。"又引《山海经》云："大荒内有轩辕台，射者不敢西向，畏轩辕故也。"

而明清多数文献均记载轩辕庙位于今北京平谷地区，如明代李贤等撰《明一统志》卷一《京师》曰："鱼子山：在平谷县东北一十里，上有大塚，云轩辕黄帝陵也。唐陈子昂诗：'北登蓟邱望，求古轩辕台。'疑即谓此。山下有轩辕庙，见存。"明代蒋一葵在《长安客话》中曰："世传黄帝陵在渔子山。今平谷县东北十五里，冈阜窿然，形如大冢，即渔子山也。其下旧有轩辕庙。"清代高士奇在其《松亭行纪》卷上《上奉》中曰："乙亥，晓行，残月尚在马首，同侍卫取径盘山时，访山家经渔子山，在平谷县东北十里，上有大冢，旧传黄帝陵也，其上有轩辕台，下有轩辕庙。"《大清一统志》卷四《顺天府》载曰："渔子山：在平谷县东北十五里，上有大冢，俗传为黄帝陵。"清代编纂的《蓟州志》卷一《名山》亦载曰："峨嵋山南十五里至渔子山，其山在平谷县东北十五里，冈阜隆然，形似大冢，相传为黄帝陵，山下有轩辕庙。汉武帝元封二年北巡朔方，还祭黄帝冢即此处。"这些记录，还得到了考古学的证实。

1993年4月，北京市文物研究所对平谷山东庄轩辕庙进行了考古发掘。考古人员共发现了上下叠压的四个时期的文化遗存，最下面一层为汉代文化层，出土有灰陶绳纹板瓦残片及夹蚌末绳纹红陶片等，第二层为辽金文化层，第三层为明代文化层，第四层为清代轩辕庙建筑基址，其整体布局清晰可辨。这说明，轩辕庙始建于汉代。至于鼋山第六峰处的黄帝陵也已遭到破坏，但墓坑中尚存有一块大扁石，状如鼋壳，厚约35厘米，重约3吨。并且考古调查人员还在山东庄西南2里的大北关村与小北关村一带发现了汉代平谷县城的夯土城址，说明汉代的轩辕庙位于汉代平谷县城外东北2里处。所以，考古学家苏秉琦先生曾高兴地说："早在汉代就承认轩辕黄帝陵了。"(7)

赵光华在其《北京园林史话》一书中谈到汉代北京地区园林发展时引用了《宸垣识略》"葆台去城南三十里，故老相传，金明昌时李妃避暑之台。有寺院，甚壮丽。"接着，作者认为大葆台汉墓出土文物中，"其中出土的陶器中所塑庄园的类型很多，庄园内有亭、台、楼、榭等，说明当时园林已很盛行"。(8)经查大葆台汉墓报告和现存实物，并无反映庄园的陶器，不知作者所据何在。不过，金明昌时在葆台所建的避暑之台，是存在的。当时发掘汉墓时，就发现了这一台址。

三国时期，在蓟城的北郊，分布着较多的湖池。曹植有诗《艳歌》称："出自蓟北门，遥望湖池桑，枝枝自相植，叶叶自相当。"当时蓟城的北郊应包括今之莲花池、紫竹院、什刹海一带之三海地段，玉渊潭、巴沟低地之万泉庄地段等。这些地方，看来都是贵族们的桑园区，也是风景极为自然优美的地带，是士大夫们举行修禊活动与宴集的地方。(9)蓟城西郊的太湖，亦称西湖（今莲花池公园），是蓟城民众喜游的公共游豫园林，这也是北京最早出现的公共游豫园林。(10)

晋代，也有不少记载蓟城近郊园林风景地段的情况。如《晋书》卷三十九《王浚传》载："成都王颖密使右司马和演杀王浚，于是与浚期游蓟城南清泉水上。"这个清泉地区，就是蓟城南郊有名的宴集游览地段。《水经注》卷十三《㶟水》载曰：

> 㶟水又东北径蓟县故城南。《魏土地记》曰：'蓟城南七里有清泉河……。'㶟水又东与洗马沟水合，水上承蓟水，西注大湖。湖有二源，水俱出县西北平地，导源流结西湖。湖东西二里，南北三里。盖燕之旧池也。绿水澄澹，川亭望远，亦为游瞩之胜所也。

寺观园林分城内、城郊，在城内的寺观不仅是举行宗教活动的场所，同时也是居民们日常公共活动的场所，尤其在宗教节日举办大型宗教活动的时候，都会有大量群众参与其中。这样附属于寺观的园林便定期开放，游园活动也盛极一时。这些寺观园林就具备了公共园林的性质。对郊外的寺观园林来说，更是选择在自然环境优美的地带，从而形成以寺观为中心的风景名胜区园林。[11]

佛教之传播与发展，就全国范围而言，汉魏为始传期，南北朝为确立期，隋唐以至宋元为兴盛期。而到明清，则为由盛转衰期。就北京地区而言，唐五代以前，尚处于初兴阶段，历辽金元三代，始有进一步发展。至明清方趋于繁盛。清末民初，乃日趋衰落。[12]据《畿辅通志》卷五十一《寺观・顺天府》载，砙堂寺在怀柔县东八十余里，汉时建，名昙泉寺，明正德己卯改今名；游觉寺在昌平州，汉中兴时建；香水寺在昌平州西南，汉建武五年建。如果这些记载属实的话，那么今北京地区佛教传入亦很早。但从佛教发展来讲，还是较中原为晚。

虽然东汉时佛教已传入今北京地区，但直到南北朝时期，才有一个相对发展的局面。潭柘寺，位于幽州马鞍山之西，晋代称嘉福寺，至唐代改称龙泉寺，金代又称万寿寺，清代康熙帝赐寺额为"岫云禅寺"。而历代则统称为潭柘寺。燕人有谚曰"先有潭柘寺，后有幽州城"，说明其年代确实久远。燕地寺庙，有创建时间可考者，始于北魏。[13]其一为奉福寺，建于幽州城里。《元一统志》载曰："按旧《记》，寺起于后魏孝文之世，为院百有二十区。后罹兵烬。"规模宏大，应为当时幽州诸寺之冠。同书又引金代曹谦《圣像功德碑记》云："都城之内，招提阑若如棋布星列，……独奉福基于后魏，历唐及辽，以讫于金，比他寺为最古。"其二为弘业寺，建于幽州城郊，亦为北魏孝文帝时所造。唐代释道宣《续高僧传》卷二十六载曰："释宝严，幽州人，住京下仁觉寺，守道自娱。仁寿下敕召送舍利于本州弘业寺，即元魏孝文之所造也，旧号光林。依峰带涧，面势高敞。自开皇末舍利到前，山桓倾摇未曾休止。及安塔竟，山动自息。"从这段史料来看，弘业寺始建于北魏，隋仁寿时幽州僧释宝严受命送舍利于寺中建塔改寺为弘业。按《应舍利感应表》记载，建塔在隋仁寿二年（602）三月二十六日。隋以后，寺庙历史史记不明，致使明清北京地方史料多将它与唐天王寺混为一谈，认为弘业为天王寺之前身。率先持此说者为明代刘侗《帝京景物略》，其后《宸垣识略》《春明梦余录》《京城古迹考》《日下旧闻考》《畿辅通志》等史书皆因袭此说。1974年山西应县木塔的辽刻佛经，记有"弘业寺沙门智云手书"、"由燕京右街天王寺沙门志延校勘"，这充分说明辽代燕京同时存在这两座佛寺，也就证明弘业寺与天王寺并非同一寺庙。[14]其具体位置，《日下旧闻考》卷三十七朱彝尊按语称："隋唐之幽州洪业寺在城内。"但《释宝严传》明确言"依峰带涧，面势高敞"，它似应在山林地带，而与古幽州城区所在地理实不相符，究竟在何处，尚待进一步考证。[15]建于城郊，很有可能。其三是尉使君寺，东魏元象元年（538）幽州刺史尉苌命所造。后周毁，隋复之，改名智泉寺。隋仁寿四年（604），幽州刺史窦抗建塔五层，奉舍利，又改寺额曰普觉。唐武则天时，武后得《大云经》，遂颁诏天下各州立大云寺。唐玄宗时，又重修，更名龙兴寺。会昌法难中寺毁。大中时幽州节度使张允仲奏立精舍并东西二浮图，曰殊胜、曰永昌，又改寺名为延寿寺。这一寺名一直保留至元代。唐《采师伦书重藏舍利记》《元一统志》《春明梦余录》等对此有详尽记载。[16]这里面稍有不同的是关于大云寺命名及时间问题。《采师伦书重藏舍利记》《春明梦余录》均认为唐代武则天时改为大云寺，而《元一统志》则认为东魏初建时已名大云。从文献年代来讲，我们还是遵从唐代《采师伦书重藏舍利记》的记载。关于其位置，《采师伦书重藏舍利记》指出，即子城东门东百余步大衢之北面也。又《元一统志》云："大延寿寺，在旧城悯忠阁之东。"据此，我们可知其应在今法源寺东面。[17]从"至辽保宁中，建殿九间，复阁衡廊，穷极伟丽"的描述中，我们也能窥测东魏初建时这座寺庙的宏伟壮丽，亦是一处规模颇大的寺庙园林。

除了这些突出的寺庙园林外，还有一些幽州城远郊的佛寺。据《畿辅通志》卷五十一《寺观·顺天府》载：木岩寺，在房山县西南十八里，梁武帝天监中建，明嘉靖中重修；大安寺，在密云县东北五十里，旧名白猿院，北齐五年建，金承安四年重修。

第三节　隋唐时期幽州的宫苑及寺庙园林

北周大定元年（581）二月，北周相国隋国公杨坚废周静帝，建立隋朝，定都长安，改元开皇。开皇三年（583），隋文帝以郡县过繁，户口减少，下诏罢除诸郡，隋朝地方行政区划改为州、县两级制。燕郡改为幽州，仍沿北周之旧称，作幽州总管府。文帝一世，幽州总管府辖蓟（今北京西南城区）、良乡、安次、涿、潞、雍奴、昌平、固安八县。至隋炀帝大业三年（607）又罢州改郡，幽州改称涿郡，仍治蓟城，统县九，新增怀戎县。其中蓟、良乡、昌平、潞及怀戎东部均在今北京市辖境内。此外，安乐郡的燕东、密云二县、渔阳郡无终县的西北部地区亦在今北京境内。

唐朝初年，地方行政制度仍因袭隋朝，但名称上有所改变。武德元年（618），改郡为州，涿郡复称幽州，复置幽州总管府，复领隋初八县（怀戎县时为隋末起义军占领）。后幽州总管府升为大总管府，又改称大都督府，再降为都督府，属县亦由八减为六。太宗贞观年间，地方行政增置"道"，分天下为十道，但道不在地方设治所，其职能类似西汉州制，主要是监察地方。但到唐开元二十一年（733），分天下为十五道，并在地方设治所，所以道所为州以上的一级行政区划。唐地方政区也形成道、州、县三级制，道一级大官称采访使。唐玄宗天宝以后，采访使多用地方掌重权的节度使兼任，于是道和藩镇基本合一。天宝元年（742），唐玄宗改州为郡，幽州改称范阳郡。乾元元年（758），唐肃宗又改郡为州。范阳郡复称幽州，仍治蓟城。因此习惯上称唐代蓟城为幽州城。唐在今北京地区设置的州（郡）、县多变迁，但以幽州为中心。

隋朝建立之后，为了加强中央政府对地方控制和对东北高丽用兵，文帝、炀帝时，都委任亲信重臣、名将为幽州总管和涿郡太守。特别是在炀帝时期，以涿郡为重点，兴建了三项重大的工程：一是开凿南达黄河北至涿郡的永济渠；二是修筑驰道；三是营建临朔宫。这三项大工程的兴建，主要目的是为了以涿郡为基地，对辽东高丽用兵。

大业五年（609），在蓟城建临朔宫，作为炀帝巡幸督战的行宫。《隋书》卷六八《闫毗传》载："毗督其役，明年，兼领右翊卫长史，营建临朔宫。"据说，临朔宫毁于隋末农民起义运动，遗址无存。关于临朔宫的具体位置主要有两说：其一认为位于蓟城城南7里，清泉水北岸（今凉水河）；其二认为位于蓟城东南隅，即今法源寺处。《资治通鉴》卷一百八十一《隋纪五・炀皇帝上之下》："夏四月庚午，车驾至涿郡之临朔宫。"司马光注曰："《唐志》幽州蓟县有故隋临朔宫。"《大清一统志》卷六《顺天府三》"临朔宫"，注曰："在大兴县界。"《畿辅通志》卷五十三《古迹》："临朔宫：在大兴县界。"还有一说，是在南桑干河的北岸，也就是晋代蓟城南郊之清泉一带的继承延续。(18)

据《新唐书》卷九十二《罗艺传》载，"天下盗起，涿郡号富饶，伐辽兵仗多在，而仓庤盈羡，又临朔宫多珍宝，屯师且数万，苦盗贼侵掠，留守将赵什住、贺兰谊、晋文衍等不能支。"临朔宫宏伟壮丽，多积珍宝，内有怀荒殿等建筑，常屯兵数万。《资治通鉴》卷一百八十一《隋纪五・炀皇帝上之下》载曰："（大业七年）晓谕处罗使入朝。十二月己未，处罗来朝于临朔宫。帝大悦，接以殊礼。帝与处罗宴，处罗稽首谢，入见之。晚，帝以温言，慰劳之备，设天下珍膳，盛陈女乐，罗绮丝竹，眩曜耳目。"赵光华引《新唐书・方使传》曰："炀帝幸涿郡，召道士王远和于临朔宫，执弟子礼。炀帝好神仙术，造道观多，有华屋美园。"作者遂由此指出："看来这是一种仙气很重的华美园林。"经笔者查阅，《新唐书》并无《方使传》，而有《方技传》，也无"炀帝好神仙术，造道观多，有华屋美园"之记载，不知作者所引材料从何而来。

又《隋书》卷八《礼仪志三》载曰：

> 大业七年征辽东。炀帝遣诸将于蓟城南桑干河上筑社、稷二坛，设方壝行宜社礼。帝斋于临朔宫怀荒殿，预告官及侍从各斋于其所，十二卫士并斋。帝衮冕玉辂备法驾礼毕，御金辂服通天冠，还宫。又于宫南类上帝，积柴于燎坛，设高祖位于东方。帝服大裘以冕，乘玉辂祭奠玉帛，并如宜社。诸军受胙毕，帝就位，观燎乃出。又于蓟城北，设坛祭马祖，于其上亦有燎，又于其日使有司并祭。先牧及马步无钟鼓之乐，众军将发。帝御临朔宫，亲授节度。

《资治通鉴》卷一百八十一《隋纪五・炀皇帝上之下》："祭马祖于蓟城北。"司马光注曰："《周礼》祭马祖。郑氏注曰：马祖，天驷也。"《日下旧闻考》卷九十二《郊坰西二》："臣等谨案：隋大业间社稷二坛，今无考。"这些说明，隋朝时蓟城及其邻近地区设有坛庙，祭祀马祖，与临朔宫一样，成为当时蓟城的重要园林建筑。

在今积水潭的位置上，唐时为幽州城东北郊，有王镕的海子园。《日下旧闻考》卷五十三《城市·内城西城四》引《咏归录》云："都人呼飞放泊为南海子，积水潭为西海子。按：海子之名见于唐季，王镕为镇帅，有海子园，尝馆李匡威于此。北人凡水之积者辄目为海，若宝坻之七里海，昌平北之四海冶是也。元时，运船直至积水潭，王元章诗：燕山三月风和柔，海子酒船如画楼。想见舟楫之盛。自徐武宁改筑北平城后，运河、海子截而为二，城内积土日高，虽有舟楫桥梁，不能度矣。"《日下旧闻考》卷一百五十八《杂缀二》又引《北梦琐言》云："李匡威，少年好勇，不拘小节，以饮博为事。一日与诸游侠辈钓于桑干河赤栏桥之侧，自以酒酬地曰：'吾若有幽州节制分，则获大鱼。'果钓得鱼，长三尺。"李匡威，晚唐人，幽州镇师，曾重修悯忠寺。这里说出了当时幽州城南的一处人们可以随意游览的园林景观。

隋唐时期有诸多寺庙兴建于今北京地区。隋朝，除了上述我们提及的智泉寺、弘业寺外，还有另一个智泉寺。《幽州智泉寺舍利塔下铭》载曰："维大隋仁寿元年岁次辛酉六月三十日，皇帝普为一切法界幽显生灵，谨于幽州涿县智泉寺奉安舍利。"按《隋书》、两《唐书》地理志，今房山区隋称涿县，据此可知涿县智泉寺在今房山区境内。又《房山县志》记载："云居寺，隋曰智泉寺，以泉名也。"由此可见，智泉寺应为房山云居寺前身。[19]《日下旧闻考》卷六十《城市·外城·西城二》引《析津日记》云："宣南坊白马寺，隋刹也。殿后尊胜陀罗尼幢上刻'仁寿四年正月上旬造寺'，重建于洪熙元年。正统八年，赐额，有翰林学士南昌张元祯，工部尚书直、文渊阁嘉禾张文宪二碑。其东有僧塔，塔前有古碑，已为侵占者所毁矣。"朱彝尊按："白马寺今已圮，其地犹名白马寺坑。明张元祯、张文宪二碑尚树于土阜上。隋时石幢、僧塔、古碑，俱无考。"

燕地开始普遍建寺，始于唐代。[20]寺庙园林在唐代最为盛行，幽州地区寺庙园林发展多达六十余所。[21]唐初，燕地所建著名寺院有淤泥寺（后称鹫峰寺）、北留寺、马鞍山慧聚寺（后称戒坛万寿寺）、白带山云居寺及蓟州白岩寺等。武则天时期，在全国各地广建大云寺，燕地除名刹智泉寺改为大云寺外，又先后兴建数座大云寺。而著名的悯忠寺，就始建于唐贞观年间。唐代中期国力强盛，佛教发展亦趋于极盛。燕地所建佛寺，亦不少。著名者如天王寺（即今天宁寺）、千椽寺、归义寺、真应寺、崇孝寺，以及涿县之龙泉寺、潞县（今北京通州区）之净业寺等。唐代后期，燕地寺庙创建更为兴盛。除了幽州城内，新创建胜果寺、宝集寺、金阁寺、清胜寺、佑圣寺等外，郊县还有平谷之兴善寺、潞县之林泉寺、昌平之昭圣寺等。[22]

悯忠寺，现存，即今法源寺，位置在原宣武区菜市口南，教子胡同东。《日下旧闻考》卷六十《城市·外城西城二》引《春明梦余录》云：

> 悯忠寺，建于唐贞观十九年。太宗悯东征士卒战亡者，收其遗骸，葬幽州城西十余里许，为哀忠墓。又于幽州城内建悯忠寺，中有高阁谚曰：悯忠高阁去天一握是也。

元人张翥《蜕庵集》卷三《辛巳二月朔登悯忠阁》：

> 百级危梯溯碧空，凭栏浩浩纳长风。
> 金银宫阙诸天上，锦绣山川一气中。
> 事往前朝僧自老，魂来沧海鬼犹雄。
> 只怜春色城南苑，寂寞余花落日红。[23]

胜果寺，唐武宗会昌六年（846）兴建，金代延续名为圣果寺，房山石经辽金刻经对此有所记录："中都南圣果寺故尼了才用己财造此经板"、"施主中都南圣果寺故尼了才造此经碑"。其位置应在当时幽州城东南方位，即今南横街南面某处。《日下旧闻考》卷六十《城市·外城西城二》引《采师伦书重藏舍利记》：

> 洎会昌乙丑岁，大法沦坠，佛寺废毁。时节制司空清河张公，准敕于封管八州内，寺留一所，僧限十人。越明年，再崇释教，僧添二十，置胜果寺，度尼三十人。

归义寺，与安史之乱有密切关系。肃宗至德二年（757），安禄山被其子安庆绪所杀，这时史思明亦处处受挫，为了自保，他向朝廷请降。唐肃宗闻讯大喜，即封他为归义王、河北节度使、范阳长史等职。归义寺正是在这一背景下产生的，是唐肃宗安抚史思明的举措之一，寺名正是用其封号命名的。《日下旧闻考》卷五十九《城市·外城西城一》引《析津志》云：

> 归义寺在旧城时和坊内。有大唐再修归义寺碑。幽州节

> 度掌书记荣禄大夫检校太子洗马兼侍御史上柱国张冉撰。略曰：归义金刹，肇自天宝岁，迫以安氏乱常，金陵史氏归顺，特诏封归义郡王，兼总幽燕节制，始置此寺，诏以归义为额。大中十年庚子九月立石。

《顺天府志》所载与此相同。清代文献曾有认为此乃辽之佛寺，如《行国录》、《倚晴阁杂抄》、《人海记》等，即“归义寺在善果寺西，辽刹也”。这倒给我们提供了其位置的寻找。《倚晴阁杂抄》“善果寺”条按语曰：“善果寺在今广宁门大街北巷内”，广宁门即今广安门。由此我们可以推断，归义寺大致在今广安门大街路北。

兴禅寺，《日下旧闻考》卷一百五十五《存疑一》引《图经志书》曰：

> 兴禅寺，旧刹，一行禅师建，后废。辛丑冬，再兴建。一纪复完，赐额曰万安禅寺。癸丑火，是年三月重建大殿、方丈、客位、僧舍。中统三年六月，立传法正宗之殿，提举学校王万庆撰书题额。

《元一统志》与此记载同。《日下旧闻考》同卷有云：“臣等谨按：《析津志》兴禅寺在燕圣安寺之东、悯忠阁之西。今莫详其旧址。”有学者由此而推出兴禅寺应在两寺相距约一里的中间地段上。(24)

天王寺，《析津志·寺观》：“天王寺，在黄土坡上，有塔。”《元一统志》载曰：“天王寺在旧城延庆坊内，始建于唐，殿宇碑刻毁于火，元朝至元七年建三门，而梵宇未能完集。”此寺历经修缮存至今，即天宁寺，位于广安门外滨河路西。

崇孝寺，《日下旧闻考》卷一百五十五《存疑一》引《元一统志》曰：

> 崇孝寺，辽干统二年沙门了铢作碑铭，谓析津府都总管之公署左有佛寺，厥号崇孝。按《幽州土地记》则有唐初年置。里俗相沿则谓德宗贞元五年幽帅彭城大师刘公济舍宅为寺。传说各异。以前殿梁板及后殿左幢文考之，则刘庄武公济贞元五年舍宅作寺为是。

《日下旧闻考》卷六十《城市·外城西城二》引《析津日记》云：

元至正初，以唐贞观元年所建佛寺旧址建寺，赐额崇效（孝）。明天顺间重修，嘉靖辛亥掌丁字库内官监太监李朗于寺中央建藏经阁，有都人夏子开高明区大相二碑阁，东北有台，台后有僧塔，三环植枣树千株，以地僻，游人罕有至者。

谨按："崇效寺在白纸坊。明嘉靖中郧阳府知府夏子开碑、万历中翰林院检讨区大相碑俱存，谓寺创于唐贞观元年者，祇据碑文所载，他书不可考也。藏经阁，嘉靖时建于寺之中央。万历时移建于后。今尚存阁，东北之台已圮，仅存其址。僧塔三今有六，枣树千株，今数株而已。"综合来看，崇孝寺建于唐德宗贞元五年较为可能，它位于今白广路西崇孝寺胡同。从植枣树千株看，说明该寺庙实为一处重要寺庙园林。

宝刹寺，《元一统志》载曰：

驻跸寺，在大都丽正门外，西南三里旧城施仁关，大唐宝刹寺也。有幽州大都督府宝刹寺禅和尚碑铭，元和七年五月所建。禅和尚，西方吐火罗国人，姓罗氏，讳普照。首于城东依水木之胜作为净宗，贞元初赐额曰宝刹。佛宫僧舍，几至千室。至辽初銮舆多驻此地，乃旌改其名曰驻跸。

这座寺庙建于唐贞元初，规模庞大，依山傍水，环境优雅，是一处难得的寺庙园林。根据《析津志》驻跸寺载称："驻跸寺，在敬客坊南，双庙北，街东。"由此可大致推断其位置在今牛街北口东南，教子胡同北口附近。[25]

善化院，《元一统志》载曰：

善化寺，在旧城。有唐僖宗中和三年九月内古记兴禅寺上座僧文贞撰述唐幽州善化院故禅尼大德实行碑录。其略曰：大德以唐宣宗大中十二年春来燕，造名寺以憩，留响德者盈途，青松节峻，白云志高，侍中张公崇敬，别卜禅居于遵化坊吉地，辟开梵宇，俨似莲宫，奏请赐额为善化。

根据考证，该寺院应在大中十二年至咸通十三年间，亦即唐宣宗和懿宗时，至于其具体位置则不可确考，但其在幽州城内，则没有问题。

大悲阁，《顺天府志》载曰："大悲阁，在旧城之中，建自有唐，至辽开泰重修，圣宗遇雨，飞驾来临，改寺圣恩，而阁隶焉。”《析津志》圣恩寺条载曰：“圣恩寺即大悲阁，后有方石梵八角塔，在南城旧市之中。”又《宸垣识略》记曰：“圣恩寺在斜街东广宁门大街，辽开泰间重修。阁后有方梵八角塔，今寺存而阁俱废。”由这些可推知，大悲阁应在今长椿街南口，与牛街北口相对。

宝集寺，《析津志·寺观》宝集寺条载：“宝集寺，在南城披云楼对巷之东五十武，寺建于唐。殿之前有石幢，记越建年月，昭著事实，备且详矣。”同书《古迹》载曰：“披云楼，在故燕京之大悲阁东南。题额甚佳，莫考作者。楼下有远树影，风晴雨晦，人皆见之。”根据大悲阁等可知，宝集寺大致在今牛街与广安门交叉的东南方向，再具体一点，即在牛街以东广安门大街南，烂漫胡同西、南横街北的地域上。

金阁寺，《顺天府志》载：“崇国寺在旧城，唐为金阁寺，辽时改名崇国。”《析津志》载曰：“崇国寺，在大悲阁北，亦肇于有唐。”其位置大致在今广安门内大街长椿街南口北。

报恩寺，《旧唐书》卷十六《穆宗本纪》：

> 巳卯，幽州节度使刘总奏请去位落发为僧。……甲子，刘总请以私第为佛寺。乃遣中使赐寺额曰报恩。幽州奏刘总坚请为僧，又赐以僧衣，赐号大觉。总是夜遁去。幽州人不知所之。……庚午易定奏刘总已为僧。三月二十七日，卒于当道界，赠太尉。

这说明，报恩寺始建于唐长庆元年（821），但其位置不详。另据《析津志·寺观》记载，金中都城有座报恩寺，始于辽，在嘉会坊万寿寺西。有学者认为，这两处似为同一座寺庙，金报恩寺可能就是唐报恩寺的延续。

宝塔寺，《析津志·寺观》载曰：“宝塔寺，在南城竹林寺西北，有释迦真身舍利……。其寺地洪大洪敞，正殿壮丽。……有唐武后碑刻等，实古刹也。”《日下旧闻考》竹林寺条按语称：“竹林寺景泰中重建，易名法林，在笔管胡同，今已废为菜圃。”由此可知，宝塔寺应在今宣武门西南老墙根西。

仙露寺，《元一统志》载曰：“仙露寺，在旧城仙露坊。按燕台土地记，唐高宗乾封元年所建，光启中修三门，至辽圣宗太平七年鸠工重修，依碣石之故基，面筑金之遗迹。重熙九年二月尚书侍郎张震撰记。”据此可知该寺建于唐高宗乾封元年（666）。另据《析津志·寺观》载："仙露寺在玉虚宫前，万寿寺支院，重熙九年二月记。"又据《日下旧闻考》玉虚观条按语称："玉虚观在罐儿胡同，已颓废。"罐儿胡同即今广安胡同。由此可知，仙露寺应在今广内大街路北的广安胡同内。

延洪寺，《顺天府志》载曰：

> 延洪寺在旧城，寺有唐故幽州延洪寺禅伯遵公遗行碑，守蓟州禄事参军摄幽州安次令试大理许事阎栻撰。其略曰：咸通初，禅伯自襄阳来延洪，开废殿而创尊容，辟虚堂而兴法席。贞元中，故相国彭城郡王刘公请凝碍大师弘法之初地也，时号其为天城院。大中末，故忠烈请问张公又奏置为延洪寺。中和四年倾废。光启三年兴复，乾宁三年四月建碑。

由此可知，该寺创建于唐贞元中，原名为天城院，大中（847—859）末又重建，改名为延洪寺。关于寺庙的位置，《析津志》载曰："延洪寺，在崇智门内，有阁，起自中唐。至本朝，那摩国师重修。"据此，延洪寺应在今西单南闹市口附近。

据《畿辅通志》卷五十一《寺观·顺天府》载，有云居寺：在房山县石经山下，寺有唐开元十年石浮图铭、开元二十八年山岭石浮图后记，今并存南麓，即西天寺塔下有石经窟，其后则香树林。明代王世贞《弇山堂别集》卷六十六《巡幸考》亦曰："正德十二年五月癸未上微行至石经山、汤峪山、玉泉亭数日乃还。石经山寺，朱宁所营建也，穷极壮丽。乃邀上幸焉。"《明一统志》卷一《京师》云："石经山，在房山县西南五十里，峰峦秀拔，若天竺山，故称曰小西天，下有云居寺。本朝袁廷玉诗：匹马西风古树边，那知此处有西天；山藏石刻五千卷，寺号云居八百年。"明万历年间曾在石经石下发现一洞穴，藏有石函一尺，上刻"大隋大业十二年岁次丙子四月丁卯朔八日甲子于此函内安置佛舍利三粒愿住持永劫"三十六字。[26]《畿辅通志》卷十七《山川》又引《隋图经》云："石经山，房山县西南五十里。智泉寺僧静琬见白带山有石室，遂发心书经十二部，刊石为碑。"《畿辅通志》卷五十一《寺观·顺天府》又载，晋阳庵：在宣武门外，有古铜大士像，高三尺余，下有欵识云：大唐贞观十四年尉迟敬德监造，后移受水塘古佛庵，庵坏，移稽山会馆。

《日下旧闻考》卷六十一《城市·外城北城》引《析津日记》载曰："永光寺，元大万寿寺也。"又引元人纳延《金台集·万寿寺》

云："皇唐开宝构，历劫抵金时。绝妙青松障，清凉白玉池。长廊秋㶉响，高阁夜钟迟。独有乘闲客，扶藜读旧碑。"朱彝尊原案："寺东清厂有巨潭，易之诗所云'清凉白玉池'者，疑即是也。"

《日下旧闻考》卷一百三十《京畿·房山县一》引《北游纪方》云："云蒙山直上皆石壁，下有水涌出，为孔水洞，俗名水帘洞。旧有龙泉寺，唐大历中建。今四壁刻划佛像，更万佛堂丑恶甚矣。"又引《方舆纪要》云："孔水洞在房山东北今讹为云水洞。"朱彝尊原按："云水洞在上方山。孔水别是一洞，非孔水讹为云水也。"

《日下旧闻考》卷四十四《城市·内城中城二》引《春明梦余录》云："关帝庙，在皇城地安门东者，曰白马庙，隋基也。姚彬盗马庙，在三里河天坛，亦隋基也。"又云："汉寿亭侯庙，在宛平县东，成化十三年建，俗呼白马关帝庙，盖隋之旧基也，每岁五月十三遣太常官致祭。"

《日下旧闻考》卷五十三《城市·内城西城四》："按：莲花庵，今未详其处。《游览志》云：'从兴德折北而西，则莲花之距兴德径颇迂回或一二里许，皆未定。'今按：地安桥北有火神庙，庙后濒湖，有楼可瞻。《眺志》所称庵祠遗迹，或即其地，然他无可证，谨识以阙疑。"《日下旧闻考》卷五十四《城市·内城北城》引《燕都游览志》云："火神庙在北安门湖滨，金碧琉璃，照暎涟漪，间西与药王庙并。"朱彝尊按："火神庙即唐火德真君庙，在北安门万宁桥北路西，湖之西南为西药王庙。乾隆二十四年重修。"又按："万春园久废，以其地考之，当近火神庙后亭。"《畿辅通志》卷十一《京师》载曰："火神庙，在地安门北。每年六月二十三日遣官致祭。按：唐贞观中建庙，元至正中即其遗址重建。明万历中增饰壮丽。"

北京早期的园林，在战国时代不过是开掘自然之美，发展到盛唐时期，则已是由开掘到掌握，这样使园林艺术开始向新的高度发展了。(27)

注释：

（1）（8）赵光华：《北京园林史话》，中国林业出版社 1994 年版，第 5 页、第 7 页。

（2）（9）（18）（27）赵光华：《北京地区园林史略（一）》，《古建园林技术》1985 年第 4 期。

（3）（汉）班固：《汉书》卷五十一《贾山传》，中华书局点校本。

（4）《汉书》卷六十三《武五子传·刘旦》，中华书局点校本。

(5)(唐)李白:《李太白文集》卷二《歌诗三十一首·乐府一》,上海古籍出版社2016年版。

(6)(宋)杨齐贤集注,(元)萧士赟补注《李太白集分类补注》卷三《古乐府》,吉林出版集团2005年版。

(7)《北京平谷与华夏文明国际学术研讨会论文集》,社会科学文献出版社2006年版,第369页。

(10)(11)(21)王丹丹:《北京公共园林的发展与演变历程研究》,北京林业大学博士学位论文,2012年,第71页、第87页、第75页。

(12)(13)(20)(22)王岗:《燕地佛教之始兴述略》,《北京历史文化研究》2007年第2期。

(14)(15)(17)(19)(24)(25)黄春和:《隋唐幽州城区佛寺考》,《世界宗教研究》1996年第4期。

(16)(清)朱彝尊:《日下旧闻考》卷六十《城市·外城·西城二》,北京出版社1984年版。

(23)《畿辅通志》卷五十一《寺观·顺天府》,河北人民出版社1989年版。

(26)《日下旧闻考》卷一百三十一《京畿·房山县二》引《帝京景物略》。

第二章　辽金时期北京地区的园林

辽南京，作为辽朝五京之一，特别是作为陪都，为历史上北京城建设与发展起了很重要的推动作用。同时，这一时期北京地区园林发展是一个显著变化阶段。皇城宫苑、离宫别苑、寺庙园林，都有很大的提升和展现。

在辽南京园林基础上，金中都园林无论在皇宫苑囿、离宫别苑还是寺观园林建设方面，都有一个很大的发展。正如学者所指出的，金中都园林的开发，是北京古代园林史上的开拓期，奠定了后来北京园林的基础。[(1)]

第一节　皇城宫苑

辽南京是在唐幽州城基础上建立起来的，城垣没有多少变化，只是在城西南角修筑了一座皇城。[(2)]《辽史·地理志》载曰：

（燕京）城方三十六里，崇三丈，衡广一丈五尺。敌楼、战橹具。八门：东曰安东、迎春，南曰开阳、丹凤，西曰显西、清晋，北曰通天、拱辰。大内在西南隅。皇城内有景宗、圣宗御容殿二。东曰宣和，南曰大内。内门曰宣教，改元和；外三门曰南端、左掖、右掖。左掖改万春，右掖改千秋。门有楼阁，球场在其南，东为永平馆。皇城西门曰显西，设而不开。北曰子北。西城巅有凉殿，东北隅有燕角楼。坊、市、廨、舍、寺观盖不胜书。其外有居庸、松亭、榆林之关，古北之口，桑干河、高梁河、石子河、大安山、燕山，中有瑶屿。

皇城里有许多壮丽的宫殿，特别有柳园、内果园、栗园等诸多园林美景。《辽史》卷十七《圣宗本纪》载曰：

> （太平五年）十一月庚子，幸内果园，宴。京民聚观。求进士得七十二人，命赋诗。第其工拙，以张昱等一十四人为太子校书郎，韩栾等五十八人为崇文馆校书郎。

清代徐乾学《资治通鉴后编》卷三十六《宋纪三十六》对此描写得更为细腻："是月，契丹主如燕。契丹虽立五京，而往来无恒月。至是次南京，宴于内果园。燕人聚观，争以土物来献。契丹主礼高年惠鳏寡，赐酺至夕。六街灯火如昼，士庶嬉游。求进士，得七十二人，命赋诗。"《日下旧闻考》卷二十九《宫室·辽金》亦载曰："景宗保宁五年春正月，御五凤楼观灯。……开泰五年，驻跸南京，幸内果园，宴。京民聚观。求进士得七十二人，命赋诗。第其工拙，以张昱等一十四人为太子校书郎，韩亦士等五十八人为崇文馆校书郎。燕民以车驾临幸，争以土物来献。上赐酺饮至夕，六街灯火如昼，士庶嬉游。上亦微行观之。"由"京民聚观"、"士庶嬉游"可知当时是允许京民观赏游览，王官显贵、文人骚士和平民百姓均可游览此地，具有公共园林的性质。(3)

《辽史拾遗》卷十四《地理志四·南京道》引王士点《禁扁》载曰：

> 辽以幽州为南京。宫之扁曰永兴，曰积庆，曰延昌，曰章敏，曰长宁，曰崇德，曰兴圣，曰敦睦，曰永昌，曰延庆，曰长春，曰太和，曰延和。殿之扁曰清凉，曰元和，曰嘉宁。堂之扁曰天膳。楼之扁曰五花，曰五凤，曰迎日。阁之扁曰干文。门之扁曰元和，曰南端，曰万春，曰千秋，曰凤凰。园曰柳园。

又引沈德符《野获编》曰："大内北苑中有广寒殿者，旧闻为耶律后梳妆楼。"再引高士奇《金鳌退食笔记》曰："琼华岛在太液池中，其巅古殿相传为辽后梳妆台。"

又《辽史》卷四十八《百官志四》："南京栗园司：典南京栗园。"

《辽史》卷一百三《文学列传上·萧罕嘉努》载：“（统和）二十八年为右通进典南京梨园……盖尝掌栗园故托栗以讽谏。”《辽史拾遗》卷十《道宗本纪一》：“周篔《析津日记》曰：‘广恩寺，辽之奉福寺也，在白云观西南，地名栗园。’按：《辽史》南京有栗园，萧韩家尝典之，疑即此地也。”

金灭辽后，海陵王完颜亮于贞元元年（1153）迁都燕京，改燕京为中都。金中都是仿照北宋东京汴梁之规制，同时又保留了一些自身民族特色的城市风格，在辽南京基础上扩建而成。在建都过程中，金也开拓皇家宫苑的建设。金中都是北方政治中心，也是兴建皇家园林之开端。(4)

《三朝北盟会编》卷二百四十五《炎兴下帙》引范成大《揽辔录》曰：

> 过卢沟河三十五里，至燕山城外燕宾馆。自馆行柳堤缘城，过新石桥，中以杈子隔，驰道从左边过桥，入丰宜门，即外城门也。两边皆短墙，有西门东西出，通大路。有兵寨在墙外。玉石桥，燕石色如玉石，上分三道，皆以栏楯隔之。雕刻极工，中为御路，栏以杈子桥。四旁皆有玉石柱，甚高。两旁有小亭，中有碑也。龙津桥入宣阳门，金书额。两头有小四角亭，即登门路也。楼下分三门，北望其阙。由西御廊首转西，至会同馆。出复循西廊，首横过至东御廊。首转北循廊檐，行几二百间廊，分三节，每节一门。路东出第一门，通御市二门，通球场三门，通太庙，中有楼，将至宫城郭。即东又百间，其西亦然。亦有三门，但不知所通何处。望之，皆民居东西。廊之东驰道甚阔，西旁有沟，沟上植柳。两廊屋脊覆以青琉璃瓦宫阙，门户即纯用之葱然。遂道之北，即端门十一间，曰应天之门，旧常门通天下，亦开五门，两狭有楼，如左右升龙之治，东西两角门，每楼次第，攒三檐，与狭楼接，极工巧。端门之内，有左右翔门，日华、月华门。前殿曰大安殿。使人入，在掖门。宜左循大安殿东廊后屋行，入复德殿。自侧门入，又东北行，直东有殿宇门曰东宫，墙内亭观甚多。直北面，南列三门，中门集英门，云是故寿康殿，母后所居。西曰会通门，自会通东小门北入承明门，又北则昭庆门，东则禧集门，尚书省在门外。又两则右嘉会门，四门正相对。入右嘉会门，门有楼，与左嘉会门相对，即大

安殿后门。之后至幕次，黑布拂庐，待班有宣入明门，即常朝后殿门也。门内庭中列围士二百许人，贴金双凤幞头团花红锦衫手列。入仁政门，盖隔门也。至仁政殿，大花毡可半，庭中双凤殿两旁，各有朵殿，之上两高楼，日东西上阁，门两悉，有连幕，中有甲士东西御廊，循檐各列甲士，东立者红茸甲金缠竿铨黄旗画青龙，西立者金缠竿铨白旗画青龙，直至殿下，皆然。惟立于门下者，皂袍弓矢，殿两角杂列仪物幢节之属。如道士醮坛威仪之类。使人由殿下车行上阶，却转南繇露台北行，入殿阙，谓之栏子。金主幞头红袍玉带，坐七宝榻，背有大龙大屏风，四壁䌫幕，皆红绣龙。拱斗皆有绣衣，两楹门各有大出香金狮，蛮地铺礼佛毯，可一殿两旁玉带金鱼或金带者，四五十相对列立。遥望前后殿，庑矗起处甚多，制度不经，工巧无遗力，所谓穷奢极侈者。

由此可见金中都皇宫的辉煌景观。有学者经考证得出，在中都城内宫城内外者共12处园林：芳园、同乐园、南园、广乐园、北苑、后园、熙春园、琼林苑、梁园、束园（亦作东园）、西园、蓬莱院、芳华阁与东明园。另在近远郊者共有14处：大宁宫、鱼藻池、鹿园、环秀亭、钓鱼台、沄上、兰若院、城南别宫、宜泉桥某苑、玉泉山行宫、香山、赵园、崔氏园亭。[5]可见金中都皇宫苑囿之兴盛。

《金史》卷九《章宗纪一》载曰：“（明昌元年三月）乙巳击球于西苑，百僚会观……（五月）戊午，拜天于西苑，射柳、击球，纵百姓观。”《金史》卷十《章宗纪二》：“（承安二年三月）庚寅幸西园，阅军器。”《金史》卷十二《章宗纪四》：“（泰和七年二月）壬寅如万宁宫。甲辰幸西园。”这些说明，西苑乃金中都城内一处重要园林景观，君臣们可以在此进行击球、射柳等娱乐活动，还可举行拜天仪式，百姓是可以观看的，规模较大，场面宏伟。西园，君主可检阅军队及装备。西苑与西园是否为同一处，从这里似乎看不出。但研究北京园林史的学者，基本认为因在宫城之西，故名西园，西园即西苑。[6]

有学者提出，西园包括同乐园和宫内的琼林苑，其中包括瑶光殿、鱼藻殿、横翠殿、临芳殿、瑶池殿、瑶光台、瑶光楼、鱼藻池、游龙池、浮碧池、琼华岛、琼花阁、瀛屿、果园、鹿园等，是一所规模庞大的园林，内有小溪成河，竹林、柳树，还有杏林、柳庄等。[7]这是有道理的。

《建炎以来系年要录》卷一百六十一：“皇城周九里三十步，其东为太庙，西为尚书省。宫之正中曰皇帝，正位后曰皇后，正位位之东曰内省，西曰十六位妃嫔居之。又西曰同乐园，瑶池、蓬瀛、柳庄、杏村皆在焉。其制度一以汴京为准，凡三年乃成。”《大金国志》卷十七《纪年·世宗圣明皇帝中》载曰：“（大定十年）燕群臣于同乐园之瑶池。”《大金国志》卷三十三《燕京制度》又云：“西出玉华门，曰同乐园。若瑶池、蓬瀛、柳庄、杏村尽在。于是都城四围凡七十五里，城门十二。”特别是金人赵秉文《滏水集》卷二《游西园赋》曰：“九日令辰皆醉，赵子独游西园，盖故苑同乐之地。”这明确道出了同乐园与西园为同一处宫苑的史实。[8]赵秉文还写有《金水河》一诗，云：“金水河边驻马时，熙春阁外夕阳微。旧时同乐园前水，曾照寒鸦几度归。”这些又说明，到了赵秉文撰写这些诗文时，同乐园这一名称已不存在，为西园等宫苑所替代。

对于其具体位置，应在西华门外。阎文儒曾对同乐园遗址作过考察，他认为：

> 根据调查，白纸坊西大街城外与滨河西路交叉处，路南的土丘，可能是宫城应天门一带遗址。铁道西青年湖（南河泡子），可能是大安殿的池水。蓬莱阁应在青年湖的正北面。虽然图中没有把内城西门（玉华门）外同乐园中的瑶池、蓬瀛、柳庄、杏村等名胜画进去，但今铁路西小红庙村的南北仍有许多苇塘，未筑铁道以前，苇塘一定是与南河泡子相连接的。推想这些苇塘区域，可能是同乐园遗址。[9]

从上述文献来看，同乐园包括瑶池、蓬莱、瀛、柳庄、杏村。《宋名臣言行录续集》卷二《忠宪公种师道》载曰：“公筑同乐园于郊，常从宾客鼓吹宴集其间，吏民熙熙，忘其身之在绝塞也。”这反映出同乐园的繁盛壮丽，让人流连忘返。金人赵秉文《滏水集》卷九《同乐园二首》：

> 春归空苑不成妍，柳影毵毵水底天。
> 过却清明游客少，晚风吹动钓鱼船。

又

> 石作垣墙竹映门，水回山复几桃源。

毛飘水面知鹅栅，角出墙头认鹿园。

这从另一个层面呈现了同乐园的园林文化形态。

《金史》卷十一《章宗纪》载曰：“（泰和三年）五月壬申，以重五，拜天，射柳，上三发三中。四品以上官侍宴鱼藻殿。以天气方暑，命兵士甲者释之。”《金史》卷八十三《张浩传》亦载曰：“贞元元年，海陵定都燕京，改燕京为中都，改析津府为大兴府。浩进拜平章政事，赐金带玉带各一。赐宴于鱼藻池。浩请凡四方之民欲居中都者，给复十年，以实京城。”《金史》卷二十四《地理志》载：“鱼藻池瑶池殿位，贞元元年建。”《金史》卷五《海陵纪》载曰：“贞元元年十一月己丑，瑶池殿成。”这些说明，鱼藻池有鱼藻殿、瑶池殿，常在此举办重大宫廷宴会，以及拜天、射柳等娱乐活动。同乐园亦有瑶池，有学者据此而判定鱼藻池即为同乐园。(10)显然，这一推断略显证据不足。

关于鱼藻池的位置，曾有不同看法。《大清一统志》卷五《顺天府二》载曰：“鱼藻池：在崇文门外西南，俗呼金鱼池。”《日下旧闻考》卷五十八《城市・外城南城二》引《燕都游览志》云：“鱼藻池在崇文门外西南，俗呼曰金鱼池，畜养朱鱼，以供市易。都人入夏至端午，结篷列肆，狂歌轰饮于秽流之上，以为愉快。”又引《帝京景物略》云：“金故有鱼藻池。旧志云：池上有殿，榜以瑶池，殿之址今不可寻矣。居人界池为塘，植柳覆之，岁种金鱼以为业。池阴一带园亭甚多，南抵天坛，一望空阔。每端午日，走马于此。”清代励宗万《京城古迹考》云鱼藻池在崇文门外三里河。(11)清代吴长元《宸垣识略》卷九《外城》云在三里桥东南，天坛之北。(12)赵光华《金代北京地区园林志略》云鱼藻池即今天坛北金鱼池一带。这些均认为，鱼藻池为金代所凿，又名金鱼池，其旧址在今正阳门外，天桥以东，天坛以北，原金鱼池一带。而王灿炽则认为，其遗址既不在今天坛北原金鱼池旧址，也不在钓鱼台旧址，而是在金中都城内，今宣武区青年湖一带。(13)这是目前较为普遍的看法。

《日下旧闻考》卷二十九《宫室・辽金》引《金史志》曰：“鱼藻池瑶池殿位，贞元元年建。有神龙殿，又有观会亭，又有安仁殿，隆德殿，临芳殿。皇统元年，有元和殿。”《金史》卷十九《世纪》：“（大定）七年，帝有疾，诏左丞守道侍汤药，徙居琼林苑临芳殿调治。”有学者据此而指出，鱼藻池有临芳殿，琼林苑亦有临芳殿，可见鱼藻池与琼林苑皆为同一处宫苑区。(14)这种推断同样缺乏必要的史料依据。

《金史》卷二十四《地理志上》："京城北离宫有大宁宫。大定十九年建，后更为宁寿，又更为寿安，明昌二年更为万宁宫。琼林苑有横翠殿。宁德宫西园有瑶光台，又有琼花岛，又有瑶光楼。"《日下旧闻考》卷二十九引《金史·地理志》则云："琼林苑有横翠殿、宁德宫，西园有瑶光台，又有琼花岛，又有瑶光楼。"两处标点断句不同，反映出作者的认识差异。从西园记录来看，似乎宁德宫西园这一说法不大可能。故《日下旧闻考》的断句较为合理。但这里又有一个问题，就是此处的西园与琼林苑的关系。从文字叙述来看，似乎西园与琼林苑并非同一处。琼林苑有横翠殿和宁德宫，而西园则有瑶光台、琼花岛、瑶光楼。如果这样的话，那么琼林苑、鱼藻池、同乐园就不能看作同一处宫苑。但有一种可能，即它们同处于一个大的园林区域内。有学者提出，琼林苑和西园实际上是连在一起的，琼林苑在东，地处宫城内；西园在西，地处宫城外。(15)这是有道理的。

金之西苑有一大片湖泊，统称为太液池，又因位于西华门外，又称西华潭。元人王恽《秋涧集》卷十七《七言律诗·西苑怀古和刘景融韵》：

彩凤箫声彻晓闻，宫墙烟柳接龙津。
月边横吹非清夜，镜里琼花总好春。
行殿基存焦作土，踏锥舞歇草留茵。
野花岂解兴亡恨，犹学宫妆一色匀。
琼苑韶华自昔闻，杜鹃声里过天津。
殿空鱼藻山犹碧，水涸龙池草自春。
民乐尚歌身后曲，弓弯不见舞时茵。
绛桃谁植宫墙外，露湿胭脂恨未匀。

元人纳延《金台集》卷二《西华潭》：

秋水清无底，凉风起绿波。锦帆非昨梦，玉树忆清歌。
帝子吹笙绝，渔郎把钓多。矶头浣纱女，犹恐是宫娥。

且自注曰："金之太液池。"

综上所述，同乐园、西园、琼林苑、鱼藻池、太液池等宫苑统属于一个大的园林区域，彼此相互连接，其位置应在今原宣武区青年湖一带。这是在原辽南京瑶屿等园林基础上扩建而成，形成一片美丽的皇家园林，楼、台、殿、阁、池、岛俱全，可惜已被毁700多年，我们难以窥测其全貌，仅从文献记录来略知其梗概了。

与西园相对的，还有东园。《金史》卷十二《章宗纪四》：“（泰和七年）五月己卯，幸东园射柳。”《大金国志》卷十九：“（承安三年）会是冬，赏菊于东明园。”或许东园与东明园实为同一处。

还有南园与北苑。《金史》卷十九《世纪》：“（大定二十五年皇太子允恭卒）九月庚寅殡于南园熙春殿。乙酉，世宗至自上京，未入国门，先至熙春殿致奠。”《金史》卷八《世宗本纪下》：“乙酉，至自上京。是日，上临奠宣孝皇太子于熙春园。”这说明，南园包括熙春园，熙春园中有熙春殿。又《金史》卷二十三《五行志》载：“（大定）二十三年正月辛巳，广乐园灯山焚，延及熙春殿。”这又说明，广乐园与熙春殿相邻，很有可能广乐园亦属南园。广乐园早在完颜亮迁都燕京，扩建中都城时就已成为一处重要的园林景观。《建炎以来系年要录》卷一百七十七：“是月金主亮试进士于广乐园。”《金史》卷六《世宗本纪上》：“（大定三年五月）乙未，以重五，幸广乐园，射柳。命皇太子、亲王、百官皆射，胜者赐物有差。上复御常武殿，赐宴击球。自是岁以为常。”《金史》卷五《海陵本纪》：“（贞元二年）九月己未，常武殿击鞠，令百姓纵观。”由此可知，广乐园中可射柳、击球，其内有常武殿。金人赵秉文曾游南园，并赋诗一首，曰：

> 堑水垣城断往还，青林路转欻幽关。
> 百年树腹通人过，四月花枝对酒闲。
> 逸马风牛春雨草，荒天老地夕阳山。
> 金丸逐胜非吾事，心在归鸿灭没间。(14)

有学者提出，南园在丰宜门外，因在都城之南，故名。(15)这可备一说。

《金史》卷九《章宗纪二》：“（明昌五年）夏四月壬辰朔幸北苑。”《金史》卷四十五《刑志》：

> 监察御史陶钧以携妓游北苑，歌饮池岛，间道近殿廷。提控官石玠闻而发之。钧令其友阎恕属玠得缓。既而事觉，法司奏当徒二年半。诏以钧耳目之官，携妓入禁苑，无上下之分，杖六十。玠恕，皆坐之。

由此可知，这是一处禁苑，内有池、岛、殿。赵秉文曾赋诗二首，对此有所描述，曰：

> 柳外宫墙粉一围，飞尘障面倦斜晖。
> 潇潇几点莲塘雨，曾上诗人下直衣。

又：

> 蒲根合合乱蛙鸣，点水杨花半白青。
> 隔岍风来闻鼓笛，柳阴深处有园亭。(16)

除了这些主要宫苑外，还有一些诸如芳苑、后园等小型宫廷园林。《金史》卷十九《世纪》载：

> （大定二十四年）三月，世宗如上京，帝守国留中都。初，帝在东宫。或携中侍步于芳苑。中侍出入禁中，未尝限阻。此辈见帝守国，各为得意。帝知之谓诸中侍曰："我向在东宫，不亲国政。日与汝辈语话。今既守国，汝等有召命，然后得入。"

这里的"帝"是指金章宗之父金显宗，他并未称帝，而是金章宗即位后所追崇的。

《金史》卷十《章宗纪二》载："（明昌六年十二月）庚寅，上幸后园阅军器。……（承安元年六月）庚午幸环秀亭观稼。"《金史》卷十一《章宗本纪三》亦载："（泰和二年春正月）庚申幸芳苑观灯。"又《日下旧闻考》卷二十九《宫室·辽金》引《大金国志》云："承安三年春，国主幸蓬莱院，陈玉器及诸玩好，视其欵识，多宣和物。恻然动色。宸妃进曰：作者未必用，用者未必作；宣和作，此以为陛下用耳。宸妃尝与主同辇，过御龙桥，见石白如雪，爱之。归白国主，于苏山辇至，筑岩洞于芳华阁，用工二万人，牛马七百乘，道路相望。"

第二节　离宫别苑

辽南京作为辽朝五京之一，在北京都城史上占有重要的地位。契丹族为游牧民族，以它为主所建立的辽朝陪都之一辽南京，同样体现春、夏、秋、冬四时捺钵巡视制度。这样，在辽南京城内，不仅建设有豪华的宫殿，而且还会大量建设一些用于避暑、狩猎的离宫、别苑。辽南京当时有长春宫、延芳淀、华林和天柱二庄、瑶池殿等处，其中最著名的是延芳淀。

《辽史》卷四十《地理志四》载：“漷阴县。本汉泉州之霍村镇。辽每季春，弋猎于延芳淀，居民成邑，就城故漷阴镇，后改为县。”这说明，漷阴县的设置与延芳淀密切相关。此地早在汉代时就已有村落，即霍村镇，辽朝在此基础上建设成为一处重要园林。据考证，辽延芳淀的范围，北至今北京通州区张家湾、台湖一带，西至马驹桥，西南至今北京大兴区采育，南至今北京通州区南界。(17)

既然称淀，延芳淀应有广阔的水面，芦苇丛生。其规模应当很大，不仅可以狩猎，而且还有居民成邑的生活功能。每至春季，辽帝在此狩猎：

> 卫士皆衣墨绿，各持链鎚、鹰食、刺鹅锥，列水次，相去五七步。上风击鼓，惊鹅稍离水面。国主亲放海东青鹘擒之。鹅坠，恐鹘力不胜，在列者以佩锥刺鹅，急取其脑饲鹘。得头鹅者，例赏银绢。(18)

统和四年（986），承天萧太后与圣宗至南京指挥军事时，令皇族庐帐驻于南京延芳淀。《辽史》卷十一《圣宗纪二》则称东京延芳淀。《日下旧闻考》卷一百十《京畿·通县三》引孙承泽《北平古今记》据此称辽东京也有延芳淀。于德源认为，此乃实误，理由是：“时萧太后一行自居庸关至南京，未有令皇族驻帐东京（治今辽阳）之理。且《辽史·地理志二》记东京水道甚详，并不见延芳淀之名。所谓东京延芳淀实则就是南京延芳淀，东京在会同元年（938）以前称南京，编史者或因此而误”。(19)孙承泽的分析也是有他所谓依据的，《辽拾遗》卷七引《北平古今记》称：“辽有二长春宫，一在南京，一在长春州（治今吉林白城市东）。若统和五年（987）三月朔，幸长春宫赏花、钓鱼。十二年（994）三月如长春宫观牡丹。十七年（999）正月朔，如长春宫。则非南京之长春宫也。”于德源就此认为，“谓辽有二长春宫，此言虽不错，但所举例证并不准确”。理由是：《辽史·圣宗纪四》载：“统和十二年（994）三月戊午（初六日）幸南京。壬申（二十日），如长春宫观牡丹。四月辛卯（初十日），幸南京。”三月戊午至壬申，其间不过13天；三月壬申至四月辛卯，其间不过18天。如果在南京和长春宫稍事盘留几日，那么用在路途上只有10—15天时间。若上述之长春宫果然在数千里之外，则圣宗为观牡丹而不顾劳顿，20余日匆匆往返奔波，殊难理解。况且辽南京也生长牡丹，《辽史·游幸表》即载乾亨二年（980）闰三月，"如南京赏牡丹"。因此，此处所谓的长春宫应即南京长春宫。辽南京长春宫故址，今已无从考知。但《辽史》中记载契丹主幸长春宫、延芳淀大多同时，据此可以推测辽南京长春宫当在南京城、延芳淀附近。金代，在今北京大兴南苑一带有建春宫，位置在辽南京城东南、延芳淀之西，或即故辽长春宫。[20]又《辽史》卷十二《圣宗纪三》载："统和七年（989）二月壬子朔（初一日），上御元和殿受百官贺。乙卯（初四日），大飨军士，爵赏有差。是日，幸长春宫。"二月壬子至乙卯，其间不过二日，圣宗决无可能自南京远至上京，此长春宫更当为南京长春宫无疑。

除了长春宫外，延芳淀还有神潜宫（今神仙村处）等。不仅如此，辽帝还在此设先帝石像。辽圣宗统和十二年（994）凿景宗（圣宗之父）石像成，次年（995）"九月丁卯，奉安景宗及皇太后石像于延芳淀"。[21]开泰元年（1012）十二月，始"奉运南京诸帝石像于中京（治今内蒙古宁城西南）观德殿，景宗及宣献皇后（即承天萧太后）于上京五鸾殿"。[22]

华林、天柱二庄也是辽帝在南京经常巡幸的地方。《辽史》中屡见契丹主幸华林、天柱之事，如景宗乾亨四年（982）"正月己亥，如华林、天柱"[23]。圣宗之世，更是频频临幸，且均在正月。《辽史》卷四十《地理志四》"南京道顺州"条载：顺州领怀柔县（治今北京顺义县），南有北齐长城，"城东北有华林、天柱二庄，辽建凉殿，春赏花，夏纳凉"。北齐长城在温榆河南岸，而华林、天柱二庄在北齐长城东北，亦即辽顺州怀柔县西南。顾炎武《昌平山水记》卷下云："顺义县西南二十里有天柱村，三十里有苇沟村，村东临温榆河渡，渡南有长城遗迹。"此天柱村即今北京东郊天竺镇，当为辽天柱庄遗址。华林又书华黎，《光绪顺天府志·金石二》载："《燕京析津县华黎庄兴建木塔记》。存。……乾统五年五月。在东直门外花黎坎。"花黎坎今其名仍旧，在天竺西北3里有余，当即辽华林庄遗址。另外，今天竺镇与前后苇沟村之间有楼台庄，或亦为辽凉殿楼阁遗址。

此外，辽南京还有瑶池殿、临水殿。《三朝北盟会编》卷九载：宋宣和四年（1122年）六月，辽燕王耶律淳"病卧于城南瑶池殿。李奭（李处温之子）父子与陈泌等阴使奚、契丹诸贵人出宿侍疾。燕王危笃，处温托故归私第，欲闭契丹于门外，然后乞王师（宋军）为声援。

契丹知，遂不果”。由以上记述，可知瑶池殿在辽南京南城外。瑶池殿在金海陵王迁都辽南京之前仍存在，如《金史》卷四《熙宗纪》载皇统元年三月于燕京“宴群臣于瑶池殿”。

《辽史》卷六十八《游幸表》又载，辽兴宗重熙十一年（1042）闰九月，幸南京，“宴于（南京留守）皇太弟重元第，泛舟于临水殿宴饮”。这说明，辽南京又有临水殿，但具体位置不详。辽南京附近虽多有河流湖泊，不过从辽帝至临水殿需“泛舟”情节考虑，临水殿最有可能的地址应为以下二处：一在南京城东北方，即今北海公园附近，一在今北京广安门外青年湖西岸。《辽史》卷四十《地理志四》载辽南京有“瑶屿”。岛之小者称屿。明代以前，今北海公园团城四面皆水，其后才掘南海，取其土填平团城以东水面，使其与东边的大内陆路相通。金、元时在今团城均有建筑，此或即辽代之瑶屿。如临水殿果然在瑶屿上，辽帝自南京至瑶屿临水殿势必需要泛舟而行。然而，今北京广安门外青年湖，金代时为中都皇城内同乐园鱼藻池（又称西华潭、太液池），其位置在金宫城内大安殿西。池西北有蓬莱阁。金人张师颜《南迁录》载：金宣宗“诣蓬莱院观音寺烧香，过浮碧池”。[24]此碧池即鱼藻池。金中都城系扩建辽南京外郭而成，其皇城位置大致一仍辽旧。因此，金中都皇城内鱼藻池，辽代时也应在皇城内。辽南京临水殿更可能在此池之西。

金中都城郊兴建有建春宫、太宁宫等诸多离宫别苑，这同样受金朝统治制度影响而产生。

建春宫。《金史》卷十《章宗本纪二》：“（明昌五年正月）丁亥幸城南别宫。”《金史》卷十一《章宗本纪三》：“（承安三年正月）己未，以都南行宫名建春。甲子，至自春水。乙丑，宋主以祖母丧，遣使告哀。二月己巳朔幸建春宫。……甲申，至自建春宫。……（四年）二月乙丑，如建春宫春水。己巳，还宫。庚午，御宣华门观迎佛。辛未，如建春宫。……乙亥，还宫。戊寅，如建春宫。”《日下旧闻考》谨按：“《金史・章宗纪》明昌五年正月丁亥幸城南别宫。所谓别宫者，即承安时之建春宫也。明昌在承安改元之前，是时尚未有建春之名。故或称别宫，或称行宫，无定名焉。”至于其位置，《金史》卷二十四《地理志上》载：“大兴：辽名析津。贞元二年，更今名。有建春宫。”赵光华、齐心等人认为金建春宫或为建于今南苑之地。[25]

太宁宫。《金史》卷二十四《地理志》：“京城北离宫有太宁宫。大定十九年建。后更为寿宁，又更为寿安。明昌二年，更为万宁宫。”《金史》卷七《世宗纪上》：“大定十九年五月幸太宁宫，……二十年四月太宁宫火。”《金史》卷八《世宗纪下》：“（大定二十一年四月）壬申，幸寿安宫。”《金史》卷九《章宗纪一》：“（明昌二年四月）庚子改寿安宫名万宁。壬寅如万宁宫。”这一离宫规模宏大，甚为壮丽。《金史》卷十《章宗纪二》：“（明昌六年）五月丙戌命减万宁宫陈设九十四所。”九十四所，其中就有熏风殿、临水殿等园林建筑。金人赵秉文《滏水集》卷七《扈跸万宁宫五首》曰：

> 一声清跸九天开，白日雷霆引仗来。
> 花萼夹城通禁御，曲江两岸尽楼台。
> 柳阴罅日迎雕辇，荷气芬香入寿杯。
> 遥想熏风临水殿，五弦声里阜民财。

江水两岸，楼台映照，荷花香气袭人，垂柳倒影舒人心，是一处令人向往的园林景观。《金史》卷四《熙宗纪》：“（皇统四年）五月辛亥朔次熏风殿。”《大金国志》卷十四《海陵炀王中》：“正隆三年夏五月，帝御熏风殿。”据此，熏风殿在完颜亮时已有，但那时并未建立万宁离宫，此殿可能为辽时所建，由此可推知，万宁宫这个地址在辽时就已粗创，金于此地建立行宫，并不是偶然的。[26]

有学者提出，紫宸殿似为万宁宫的正殿，但在明昌年间章宗到万宁宫停留期间，并无紫宸殿之名，故此殿或为承安年间所建。[27]《金史》卷十《章宗纪二》：“（承安元年）七月庚辰御紫宸殿，受诸王、百官贺。……（承安二年七月）戊辰，天寿节，御紫宸殿受朝。”《金史》卷十《章宗纪二》：“（明昌四年）庚戌，如万宁宫。辛亥，右丞相清臣率百官及耆艾等复请上尊号。学官刘玑亦率六学诸生赵楷等七百九十五人诣紫宸门请上尊号，如唐元和故事。”

元代郝经《琼华岛赋·序》曰：

> 岁癸丑夏，经入于燕。五月初吉。由万宁故宫登琼华岛。徜徉延竚，临风肆瞩，想见大定之治，与有金百年之盛，慨然有怀，乃作赋焉。

有学者对郝经的赋作了这样的解读：由长松岛上的万宁故宫出发，而登临金西园中的琼华岛，进而得出金代与元代的琼华岛不是同一处。[28]但是，若仔细体察郝经的文意，“万宁故宫”当处于“登琼华岛”的途中，两者距离相差不会太远。若解读为“由长松岛上的万宁故宫出发，而登临金西园中的琼华岛”，两地实际上相距二十余里，古人步行需要一两个时辰，如此解读显然牵强，逻辑上也不通顺。[29]元好问《遗山集》卷九《出都二首》曰：

> 历历兴亡败局棊，登临疑夢复疑非。
> 断霞落日天无尽，老树遗台秋更悲。
> 沧海忽惊龙穴露，广寒犹想凤笙归。
> 从教尽划琼华了，留在西山尽泪垂。

并自注云：“寿宁宫有琼华岛，绝顶广寒殿。近为黄冠辈所撤。”因此，金代“北宫”为金中都城以北之离宫，初名太宁宫，后改称寿宁宫、寿安宫、万宁宫。元初全真教“万安宫”所在，即为以金代“北宫”琼华岛为中心、包括万岁山与太液池在内的皇家园苑旧址。这就是说，金、元两代琼华岛处于同一地方，两者具有一脉相承的密切关系。认为金代琼华岛位于中都城内西苑、北京金元历史上有两处“琼华岛”的说法，与史料记载不相符合。[30]

玉泉山行宫与香山行宫。《金史》卷二十四《地理志上·中都路》：“宛平：倚本晋幽都县。辽开泰二年，有玉泉山行宫。”《金史》卷九十七《居构传》：“大定中，诏（构）与近臣同经营香山行宫及佛舍。”《日下旧闻考》卷八十五《国朝苑囿》引《长安客话》云：

> 玉泉山以泉名。泉出石罅，潴而为池。广三丈许。水清而碧细，石流沙绿，藻紫荇。一一可辨。池东跨小石桥，水经桥下东流入西湖。山顶有金行宫芙蓉殿故址，相传章宗尝避暑于此。

钓鱼台。《日下旧闻考》卷九十五《郊坰：西五》引《问次斋集》云：“西郊有地名钓鱼台，是金主游幸处。”朱彝尊谨按：“钓鱼台在三里河西北里许，乃大金时旧迹也。台前有泉，从地涌出，冬夏不竭。凡西山麓之支流，悉灌注于此。据刘侗《帝京景物略》，元时谓之玉渊潭，为丁氏园池。”又引《明一统志》云：“钓鱼台在府西花园村。台下有泉涌出，汇为池。其水至冬不竭。相传金人王郁隐此。”

燕京八景中有一些为别苑。《日下旧闻考》卷八《形胜四》：“谨按：自金明昌中，始有燕山八景之目。元明以来，著咏颇多。”《四库全书总目》卷一百九十一《集部四十四·燕山八景图诗一卷》：“燕山八景始见于金《明昌遗事》。《永乐大典》载洪武《北平图经》亦具列其目。然如琼岛春云作琼岛春阴，太液晴波作太液秋风，蓟门烟树作蓟门飞雨，金台夕照作道陵夕照，皆与此编所载名目不符。元陈孚《刚中藁》有神京八景诗，所列八题，惟金台夕照与此编同，余并与《北平图经》相合。疑《图经》所载本元时旧名。而此编则明初诸人所改，至今沿之。"《滏水集》卷八《绝句·卢沟》："河分桥柱如瓜蔓，路入都门似犬牙。落日卢沟桥上柳，送人几度出京华。"金人冯子振《鹦鹉曲·燕南八景》亦曰：

> 卢沟清绝霜晨住，步落月问倚阑父。
> 蓟门东直下金台，仰看楼台飞雨。
> 道陵前夕照苍茫，叠翠望居庸去。
> 玉泉边一派西山，太液畔秋风紧处。

第三节 寺观园林

辽南京"僧居佛宇冠于北方"，[31]"从辽各地看，燕京佛教又为五京之首"。[32]考古发现了大量辽代佛教遗迹，如顺义城南的净光舍利塔塔基，属于义林院，提及的开元寺，始建于唐代，辽时仍为一处重要寺庙，如今尚保留在顺义城内。密云县东北的冶仙塔塔基；房山区北郑村辽塔塔基，提及"石经寺"，即云居寺；房山区天开村南的天开塔塔基；通州辽塔；大兴区塔林遗址，等等[33]。

辽朝除了延续以往寺院（如悯忠寺等）外，还在南京兴建了一批新的寺庙，如大开泰寺，据《元一统志》记载，该寺：

> 在昊天寺之西北。寺之故基，辽统军邺王宅也。始于枢密使魏王所置，赐名圣寿，作十方大道场。[34]

到了开泰十年，辽圣宗将寺名改为大开泰寺。寺庙建筑十分宏丽，"殿宇楼观，雄壮冠于全燕"。[35]与大开泰寺并驾齐驱的可谓大昊天寺，它是辽道宗清宁五年，由秦越大长公主（圣宗女，道宗懿德皇后之母）将其在燕京棠阴坊的宅第改建，此处寺庙更为华丽，"雕华弘冠，甲于都会"。[36]其位置在今西便门内大街以北之处。[37]

竹林寺，据《元一统志》记载，该寺始于辽道宗清宁八年，宋楚国大长公主以左街显忠坊之第赐为佛寺。《松漠纪闻》卷一："燕京兰若相望，大者三十有六，然皆律院。自南僧至，始立四禅，曰：太平、招提、竹林、瑞像。贵游之家，多为僧衣盂。”

辽之阳台山清水院即今之大觉寺，坐落在海淀区北安河西鹫峰之下。存有辽碑一座，即沙门志才所撰《阳台上清水院藏经记》，碑文云：

> 阳台山者，蓟壤之名峰；清水院者，幽都之胜概。跨燕然而独颖，牟东林而秀出。那罗窟邃，韫性珠以无类；兜率泉清，濯惑尘而不染。山之名，传诸前古；院之兴，止于近代。……咸雍四年三月四日，舍钱三十万，葺诸僧舍宅。

由此可知，该寺创建于辽道宗时期。清水院坐落在西山风景区，附近桃花最胜，每到春季，桃红柳绿，金代为燕京八景之一，相沿至今。

目前可考的辽南京几十座寺院，有的是继承前代的特别是隋唐寺院，有的是辽代始建的，这些寺院不仅是佛教活动场所，同时往往成为王朝进行政治、外交活动的地方和皇帝、后妃的游幸之地。(38)宗教人士、宗教生活与社会各阶层的联系以及与统治阶层之间的密切关系，是辽金元时期都城中特别突出的情形。由于这种联系所造成的城市中大量寺院宫观的建造，也构成这一时期都城景观的特殊景象。(39)

到了金代，燕京地区的佛教又有了进一步的发展。一批前代的寺庙仍然香火鼎盛，有些甚至还扩大了规模。同时，又有一批新建的寺庙后来居上，其繁盛的气象更盛前朝。其著称于世者，则有大圣安寺、大庆寿寺等。(40)

大圣安寺建于金代初年的天会年间。皇统初年，金熙宗赐其寺额为大延圣寺，后于金世宗大定三年（1163）重修，“崇五仞，广十筵，轮奂之美，为郡城（都城）冠”。(41)大定七年改为大圣安寺。大庆寿寺建成于金世宗大定二十六年（1186）。《元一统志》：“按寺碑金大定二十六年所建，翰林侍讲学士李宴撰文，修撰党怀英书丹。”内有金显宗题字及金章宗手书“飞渡桥”、“飞虹桥”的石刻，说明这所寺院园林优美。

大觉寺，亦为寺观庭园。《元一统志》载：

> 按寺记曰中都大觉寺。大定十年四月记，撰记者行太常丞骑都尉蔡珪也。……其记简而文，大略曰：“河桥折而西有精舍焉。旧在开阳门郊关之外，荒寒寂寞。有井在侧，往来

者便于汲，因名义井院。天德三年作新大邑，燕城之南广乐三里，寺遂人开阳东坊。大定中赐额曰大觉。为楼以架巨钟，为塔以藏舍利，为堂以奉旃坛圣像。寺宇之坏者完，弊者新，阙者足。向所谓荒寒寂寞者，化而为庄严殊胜之境矣。”在旧城开阳东坊。

这所寺是辽义井院修建的，有楼、有塔、有殿堂，规模亦不小，其地为今右安门内以东之处。

大永安寺，《元一统志》载曰：

在京师之乾隅一舍地香山。按旧记：金翰林修撰党怀英奉敕书。昔有上下二院，皆狭隘，凿山拓地而增广之。上院则因山之高前后建大阁，复道相属，阻以栏槛，俯而不危。其北曰翠华殿，以待临达；下瞰众山，田畴绮错。轩之西为叠石为峰，交植松竹；有亭临泉上。钟楼经藏，轩窗亭户，各随地之宜。下院之前树三门，中起佛殿，后为丈室云堂，禅寮客舍；旁则廊庑厨库之属，靡不毕兴。千楹林立，万瓦鳞次。向之土木，化为金碧丹砂；旗檀琉璃，种种庄严，如入众香之国。金大定二十六年太中大夫尚书吏部侍郎兼翰林直学士李晏撰碑云。又按泰和元年四月翰林应奉虞良弼碑记亦云：旧有二寺，上曰香山，下曰安集。金世宗重道思，振宗风，乃诏有司合为一，于世赐名永安寺。

《金史》卷六《世宗纪》载曰：“大定二十六年三月，香山寺成，幸其寺，赐名大永安。给田二千亩，粟七千株，钱二万贯。”由此可知，大永安寺应为金中都郊区一所非常华丽的寺院。

房山金陵，亦是金中都郊外的一处重要园林。“道陵苍茫”为燕南八景之一，可见其宏伟。《金史》卷二十八《礼志》载：

古之建邦设都，必有名山大川以为形胜。我国家即定鼎于燕，西顾郊圻，巍然大房，秀拔浑厚，云雨之所出，万民之所瞻。祖宗陵寝，于是焉依。

又《金房图经·山陵》记载，海陵王迁都燕京之后，“始有置陵寝意，遂令司天台卜地于燕山之四围。年余，方得良乡县西五十余里大洪山，曰大洪谷，曰龙喊峰，冈峦秀拔，林木森密。”此处大洪山和大洪谷就是大房山、大房谷，龙喊峰为九龙山的主峰。正是鉴于大房山这一形胜，海陵王才决定在此兴建祖宗陵寝，从而形成了北京史上一处规模宏大、甚为壮丽的陵寝园林。

《金史》卷五《海陵本纪》载曰：

> （贞元三年三月）乙卯，命以大房山云峰寺为山陵，建行宫其麓。……（五月）乙卯，命判大宗正事京等如上京奉还太祖太宗梓宫。丙寅，如大房山营山陵。……（十月）丁酉，大房山行宫成，名曰磐宁。……十一月乙巳朔梓宫发丕承殿。戊申山陵礼成。……（正隆元年）七月己酉，命太保昂如上京奉迁始祖以下梓宫。八月丁丑，如大房山行视山陵。十月乙酉，葬始祖以下十帝于大房山。

这说明，海陵王时，大房山金陵包括大金国建立之前的金始祖等十帝和太祖、太宗二帝的陵寝，以及一座行宫，当然还包括其中的自然景观，二者早已融为一体。《金虏图经》、《大金国志》均载，此处还有瑞云宫。1982年田野考古调查时，在此处发现一块残宫碑，碑残文有瑞云宫等字。《日下旧闻考》卷一三二记载：“瑞云宫在金太祖陵侧，遗址仅存。”后经世宗、章宗、卫绍王、宣宗四世的营建，形成了一处规模宏大的皇家陵寝。大金国九帝，除宣宗葬汴京（今河南开封）、哀宗葬蔡州（今河南汝南县）外，太祖至卫绍王七帝均葬于大房山陵。大金追封四帝，除熙宗父徽宗葬上京会宁府（今黑龙江阿城市）外，其余三位均葬于此。此外，完颜宗室诸王有许多葬在大房山陵，可以确定的葬于大房山的后妃有二十三位。坤后陵是大房山唯一的一座后妃陵，乃世宗为昭德皇后乌林答氏而建。[42]

当时海陵王建房山金陵，是在一座寺庙基础上改建而成。原大房山麓有一名曰大洪谷之地，该处有一寺“曰龙衔寺（又作云峰寺或龙城寺），峰峦秀拔，林木森密。（完颜）亮寻毁其寺，遂迁祖父改葬于寺基之上，又将正殿元位佛像凿穴，以奉安太祖、太宗、德宗，其余各随昭穆序焉”。[43]行宫磐宁宫，它的修建同样也是对建在该地的洪恩寺进行了改造。[44]建成后的磐宁宫，主要用于祭祀、谒陵的驻跸之所，金代帝王后妃在下葬前，其梓宫也均需先入磐宁宫内奉安。磐宁宫，从其遗址看是三进院落。[45]

有学者认为，海陵王初建金陵之时，并无陵界，他在修完第一批陵墓后便匆匆南侵，无暇顾及此事。直到海陵王在南方兵败被杀，世宗即位后，才注意到规划陵域范围和修建陵墙等事。[46]据《大金集礼》载，金陵范围基本是：东至万安寺西小岭9公里，南至黄水岭13公里，西至辘轳岭13.5公里，太祖陵为其北界，方圆约计60平方公里。[47]

明代天启初年遭到破坏，清代对陵墓进行了局部整修。后来经多次浩劫，山陵遭到严重破坏。至20世纪70年代已剩一片废墟，地面上建筑已荡然无存，但仍有遗迹、遗物可寻。1986年以来，北京市、区文物部门，开展了金陵勘查工作。新世纪初，文物部门又对其进行了勘探、调查，取得了诸多收获。

根据史料记载并结合考古调查的情况来看，房山金陵主要分布在大房山东麓的九龙山、凤凰山、连泉顶东峪、三盆山鹿门峪。大房山地接太行山，处于所谓“中华北龙”的主龙脉之上。大房山主峰称茶楼顶，亦称猫耳山。大房山的连山顶是金陵主陵区的所在地，连山叠嶂。九龙山，峰峦秀出，林木掩映，有九道山脊参峰而上，如九条巨龙腾云而起，故名九龙山。金陵遗址主陵区就坐落于九龙山下。九龙山西北侧山谷中有泉水涌出，向东南流淌，千年不断。这是一块难得的陵寝吉地。[49]20世纪80年代踏勘时还能见到山峰雄奇，条条山脉环一平地做奔龙之状，山峰上，树木森密，每当阴晦时，有浓云出于山中，在四面山环中，有一天然隘口，山泉终年不断，确为形胜之地。[50]金陵的各陵区分散于多个山谷之中，以山林为本，其选址虽然受风水堪舆学说的影响，但并非严格遵循，表现出一些随意性和原始性。[51]

通过考古勘探，先后发现了金陵主陵区双侧排水渠、金水桥、水闸、神道、玉阶、左右鹊台、东西配殿、兴陵墓道及陪葬墓、明代关帝庙遗址、清代小宝顶等遗迹。金水桥，位于神道南端，东西向，西侧与排水暗沟相接，东侧为排水沟的出水口。桥面由30余块花岗岩石组成，桥两侧装饰栏板、望柱等，因早期破坏现已无存。为了保护陵区不被雨水冲刷破坏，在陵墙外环绕陵园，在山口入水处修造排水暗渠。东侧排水渠保存形制较好，蜿蜒百余米，用大型花岗石垒砌，水渠内陡峭处还修建台阶。神道位于石桥北端，由南向北顺地形而上正对宝顶，全长200余米，宽5.4米。神道中部为石台阶踏道，踏道两端为汉白玉石雕刻龙栏板及雕缠枝花纹石台阶，仅保留8级层。还有东西阙台、东西配殿。东侧大殿，位于神道东侧，于西大殿同在一个台地上，坐北朝南，面阔可能为3间或5间。西侧大殿，坐东朝西，面阔5间，其西墙内外均绘壁画。[52]

金陵依山而建，绵延百二十里。《日下旧闻考》卷一百三十《京畿·房山县一》：

> 御制望大房山作歌：
> 太行连延西南来，千支万派分迂回。
> 房山于此独称峻，拔地秀拥金堂开。
> 卢水带左拒马右，伏流不敢争溪走，
> 我从长途直北望，茏葱佳气干牛斗。
> 梵宫琳宇栖嵚嵜，辟邪瓦埋行殿基。
> 春风万树花张锦，忆昔金源全盛时。
> 半壁江山迹始发，海陵迁建实唐突。
> 至今修葺剩二陵，其余荒草寻飘忽。
> 行将酹酒临寝园，昭德怀古予心存。

又引《房山县志》曰："房山本中条之麓，其山峻而且阔，望之明秀异常，宛然如室。"这实为秀丽俊美的皇家陵寝园林。

注释：

（1）（3）王丹丹：《北京地区公共园林的发展与演变历程研究》，北京林业大学博士学位论文，2012 年，第 76 页、第 78 页。

（2）周峰：《辽南京皇城位置考》，《黑龙江社会科学》2001 年第 1 期。

（4）（7）（26）（27）赵光华：《北京园林史话》，中国林业出版社 1994 年版，第 14 页、第 17 页、第 20 页。

（5）赵光华：《北京地区园林史略（一）》，《古建园林技术》1985 年第 4 期。

（6）齐心：《金中都宫、苑考》，《北京文物与考古》第六辑，北京燕山出版社 2004 年版；王灿炽《金中都宫苑考略》，《北京社会科学》1987 年第 2 期。

（8）《百五日独游西园》、《慧林赋海棠》等，均为赵秉文游西园而赋的诗，从中我们可以看到当年西园的繁盛和壮丽怡人。

（9）阎文儒：《金中都》，《文物》1959 年第 9 期。

（10）（13）（15）王灿炽：《金中都宫苑考略》，《北京社会科学》1987 年第 2 期。

（11）励宗万：《京城古迹考》，北京古籍出版社 1981 年版，第 89 页。

（12）吴长元：《宸垣识略》，北京古籍出版社 1983 年版，第 167 页。

（14）赵秉文：《滏水集》卷七《南园》，吉林出版集团 2005 年版。

（16）《滏水集》卷八《北苑寓直》、《北苑寓望》。

（17）尹钧科：《北京郊区村落的地理特点和历史成因的初步分析》，《历史地理》第11辑，1993年。

（18）《辽史》卷四十《地理志四》，中华书局点校本。

（19）（20）于德源：《辽南京（燕京）城防宫殿苑囿考》，《中国历史地理论丛》1990年第4期。

（21）《辽史》卷十三《圣宗纪四》。

（22）《辽史》卷十五《圣宗纪六》。

（23）《辽史》卷九《景宗纪下》。

（24）张师颜：《南迁录》，中华书局1985年影印本。

（25）赵光华：《北京园林史话》，第19页。齐心《金中都宫、苑考》。王灿炽更加肯定地说："这座行宫区，就是今大兴县南苑（或称南海子）的前身。"

（28）李文辉：《北京有两个琼华岛》，《北京社会科学》2007年第3期。

（29）（30）郑永华：《金代琼华岛再考——兼与李文辉先生商榷》，《北京社会科学》2014年第4期。

（31）许亢宗：《宣和乙巳奉使行程录》，见赵永春编《奉使辽金行程录》，商务印书馆2017年版。

（32）曹子西主编：《北京通史》第三卷，中国书店1994年版，第266页。

（33）孙勐：《佛教在辽南京的传播和影响——以考古发现为中心》，《北京学研究文集》2010年版。

（34）《日下旧闻考》引。

（35）《元一统志》卷一。

（36）《辽文汇》引辽咸雍三年翰林学士王观奉敕撰御笔寺碑。

（37）（40）王岗：《北京宣南地区的辽金寺庙与碑刻》，《北京联合大学学报》2011年第4期。

（38）齐心、王玲：《辽燕京佛教及其相关文化考论》，《北京文物与考古》第2辑，北京燕山出版社1991年版。

（39）诸葛净：《出世与入世—辽金元时期北京城市与寺院宫观研究》，《建筑师》2006年第4期。

（41）《元一统志》卷一。《析津志》曰："轮奂之美，为都成冠。"

（42）（49）（52）北京市文物研究所《金陵遗址调查与研究》，《北京文物与考古》第6辑，北京燕山出版社2004年版。

（43）《日下旧闻考》卷一百三十二《京畿·房山县三》引《金图经》。

（44）（51）黄可佳：《大房山金陵的初建》，《文史知识》2008年第9期。

（45）杨亦武：《大房山金陵考》，《北京文博》2000年第2期。

（46）（48）齐心：《近年来金中都考古的重大发现与研究》，《中国古都研究》第12辑，1994年。

（47）于杰：《中都金陵考》，见于杰、于光度《金中都》，北京出版社1999年版。

（50）王德恒、王长福：《金陵通考》，《社会科学辑刊》1984年第3期。

第三章　元大都的园林

在北京几千年的文明发展进程中，元代占有极为重要的地位。一方面，它在继承了金代首都地位的诸多城市功能的基础上，有了进一步的发展，仍然保持这座城市的都城地位。另一方面，它又有了巨大的突破，其一是建造了一座全新的都城，在中国都城发展史上写下了新的篇章。其二是统一了整个中国，使元代的大都城成为全国的政治和文化中心。而且这个新的全国统治中心一经确立，就很少发生变化，一直延续到明清时期、乃至于今天。

正是由于元代都城发生了巨大的变化，使得这里的园林也随之发生了较大变化。这种变化在许多方面皆有所反映，而在园林建设及其所体现出来的园林文化的发展变化方面，表现尤为显著。首先，是在金代皇家园林建造的基础上，使元代的皇家园林有了进一步的发展。其次，是出现了大量私家园林的建造，其数量远远超过了金代。再次，是这里的风景名胜得到进一步开发，成为人们岁时游乐的主要场所。因此，这个时期的都城园林发展是特别值得研究的。

第一节　元大都园林概述

元代大都的园林，是在金中都园林的基础上有了进一步的发展，也出现了一些新的变化。在皇家园林方面，出现的变化比较大。其一，是有些金代的皇家园林到了元代逐渐衰落了，消亡了。如金海陵王时建造的西苑和此后建造的南苑等，到了元代已经失去了皇家园林的地位。其二，是有些金代的皇家园林到元代有了进一步的发展，如金世宗时建造的北苑，成为元代皇城的活动中心，增添了许多新的园林景观。其三，是出现了新的皇家行宫，即位于大都城东南郊的柳林行宫。

出现这种变化，是与北京城市自身的变迁以及元朝统治者的生活习俗都有着十分密切的关系。首先，是城市的变迁在这个时期表现极为突出。元世祖忽必烈在把首都定在这里之后，进行了大规模的城市建设，在保留了金中都旧城的情况下，又建造了一座新的都城，即大都城。这座新都城中的皇城，是以金朝行宫北苑为中心的。在北苑原来的人为景观太液池与琼华岛四周，建造了皇帝、皇后、皇太子等多组宫殿建筑，却仍然保望了太液池一带的园林风格。此后，元朝政府又对皇城中的这片园林加以整修，使之得以一直延续到今天。

其次，城市变迁带来的另一个影响，是西苑的荒废。当元太祖十年（1215）蒙古军队攻占金中都城之后，曾经对金朝的宫殿、园林进行了十分严重的破坏，紧邻金中都宫殿西侧的西苑，自然也是破坏的重灾区。在此后的几十年里，这座著名的皇家园林一直没有得到修复。世居燕京的耶律楚材之子耶律铸曾作有《琼林园赋》，赋前有序称：

> 余游历燕都，因与夫钩盾，按行遗址，异其绝古今之制度，披览图籍，知其尽人神之壮丽，意不翅加万于章华、什百于阿房。(1)

但是这些豪华的建筑，在耶律铸眼中只剩下了遗址而已。

元朝统治者的生活习俗与此前的金朝统治者相比，有着很大差异。金朝在海陵王迁都之前，女真族统治者基本上完成了“汉化”的进程，尤以金熙宗及海陵王为代表。因此，在海陵王迁都以后建造的皇家园林，大多是以北宋的皇家园林为模仿对象的，带有十分明显的“汉化”特征。而元朝的蒙古统治者在进入中原地区之后的很长一段时期，都没有完成“汉化”的进程，而是保留了极为鲜明的游牧文化特色，这种文化差异自然会在皇家园林（包括行宫）的建设方面有所体现，这就是柳林行宫的出现。

柳林行宫在辽代被称为延芳淀，是契丹族统治者岁时游猎的地方，也是皇家的行宫。到了金代，虽然迁都到燕京，但是这处行宫却没有得到女真族统治者的赏识，一直废弃不用。而到了元代，蒙古族统治者与契丹族统治者一样，都有着强烈的游牧习俗，遂使得这处被废弃的皇家行宫再度受到青睐，成为元朝统治者每年都要临幸的地方。这片巨大的湿地原属于通州的漷县，元朝统治者又将漷县提升为漷州，以显示出对这处皇家园林的重视。

在元代的大都地区，私家园林的发展十分迅速，很快就超过了金朝的发展水平。在大都新城建造以前，这里的私家园林主要是建造在金中都旧城的城郊四周。及大都新城建好以后，大批居民都迁居到新城之中，金中都旧城里面还保留了许多官宦人家的宅院，其中的一些旧宅院也就被改造为私家园林。而随着大都新城的逐渐发展，使得有些居民又在大都新城的四周建造了私家园林，而有些旧城中的园林则随着旧城的衰败而逐渐消失了。

在大都城成为全国的统治中心之后，前来观光游览的人们越来越多，使得众多的游览景点也就得到人们越来越多的关注，名胜古迹的声誉也变得越来越高，于是，发源于金章宗时期的“燕京八景”遂驰名海内，成为北京最重要的游览景点，这八处景点的名称也逐渐固定下来。在这八处景点中，有些是广大市民岁时游乐的山水之地，有些是前代留存下来的遗迹，还有一些则是皇家园林中的景致，百姓得闻其名，而难睹其真实面目。

在元代的大都地区，自然环境虽然已经开始遭到破坏，但是还不是很严重，并不足以影响到对景观的欣赏。但是，城市的发展变化却往往会对相关的景观产生巨大影响，甚至会带来根本性的变化。例如在“燕京八景”中有一处景点为“蓟门飞雨”，这里的蓟门，是指古蓟城的城门。在金海陵王扩建中都城时，这处古蓟门被扩到城内，周围变成了热闹的商业街区，因此，当人们登上这处古蓟门，望着霏霏细雨中的市井风物，别有一番生活情趣。元人尹廷高曾作《蓟门飞雨》一诗曰：

清风夹道槐荫舞，谁信青天来白雨。
马上郎君走似飞，树下行人犹蚁聚。
须臾云散青天开，依然九陌飞黄埃。
乃知造化等儿戏，一日变态能千回。(2)

把市井风物描绘得栩栩如生。

但是，随着新大都城的发展，金中都旧城日渐衰败，蓟门及其周围的商业繁荣景象也逐渐消失了。到了此后的明代，人们已经不知道蓟门的确切位置，反而把大都城的西北门健德门（明代初年已经废弃）一带当成古蓟门。又因为这一带的景色已经变成古木茂盛，故而将“蓟门飞雨”改为“蓟门烟树”。这时的古城门已经从古蓟城的城门变为元大都城的城门，而昔日的景点也已经完全改变了，就连景点所包含的文化内涵也都不一样了。到了此后的清代，人们所接受的“蓟门烟树”的景观也是明代所改变的。

第二节　元大都的皇家园林

早在元朝建立之前，金朝曾定都于此，并且修建了一些皇家园林。及蒙古军队攻占金中都城，大部分金朝的宫殿与皇家园林皆被毁坏，只有极少数的皇家园林得以保留，损毁程度不是很严重。及元世祖忽必烈夺得皇权，并在这里兴建新的都城之后，皇家园林才得以逐渐恢复，并有了进一步的发展。其中，以金代的北苑行宫琼华岛为中心而修复的皇家园林，是大都城里最美丽的皇家园林。

这座园林始建于金世宗在位时期，由琼华岛及万岁山为主体建筑。金朝灭亡之后，蒙古行省官员曾经把这座园林送给全真教的道士丘处机，作为他从事道教活动的一处场所。时人称：丘处机在燕京（即金中都旧城）天长观举行道教活动：

> 每斋毕，出游故苑琼华之上。从者六、七人，宴坐松荫，或自赋诗，相次属和。间因茶罢，命从者歌《游仙曲》数阙。夕阳在山，淡然忘归。于是行省及宣差札八相公以北宫园池并其近地数十顷为献，且请为道院。师辞不受。请至于再，始受之。……自尔佳时胜日，师未尝不往来乎其间。[(3)]

金元之际，大文豪元好问曾经出游金中都故城，并在离开时作有《出都二首》诗曰：

> 历历兴亡败局棋，登临疑梦复疑非。
> 断霞落日天无尽，老树遗台秋更悲。
> 沧海忽惊龙穴露，广寒犹想凤笙归。
> 从教尽刬琼华了，留在西山尽泪垂。（之二）

并在诗后注文曰：“寿宁宫有琼华岛，绝顶有广寒殿，近为黄冠辈所撤。”[(4)]文中所云“黄冠辈”，即指全真教的道士们。不知何故，他们要把广寒殿拆除。

此后不久，耶律铸亦曾到这座金代行宫游览，并写诗描述曰：

不放笙歌半点晌闲，紫霞香露怕余残。
水摇千尺地中月，人倚九重云外栏。
碧落更谁乘彩凤，翠屏空自掩金銮。
蓬莱宫阙遗基在，忍对秋风子细看。[(5)]

所谓“又登琼华岛”可见不是仅来了一次，而“蓬莱宫阙遗基在”，则是指被全真教道士们拆毁的广寒殿还没有修复。

及元宪宗即位后，命皇弟忽必烈主持中原地区军政事务，忽必烈即多次往返于中原地区和蒙古大草原，其在中原地区的驻地之一，就是这座已经逐渐荒废的金朝皇家园林。史称：元宪宗九年（1259），忽必烈从伐宋战场回师，“是冬，驻燕京近郊。”到了中统元年（1260）十二月，元世祖忽必烈出征皇弟阿里不哥回师，“帝至自和林，驻跸燕京近郊。”[(6)]这里所云“燕京近郊”，即指金代皇家园林琼华岛。

这时的文臣王恽也曾经游览这座金代皇家园林，并作诗八首以述其景。其一曰：

蓬莱云气海中央，薰彻琼华露影香。
一炬忽收天上去，谩从焦土说阿房。

又一曰：

光泰门东日月躔，五云仙仗记当年。
不烦细读江南赋，老树遗台倍黯然。[(7)]

这组诗作于中统元年（1260），通过诗中描述的景色，如“谩从焦土说阿房”、“老树遗台倍黯然”。等景致来看，这时的琼华岛与太液池仍然还没有得到修复。

元世祖忽必烈在即位之初，是以位于漠南草原的开平府为都城的，故而岁时来到燕京，往往驻跸于琼华岛。因此，他的部下就曾经提出要重新修复这处前朝的皇家园林，中统四年（1263）三月，“亦黑迭儿丁请修琼华岛，不从”。[(8)]亦黑迭儿丁是一位西域著名工匠，元代文献中又作“也黑迭儿”，是负责为元世祖建造车辆庐帐的官员，他提出修复琼华岛的建议虽然当时没有被批准，但是此后不久，元世祖就决定以这处皇家园林为中心，在这里建造一座规模宏大的都城。

这座都城就是元大都城。在都城里面最主要的建筑是皇城，而皇城里面的三组重要建筑，则是围绕着太液池与琼华岛分布的。在太液池东岸，建造有大明殿与延春阁，是元朝帝王和皇后居住的地方；在太液池西岸，建造有隆福宫及兴圣宫两组建筑，居住着皇太后和皇太子等。而琼华岛上的万岁山上，又重新恢复了广寒殿的建筑。这座建筑不仅规制宏大，作用也很重要。

广寒殿建在万岁山之巅，时人称：

> 广寒殿在山顶，七间，东西一百二十尺，深六十二尺，高五十尺。重阿藻井，文石甃地，四面琐窗，板密其里，遍缀金红云，而蟠龙矫蹇于丹楹之上。中有小玉殿，内设金嵌玉龙御榻，左右列从臣坐床。前架黑玉酒瓮一，玉有白章，随其形刻为鱼兽出没于波涛之状，其大可贮酒三十余石。又有玉假山一峰，玉响铁一悬。(9)

据此可知，这座大殿之中设置有小玉殿、金嵌玉龙御榻（《元史》中又称之为“五山珍御榻”）、大黑玉酒翁（《元史》中又称“渎山大玉海”）、玉假山等，皆为稀世珍宝。

在皇宫正殿大明殿没有建造完成之前，这里就成为元世祖处理政务的主要场所。如至元十年（1273）三月，元世祖在这里举行册封皇后及皇太子的隆重仪式。史称：

> 帝御广寒殿，遣摄太尉、中书右丞相安童授皇后弘吉剌氏玉册、玉宝，遣摄太尉、同知枢密院事伯颜授皇太子真金玉册、金宝。(10)

这种册封皇后和皇太子的做法，在蒙古族的习惯继承法中是没有的，显然是元世祖学习“汉法”的结果。但是，这种继承法在此后元朝的很长一段时间里都没有得到落实。依靠军事实力的强弱来争夺皇位的事情屡见不鲜。

在万岁山上的广寒殿里，元朝帝王还经常举办大宴会，与群臣共乐。元世祖将渎山大玉海安置在广寒殿中，就是为了召开大宴会以之装酒，以供君臣豪饮。这种传统一直延续到元朝中后期。时人作诗曰：

> 鳌山宴罢月溶溶，太液池边湛露浓。
> 不用金莲送归院，水晶宫出玉芙蓉。（之五）(11)

元朝的大宴会是帝王经常举行的活动，只有身份极为尊贵的人才有资格参加。

对琼华岛与万岁山的描述，当以《南村辍耕录》一书记载较为详细：

> 万岁山在大内西北太液池之阳，金人名琼花岛。中统三年修缮之。其山皆以玲珑石叠垒，峰峦隐映，松桧隆郁，秀若天成。引金水河至其后，转机运㪺，汲水至山顶，出石龙口，注方池，伏流至仁智殿后，有石刻蟠龙，昂首喷水仰出，然后由东西流入于太液池。山上有广寒殿七间。仁智殿则在山半，为屋三间。山前白玉石桥，长二百尺，直仪天殿后。殿在太液池中之圆坻上，十一楹，正对万岁山。(12)

据此可知，到了此后的明代，其山上格局没有发生太大变化，仍然保持了元代的模样。

值得注意的是，元朝人对于这座万岁山的来历也有较为详细的描述：

> 闻故老言：国家起朔漠日，塞上有一山，形势雄伟。金人望气者谓此山有王气，非我之利。金人谋欲厌胜之，计无所出。时国已多事，乃求通好入贡。既而曰，它无所冀，愿得某山以镇压我土耳。众皆鄙笑而许之。金人乃大发卒，凿掘辇运至幽州城北，积累成山，因开挑海子，栽植花木，营构宫殿，以为游幸之所。未几金亡。(13)

据此描述的景致来看，应该是琼华岛上的万岁山。

这种说法虽然很难让人相信，但是在当时却是十分流行，传播极广。如元人张昱亦曾作诗曰：

> 金计倾辽至可哀，为车为马枉虺隤。
> 岂知万岁山中土，载得龙沙王气来。(14)

也是认为万岁山的土壤是从北方用车马拉到都城来的。而这座皇家园林，确实是金朝统治者花费大量钱财建造的，此后则被元朝帝王所享用。

在万岁山上，又有一座仁智殿，是元朝统治者举行佛教活动的地方。在这里，曾经安置过著名的旃檀佛像。早在金朝攻灭北宋，即将从西域传入中土并供奉在汴京的旃檀佛像北迁：

> 北至燕京，居圣安寺十二年，北至上京大储庆寺二十年，南还燕宫内殿五十四年。丁丑岁三月，燕宫火，迎还圣安寺居。今五十九年乙亥岁，当今大元世祖皇帝至元十二年也，帝遣大臣孛罗等四众，备法驾仗卫音伎，迎奉万寿山仁智殿。丁丑，建大圣安寺。己丑岁，自仁智殿迎安寺之后殿，大作佛事。(15)

据此可知，这座仁智殿在元朝的宫廷佛教活动中占有十分重要的地位。

在元代前期，帝王在琼华岛与万岁山所举行的佛教活动比较少，如至元八年（1271）五月，元世祖命“修佛事于琼华岛。”(16)而到了元代中后期，由于政治斗争十分激烈，帝王们为争夺皇位不惜兄弟互相残杀，为了解除心理的愧疚，则多次在这里举行佛教活动。如元文宗时，在天历元年（1328）十二月，“分命诸僧于大明殿、延春阁、兴圣宫、隆福宫、万岁山作佛事”。(17)此后到至顺元年（1330），元文宗又下令：“夏四月壬午朔，命西僧作佛事于仁智殿，自是日始至十二月终罢。”(18)到了至顺二年（1331）七月，又“命西僧于大都万岁山、悯忠阁作佛事，起八月八日，至车驾还大都日止”。(19)文中所云在“琼华岛”、“万岁山”等处举行的佛教活动，皆是以仁智殿为主要活动场所的。

在万岁山的东侧，又建有一处皇家动物园，称之为“灵囿”，在此饲养了一大批奇兽珍禽。每当元朝帝王在万岁山举办大宴会，就会把一批奇兽拿出来，以供百官观赏。时人称：

> 国朝每宴诸王大臣，谓之大聚会。是日，尽出诸兽于万岁山，若虎、豹、熊、象之属，一一列置讫，然后狮子至。身才短小，绝类人家所蓄金毛猱狗。诸兽见之，畏惧俯伏，不敢仰视，气之相压也如此。(20)

由此可知，在“灵囿”中豢养的奇兽有狮、虎、豹、熊、象等，皆为猛兽。

而在“灵囿”中饲养的珍禽也很多，数量较大的第一批珍禽来自南宋的宫廷。至元十一年（1274），元朝军队攻占临安（今浙江杭州），“十一年江左平，宫籞禽玩毕达京师”，“厥后珍禽、奇兽陆贡川输，岁相望于道。彼隶鸟官、入上林，集万年之芳枝，蒙天颜之一盼，振羽和鸣，固有喙同而如瘖者矣。”[21] 据记载的珍禽有秦吉了、蘋茄儿、百舌儿、白头翁、柳莺、切仓子（又称“铁嘴儿”）、相思儿、白鹦鹉、玄鹤、金丝鸡、花鹭鸶、小鸲鹆等。其中，秦吉了、小鸲鹆等，“善作人语”、“能作人语”。由此可见，天下有捕获珍禽者，皆被送到大都的“灵囿”中来。

元朝政府在大都城设有仪鸾局，其中的一项职责就是饲养珍禽奇兽。史称：

> 仪鸾局，秩正五品，掌殿庭灯烛张设之事，及殿阁浴室门户锁钥，苑中龙舟，圈槛珍异禽兽，给用内府诸宫太庙等处祭祀庭燎，缝制帘帷，洒扫掖庭。[22]

下属人员共有二百三十余户。这处衙署始置于至元十一年（1274），正好与元朝灭宋时间相吻合，也恰好是运送南宋珍禽北上大都城的时间。

对于这座宫殿环绕的皇家园林，元朝统治者是十分喜爱的，除了岁时加以修缮之外，有时也会增加一些宜人景观。如泰定帝在位时，曾在泰定二年（1325）六月，“葺万岁山殿。”[23] 这是对园林景观的修缮。两年以后，泰定四年（1327）十二月，又“植万岁山花木八百七十本”。[24] 这是在万岁山新种植的花木，以增加新的景观。这些由元朝政府从全国各地搜集到的奇花异木虽然好看，然而是否能够适应大都地区的北方气候，是否能够存活，却是个很大的问题。因为史无明文记载，这些花木的生长结果如何则不得而知了。

在太液池中、琼华岛上，除了苍翠的古木之外，也种有一些北方不常见的花木。“太液池在大内西，周回若干里，植芙蓉。……犀山台在仪天殿前水中，上植木芍药”。[25] 又如梅花多见于江南，而罕见于北方，在皇家园林里却有种植，时人作诗称：

> 太液池边柳未芽，上林梅萼又开花。
> 霓旌绕树龙舆过，仙仗临轩羯鼓挝。
> 晴雪微飘丹凤阁，香风暗度玉皇家。
> 洪钧散作人间瑞，三白交辉见岁华。[26]

据此可知，皇家园林中梅花盛开之时，柳树尚未发芽，而“晴雪微飘”之句，不知是真有雪花，还是诗人把梅花的花瓣比喻为雪花。

元朝统治者在大都的皇城里面没有严格的禁制，因此有些文人学者得以岁时游览这里的美丽景色，并且吟诗作赋，以述景色之美妙，以及感慨之情。如元人刘鹗就写有一段对这处皇家园林的观赏文字曰：

> 广寒殿在万岁山上，山在水中，高数十丈，怪石古木蔚然如天成。殿在山，两傍稍下，复建两亭，正当山半又有殿，萦然竹石间。山下积石为门，门前有桥，桥有石栏如玉。前有石台，上建圆殿，缭以黑粉墙，如太湖石状。台东西皆板桥，桥东接皇城，西接兴圣宫。水光云影，恍惚天上。[27]

到元文宗时，在皇城内设置有奎章阁，命文臣在阁中从事各种文化活动。元人周伯琦曾在奎章阁中供职，有时游览于园林之中，作诗以述其事曰：

> 冰盘堆果进流霞，中秘翻余夕景斜。
> 画舫径从圜殿过，凤麟洲上数荷花。（之二）

又曰：

> 流觞小殿曲栏萦，波影帘栊浸绣楹。
> 静昼敲棋中贵语，君王避暑在开平。（之五）[28]

夏天在皇城里面值班真是很惬意的事情，有时坐船观赏荷花，有时树下玩棋闲谈，而元朝帝王和众多大臣皆去了上都开平府（今内蒙古正蓝旗境内），大都的皇家园林格外闲适。

在大都皇城内的太液池上，元朝帝王又建造有规制宏丽的龙舟，以供人们岁时观赏湖景而乘坐之。因为南方工匠比北方工匠的造船技术要好，因此，宫中所用龙舟大多为南方造好以后再运到北方。史称，至大四年（1311）九月，元仁宗即位不久：

> 都水监卿木八剌沙传旨，给驿往取杭州所造龙舟，省臣谏曰：“陛下践祚，诞告天下，凡非宣索，毋得擅进。诚取此舟，有乖前诏。”诏止之。[29]

据此可知，杭州是制造龙舟的场所之一。

到了元朝后期，元顺帝堪称“鲁班天子”，十分喜爱制造龙舟的工作，史称：

> 帝于内苑造龙船，委内官供奉少监塔思不花监工。帝自制其样，船首尾长一百二十尺，广二十尺，前瓦帘棚、穿廊、两暖阁，后吾殿楼子，龙身并殿宇用五彩金妆，前有两爪。上用水手二十四人，身衣紫衫，金荔枝带，四带头巾，于船两旁下各执篙一。自后宫至前宫山下海子内，往来游戏，行时，其龙首眼口爪尾皆动。(30)

由此可见，在京城制造的龙舟构造非常复杂，工艺制作技术已经达到了很高的水准。

元朝帝王不仅在皇家园林里面乘坐龙舟，出行到外面也要乘坐龙舟，以显示自己天下独尊的身份。至正元年（1341），中书省大臣许有壬陪同元顺帝出游大承天护圣寺（在今昆明湖畔），就是乘坐的龙舟。他并作诗描述当时的情景曰：

> 宇宙承平日，邦畿壮丽乡。宫中无暇逸，湖上暂翱翔。凤辇重云降，龙舟万斛骧。风霆随桂楫，日月运牙樯。五卫分翬羽，千官列雁行……。(31)

众多君臣沿高梁河乘舟而行，场面十分壮观。

元朝实行两都之制，如果说元大都是首都，元上都就是一座大型的行宫，或者称为“夏都”，其功能类似于此后清代的承德避暑山庄。而在大都城的近郊，也有一座颇具规模的行宫，时称柳林行宫，也是一座著名的皇家园林。每年的春天，元朝帝王都要在这里举行射猎活动，百官大臣、侍卫军队皆随同而行，场面也很壮观。

这处行宫在辽代称为延芳淀，也是辽朝帝王岁时行猎的场所之一。到了此后的金代被弃置，而到了元代又重新加以恢复，其重要程度又远远超过辽代。因为辽代的燕京只是一座陪都，契丹帝王不是每年都到这里来举行狩猎活动，而是几年或十几年偶尔来一次。但是元朝定鼎大都之后，蒙古帝王就居住在这里，故而每年的春天都要在这里举行狩猎活动。在《元史・本纪》中可以见到许多元朝诸位帝王“幸柳林”、“幸漷州”、“畋于柳林”等记载，这还只是他们在此举行狩猎活动的一部分记录。实际上如果没有特殊情况，他们是每年都要到柳林行宫举行狩猎活动的。

因为受到柳林行宫的影响，元朝政府在至元十三年（1276）八月下令，“升漷阴县为漷州”。[32]对于这一点，当时人王恽曾经有较为详细的描述：

> 漷州距今新都东南百里而近，本汉泉州地，辽为镇而亡金县焉。兵后井邑萧索，仅存县治。原隰平衍，浑流芳淀，映带左右。建元以来，春水澄融之际，上每事羽猎，岁尝驻跸。民庶睹羽旄之光临，乐游豫之有赖，故生聚市哄，旋踵成趣。至元十有三年，遂升县为州，从吏民之请也。[33]

文中“今新都”，即新建造的大都城。正是因为元世祖每年到此行猎，而带来这里经济的发展，以及行政级别的提高。

柳林行宫的自然环境很好，有湖泊，有水草，也有树木，是北方地区少有的湿地，每年春天吸引了大量候鸟到此栖息。而元朝地方政府为了能够给帝王们提供更好的狩猎环境，也是下了很大功夫的。时人称：

> 天鹅又名驾鹅，大者三五十斤，小者廿余斤，俗称“金剋玉体乾皂靴”是也。每岁大兴县管南柳林中飞放之所，彼中县官每岁差役乡民广于湖中多种茨菰，以诱之来食。其湖面甚宽，所种延蔓，天鹅来，千万为群。俟大驾飞放，海青、鸦鹘所获甚厚，乃大张筵会，以为庆贺、必数宿而返。[34]

这种人工种植茨菰的做法，在当时取得了很好的效果。

元朝诸位帝王对柳林行宫的修建也是十分在意的。如至大元年（1308）七月，元武宗下令，“筑呼鹰台于漷州泽中，发军千五百人助其役。”[35]显然，这次工程的主体是漷州的民众，而军队的士卒只是“助其役”，就要1500人，可见筑呼鹰台的工程规模是很大的。又如元英宗在至治元年（1321）二月，“畋于柳林。敕更造行宫。”[36]翌年正月，又“建行殿于柳林”。[37]这些“行宫”、“行殿”的建造，也是为元朝帝王狩猎时提供休息的场所。

到了元文宗时，在至顺元年（1330）七月曾下令，“调诸卫卒筑漷州柳林海子堤堰。”[38]此后在至顺三年（1332）七月，又下令，“调军士修柳林海子桥道”。[39]这些工程，是为了改善柳林行宫的外部环境，而时间大多是在七月，这时正是元朝帝王北巡上都的时间，柳林行宫没有候鸟前来，也就没有人前来狩猎。

因为柳林行宫的面积非常大，方圆数百里，有些田地是可以用来耕种的，故而元朝政府在至元十七年（1280）十月，“立营田提举司，从五品，俾置司柳林，割诸色户千三百五十五隶之，官给牛种农具”。[40]从而进行耕种生产。这种情况的出现，表明在京畿地区，农田的使用已经非常紧张，只要有空闲之地，就会被开垦，甚至在皇家的行宫园林里也无例外。

元朝统治者每年春天在柳林行宫中举行狩猎活动，时间是不固定的，有时长，有时短，长则月余，短则数日。因此，在狩猎活动中也要处理一些政务。史称：当时文臣王恽在“（至元）二十八年，召至京师。二十九年春，见帝于柳林行宫，遂上《万言书》，极陈时政。授翰林学士、嘉议大夫”。[41]对于这次的被召见，王恽曾专门作诗以描述其情景：

> 汉家天子猎非熊，五柞长杨是近宫。
> 万骑远临沧海右，五人同拜柳林东。
> 自怜贱子承恩眷，重为斯文惜至公。
> 更拟论思参政识，老臣何有沃渊衷。（之一）[42]

当时推荐王恽等人的是元世祖的亲信大臣崔彧，而同时受到推荐的还有程钜夫等四人。

又如元成宗在柳林行宫狩猎之时，还会让文臣讲解儒家的经史要义。史称：“大德元年，成宗幸柳林，命（焦）养直进讲《资治通鉴》，因陈规谏之言，诏赐酒及钞万七千五百贯。”[43]显然，元朝帝王自世祖忽必烈之后，大多开始重视中原地区传统文化中的儒家政治学说的重要社会作用，因此，想通过请名儒讲解的方式来尽快掌握儒家学说的精髓，就连在行宫狩猎的时候都不忘记增添一些进讲活动。

元朝帝王在柳林行宫的狩猎活动场面非常壮观，参加的人很多，许多人在参加狩猎活动之后写诗以描述其情景。如当时安南国王陈益稷就曾作诗曰：

> 仙仗平明拥翠华，景阳钟发海东霞。
> 千官捧日临春殿，万骑屯云动晓沙。

> 白鹞鞲翻山雾薄，黄龙旗拂柳风斜。
> 太平气象民同乐，南北梯航共一家。[44]

又有人描述其情景称：

> 柳林笳鼓晓晴饶，王子春蒐出近郊。
> 云锦宫袍攒万马，铁丝箭镞落双雕。
> 蒲萄压酒开银瓮，野鹿充庖藉白茅。
> 共说从官文采盛，不闻旧尹赋《祈招》。[45]

元代柳林行宫的自然环境也会不断发生变化。如在世祖时曾任大都医学教授的宋超，至元年间：

> 扈跸柳林。上顾林木不怿，隐几而卧，问侍臣以枯悴故。历十余人皆不惬，独对曰："柳，水木也。往者河经林间，土润木荣。今河徙益远故耳。"上悦，矍然起坐，称善者久之。[46]

据此可知，在至元年间，流经柳林行宫一带的河流发生了迁徙，已经离行宫越来越远了，因此影响了这里的自然环境。到了此后的明清时期，这里的湿地已经不复存在，春季候鸟群集的情况也逐渐消失了。

到了元朝末年，在这里还发生了一件大事。

> （至正）十七年，山东毛贵率其贼众，由河间趋直沽，遂犯漷州，至枣林。已而略柳林，逼畿甸，枢密副使达国珍战死，京师人心大骇。在廷之臣，或劝乘舆北巡以避之，或劝迁都关陕，众议纷然，独左丞相太平执不可。哈剌不花时为同知枢密院事，奉诏以兵拒之，与之战于柳林，大捷。贵众悉溃退，走据济南，京师遂安，哈剌不花之功居多。[47]

但是，这次战役的胜利已经无法逆转元朝灭亡的命运。此后不久，北伐的明朝军队攻占大都城，元朝灭亡，柳林的皇家行宫也随之破败衰亡。

第三节　元大都的私家园林

在蒙古军队攻占金中都城之后，随着燕京地区战乱的逐渐减少，社会生产的逐渐恢复，城市人口的逐渐增加，人们的生活水准也在不断提高，人们的日常娱乐活动日渐活跃，使得有些官僚士大夫开始兴建私家园林。这些新出现的私家园林，主要是建造在金中都城的郊野之处，其文化主题也突出体现了“野趣”风格，是与诸多文士身在朝堂而心归隐逸的思想相适合的。

在金元之际的中都城有一处著名的私家园林，后人称之为梁都运别墅。梁都运指的是金朝后期名士梁陟，字斗南，是金中都路良乡县人。他在《金史》中无传，仅在元人的文献中有些记载。时人称：梁陟为金章宗明昌年间的进士，其父梁牧时在金中都建造了私家园林，“金世，诸名士日觞咏，从之游。中奉髫年能以词章相周旋，咸器伟之。晚岁直节善政，深自植立。值金亡，终老于里”。[48]因为梁陟曾任金朝同知南京路都转运司事之职，故而人称梁都运。

在金朝人的诗作中有《梁都运斗南新居落成》一诗曰：

> 购材燕市中，作室何翘翘。老手为拮据，百日不敢骄。
> 室成仅容膝，勃豁益无聊。云胡写予怀，惟是风雨宵。
> 先生名大夫，黼衣华四朝。枫堂接桂室，燕处俱逍遥。
> 新筑诚琐兮，贫饮称一瓢。居之不自陋，无乃壮志消。
> 孰知君子心，一念恒万朝……。[49]

据此可知，梁陟曾经对这处私家园林加以新建，并在园林中建有枫堂。桂室等建筑。

这处私家园林位于旧燕京城里，时人有记载称：“梁暗都，本汉人梁斗南之孙，奉国朝旨，学西域法，因名是。授平章。有孙，见仕，居北城，南城有故宅，在阁西南针条巷内。”[50]这里所云的位于“阁西南针条巷内”的南城故宅，应该就是梁陟与其父梁牧建造的别墅。

《日下旧闻考》曾引《良乡县志》称：

> 梁斗南，登元进士第一，累官至河南都运。相传斗南读书间山，与同舍生论及鬼神，斗南以为不足畏。同舍生曰：“间山广宁庙，汝夜能独往乎?”斗南诺之。乃约垩壁为验，至则遥见灯烛，闻曰丞相来，烛尽灭。随以笔垩殿壁，至东北隅，暗中触一物，扪之，则人也，携以归。乃一女子，有殊色，问其故，曰：“妾苏州人，因清明观击球，忽怪风昼晦，昏迷不知至此。”事闻，诏以女配斗南。人谓天赐

夫人。[51]

此处所载，全为讹传。

在蒙古国攻占金中都之后，全朝守臣耶律楚材受到元太祖及元太宗重用，史称：元太宗八年（1236）六月，“耶律楚材请立编修所于燕京，经籍所于平阳，编集经史，召儒士梁陟充长官，以王万庆、赵著副之。”[52]史又称：是时耶律楚材“命收太常礼乐生，及召名儒梁陟、王万庆、赵著等，使直释九经，进讲东宫。又率大臣子孙，执经解义，俾知圣人之道。置编修所于燕京、经籍所于平阳，由是文治兴焉。”[53]据此可知，梁陟在当时的燕京有相当大的学术影响，而不是袁桷所说的“值金亡，终老于里”。

在蒙古国时期，与梁陟交往的多为一时名士，如元好问与耶律楚材。元好问曾为梁陟作诗曰：

飞亭四望水云宽，亭上高人杳莫攀。
已就湖山揽奇秀，更教乡社得安闲。
风流岂落正始后，诗卷常留天地间。
胜赏休言隔今昔，肩吾新自会稽还。[54]

这首诗应该就是在梁都运别墅中所作。

耶律楚材则作有《用梁斗南韵》一诗曰：

丁年学道道难成，却得中原浪播名。
否德自惭调鼎鼐，微材不可典玑衡。
谁知东海潜姜望，好向南阳起孔明。
收拾琴书作归计，玉泉佳处老余生。[55]

通过此诗的描述可知，耶律楚材对梁陟是很佩服的，而对自己在仕途上的作为尚无法把握，随时都有归隐的打算。

梁都运别墅存在的时间是很长的，这是因为梁陟的子孙后代在元朝的官场上颇有作为，故而这处私家园林也常有文人墨客到此聚会。元初名士王恽曾与梁陟的后人在这处私家园林中聚会，并作诗曰：

问字尝思过子云，一樽梁墅喜情亲。
清灯夜话逢知友，乔木苍烟忆世臣。

野水添杯无尽藏，侯门储庆有余春。
五枝休数燕山窦，黄合经纶见秉钧。(56)

而作诗的时间是在元贞三年（1297）二月，据此可知，自金章宗明昌年间到元成宗元贞三年，这座梁都运别墅已经存在了百余年，应该是元代存世时间最长的私家园林之一。

金元之际燕京城里的士绅赵亨名气颇大，时人称：

赵汲古：汲古，自号也。名亨，字吉甫。父仕金朝，官至燕京留守掌判，迄今有呼赵留判。家居城南周桥之西，即祖第也。有园名“种德”。一时翰苑元老，咸有诗题咏。有斋曰“汲古”，盖先生隐居读书处。有三世孙曰由忠，尝仕三河尹。(57)

据此可知，赵亨世居燕京。因为金朝中期以后即称中都，而非燕京。蒙古军队占领金中都之后，才改称燕京。故而赵亨之父当为蒙古国的官员，而非金朝官员。周桥是金中都城正南面的一座桥梁，这处宅第是赵氏祖宅。

赵亨最著名的私家园林被称为种德园，我们今天能够见到有关种德园的记载，最早的当属元好问与曹之谦的诗作。元好问所作的诗今存二首，其一为《赵吉甫西园》，诗题后称“园名种德”。诗曰：

王城比民居，近市无闲田。闲田八九亩，乃在城西偏。
久矣瓦砾场，莽为狐兔阡。高人一留顾，老木生云烟。
筑屋临清流，开窗见西山。人境偶相值，遂无城市喧。
赵侯嗜读书，兀坐守遗编。性情入吟咏，古淡无妖妍。
酸醎与世殊，至味久乃全。我作别墅诗，请为子孙传。
耕耘有定业，歉丰属之天。宁作卤莽儿，袖手待逢年。
汲古先有斋，种德今有园。期君在晚岁，无庸计目前。(58)

诗中显示的信息有：第一，赵亨的种德园是在金中都城的西侧，而不是东侧。故而诗作题目称“赵吉甫西园”。第二，赵亨的私家园林应该有两处，一处称汲古斋，另一处称种德园。第三，种德园的位置邻水又邻山，即诗中所称“筑屋临清流，开窗见西山”。第四，这处地方原来是一片废墟，即“久矣瓦砾场，莽为狐兔阡”。经过赵亨的改造，才变成一处风景秀丽的私家园林。第五，这处园林的面积大小适中，为“闲田八九亩”。

元好问的另一首诗为《赵汲古南园》，诗曰：

林园近与六街邻，尘涨都归一水分。
鱼乐定从濠上得，竹香偏向雨中闻。
接□倒着容山简，老屋高眠称陆云。
尊酒相陪有今日，却惭诗垒不能军。[59]

诗中也显示了一些重要信息。第一，这处私家园林应该就是赵亨的另一处别墅，即上面诗中提到的汲古斋。第二，这处园林位于金中都城的南面，是在城里还是城外尚难判断，即“林园近与六街邻”，六街是古人对都城中繁华街道的泛称。第三，这处园林中有水流穿过，即“鱼乐定从濠上得”，可以临水观鱼。第四，园中种有竹林，即“竹香偏向雨中闻”，而种竹在当时的北方城市中并不多见。第五，赵氏祖宅在中都城南的周桥一带，当与这处南园相近。显然，对于赵亨的这两处私家园林，元好问都是去过的，而且还在汲古斋中与赵亨等人一起喝酒赋诗。

与元好问同时的著名文士曹之谦，也曾作有《题吉甫种德园》一诗曰：

培植功夫与日新，风光别是一家春。
三株槐茂堂堪构，九畹兰芳佩可纫。
桃李阴成应有地，栋梁材出岂无人。
从今不羡燕山窦，五桂联芳老一椿。[60]

在这首诗里主要关注的是园林中的植物，有老槐树，有桃树和李树，又种植有兰花。因此，每年的春天应该是种德园中景色最美丽的时候，兰花与桃花、李花相映生辉，一派生气勃勃的景象。

在元、曹二人之后，又有名士郝经撰有《种德园记》，文中曰：

赵氏燕膴仕之家也，汲古先生置园别第，缭园而卉木发，辟馆而泉石列。不务嬉游而不啬宴乐，有意乎推本之而种夫德也，故名之曰种德。将由名以致实，张本乎是园，必推而放之四海而準而后已。缙绅先生皆有诗文以诵之。[61]

这篇文章写于元定宗二年（1247），当时郝经并没有在燕京，也没有到过种德园，这些描述当是通过他的好友敬鼎臣介绍之后所写，但是与园中的景观是大致相合的。

在京城东郊也建有一处私家园林，称匏瓜亭或匏瓜斋。这处园林的主人为赵鼎。他的祖先是在“靖康之难”以后从河南迁居到燕京的，而其父在蒙古军队攻占金中都城之后即成为蒙古国的官员，此后赵鼎曾任断事府参谋。在蒙古国时期，一度在燕京设置行省，派遣断事官主持中原地区军政事务，权力极大。赵鼎作为断事府参谋，是有较大社会影响的。而他在金中都阳春门外建造的私家园林，是以普通的农家生活作为文化主题的。而当时的许多士大夫皆曾到此游览，其代表作即是“有王鹗记文，王盘叙文，一时大老之什咸赞德云”。王鹗和王磐（文中作“王盘”）都是元初的著名文士，他们描述种德园的文章，我们今天已经见不到了。

当时人称：

> 匏瓜亭在燕之阳春门外，去城十里。亭之大不过寻丈，又匏瓜乃野人篱落间物，非珍奇可玩之景，然而士大夫竞为歌诗，吟咏叹赏，长篇短章，累千百万言犹未已。

时人又称：

> 赵禹卿先世宋之汲县人，靖康之乱始徙于燕。禹卿名鼎，荫父职，为员外郎，升断事府参谋。于城东村有别墅，构亭曰匏瓜，故人称曰赵参谋匏瓜亭。有王鹗记文，王盘叙文，一时大老之什咸赞德云。[62]

这是元人对种德园描述最为详细的一段文字。

到了元代初年，也就是元世祖定鼎大都的前后，匏瓜亭的名气变得越来越大，到这里游玩和宴饮的名士越来越多，相关的诗文吟咏也越来越多，我们今天能够见到的主要有耶律铸、王恽、魏初、胡祇遹等人的作品。在他们的作品中，种德园的名称已经很少见到了，更多提到的则是匏瓜亭或是东皋林亭。但是，在这些作品中，同是匏瓜亭却出现了两处不同的记载。

其一，是匏瓜亭位于金中都城的西侧，即元好问所称“赵吉甫西园”的地方。如元初名士魏初作有《寄商左山》一诗，诗前小序曰：

“清明后数日陪姚雪斋、张邻野雅集于匏瓜亭，偶得五十六字，奉呈左山相公千里一笑。”明确提出是在匏瓜亭宴饮，诗中则曰：“丽泽门西十里亭，记从别后几清明。梯航遐国归筹划，柱石中朝望老成。满眼青山连夜梦，一尊明月两乡情。花时更向东皋醉，膓断云间百二城。”(63)而这处匏瓜亭是在丽泽门西十里左右。丽泽门是金中都城西面三门中的最南面一门，那么匏瓜亭自然是在金中都城的西面十里左右之处。

其二，是匏瓜亭位于金中都城的东侧，这处地方是元好问从来也没有提到过的。如元初名士王恽作有《东皋八咏为赵参谋题》中的《东皋村》一诗曰：

> 阳春门外望东皋，三载相邀醉浊醪。
> 早晚回溪溪上路，桃花红雨满渔舠。(64)

诗中提到的阳春门，是金中都城东面三门中最北面一门，东皋村在阳春门外，而匏瓜亭又在东皋村，自然是在金中都城的东面。这一说法是与《析津志》佚文的记载相同的。

在同一个时代，即金末元初，在燕京城郊出现了两处称匏瓜亭的地方，而相关记载也出现截然不同的位置，这种现象在历史上是很少见的。不论是魏初、还是王恽，都曾经亲自并且多次到匏瓜亭中做客，他们的记载都是亲历而非道听途说，对于这种情况应该如何解释呢？只有一种解释比较合理，即赵亨和赵鼎在金中都城的东郊和西郊都建造有私家园林，而在这两处私家园林中又都各建有一座亭子被命名为匏瓜亭。

从这两处私家园林建造的时间顺序而言，当是西面的园林，即丽泽门西十里处的匏瓜亭建造在先，而阳春门东的东皋林亭建造在后。这一点，通过元好问的记载可以得到证明，他只提到了西园和南园，而没有提到东园。从这两处私家园林中的景观设计而言，东面的东皋林亭比西面的种德园要丰富得多。这一点，通过魏初与王恽的相关记载是可以显示出来的。

魏初和王恽在赵鼎的园林中游玩时，都写下了组诗，其中，魏初曾写有《匏瓜诗》十首并有诗序，是对赵鼎西园的描述。其诗序称：

> 禹卿赵君别墅筑亭曰匏瓜，诸公咸有歌咏，初不揆以渊明“户庭无尘杂，虚室有余闲”作十诗，以道其闲适之意。

在风俗奔竞中，独能操守如此，其亦可尚矣。

第一首诗称：

出城十里余，小小筑园圃。墙颓补青山，月冷杵秋黍。萧然无人来，风叶拥庭户。

所谓的“出城十里余”，就是指出阳春门十里，而这座私家园林的规模并不大。在魏初的诗里只突出了匏瓜亭的景致，其第九首诗曰：

筑亭瞰平野，四望情意舒。青山入座来，尊俎杂肴蔬。虽无九鼎侈，此乐亦有余。(65)

而对于其他的景致则没有更多的描写。

王恽为赵鼎东园所作的诗歌有两组，其中一组为《奉题赵侯禹卿东皋林亭》，共有六首诗，其第四首诗曰：

筑台连野色，架木系匏瓜。舍外开三径，壶中自一家。
爱吟歌白纻，漉酒脱乌纱。更喜南窗下，秋风菊半华。(66)

讲到园中有“筑台”、“架木”、“开三径”的园林施工项目。而在王恽所写另一组诗《东皋八咏为赵参谋题》的八首诗中，每一首都有了一个明确的园林主题，即：匏瓜亭、幸斋、东皋村、耘轩、遐观台、清斯池、流憩园、归云台。在上面一组诗中提到的“筑台”，应该筑的就是遐观台或者归云台。

其《遐观台》诗曰：

自说无堪不出村，一杯藜藿乐闲身。
就中不负登临兴，满眼青山是故人。

其《归云台》诗曰：

从龙致雨固油然，岩壑归飞意本闲。
况是东皋已沾足，不妨来伴宿檐间。

同样是描写园林中的台，所显示出的文化内涵却是不一样的。又如《清斯池》一诗曰：

> 尘冠挂后无缨濯，渔父从歌浊与清。
> 待与田家占水旱，年年池上听蛙声。[67]

所显示出的园林文化主题，是与园林主人的身份与境遇相符合的。

通过王恽诗作的描述，可以看出，赵鼎的这处私家园林已经比赵亨的私家园林有了更进一步的发展，八处景观的出现，显然是受到了“燕京八景”的影响，也以八处景观来作为文化主题。而这处园林中，有台、有池、有斋、有轩、有亭、有村，还有园中之园（即流憩园）。这些景观的建造，是在赵亨的西园中所没有的。而这处园林的规模，也比赵亨的西园要大一些。王恽的这八首诗虽然很短，却反映出东皋林亭的丰富园林文化主题，是有历史价值的珍贵史料。

与王恽同时又有著名文士胡祗遹，他也是赵鼎东园的常客，写有一些描述这处私家园林的诗歌。如他曾作有《赵氏东皋八题》诗，在《紫山大全集》中仅存四首，即：匏瓜亭、东皋、幸斋诗、耘轩诗，其他四首今已不存。而这现存四首诗，与王恽所作“东皋八咏”之中四首诗的题目是完全一样的。如《匏瓜亭》一诗曰：

> 赵氏园池里，兹亭太出奇。尊罍厌金玉，匏瓠作卮匜。
> 阮籍紫椰榼，渊明白接□。谁能呼一起，同与醉淋漓。

又如《东皋》一诗曰：

> 倚郭多农里，东皋迥不凡。池台面场圃，花木作篱藩。
> 鸡犬知迎客，轩车屡拥门。会看城市井，易号管宁村。[68]

这些诗作，如果与王恽的诗作加以参照，大致可以恢复东皋林亭的旧貌。

胡祗遹又作有《赵禹卿匏瓜斋诗》一首，其中有：

> 羡君阅世能自宁，急飞勇退鞲脱鹰。
> 纷华美丽鸿毛轻，高斋命以匏瓜名。
> 卮匜随形各天成，枵然酒尽壶自倾。

不将不迎来佳朋，醉者自醉醒者醒。
去城十里上马到，萧然远隔尘泥腥。
盘谷图序书座右，归去来辞为东铭。
春课儿孙多种木，秋催童仆更深耕。
一瓢陶然时自适，高秋击壤乐升平。(69)

诗中的“去城十里”，就是指赵鼎的私家园林在阳春门东十里左右的地方。

胡祗遹与赵鼎的交情颇深，他又作有《酷暑怀赵禹卿》诗一首，其中有：

司天属相火，朱明助余毒。东郊有高士，世网不可束。
深林荫幽居，清飙散疏竹。匏食满篱落，禾黍过墙屋。
披襟遐观台，曳杖清池曲。秋水了一篇，负手行咏读。(70)

把园林中的遐观台、清斯池等景致皆加以描述。由此可见，东皋林亭又是一处京城避暑的好地方。

到了明清时期，人们对旧金中都城西面的匏瓜亭已经没有印象了，但是对金中都城东面的匏瓜亭还是有所描述的。据《明一统志》记载：

匏瓜亭：在府南一十里，亭多野趣，元赵参谋别墅。王恽诗“君家匏瓜尽罇（樽）彝，金玉虽良适用齐。为报主人多酿酒，葫芦从此大家提（题）。”(71)

据此可知，这座匏瓜亭在明代纂修“一统志”时尚存，所谓“亭多野趣”可证，但是赵鼎的这处私家园林已经荒废了。

而到了清代，在文臣们纂修《日下旧闻考》时，对于这座匏瓜亭已经找不到了。时人称：

臣等谨案：匏瓜亭已莫详其址。据《析津志》，在燕之阳春门外十里。阳春门，金、元皆为城东门，又称于城东村构是亭，言之确凿。《风庭扫叶录》亦称，元时园亭惟此亭在城东，并引王恽诗为证，则其在郊东无疑。《明一统志》谓在府南十里，特未深考耳。(72)

据此可知，第一，到了清代乾隆年间，匏瓜亭也已经不存了。第二，清代文臣对北京城市的变迁是不了解的，所以把《明一统志》的正确记载反认为是错误的。金中都城的东郊就是元大都和明清北京城的南郊，因此，《明一统志》说匏瓜亭在顺天府南十里是正确的。而阳春门只是金中都城的东门，并不是元大都城的东门，清代文臣连这一点也没搞清楚，自然会认为明代人把匏瓜亭的位置弄错了。

确定匏瓜亭的位置，还有一处坐标是很重要的，即东皋村。因为赵鼎的私家园林会随着他家族的兴衰而发生变化，有时几年、十几年，甚至几十年，私家园林就会出现一个由盛转衰，乃至于消亡的过程；但是，一个村落的兴衰，其过程却要更长久一些。到了清代乾隆年间，赵鼎的东皋林亭已经消失不见了，但是，东皋村还在。清代的文臣们指出："臣等谨按：隆禧寺在左安门外迤西东皋村，有弘治十四年礼部尚书张升碑，万历二十二年住持僧正先重修亦有碑。"(73)据此可知，东皋村在"左安门外迤西"，由此可证，东皋林亭在元代也是在这一带。

比赵亨种德园建造稍早一些的，又有临锦堂。大文豪元好问在第一次来到燕京时，就到这里游赏，并写下了《临锦堂记》一文。其文曰：

> 燕城自唐季及辽为名都，金朝贞元迄大安，又以天下之力培植之，风土为人气所移，物产丰润，与赵魏无异。六飞既南，禁钥随废，比焦土之变，其物华天宝所以济宫掖之胜者，固已散落于人间矣。御苑之西有地焉，深寂古淡，有人外之趣。稍增筑之，则可以坐得西山之起伏。幕府从事刘公子，裁其西北隅为小圃，引金沟之水渠而沼之，竹树葱蒨，行布棊列。嘉花珍果，灵峰湖玉，往往而在焉。堂于其中，名之曰临锦。癸卯八月，公子觞于此堂，坐客皆天下之选。酒半，公子请予为堂作记，并志雅集。(74)

癸卯年为元太宗皇后三年（1243），而这处私家园林的主人是幕府刘公子，其名为谁已不可知。在燕京地区，自辽金以来，有韩、刘、马、赵四大豪门，此刘公子当是刘氏豪门子弟。

这处私家园林建在金中都城的西侧，是利用金朝皇家园林的废址而建造的，元好问又作有《鹧鸪天词》以描述金朝隆德故宫，词前称："隆德故宫同希颜、钦叔、知幾诸人赋"，其词曰：

临锦堂前春水波，兰皋亭下落梅多。三山宫阙空银海，万里风埃暗绮罗。云子酒，雪儿歌，留连风月共婆娑。人间更有伤心处，奈得刘伶醉后何。[75]

由此可见，元好问在《临锦堂记》里面提到的“御苑”，指的就是隆德宫。为了建造这处私家园林，刘公子是很费了一番力气的，引金沟河之水入园，以浇灌竹树、嘉花，又在园中堆砌有灵峰，景色堪比皇家园林。

不知何故，这处美丽的私家园林在此后的元人诗文中却很少提到了。而到了清代乾隆年间，文臣们在判断这处私家园林的位置时又犯了错误。时人称：

臣等谨按：临锦堂遗址无可踪迹。据元好问“记”云：御苑之西有地，裁其西北隅为小圃，引金沟之水渠而沼之。是兹堂南背城而北面海，以其地考之，当在今积水潭之南岸以西云。[76]

清代文臣们把元明清的都城当成了金中都城，其地理方位的确定必然是错误的。

与临锦堂几乎同时建造的，又有宋珍的丽泽堂。在元人王恽为宋珍所撰写的“墓志铭”中，描述了这处私家园林的建造过程，其铭文曰：宋珍为山西云中（今大同）人，曾受到中书令耶律楚材的赏识，“遂荐为朝廷侍从官”，其后辞官。

岁甲辰，自云中徙家燕都。得金沟水南形胜地十余亩，疏沼种树，中构堂曰丽泽碧澜、秀挺景气二胜。日以琴书自娱，教子孙为业。野服高闲，漠然不以世务撄其怀。然性喜宾客，乐觞咏，所交皆一时俊人。如王慎独之恺悌，张邻野之谐傲，酝藉如杨西庵，才鉴若姚雪斋，王鹿庵之品洁一世，商左山之凝重朝右。每光风霁月，过其居者，燕乐衎衎，必极欢而后去。[77]

据此可知，丽泽堂位于金沟水之南，始建于甲辰岁，即元太宗皇后四年（1244），一时名流，如杨果、姚燧、商挺等人，皆曾在这里聚会宴乐。

宋珍曾经受到耶律楚材的赏识，在这一点上，有耶律楚材所作《和宋子玉韵》一诗为证，诗曰：

> 勇将谋臣满玉京，吾侪袖手待昇平。
> 荆榛至道常嗟我，柱石中原岂舍卿。
> 日下有人叨肉食，云中高士振诗鸣。
> 思君兴味如梅渴，海印（子玉道号也）那能识此情。[78]

诗中所谓的“云中高士”就是对宋珍的赞许。宋珍，字子玉，道号海印，当是与耶律楚材同参佛法的挚友。

比种德园与临锦堂、丽泽堂略晚一些，则有元朝大臣耶律铸建造的私家园林独醉园。这座园林应该位于京城的西北郊，在今颐和园万寿山或者玉泉山一带。耶律铸是耶律楚材之子，耶律楚材曾经任中书令，耶律铸也曾任中书省左丞相，父子二人堪称蒙古国至元代初年的朝中重臣。他们又世代居住在燕京，当代考古工作者就曾经在颐和园附近发掘出耶律铸的墓葬，出土了一大批重要的文物。因此，这一带不仅是耶律家族的祖坟所在地，也应该是他们聚族而居的地方，自然也就是耶律铸建造私家园林的地方。

耶律铸对于自己建造的这座私家园林非常喜爱，曾经作有《独醉园三台赋》，其辞曰：

> 粤双溪之书院，实独醉之园亭。邻九重之花界，属万雉之金城。翳葱葱之佳气，扇澹澹之遊风。隐天津于罨畫兮，宛绕匹练于花丛。挺卢龙之神秀兮，迥列迭翠之云屏。得风烟之浓淡，随意匠之丹青。仙居（亭名）秀出洞天之灵境，胜概足播寿域（亭名）之芳尘。延郢中之白雪（斋名），纳天外之阳春（斋名）。竹窗兮松户，林幄兮莎茵。骈罗兮三台，花梆兮横陈。临琴台兮蹇产陵千（一作万）顷之烟波，对射台兮蟠霓拥万叠之云山。出弦歌楼于轻霭兮，临正已楼于高寒。读书台之屹立兮，抗醉经之高堂。状穹穹以隆隆兮，□（一作崛）两台之中央。挹清风于元览兮，澹元心以含章（一本作挹清风以述诵兮，纵遊心于文场）。振尘缨以射猎兮，奋神气以鹰扬。适高情于冲澹兮，闲弦歌以宫商。[79]

通过耶律铸的描述可知，在他建造的独醉园里，有三座高台，即琴台、射台，以及读书台。顾名思义，这三座高台的功能是一目了然的。此外，在这处私家园林中，又有仙居亭、寿域亭、白雪斋、阳春斋、弦歌楼、正已楼等建筑景观。而这座园林又建造在双溪书院之内。耶律铸又曾作有《独醉园赋》，以抒发“独醉”的意境。因为耶律铸在仕途上颇多坎坷，故而对“独醉”的意境十分赏识。但是，人们在饮酒时往往会约请二三好友，一同宴饮，才会提高兴致。这一点，我们通过耶律铸的一些诗作是可以得到印证的。

因为这处私家园林是在京城的西北郊，因此，耶律铸也把它称之为西园。在现存耶律铸的诗作中，有些篇章描述了这处私家园林的情景。如《重和惜春诗韵（余时经始西园）》一诗曰：

惜春情味旧情缘，依旧中情似去年。
怪得玉音殊郑重，想将花事易唐捐。
白莲已结为诗社，翠水唯浮载酒船。
谁谓惜花人老大，买花输尽买山钱。[80]

通过诗句的描写，可知这处私家园林是耶律铸与文友聚会，举办诗社的地方。

又如耶律铸作有《独醉园对酒》一诗曰：

独醉园中独醉翁，醒时还与醉时同。
只因矫思元如矢，切是修身更似弓。
无可奈何依玉友，有何不可任崖公。
酒乡纵裂封侯地，且就擒奸莫论功。[81]

在这里，他表达了自己独醉与独醒的状态，以及无可奈何的情绪。这种状态，颇似魏晋之间竹林七贤的名士风气。

在这处独醉园里，除了有亭、台、楼、斋之外，各种花卉、树木的种植也是十分突出的景观。例如，在独醉园里种植有北方比较罕见的梅花树。耶律铸多次赋诗提及，他作有《西园梅花》一诗曰：

婆律膏融滴蜡开，几多香阵过楼台。
封姨更是相料理，吹到南华枕上来。

他又作《早梅》一诗曰：

一径萦纡入草莱，柴门虽设不曾开。

东风是泄春消息，吹到梅花树下来（燕都地寒，梅信在春）。(82)

在南方是冬天才开放的梅花，到了燕京则是春天才开花。

有时北方气候十分寒冷，梅树因此数年不开花。耶律铸即曾遇到过这种情形，作诗曰：

世外佳人幼妇辞（袁丰之尝谓梅曰冰姿玉骨，世外佳人），爱春移入背阴枝。孽婆进奏王连琐，云子劝延金屈卮。世事尽他无定论，醉怀元自有开时。由来萼绿花心在，拟倩梅仙遣所思（有绿萼梅，好事者比之仙人萼绿华。汴梁艮岳有萼绿华堂，其下专植此本）。

耶律铸在诗前特别写道："独醉园梅数年无花，今岁特盛，中觞有索赋梅词者，为赋。"(83) 据此可知，独醉园中的梅花，当是较为珍贵的绿萼梅。

在独醉园里，还种植有牡丹花。耶律铸曾作有《饮独醉园牡丹下戏题》诗一首曰：

谁伴花王同乐国，温柔乡里醉乡侯。
莫推花酒为闲事，难得侯王结胜游。
婪尾岂辞延入手，招腰可是要缠头。
已将八斗新珠玉，买断春风与帝休。(84)

每当春天的独醉园里，百花盛开，十分美丽。

日日名花次第开，看长春色映楼台。
司花可要司春子，准备西园醉去来。(85)

面对这种景色，耶律铸的心里是得意还是失意，不得而知。

与独醉园关系最为密切的当属双溪书院。在耶律铸的诗作中有两处提到这里，一处诗作为《双溪书院对雪》，另一处诗作为《醉书双溪书院醉经堂壁》。由此可见，在双溪书院里建有醉经堂，而在耶律铸的诗里，饮酒才是古圣贤之事。诗曰：

> 自从天隐自然庭，愈觉嚣尘喷鼻腥。可要洞研《齐物论》（唐子西号酒为齐物论），更须深味《洗心经》（余号家酿为洗心经）。独醒终了醒如醉，独醉那辞醉不醒。别有圣贤真趣在，古人糟粕是螟蛉。[86]

在耶律铸的私家园林中，只有醉和醒才是人生的主题。

到了元代初期，世祖忽必烈定鼎大都，新旧两城的发展速度逐渐加快，而这时的私家园林也有了进一步的发展。其中，尤以少数民族官员廉希宪建造的私家园林最为著称。廉希宪祖上世居西域，称“畏吾氏”，随着蒙古国势力扩张到中原地区，也迁居内地。廉希宪是在元太宗三年（1231）出生在燕京的，以其父布鲁海牙曾任廉访使，遂以廉为姓。他最初跟随忽必烈任职关中，两任京兆（今陕西西安）宣抚使，又曾任中书右丞及中书平章政事等职，是少数民族官员中“汉化”程度最深的官员之一，号称“廉孟子”。

廉希宪对于中原传统建造园林的艺术情有独钟，早在陕西任职时，就曾在城郊樊川建造了一处私家园林，号称“泉园”。时人称：

> 廉相泉园：至元改元，平章廉公行省陕右，爱秦中山水，遂于樊川杜曲林泉佳处，葺治厅、馆、亭、榭，导泉灌园，移植汉沔東洛奇花、异卉，畦分棋布，松桧、梅竹，罗列成行。暇日，同姚雪斋、许鲁斋、杨紫阳、商左山、前进士邳大用、来明之、郭周卿、张君美樽酒论文，弹琴、煮茗，雅歌投壶，燕乐于此。教授李庭为之记，征西参军畸亭陈邃题其诗四绝。[87]

这处私家园林在当时就有很大名气。

廉希宪之父布鲁海牙历仕元太祖至元世祖数朝，定居于燕京，史称：

> 布鲁海牙性孝友，造大宅于燕京，自畏吾国迎母来居，事之，得禄不入私室。幼时叔父阿里普海牙欺之，尽有其产，及贵显，筑室宅旁，迎阿里普海牙居之。[88]

由此可见，廉希宪家在燕京是聚族而居的，而这处住宅自然是在旧中都城内。而廉希宪除了日常居住的宅第之外，又建造有一处私家园林，当时人皆称之为“廉园”。

这处元代初年的私家园林在什么地方，今天已经踪迹全无了，我们可以从存世文献中寻得一些蛛丝马迹。首先，这处私家园林是在旧金中都城外，而不是城里，时人有诗曰：

> 宿雨洗炎燠，联车越城关。广躔隘深潦，飞栋栖连阛。
> 行经水石胜，稍见华竹环。阴静息影迹，窈窕纷华丹。
> 兢兢是非责，侃侃宾友闲。蔬食常苦饥，世荣竟何攀。
> 学仙本无术，即此超尘寰。(89)

据此可知，到这处私家园林聚会是要出城的，“联车越城关”是指要出金中都的旧城。

其次，这处私家园林是在旧中都城的南郊，而不是在东郊或者西郊、北郊。当时名士张养浩曾作有《题廉野云城南别墅》诗曰：

> 钟鼎山林果孰优，羡公骑鹤上扬州。
> 田园独占人间胜，怀抱尚余天下忧（公之父有堂名德乐）。
> 好为习池留故事，未应绿野美前修。
> 半生干没尘埃底，羞向沧浪照白头。(90)

据此可证。当时名士姚燧就把廉园称之为南园，并作有“满江红”词《廉野云左揆求赋南园》曰：

> 面势林塘，紧横睫，棱如削还。更比城南韦杜去，天天盈握。使有名园能甲乙，他山岣嵝先尊岳。甚一花一石，总都将，平泉学。虽鬓髮，流光觉，浑未厌，朋来数。有庆云善谱，新声天乐。正尔关弓鸿鹄至，可知弃屣麟麟阁。只北山，逋客负尘缨，沧浪濯。(91)

此后，名士许有壬作有“木兰花慢”词，前有小序曰：

> 至大戊申八月廿五日，同踈仙万户游城南廉园。园甲京师，主人野云左丞未老休致，指清露堂扁，命予二人分赋长短句。予得清字，皆即席成章，喜甚，榜之（堂上）。踈仙其甥也，后更号酸斋云。

其词曰：

> 渺西风天地，拂吟袖，出重城。正秋满名园，松枯石润，竹瘦霜清。扁舟采菱歌断，但一泓，寒碧画桥平。放眼奇观台上，太行飞入帘楹。主人声利一毫轻，爱客见高情。便芡剥骊珠，莲分冰茧，酒注金瓶。风流故家文献，况登高，能赋有诸甥。清露堂前好月，多应喜我留名。[92]

词序中明确指出“城南廉园”，又是一证。

对于廉园，许有壬称“园甲京师”，而名士袁桷更是称之为“廉右丞园号为京城第一，名花几万本”。他并作有和廉右丞的诗作曰：

> 闭户春深诗祟侵，卷帘新燕掠清阴。
> 亭亭梅月能消酒，肃肃松风独和琴。
> 新笋未容穿石径，落花时许补云林。
> 主人妙手随机转，万本姚黄磨紫金。[93]

文中“名花几万本”不是名花多达数万棵，而是将近有万棵的意思，而这些名花，指的是牡丹花。袁桷又曾作诗曰：

> 北雪初消未见山，驼铃声杂佩珊珊。
> 廉家池馆春风好，独看牡丹惟我闲。[94]

把廉园春天牡丹盛开的景致加以赞赏。

正是因为廉园的名气很大，廉园的主人又非常好客，就使得当时的许多文人墨客经常到廉园聚会，也因此而留下了一些诗词作品。如元初名士王恽曾作有《秋日宴廉园清露堂》诗曰：

> 何处新秋乐事嘉，相君丝竹宴芳华。
> 风怜柳弱婆娑舞，雨媚莲娇次第花。
> 照眼东山人未老，举头西日手空遮。
> 宾筵醉里闻佳语，喜动金柈五色瓜。[95]

诗前序言称，集贤、翰林两院诸君皆参与了这次宴会，可见其规模颇为壮观。又如名士张养浩作有《寒食游廉园》诗曰：

湖天过雨澹春容，辇路迢迢失软红。
花柳巧为莺燕地，管弦遥递绮罗风。
群仙出没空明里，千古销沈感慨中。
免俗未能君莫笑，赏心吾亦与人同。[96]

由此可见，一年四季的廉园皆有宾客来游。

廉园的建造始于廉希宪，但是他在至元十七年（1280）就已经病逝，此后廉园的主人则是他的兄弟、子侄等。在一些当时名士们的诗文中，常常提到廉园的主人廉野云，而未称其名。查《元史》及其他相关文献，廉希宪共有兄弟十三人，其中在政界有影响的只有两人，其一是老三廉希恕，官至湖广行省右丞。其二是老八廉希贡，官至昭文馆大学士、蓟国公。而其他兄弟并未官至显要。特别是这些兄弟大多寿命不长，廉希宪活了五十岁，其他兄弟在此之后陆续死去，到至元二十九年（1292）时，廉希贡也死去了，仅有廉希恕还活在世上，因此，诸位名士在至大、皇庆年间见到的廉野云，只能是廉希恕，而且又与诗文中所称“左丞”、“右丞”的官职相合，廉希恕当是廉园主人野云无疑。

在元代初期，与廉希宪的廉园大致齐名的，又有张九思的私家园林，而园中的遂初堂（又称遂初亭）更是名闻遐迩。张九思字子有（有的文献写作子友），世居燕京，故而这处私家园林位于金中都城内，时人称：“遂初亭：在施仁门北，崇恩福元寺西门西街北，旧隆禧院正厅后，乃张子有平章别墅也。”[97]施仁门是旧中都城东面三门中最南面的一座门，在施仁门内以北，元武宗曾建造有一座巨刹大崇恩福元寺，而在寺西为隆禧院，由隆禧院往北，就是张子有的私家园林遂初堂。

在至元年间，张九思是皇太子真金身边的亲信大臣，及皇太子死后，他又尽力辅佐皇太孙铁穆耳，及忽必烈死后，铁穆耳即位，是为元成宗，张九思更是受到信任。著名文士虞集曾经描述了张九思建造这处私家园林的过程曰：

而故尝治园于南门之外，作堂曰“遂初”，花竹水石之胜，甲于京师。常以休沐与公卿贤大夫觞咏而乐之。治具洁丰，水陆之珍毕具。车盖相望，衣冠伟然，从容论说古今，以达于政理。蔼然太平人物之盛，于斯见之，非直为一日之乐也。[98]

这里所云“治园于南门之外”，南门当是指张九思家居第的正门，因此，这处私家园林与住宅应该是南北紧邻在一起的。

至于这处私家园林是何时建造的，尚无明确的记载，但是园中遂初亭的建造时间是可以大致了解到的。元初名士刘因曾经写有一篇《遂初亭说》之文，其文曰：

> 詹事张公子有，予知其心为最深，盖乐为善而惟恐其不为君子者也。今筑亭，名以遂初，而其心乃在乎闲适。而诸公为诗文以题咏之者，以子有期望甚重，才业甚备，又皆责其心当在匡济皆不可也。夫义当闲适，时在匡济，皆吾所当必为者。然其立心，则不可谓必得是也，而后为遂。苟其心如此，则是心境本无外，而自拘于一隅，道体本周遍，而自滞于一偏，其为累也甚矣。子有其以吾言思之久之，必有得也。至元壬辰重九日，刘某书。(99)

文中提到的“至元壬辰”，是指至元二十九年（1292），也就是在这一年的重阳节前，张九思在园林中建成了遂初亭。

刘因曾经被张九思推荐给皇太子，任右赞善大夫，未几辞官。由此可见，刘因与张九思的关系是很好的。他在写《遂初亭说》前后，又写有《张氏西园》诗一首曰：

> 水府生烟晚更苍，翠阴含雨暗生凉。
> 人间岂有赤松子，天上应无绿野堂。
> 一日平原惊客散，千年郭隗又台荒。
> 谁教老树夕阳在，留与凭栏遣兴长。(100)

据此可知，张九思的私家园林距旧中都城里的黄金台（又称“隗台”）是不远的。

在张九思的遂初亭建成之后，很快就成为诸多文人墨客吟咏的对象。如当时名士王恽曾作有《寿张左丞子友》诗曰：

> 供职词林已四年，今春添寿倍增妍。
> 诗如东阁梅花细，人在春坊璧月圆。
> 汉业翼成无迹考，遂初亭暖觉春先。
> 沙堤有语苍生福，好在论思拱御筵。(101)

该诗作于甲午正月十六日，甲午岁是至元三十一年（1294），这时遂初亭已经建成两年，故而诗中有“遂初亭暖觉春先”之句。

王恽又作有《遂初亭》诗三首，其一曰：

> 韦杜城南尺五天，眼中朝市有林泉。
> 不须苦泥兴公说，丝竹何妨解倒悬。(102)

据诗句“韦杜城南尺五天”之句，人们会认为遂初亭是建造在城市的南郊。名士赵孟頫也作有《都南张氏园寓居》诗曰：

> 尺五城南迹似幽，乡心空折大刀头。
> 杏花飞尽胭脂雪，日日东风未肯休。(103)

明确指出“都南”、“尺五城南”等方位。这是因为京城变化造成的，而张九思的园林并没有动。这时大都新城已经建好，旧城的居民大多数已经搬到新城去居住，相对而言，旧城自然是在新都城的西南面了，张氏园亭当然也就在大都城的西南郊了。

当时名士如赵孟頫写有《张詹事遂初亭》长诗，名士滕安上写有《题张詹事子有遂初亭》长诗，名士张之翰则写有《题张尚书遂初亭》长诗，等等，又如张之翰曾作《上张尚书子友》一诗曰：

> 凤麟人物更能诗，出入青宫鬓欲丝。
> 宝绘过于王驸马，好贤浑似郑当时。
> 遂初亭馆春风早，詹事门墙昼景迟。
> 见说调元消息近，阳和先到小桃枝。(104)

这些诗作大多描述了在这处私家园林中诗酒相会的盛况。

当时大都的私家园林中大多种植有各种奇木名花，以供游人岁时观赏，张九思的园林也是如此。元代名士范梈即曾作有《追和卢修撰张平章园亭观花饮》诗曰：

> 白藕花边香已秋，西郊风物野亭幽。
> 未须短杖扶持病，且遣孤尊断送愁。
> 紫气近连飞凤阙，青山遥隔钓鱼舟。
> 胜游纵在招要外，犹解因诗颂醉侯。(105)

据此可知，在遂初亭的旁边是有池塘的，塘中白荷花入秋仍香气四溢，与遂初亭相衬，野趣更加幽静。

与廉希宪的廉园、张九思的遂初亭齐名的私家园林，又有韩通甫、韩君美兄弟的遵诲堂与远风台。韩氏兄弟之父原居禹城，在金朝末年来到燕京，定居于此，时人称：

> 府君居燕凡五十年，与人交，悬欵周密如一日。自六十以后，即以家事付妻子，有无一不论焉。日与耆旧数人，但逍遥笑咏而已。尝召通甫、君美诲曰：吾平生无他才能，第与人以诚，律己以俭耳。今日见汝辈成立，以终吾年，未必不由此也。吾虽不足学，汝若不能，他日复不如我矣。孝谨廉俭，天自福之。苟侥幸一时，虽富贵，吾不羡也。通甫兄弟奉以周旋，不敢失坠。一堂之上，雍雍熙熙，孟氏所谓父母俱存、兄弟无故者，独于是家见之。及禹城君弃养，通甫思所以不忘先君之训，与所以致其终身之慕者，恐有所未尽，乃以遵诲名其堂，盖欲其起居、饮食、出入、謦欬，无一毫而不遵是诲也。用是士大夫贤之，率有咏歌。(106)

在元代初年，遵诲堂在燕京确实很有名气，一时文人士大夫皆曾留有诗文、铭箴。如名士胡祗遹写有《韩氏遵诲堂记》，名士王恽写有《韩氏遵诲堂后记》，名士魏初、马祖常、蒲道源等皆作有《遵诲堂铭》，名士袁桷则作有《遵诲堂箴》。而这座遵诲堂是建在韩氏别墅之中。名士魏初又曾作有一则铭文，称：拔秀峰，通甫韩君植之于遵诲堂之右，初奇之，为作铭：

> 嶷乎其离群，朴乎其有文，含太古之孤洁，渍秋波之鳞皴。虽处乎堂闱之间，而气通乎仰岭黄埚之云，盖有似乎主人，能急流勇退，遨游于士君子之门，而风神物表，超然无一毫之尘也（仰岭黄埚，韩氏别墅在其下）。(107)

铭文之后的注文指出，韩氏别墅在仰岭黄埚。今地名已不可考。但是应该距旧金中都城不远。

名士王恽又作有《题韩通甫城南别业》诗一首曰：

> 翠竹连村映白沙，横冈细抱一川斜。

橘林多实长年乐，棣萼留香尽日华。
云锦池边看雁序，秋风门外任蜂衙。
自怜独鹤归来晚，夜夜林丘梦水涯。(108)

诗题中的城南，就是指旧金中都城的南郊。王恽还作有《浣溪沙·题韩氏别墅》词曰：

翠竹连村映白沙，小冈回抱一川斜，
旋开幽沼听鸣蛙。樵客局边惊橘乐，
黄尘门外任蜂衙，树头山色晓来佳。(109)

通过这些诗词的描述，可知金中都城南郊的自然环境在当时还是很好的。

在韩通甫兄弟的私家园林（即别墅或是别业）中，最著名的景观当属远风台。时人称韩氏兄弟：

筑别业于丰宜门之南五里，而莲池竹坞，菊栏松径，游息之所略备。又以莲池所出之土，起台于池南，袤延二寻，高则过之，南对平岗微阜，野寺浮图，映带隐见于林梢烟际，北顾郛郭居民，半市半野，东望去城近郊，蔬者渔者樵者园者圃者一重一掩，村落田庐，画不如也。西南马鞍、大房、栖隐、玉泉、五华、平坡、香山，层峦迭巘，深岩巨壑，千态万变，不可名状。左右前后，贡卧览而供坐游者，亦可谓多景矣。(110)

这处私家园林建成于至元元年（1264），而“远风台”之名称，则源自于晋朝名士陶渊明的诗句：“平畴交远风，良苗亦怀新。”系因韩氏兄弟在园林中宴客，而客有吟诵陶渊明诗句，韩氏兄弟大加称赏，由此而定名。定名的时间则是在至元十年（1273）。

名士王恽也曾作有《远风台记》，称：

丰宜门外西南行四五里，有乡曰宜迁，地偏而嚣远，土腴而气淑，郊丘带乎左，横冈亘其前，中得井地三九之一，卜筑耕稼，植花木，凿池沼，覆篑池，旁架屋。台上隶其榜曰“远风”，以为岁时宾客宴游之所者，韩氏之仲昆也。至元

> 戊寅百有六日，主人来邀予，顾瞻河山形势，在北则近连圻甸，南则远际河朔，东控海门碣石之雄，西眺太行桑干之胜，千里一瞬，略无限隔。(111)

文中所云“至元戊寅”，即是至元十五年（1277）。通过胡祗遹和王恽的文章可知，韩氏兄弟的私家园林中有水池，池中种荷花，有高台（高过二寻，一寻为十丈），台上建屋，有“远风”之匾。园中还种有庄稼、花木，以供游人四时观赏。

韩通甫兄弟的父亲没有做过官，而韩通甫官至总管，其弟韩君美官至御史。在元代，设置有大大小小无数的总管府，因此，总管的官位大小差异极大。大都路都总管府相当于现在的北京市政府，都总管为正三品官员，而普通的几十人的工匠司局也设总管府，这些总管府中都设有总管之职，而总管的权力的大小、地位高低都是不一样的。韩通甫所作的总管之职应该是地位不太高、也不太低，地位不高是因为在《元史》未能立传。地位不低是因为有诸多名士与之往来不断。这处韩氏私家园林到了明代已经无迹可寻了。

在元代初年，除了上述的几处著名私家园林之外，还有一些略有名气的私家园林，也在相关文献中留有或多或少的记载。如元初名士刘因，他的一位亲戚就住在金中都城附近，称陈氏庄，在这里有一处颇具规模的私家园林。刘因曾作有《外家西园李花》一诗称：

> 无边晴雪映柴扉，梦里繁华又一非。
> 人与山丘属零落，天教草树记芳菲。
> 每因寒节来相访，重为余香不忍归。
> 里社他年有成约，结庵终拟号春晖。(112)

李花色白，盛开如晴雪，又有余香醉人。

这处园林曾经是金章宗的一处行宫：

> 陈氏园林千户封，晴楼水阁围春风。
> 翠华当年此驻跸，太平天子长杨宫。
> 浮云南去繁华歇，回首梁园亦灰灭。
> 渊明乱后独归来，欲传龙山想愁绝。
> 今我独行寻故基，前日家僮白发垂。
> 相看不用吞声哭，试赋宗周黍离离。

诗后注文称："陈氏，先父之外家也。金章宗每游猎，必宿其家。渊明谓先父，龙山指孟嘉事。"(113)一处私家园林能够成为皇帝游猎的住宿之地，其规模必是相当可观。

又如元大都有一位乡绅姚仲实，虽然有钱却不财迷，乐善好施，名动京师，他在京城东郊也建造了一处私家园林。时人称：

> 至元初，于城东艾村得沃壤千五百余亩，构堂树亭，缭以榆柳，环以流泉，药栏蔬畦，绮错棋布，嘉果珍木，区分井列。日引朋侪觞咏啸歌其间，聘名师课子孙，洎然无所干于世。……(114)

这处私家园林的规模非常大，有一千五百余亩，在这么宽敞的空间里建造房屋、亭台，种植花柳及蔬菜等，我们姑且称这处园林为姚氏艾村园。今天艾村的名字已经没有了，这处私家园林也已经消失了。

在元代初期，又有一处著名园林，称江乡园。这处园林似是一处无主园林，每当春季，游人如织。见于当时人记载的，有南宋宫廷琴师汪元量曾作《幽州寒食游江乡园》一诗曰：

> 晓出城南信杖藜，江乡小圃百花开。
> 侑尊妓女骑驴去，顶笠僧官跃马来。
> 几架秋千红袅娜，数行箫管绿低回。
> 隔河小艇人歌舞，摇荡春光不肯回。(115)

诗题中的"幽州"即是指元大都。通过诗中的描述，可知在寒食节的时候，这处园林里有游艇，有秋千，有歌舞，非常热闹。作为从江南来到大都城的汪元量，对此情景颇为感慨。

元代名士陈孚也作有《春日游江乡园（一名小城南）》诗曰：

> 城南三月花乱开，花间羯鼓声如雷。
> 蝉衫麟带谁家子，笑骑白马穿花来。
> 美人如花映碧水，榴裙吹舞金鹊尾。
> 手折杨枝掷水中，腰袅如弓送穷鬼。
> 人言此是上河梁，满川罗绮东风香。
> 年年穷鬼送不了，波心惊起双鸳鸯。
> 莲茎一寸绿芒短，老尽碧桃春不管。

游人醉归夜迢迢，十二天街御烟暖。(116)

在他的诗中，与汪元量的诗作一样，都是非常热闹的。而他在诗中还涉及到了大都民众春季有“脱穷”的习俗。

江乡园还是一处人们聚会的场所，时人称：

一分儿：姓王氏，京师角妓也，歌舞绝伦，聪慧无比。一日，丁指挥会才人刘士昌、程继善等于江乡园小饮，王氏佐樽，时有小姬歌《菊花会·南吕曲》云：“红叶落火龙褪甲，青松枯怪蟒张牙。”丁曰：“此《沉醉东风》首句也，王氏可足成之。”王应声曰：“红叶落火龙褪甲，青松枯怪蟒张牙。可咏题，堪描画，喜觥筹席上交杂。荅剌苏频斟入礼厮麻，不醉呵休扶上马。”一座叹赏，由是声价愈重焉。(117)

这处江乡园应该是在旧燕京城南，今天也已经无迹可寻了。

在元代中后期的大都城内外，又增建了一些私家园林。其中有些园林是由帝王赐给大臣的，虽为私家园林，却是官府建造的，如元仁宗赐给太保曲出的贤乐堂。时人称：

延祐四年月日，诏作林园于大都健德门外，以赐太保曲出，且曰：令可为朕春秋行幸驻跸地。有司受诏，越月而成。南瞻京阙，云气郁葱，北眺居庸，峰峦崒嵂。前包平原，却倚绝崿，山迴水萦，诚畿甸之胜处也。中园为堂，构亭其前，列树花果、松柏、榆柳之属，不侈不隘，克称上意。集贤大学士臣邦宁复请赐名其堂若亭，乃命臣赵孟頫具名以闻，于是请名其堂曰贤乐之堂。孟子所谓，贤者而后乐，此者也。亭曰燕喜之亭，诗所谓鲁侯燕喜是也。制曰可。即日，命昭文馆大学士臣溥光书以赐之。(118)

这处私家园林位于健德门外，正是元朝帝王每年巡幸上都（今内蒙古正蓝旗境内）的必经之地，因此，又可以作为帝王临时休息的行宫，不论是规模之大还是建造之精美，皆为京城之佼佼者。园林中的贤乐堂和燕喜亭的名称，为名士赵孟頫拟定，而匾额的书写，则是高僧溥光的手笔。溥光号称元朝榜书第一人，其名气甚至在赵孟頫之上。清代著名学者朱彝尊曾云：“元之园亭在城北者，曲太保之贤乐堂，在城东者董氏杏花园，其余多在城西南。”[119]由此可见，一直到清代，这处私家园林仍然受到人们关注。

曲出是元武宗和元仁宗兄弟的少数民族亲近大臣，但是他与廉希宪不同，他对中原地区的中华传统文化的了解也要比廉希宪逊色许多，因此，他虽然有了这样一处官修的私家园林，却很少有文人墨客到这里聚会、饮酒赋诗。也就只有名士赵孟頫奉命为他撰写的《贤乐堂记》。而延祐四年（1317）元仁宗为他建造这座园林之后仅三年就死了，而他大约也在元英宗时死去。因此，这座园林此后又归谁所有，也就不得而知了。

在元代中期，随着新建的大都城日益繁荣，旧燕京城逐渐衰落，但是，仍有一批私家园林是建造在旧城区域内的，如名士宋本的垂纶亭。宋本，字诚夫，是大都人，幼年因父宋祯在江陵做官而生活在江陵，到延祐六年（1319）始回到故乡大都。他的故居是在旧燕京城的为美坊，因此，垂纶亭也应该是在旧燕京城。至治元年（1321）他参加科举考试，为汉人、南人一榜的状元，由此声誉日隆，并出任翰林修撰。泰定帝即位后，又历任监察御史、国子监丞，元文宗时，又历任礼部侍郎奎章阁供奉学士，元顺帝即位后，又任集贤直学士兼国子祭酒，卒于官，在大都生活了14年。他的诗文曾被辑为《至治集》。

当时诸多名士，如袁桷、马祖常、虞集等人皆曾与宋本交往，并为他的垂纶亭作有诗文。如名士袁桷作有《垂纶亭辞》曰：

> 汉滔滔兮日倾，东沧浪兮泠泠。蹇一士兮沉冥，垂芒针兮不屑以罾。明玕兮贝宫，朱蔚兮青葱。鱼戢鳞以为卫兮，龙腾章以屏气。谢娟嬛之尝巧兮，口垂沫以纵恣。吾宁养之以岁年兮，宝秘郁而不宣。岂直钩以违众兮，守钓道之自然。时至而迅举兮，匪荒幻之诡诱。保贞志以遂初兮，考铭言于耆叟。世俗眇其莫同兮，永讫依夫前圣之所究。[120]

对宋本的评价是很高的。

又如名士虞集作有《题宋诚甫侍郎垂纶亭》曰：

> 岷源建高，驶无游舠，汉会其委，安流滔滔。
> 爰有君子，垂纶其下，虽不得鱼，意甚闲暇。
> 援藟引楫，至于中沱，荫树以休，悠悠永歌。
> 逝波沄沄，不转维石，乐兹忘忧，矢言不食。

蒸然云兴，风举以高，驼翔中天，遗景九皋。
木其落矣，鱼亦潜渚，眷言夙好，除于风雨。
风吹衣裳，彼为栖栖，行吟望予，实劳我思。
山有榛棘，河有鳇鲤，岂其饮泉，必泠之美。
君子冠纯，秩秩大经，洞有清酌，可以濯缨。(121)

这首四言诗当是虞集与宋本在奎章阁共事时所作。

宋本的弟弟宋褧在为其兄所作《行状》中称宋本：

文章以气为主，贵立论，尚微辞。辞语典丽丰硕，温厚峭健，各得其宜。尤嗜骈俪乐府，尝患二者绝学，规规然必以中绳墨、谐律度为念，而不失雄浑。寓南中时，自号江汉羁伧，性乐水及渔，又号垂纶亭主人。(122)

由此可知，垂纶亭的名目，是宋本在随其父供职江陵时就有了，他在回到京城之后，又建造了一座垂纶亭，由此得到诸多名士的赞赏。

在元代中后期，大都城外又有一处私家园林，称南野园（或南野亭）。这处园林的主人名气不大，叫范彦升。他的事迹遍查相关资料，没有任何线索，而却有一些名士在此游玩，并写下了一些诗篇。最著名的当属虞集所作《题南野亭》一诗曰：

门外烟尘接帝扃，坐中春色自幽亭。
云横北极知天近，日转东华觉地灵。
前涧鱼游留客钓，上林莺啭把杯听。
莫嗟韦曲花无赖，留擅终南雨后青。(123)

这首诗曾被明李贤等人在纂修《明一统志》时加以抄录。

另一首为名士许有壬所作《题范彦升南野园》诗曰：

心闲人境自无哗，谁向明时学种瓜。
身外有求惟是酒，园中无地不宜花。
山林捷径难投足，天地行窝便作家。
莫遣鸡声惊梦觉，软红尘土又东华。(124)

在这首诗的诗题中提到南野园（又称南野亭）的主人为范彦升。

而另一位名士宋褧也作有《追赋苑主事南野亭》一诗曰：

> 女墙不隔凤城春，柳色危亭枕水滨。
> 夜城松风吹几杖，晓阑花露湿衣巾。
> 西邻池馆存碑石（清胜园），东里园林换主人（万柳园）。
> 得似夫君能旷达，百壶清酒日娱宾。[125]

在这里，提到了三个重要信息，第一个是，“苑主事”是否是范彦升，“苑”字很有可能是“范”字之误抄，而南野亭或是南野园在元大都只有一处，因此这种可能性是很大的。第二个是，宋褧在诗题中提到南野亭是在丽正门外。丽正门是元大都的正南门，那么，南野亭就应该是在大都新城的南面。第三个是提到了与南野园相邻的两处著名私家园林，一处是清胜园，是在南野园的西侧；另一处是万柳园，是在南野园的东侧。而且万柳园的主人已经更换了。

在元代中后期的大都城，不仅文士们建有自己的私家园林，有些方外之士也建有园林，以便岁时与文人墨客相会，题诗作赋，为一时之美谈。江南道教正一派的著名道士吴全节，就在京城东郊建有漱芳亭。吴全节，字成季，号闲闲，是正一派道士张留孙的大弟子。元世祖时，随张留孙来到大都城，为元朝统治者岁时举行道教活动。他曾在齐化门（今朝阳门）外建有东岳庙（今尚存），而漱芳亭，当在东岳庙附近。

漱芳亭之得名，系因吴全节在大都的道家园林中种植有梅树，建亭以护之，由此得名。时人称钱塘名士张雨：

> 寿衍尝偕入京，时燕地未有梅，惟吴闲闲宗师自江南移植，护以穹庐，扁“漱芳亭”。外史造其所，恍与西湖故人遇，徘徊既久，不觉熟寝其中。寿衍竟日不见，忧其迷路。外史觉而已晡，闲闲笑曰：伯雨素有诗名，宜有作。遂赋长诗，有“风沙不惮五千里，翻身跳入仙人壶”之句，闲闲大喜，送之翰林集贤袁伯长、虞伯生、揭曼硕诸公和之，繇是名大起一时。[126]

文中“吴闲闲”即指吴全节。

名士程钜夫曾写有《次韵吴闲闲梅花》一诗曰：

故园烂熳看花处，爱月畏风愁夜雨。
漱芳亭上一相逢，忽似江南花下语。
薄裁琼靥娇难狎，细剪冰须繁可数。
却怜主人闲更闲，病眼摩挲吟欲舞。
亦拟南城觅数株，安得万钱买连土。(127)

诗中表达了在北方是很难见到梅花的情景。

著名诗人范梈也曾写有《次韵吴尊师漱芳亭白红梅花二首》，其一曰：

梅仙之宫在何许，五尺青天隔风雨。
冰雪肌肤绰约人，铁石心肠软媚语。
行藏一粒粟中寄，品格百花头上数。
所以商廷和鼎功，大濩登之六代舞。
呜呼安得东皇锡白社，胙以金陵为尔土。(128)

据此可知，在漱芳亭的梅树不止一株，至少是有红梅和白梅两株。

名士许有壬则作有《太常引》一词，词前序辞曰：

至正辛未春，环枢堂海棠开，偕湡公励参议，陪紫清夏真人饮其下。今年范发事务方殷，欲寻旧盟，跬步牵絷，堂西漱芳亭甃方池，种芙渠，连岁约观而皆不果。六月初日，祷雨一过，则红衣落尽，翠房森矗矣。口占长短句，奉紫清一笑。(129)

据此可知，在吴全节建造的这座园林中，不仅有梅花，而且有海棠花，还有池塘，种植有荷花，园中除了漱芳亭种植梅花之外，还有环枢堂，是种植海棠花的地方。

环枢堂也是吴全节所建，名士元明善曾经为吴全节作有《内观象赞》，称："俨然服儒，邈矣宗聃。阳耀乔林，霜洁重潭……"。(130)赞文前序曰："至大四年辛亥还朝，燕居环枢堂，作内观象。"据此可知，至大四年（1311）之前，环枢堂就已经建好了。而且环枢堂的海棠花名气也很大。著名诗人张翥就曾作诗曰：

环枢堂上迟明来，要向花前不放杯。

只恐狂风无顾藉，尽将春色委苍苔。(131)

诗前序言曰："幼闇宗师以诗招赏海棠，文申有诗见约，次韵。"幼闇宗师应该就是吴全节的弟子。

但是，在许有壬的词序中有一点错误是应该指出的，即至正年间是没有辛未年的。在至正元年（1341）之前的至顺二年（1331）是辛未年，在明朝洪武二十四年（1391）是辛未年。或者是许有壬确实是在辛未年（即至顺二年）到过这处道家园林，或者是他在至正年间来过这里，只是把纪年搞错了。

在元朝中后期的大都，还有两座有名的亭子，一座是罗光锡的拄笏亭，位于玉泉山旁。时人称：

燕玉泉山之南十里金水河前，翰林直学士兵部郎中罗君汉臣家焉。昔者年未四十，上銮坡，直兰省，去要路可一武耳，乃作亭于家，以望燕之西山，名曰'拄笏'。退食之暇，必相羊乎是，而有去官之心。既而果弃其官，十余年不复调。……是亭也，前参知政事左山商公孟卿书扁，中原诗人题者多矣，紫阳山人为之序。(132)

据此可知，这处私家园林是罗光锡在朝中任翰林直学士时，为了辞官隐居所建。

直到元朝后期的名士许有壬，仍然知道这处私家园林。他曾作文称：

公名光锡，字汉臣，号玉泉子。少力学，负气节，至元间为尚书省都事，转兵部郎中。与时相不合，即退居西山，耕牧自怡，构亭玉泉，扁曰"拄笏"，其寓意有在也。游江汉、吴越，终于江南。(133)

因为许有壬曾经与罗光锡之子罗善先为同事，故而对罗家之事及这处私家园林较为了解。

另一座私家名亭称为水木清华亭，是侍御史王公俨的私家园林。名士许有壬曾经在此参加了一次聚会，并作文称：

水木清华亭，侍御史王公公俨别墅也。位都城巽隅，出

> 文明门余里许，园池构筑甲诸邸第。予客京有年，识公俨亦久，而未尝迹其地。至正乙未春，自汴召入，俄公俨由辽省拜中台，握手倾倒，屡约宴集，尘冗不果，致期宿具，复有意外之挠，乃七月二十又三日，始遂盍簪。左辖吕仲实、中执法杜德常、右司王本中、左司尚彦文，实同尊俎。酒旨乐备，物腆意勤，适雨霁秋清，尘空地迥，庭木涌翠，渚莲散红。北瞻闉阇，五云杳霭；极目西望，舳舻泛泛于烟波浩渺、云树参差之间，萧然有江乡之趣，不知其为毂击肩摩之境也。烦襟滞虑，涤濯净尽，兹游奇绝，宜造物之不轻畀也。(134)

这次聚会的时间是在至正十五年（1355）七月，时当夏日，在这座文明门外“甲诸邸第”的园林中，高朋满座，饮酒赋诗，不亦快哉。

名士虞集也作有《赋水木清华亭》一诗曰：

> 中流泛兰枻，望彼嘉树林。落日荡野水，浮云生夕阴。
> 游鱼恋芳藻，好鸟鸣幽岑。为乐恐易老，吾将脱朝簪。(135)

显然，这次虞集到王公俨的私家园林中游玩，是人很少的，没有宴会的热闹景致，却显现出一种特别幽静的情趣。这是通过诗中“野水”、“芳藻”、“幽岑”等词语所表达出来的意境。

第四节　元大都的风景名胜

在北京地区，有着秀美的山川，更有着悠久的历史、丰富的文化，因此，历代留下了许多的风景名胜。我们今天能够见到的风景名胜，大多数都是明清以来留下的，但是，也有一些元代以前存留的名胜、形成的风景。这些名胜今天大多数都已经面目全非，或者是已经消失了，而大多数的风景还都在，只有一小部分随着环境的变迁而消失了。沧海桑田的巨变，在人类漫长的文明发展史上，特别是在北京的历史文化进程中，还是很少发生的。

元代大都地区的风景名胜，是当时这里居民们岁时聚会的场所，也是外来游客大多都要去凭吊的地方，因此，其功能颇与当代的公园相似。如春秋佳日，城里的海子（即积水潭）及周围地区、城郊的西南旧燕京城一带，以及西北的群山及泉流之地，皆是人们流连忘返的胜地。因此，当时的风景名胜，乃是大都园林文化的一个重要组成部分。

在先秦时期的燕国，最著名的古迹当属蓟门与黄金台（古人又称为“燕台”、“贤台”或是“隗台”）。蓟门之源，当溯于西周初年，分封在燕地有两国，燕国和蓟国。燕国筑城于今房山区琉璃河一带，今尚存遗址。而蓟国所筑之城，即为蓟城。筑城必有城门，通称之为蓟门。此后，燕国灭蓟，定都蓟城，此处又称燕京，这个称呼一直到元代初年。

就城市变迁而言，古蓟城一直到辽代都没有出现大的变化，故而蓟门一直是蓟城的外门。到了金代，扩建中都城，蓟城被包入金中都城之内，大多数城墙皆被拆毁，蓟门也就变成了城里的一处古迹，而且由原来的八门（即八处）变为一处。据元人称：“蓟门：在古燕城中。今大悲阁南行约一里，基枕其街，盖古迹尔，隳废久矣。”(136)文中“古燕城”就是指金中都城，可见这处城门到了元代中期，只剩下了一些墙基。

早在汉唐时期，蓟门已经成为人们心目中的一个文化符号，古诗中有所谓的《蓟门行》之说，不管是否到过蓟城，都可以用《蓟门行》为题来作诗。唐代著名诗人陈子昂曾经随军出征而来到蓟城，并且写出了大量诗作，其中一首诗序曰：

> 丁酉岁，吾北征，出自蓟门，历观燕之旧都，其城池霸迹已芜没（一作昧）矣。乃慨然仰叹，忆昔乐生、邹子群贤之游盛矣。因登蓟楼，作七诗以志之，寄终南卢居士，亦有轩辕迹也。(137)

序文中提到的“蓟楼”，就是蓟城的城门楼。“丁酉岁”，是武则天神功元年（697），距今已经有一千三百余年了。

到了金代扩建中都城后，蓟门被扩入城中，成为一处繁华之地，被列入“燕山八景”之一，称“蓟门飞雨”。南宋琴师汪元量在随同被俘的南宋小皇帝和皇太后来到大都时，新城正在建设中，旧城依然繁华，他曾登上蓟门，赋诗一首曰：

> 蓟门高处小凝眸，雨后林峦翠欲流。
> 车笠自来还自去，笳箫如怨复如愁。
> 珍珠络臂夸燕舞，纱帽蒙头笑楚囚。

忽忆旧家行乐地，春风花柳十三楼。[138]

据此可知，第一，至元年间，这处古蓟门尚未“隳废”，仍然是一处观赏城市景致的最佳地点。第二，城门下的街市十分热闹，有歌舞演奏，有车辆往来如梭。这种热闹的场景勾起作者对杭州繁华景象的回忆。第三，汪元量到大都后也被任命为乐官，故而有“纱帽蒙头”的自嘲。第四，这首诗描写了蓟门雨后的景致，暗合“蓟门飞雨”的主题。当时在这里，是不会有后来明代“烟树”的萧条景致的。

在元朝人的诗作当中，有一些专门吟咏“燕山八景”的诗作，而尤以尹廷高所作《蓟门飞雨》一诗颇为形象，诗曰：

清风夹道槐荫舞，谁信青天来白雨。
马上郎君走似飞，树下行人犹蚁聚。
须臾云散青天开，依然九陌飞黄埃。
乃知造化等儿戏，一日变态能千回。[139]

尹廷高曾经在元代中期到过大都城，这时大都新城已经建成，燕京旧城尚未荒废，他所见到的古蓟门仍然十分热闹，但是比起汪元量所见到的景致已经逊色不少。

黄金台在燕地之所以出名，是因为燕昭王筑宫殿礼贤下士，拜郭隗为师。此后，历时久远，宫殿倒塌，而台基尚存，故而被后人称为黄金台，或是隗台及燕台。近人经过研究曾说，燕地有多处黄金台，而以河北易县燕下都的黄金台为“真”，而北京的黄金台为假。但是，现在人的观点是不能代替古人观点的。至少在唐代，绝大多数人是认为黄金台在燕京。也即是说，至迟在唐代的蓟城里面，是有一座黄金台的。

陈子昂在幽州城里曾经作有一首非常著名的诗歌，即《登幽州台歌》，诗曰：

前不见古人，后不见来者，念天地之悠悠，独怆然而涕下。[140]

这是他在黄金台上想到燕昭王招揽贤才，而自己却怀才不遇，由此而发出的怅然长叹。唐人胡曾亦写有《黄金台》一诗曰：

北乘羸马到燕然，此地何人复礼贤。
欲问昭王无处所，黄金台上草连天。(141)

这时的黄金台由于游人渐少，已经长满了荒草。

一直到金元时期，这座黄金台仍然是燕地的著名景观，时人称："阑马台高十丈，与黄金台相峙。"(142)这是对黄金台比较明确的记载。元代初年，刘秉忠曾经写有《古燕感怀》一诗曰：

虎掷风拏感壮怀，英雄遗恨化尘埃。
燕山依旧青如染，伫望黄金布隗台。(143)

在短短四句诗中，表达出时代更替的壮阔场面。

与刘秉忠大致同时的南宋琴师汪元量在来到大都城后，多次作诗提到了黄金台。如《答同舍杜德机》一诗曰：

北风吹我上金台，忍见蛾眉堕马嵬。
宴罢蟠桃王母去，江南肠断贺方回。(144)

又如《冬至日同舍会拜》一诗曰：

燕市人争看秀才，团栾此日会金台。
葡萄酒熟浇驼髓，萝卜羹甜煮鹿胎。
砚笔寂寥空洒泪，管弦呜咽自生哀。
雪寒门户宾朋少，且拨红炉守泰来。(145)

到了元代初期，黄金台成为人们聚会的一处热闹场所。

到了元代后期，名士乃贤在至正十一年（1351）来游京城，作有《南城咏古十六首》诗，其中，有《黄金台》一首，诗题下注曰："大悲阁东南，隗台坊内。"由此可以确定，这座从唐代就被确认的黄金台不仅是在燕京城内，而且还专门有一处隗台坊。诗曰：

落日燕城下，高台草树秋。千金何足惜，一士固难求。
沧海谁青眼，空山尽白头。还怜易河水，今古只东流。(146)

到了此后的明代，旧燕城愈加破败，人们已经不知这座古迹在何方，遂将其位置定在朝阳门外。

居庸关在北京之所以出名，是因为它所起的作用非常重要。从先秦时期一直到汉唐时期，北京地区一直是战略要地，而蓟城一直是整个北方的军事指挥中心之一，而居庸关则是拱卫蓟城的门户。到了辽金元时期，少数民族政权把都城（包括陪都）设置在这里，居庸关的军事作用有所减弱，而它作为名胜古迹的地位却有了极大提高，在“燕京八景”中遂有“居庸叠翠”一景。

但是在金元之际，居庸关成为金朝抵御蒙古军队南下的重要关口，曾经数度发生激战，居庸关又增添了血染的色彩，在蒙古军队占领金中都城之后的很长一段时间，战争的氛围仍然保留在人们的记忆中。如忽必烈的重要谋臣郝经曾经写有《居庸行》长诗曰：

惊风吹沙暮天黄，死焰燎日横天狼。
巉巉铁穴六十里，塞口一喷来冰霜。
导骑局蹐衔尾前，毡车轣辘半侧箱。
弹筝峡道水复冻，居庸关头是羊肠。
横拉恒代西太行，倒卷渤海东扶桑。
幽都却在南口南，截断北陆万古强。
当时金源帝中华，建瓴形势临八方。
谁知末年乱纪纲，不使崇庆如明昌。
……[147]

显然，在这个时期的居庸关，战略地位又一度突显出来。诗中描述了居庸关的险要，以及行走的艰难。

及蒙古国在中原地区的统治巩固之后，居庸关成为燕京北去蒙古都城和林的必经之地，时人作诗曰：

一上居庸万里行，居庸关上望和林。
和林城远望不见，日落云明山水深（之一）。[148]

这时的居庸关已经没有了杀戮的氛围。又如名士胡祗遹作有《再过居庸》二首，其一曰：

滚滚随行旅，遑遑愧此身。无名垂竹帛，有足走风尘。

路省青山旧，人伤白发新。回头望南土，又赏故园春。(149)

虽然仍是奔波劳苦之叹，却已经是另外一番景象了。

自元世祖确定两都制度之后，居庸关成为众多官员每年都要往来的关口，有些官员也就在往来之时创作了一批精彩的诗篇。如著名诗人陈孚就作有《观光楼》、《龙虎台》、《居庸关》、《弹琴峡》、《仙人枕》等系列诗歌。《弹琴峡》一诗曰：

月作金徽风作弦，清声岂待指中传。
伯牙别有高山调，写在疏松乱石边。

《仙人枕》一诗曰：

居庸万马绕山前，未必苍苔睡晏然。
见说华山风日暖，何如移伴白云眠。(150)

而他的《居庸关》一诗，写得尤为精彩，把这里的景致描写的惟妙惟肖。

又如名士袁桷在延祐元年（1314）五月赴元上都时，也写有一组诗歌，如《居庸关》、《雨中度南口》、《重午日宿南口小店》、《桑干岭》、《渡怀来沙岭》等。其中，《雨中度南口》一诗曰：

山寒绝禽鸟，独闻子规啼。石壁飞雨骤，众木摇凄凄。
瘦马蹴乱石，高下啮其蹄。陟巘沮洳深，渐觉所历低。
暝色起亭午，土屋流寒泥。须臾过雷声，倏忽生晴霓。
水清亦可渡，戒仆逾前溪。(151)

诗中表达了作者在居庸关峡谷中的切身体会。袁桷曾自称："余五度居庸，留京师几二纪"，其中有三次端午节是在来往居庸关的路上度过的。(152)因此，他对于居庸关的感受是很深的。

在元代，除了众多诗人创作了大量诗歌描写居庸关的景色之外，又有词人鲜于必仁用《双调·折桂令》创作了《居庸叠翠》一词曰：

耸巅崖万仞秋容，气共云分，势与天雄。玉润玻璃，翠开松桧，金削芙蓉。破山影低回去鸿，蘸岚光惊起游龙。往灭狐踪，尘冷边烽。海宇负鳢生，愿上东封。[153]

他创作的是一组“燕山八景”词，用这种形式创作的文艺作品还是较少见的。

在大都城里，最有名气的风景胜地当属积水潭。《元一统志》称：

大都之中，旧有积水潭，聚西北诸泉之水流，行入都城，而汇于此，汪洋如海，都人因名焉。世祖肇造都邑，壮丽阙庭，而海水镜净，正在皇城之北、万寿山之阴。……遂建澄清闸于海子之东，有桥，南直御园。《通惠河碑》有云：“取象星辰，紫宫之后，阁道横贯，天之银汉也。拟迹古昔湪民渔采、泽梁无禁，周之灵沼也。”[154]

这是积水潭与大都城建设相互关系的最直接描述。

积水潭这片水域原在金中都旧城东北郊，经元世祖建造大都城，遂将这片水域包入新城之内，成为都城民众岁时游览的一处重要场所。这片水域原来并不大，经过著名科学家郭守敬开凿通惠河，把西北众多泉水汇集到一起，流入积水潭，才使得这片水域“汪洋如海”，故而元代人又把这里称为海子。一时名士，如赵孟頫、马祖常、范梈、杨载、宋褧、傅若金、张昱等，皆有诗作描述其景致。

赵孟頫曾作有《海子上即事与李子构同赋》诗曰：

小姬劝客倒金壶，家近荷花似镜湖。
游骑等闲来洗马，无靴轻妙迅飞凫。
油云拚污缠头锦，粉汗生怜络臂珠。
只有道人尘境静，一襟凉思咏风雩。

李子构同赋之诗曰：

驰道尘香逐玉珂，彤楼花暗鼓云和。
光风渐绿瀛洲草，细雨微生太液波。
月榭管弦鸣曙早，水亭帘幕受寒多。
少年易动伤心感，唤取蛾眉对酒歌。[155]

赵孟頫来自江南，李子构来自西北，两人同在积水潭上乘舟游览，饮酒赋诗，被后人传为美谈。

马祖常曾作有《海子桥（二首）》诗，其一曰：

朝马秋尘急，天潢晚镜舒。影圆云度鸟，波静藻依鱼。
石栈通星汉，银河落水渠。无人洗寒露，为我媚芙蕖。

其二曰：

南望蓬莱观，行人隔苑墙。有时驯象浴，不见狎鸥翔。
宫树飘秋叶，江船认石梁。辟雍真可作，拟赋献文王。(156)

马祖常与赵孟頫在海子上的视角是不同的，一个在水中船上，一个在岸边桥上，因为视角不同，故而导致感受各异，各有擅长。海子桥即万宁桥，今天又被人们俗称为后门桥，系因为位于地安门之北。人们称正阳门为前门，地安门为后门。

元代著名诗人范梈是南方人，他在来到京师之后经历了一次很奇特的积水潭游览，并写下了《正月三日海子泛舟》一诗曰：

晓日明如茜，春波凝不流。浴凫浮断梗，过雁折危楼。
颇敬吴儿狎，何伤楚客囚。沙边萦小楫，初慰玉京游。(157)

他是在正月初三到积水潭来游玩的，这是他初次到京城来，但是正逢隆冬季节，积水潭的水都被冻冰了，满目冬日的凄凉，仅见凫鸟与过雁，真是一个奇怪的感觉。诗中“危楼”当指矗立在积水潭畔的鼓楼。

元代著名诗人杨载也是南方人，在来到大都城后，曾作有《送人》诗二首，当是送友人回故乡。诗曰：

金沟河上始通流，海子桥边系客舟。
却到江南春水涨，拍天波浪泛轻鸥（之二）。(158)

这首诗描述了积水潭的码头停泊的客舟是可以一直航行到江南的，这是因为郭守敬开凿通惠河之后，京杭大运河贯通南北，才带来了如此便利的交通状况。当时的积水潭中，樯帆林立，舳舻蔽水，景色十分壮观。

名士宋褧是大都人，是名士宋本的弟弟，兄弟俩在当时的文坛上都有很高的声誉。他和宋本幼年都随父亲在外地生活，成年以后才回到大都。宋褧写有《过海子观浴象》一诗曰：

四蹄如柱鼻垂云，踏碎春泥乱水纹。
鸂鶒鸡鹊好风景，一时惊散不成群。[159]

因为元朝帝王出外巡游要坐象辇，故而宫中养了一些大象。又因为太液池的水是供帝王专用的，不能用来浴象，故而要到积水潭（在元代与太液池不是同一水系）来浴象。再者，元代的浴象是在春季，而不是像此后明代的浴象是在夏季，乃是因为每年春天元朝帝王要北去上都，在出巡之前先做好浴象的准备。

元朝灭亡后，繁华一时的海子也变得萧条起来，明初人宋讷作诗曰：

黄叶西风海子桥，桥头行客吊前朝。
凤凰城改佳游歇，龙虎台荒王气消。
十六天魔金屋贮，八千霜塞玉鞭摇。
不知亡国卢沟水，依旧东风接海潮。（之八）[160]

此后，明成祖定都北京，积水潭一带很快又热闹起来，但是，由于河道的变化，江南的客舟却再也无法驶入积水潭了。

香山在京城西北，景色非常美丽，金朝帝王曾经在这里建造过行宫，并且岁时前来游览。到了元代，蒙古帝王确立“两都巡幸”制度之后，只在京城东南的漷州建有柳林行宫，以便春季行猎，却没有再到香山一带再建行宫。因此，元代到香山游览的，大多数都是文人墨客，他们在游览中也留下了一些诗文佳作。

金朝的文士们就已经对香山的景色赞不绝口。如名士赵秉文作有《香山》一诗曰：

山秀薰人欲破斋，临行别语更徘徊。
笔头滴下烟岚句，知是香山境里来。[161]

金朝灭亡后，香山的皇家行宫也随之荒废了。蒙古国时期，燕地名士耶律铸与赵著曾经游览香山，并且作诗以述情怀。耶律铸作诗曰：

往事惊心话欲休，并随闲望入层楼。
为龙为虎人谁在，鸥去鸥来水自流。
翠辇影沉天地老，紫箫声断海山秋。
长歌一曲西风起，手把残花尽日留。[162]

人去境迁，耶律铸也只有徒发慨叹而已。

对于金朝留在香山的遗迹，明人称："山多名迹，有葛稚川丹井，金章宗祭星台、护驾松、梦感泉，又有碁盘石、蟾蜍石、香炉石。"[163]明人又称："来青轩之前，两腋皆叠嶂环列。宾轩为金章宗祭星台。其西南道上，章宗经此，有松密覆，因呼为护驾松。"[164]但是，在元代的文献中，却很少有人提及这些古迹。仅《顺天府旧志》载有元人无名氏《题祭星台》诗曰：

章宗曾为祭星来，凿石诛茅筑此台。
野鸟未能随鹤化，山花犹自傍人开。[165]

元人既无姓名，旧志也已散佚，已经无法考证。

因为香山的景色很美，故而前来赏玩的元人多在游览之后留有诗作，以述情怀。如元初刘秉忠作有《因宋义甫宿香山寺》一诗曰：

摩空削出碧芙蓉，缱绻香山一带峰。
野树去年曾系马，闲云今日复从龙。
玉钩三寸月沉水，琴调数声风入松。
清彻梦魂眠不得，觉来那假晓楼钟。[166]

这里虽然写的是作者重游香山寺的事情，但对整个香山的景色也有上佳的描述，如开篇一句"摩空削出碧芙蓉"就很有神采。

又如名士张养浩曾作有《游香山》一诗曰：

山行弥日山益奇，乱峰挟翠如吾随。
游人联蚁度林杪，细路一线云间垂。
茫然四顾动心魄，岚光荡秀浮双眉。
路回宝刹忽凤坠，大鹏九万离天池。

林烟媚景翳复吐，欲见不见神护持。
松藏雷雨太阴黑，泉迸岩薮银虹驰。
我来青帝已回驭，大古残雪犹离离。
一声啼鴂百花落，两崖红雨春淋漓。
笑驱虎豹坐盘礴，悠悠万古归支颐
……[167]

好一场痛快的游历，好一篇畅快的诗篇。

张养浩还曾作有《游香山》一诗曰：

常恐尘纷汩寸心，好山时复一登临。
长风将月出沧海，老柏与云藏太阴。
宝刹千间穷土木，残碑一片失辽金。
丹崖不用题名姓，俯仰人间又古今。[168]

看来张养浩已经不是一次、两次来香山游览了，他在香山的游览中，不仅饱尝了风光的美妙，而且体悟出了人生的真谛。

因为香山的景色非常美，故而许多书画家把这里作为书画创作的主题，而文人墨客又往往在画上题诗，使诗、书、画融为一体。名士虞集就曾作有《题大都香山寺图》诗曰：

香山苍翠帝城西，古寺高飞北斗齐。
绕屋清泉龙稳卧，对檐老树凤长栖。
曾陪退相寻山径，亦共幽人蹑石梯。
忽见画图惊十载，春云秋雨不胜题。[169]

这里所绘制的香山寺，就是元英宗耗费巨资修建的大永安寺。为了修造这座寺庙，元英宗竟然不惜杀掉劝谏的御史观音保等人，在后世留下恶名。

在大都地区，还留下了许多前代的祠庙，寺观，也成为都城居民岁时游览的主要场所。著称于时的有：狄梁公祠、刘谏议祠、杨无敌庙等。这些历史人物，都或多或少与北京有着一些联系。狄梁公祠所祀者为唐代著名大臣狄仁杰，他在供职期间多有善政，遗爱民间，故而在他从政之时即有百姓为他建造生祠，全国各地皆有之。狄仁杰在全国各地任职时，曾两至幽州，一次是在武则天万岁通天年间，任幽州都督，抵御契丹部落的侵扰。另一次是在圣历初年，任河北道元帅及安抚大使，因此，才会有昌平民众为他修建生祠。

到了元代大德年间，昌平县尹王尹敬又主持重修狄梁公祠，并请名士宋渤撰写重修碑记，称：

> 昌平县治在燕山南麓、邑北门外，旧有唐狄梁公废祠，不知始建何代。大德三年，县尹辽阳王君敬率同事葺之，凡再阅月，祠之内外皆完好。……万岁通天中，罢魏州时，尝转幽州都督。中宗反正，自右肃政御史大夫改河北道行军元帅。其罢修城守具，论发兵戍疏勒非是，请曲赦河北胁从民人，盖获免者数千万计，皆当时施行，其有大恩德于燕赵，岂直昌平哉。吾尝往来上谷、渔阳古镇戍中，往往有公祠宇。(170)

对狄仁杰的这个评价是很准确的。

后人又称：

> 唐狄梁公祠：在昌平州，有台，曰“景梁台”，土人立以思狄梁公也。梁公祠建于唐，碑犹在。元大德、明正统俱重修。其碑文有云：“梁公令昌平时，有为虎所噬者，其母诉之，公为文吁神，翌日，虎伏阶下，公肆告于众而杀之。去官后，土人思之，立祠祀焉。”祠外立二石幢，镌梵语，书法类李北海，唐贞观中幢也。(171)

后人的转述就已经有了编造的痕迹，因为狄仁杰并没有当过昌平县令，也不会“吁神”而让老虎伏法。

清初名士顾炎武曾游历昌平，撰文称：

> 州西八里为昌平旧县，今居民不满百家，而唐狄梁公祠香火特盛。岁四月朔赛会，二三百里内人至者肩摩踵接。考之《唐书》，突厥陷赵定，纵掠而归，公为行军副元帅，独以兵追之。又为河北安抚大使，意其尝至此也。有碑一，元大德四年集贤学士宋渤撰文。(172)

由此可见，自元代重修狄梁公祠以后，历经明清，这座祠祀一直也没有再荒废，甚至成为周围百姓举行娱乐活动的一处重要场所。

因为在元朝帝王“两都巡幸”的过程中，昌平为必经之地，故而文化发展也很繁荣，除了重修狄梁公祠之外，又建造有刘谏议祠及谏议书院。史称：泰定二年（1325）五月，“置谏议书院于昌平县，祀唐刘蕡。”[173]史又称：至正十八年（1358）九月，“褒封唐赠谏议大夫刘蕡为文节昌平侯。”[174]这是元朝统治者褒奖刘蕡，鼓励臣下为元朝尽忠的政治举措。

关于在昌平是先建的谏议书院，还是刘谏议祠，史无明文。据《元史》的记载，最早是建“谏议书院”，目的是“祀唐刘蕡”。由此观之，谏议书院与刘谏议祠应该是一起建的，或者说是一处建筑，两个称呼。当时著名诗人乃贤曾作有《刘蕡祠》一诗，诗前有序文称：“唐刘蕡，幽州昌平人，谪死柳州，历辽金无能发潜德。至本朝天历间，昌平驿官宫祺始奏建刘谏议书院。”[175]把建造谏议书院的时间又向后推到元文宗天历年间。这两个时间虽然有差距，但是毕竟比较靠近。

而元代前期名儒萧𣂏也曾作有《刘蕡祠》一诗曰：

> 断刻纵横古木阴，趋庭再拜涕霑襟。
> 后王肯鉴前车覆，犹慰千年九死心。[176]

萧𣂏死于元武宗至大初年，比《元史》和《金台集》所述的谏议书院的建造时间还要早十几年。此外，元朝文人亦时有作诗吟咏刘谏议祠的作品存世，如名士黄溍作有《刘蕡祠堂》一诗，名士吴师道作有《刘谏议祠》一诗，乃贤亦作有《刘蕡祠》一诗，皆是对唐代刘蕡不畏宦官专权的恶势力，敢于斗争的精神加以赞扬。

与途经昌平的居庸关一样，途经密云的古北口也是往来于中原与草原之间的一条要道。而在古北口也有一处著名祠祀，即杨无敌庙。在这座庙里祭祀的杨无敌就是杨家将中的老令公杨业。在宋、辽对峙时期，双方经常有使臣往还，宋朝使臣北上辽上京（后又至辽中京），必经燕京的古北口，于是在一些使臣的笔下，出现了描写杨无敌庙的诗作。因为出使辽朝的宋朝使臣都是当时知名的学者，故而他们的诗作在当时产生了较大的社会影响。

如在宋仁宗时出使辽朝的刘敞作有《杨无敌庙》一诗曰：

> 西流不返日滔滔，陇上犹歌七尺刀。
> 恸哭应知贾谊意，世人生死两鸿毛。[177]

诗题下注曰："在古口北。"古口北当是古北口之误。宋元时人编《两宋名贤小集》时，将诗题下注改为："在古北口，其下水西流。"因为燕京地区的水系大多数都是向东南流，只有古北口的水是向西流，由此可见，刘敞对杨无敌庙四周景致的观察是十分仔细的。

又如在宋神宗时出使辽朝的苏颂曾作有《和仲巽过古北口杨无敌庙》一诗曰：

> 汉家飞将领熊罴，死战燕山护我师。
> 威信仇方名不灭，至今边塞奉遗祠。(178)

诗中"燕山"系代指辽军，而非在燕山死战。诗中"边塞"则是指辽朝民众，是他们为杨业在古北口建造了祠祀。因为宋朝一直没能收复燕云十六州，故而也就无法在燕京的古北口为杨业修建祠庙。

宋朝著名文士苏辙也曾出使辽朝，作有《过杨无敌庙》一诗曰：

> 行祠寂寞寄关门，野草犹知避血痕。
> 一败可怜非战罪，太刚嗟独畏人言。
> 驰驱本为中原役，尝享能令异域尊。
> 我欲比君周子隐，诛彤聊足慰忠魂。(179)

他在诗中的感慨之情尤胜于刘敞与苏颂。在苏辙所见到的杨无敌庙，是一番寂寞的景象，唯有野草相伴忠魂。

对于古北口的这座杨无敌庙，清朝前期的学者曾经加以考订，认为杨业牺牲的地方是在雁门关，而不是古北口，并且杨业也没有到过古北口，因此建祠庙不应该是在这里。而清人厉鹗在研究辽史之后发表见解称：

> 古北口杨无敌祠，顾氏以为误。考刘邃父、苏子由二诗，在奉使时作，则祠刱自辽日可知。无敌忠义，感动敌境，又何论古北口之非陈家谷也。(180)

文中所云"顾氏"即指清初著名学者顾炎武。这座杨无敌庙至今尚存，以供前来游历者凭吊。

在元大都地区，还有两座很有特色的祠庙，一座是铁牛庙，另一座是白马庙。铁牛庙所祀者当为铁牛，元人称："铁牛庙在旧燕城东南，有土埋铁牛，露脊，不知起于何时。”清朝人引元人所撰《析津志》称：

> 臣等谨案：《析津志》：铁牛大力神庙在南城施仁门内东南，有小庙，无碑。又“坊市”条下有铁牛坊，注云：“有铁牛庙，因其庙而名其坊。市人亦祀之。”施仁门乃金之东门，元时门内铁牛庙及坊尚存。明《图经志书》不载，则明初已废矣。(181)

这是清人转引的相关记载。

但是，明人在纂修《明一统志》时，有相关记载曰：“铁牛庙：在旧燕城东南，有土埋铁牛，露脊，都人因祠祀之。”(182)据此可知，明代人们是知道燕京旧城有铁牛庙的，而不能确定的只是明人是否还能够见到铁牛存世，还是仅仅抄录前人的记载而已。至少，元朝诗人乃贤在游览旧燕京城时，还是知道有铁牛庙的，其诗曰：

> 燕人重东作，镕铁象牛形。角断苔华碧，蹄穿土绣腥。
> 遗踪传野老，古庙托山灵。一酹壶中酒，穰穰黍麦青。(183)

从诗句中的描述来看，乃贤还能见到铁牛的断角和牛蹄。

在大都地区的白马庙有两处，一处在旧燕京城，另一处在大都新城（即后来的明北京城）。在旧燕京城的白马庙，元人称：“白马祠：昔慕容氏都燕，罗城有白马前导，因以为祠。”(184)这处白马庙的历史更加久远一些。元人乃贤作《白马庙》诗曰：

> 祠宇当城角，霜蹄刻画真。房星何日坠，骏骨自能神。
> 曾蹴阴山雪，思清瀚海尘。长疑化龙去，腾蹋上云津。(185)

他在这里见到的白马庙，就是旧燕京城中的古迹。

另一处白马庙实际上是关帝庙，清初人称：

> 汉寿亭侯庙在宛平县东，成化十三年建，俗呼“白马庙”，盖隋之旧基也。每岁五月十三日，遣太常官致祭。按：

> 洪武二十八年建庙于鸡鸣山，祭汉寿亭侯，永乐中始载祀典。[186]

这是把关羽和他骑乘的白马混为一谈了，祭祀的主要对象是关公，而不是白马。

此后清人又对孙承泽的记载加以订正曰：

> 臣等谨按：白马关帝庙在地安门西，朱彝尊原引《春明梦余录》在地安门东，误也。且《春明梦余录》另载一条云：在宛平县东，其地相合，因增载于此。再考商辂碑云：庙建于洪武年间，成化十三年重修，今碑尚存庙中。《春明梦余录》作成化十三年建，亦非。又按：庙之以白马得名者，《元混一方舆胜览》以慕容氏都燕，罗城有白马前导，因以为祠。而庙碑载明英宗梦见帝乘白马，故名。所说不同，然神之昭布显赫，益可想见矣。[187]

清人的考证，显然大有问题，元人记载的白马庙在旧燕京城，而明清人记载的白马庙在北京新城（不论地安门西还是地安门东），完全是两回事，却要往一起混合，史地考证之难，于此可见一斑。

注释：

（1）（元）耶律铸：《双溪醉隐集》卷一，四库全书本，商务印书馆 1989 年版。

（2）（元）尹廷高：《玉井樵唱》卷下，四库全书本，商务印书馆 1989 年版。

（3）（元）李志常：《长春真人西游记》卷下，河北人民出版社 2001 年版。

（4）（金）元好问：《元好问全集》卷九《七言律诗》，山西古籍出版社 2004 年版。

（5）（元）耶律铸：《双溪醉隐集》卷四《又登琼华岛旧址次吕龙山诗韵》。

（6）《元史》卷四《世祖纪》。

（7）（元）王恽：《秋涧集》卷二十四《游琼华岛》，吉林出版集团 2005 年版。

（8）《元史》卷五《世祖纪》。

（9）（25）（元）陶宗仪：《南村辍耕录》卷二十一《宫阙制度》，中华书局 2004 年版。

（10）《元史》卷八《世祖纪》。

（11）（元）欧阳玄：《圭斋文集》卷三《京城杂咏》，《四部丛刊》初编本。

（12）见该书卷一《万岁山》。

（13）同上。

（14）（元）张昱：《可闲老人集》卷二《辇下曲》，四库全书本，商务印书馆1989年版。

（15）（元）陶宗仪：《南村辍耕录》卷十七《旃檀佛》。

（16）《元史》卷七《世祖纪》。

（17）《元史》卷三十二《文宗纪》。

（18）《元史》卷三十四《文宗纪》。

（19）《元史》卷三十五《文宗纪》。

（20）（元）陶宗仪：《南村辍耕录》卷二十四《帝廷神兽》。

（21）（元）王恽：《秋涧集》卷四十二《宫禽小谱序》，吉林出版集团2005年版。

（22）《元史》卷九十《百官志》。

（23）《元史》卷二十九《泰定帝纪》。

（24）《元史》卷三十《泰定帝纪》。

（26）（元）周巽：《性情集》卷五《上苑梅》，四库全书本，商务印书馆1989年版。

（27）（元）刘鹗：《惟实集》卷六，四库全书本，商务印书馆1989年版。

（28）（元）周伯琦：《近光集》卷三《夏日阁中入直五首》，四库全书本，商务印书馆1989年版。

（29）《元史》卷二十四《仁宗纪》。

（30）《元史》卷四十三《顺帝纪》。

（31）（元）许有壬：《圭塘小藁》别集卷上，吉林出版集团2005年版。

（32）《元史》卷九《世祖纪》。

（33）（元）王恽：《秋涧集》卷五十七《大都路漷州隆禧观碑铭》。

（34）《日下旧闻考》卷一百五十一引《析津志》佚文，北京古籍出版社1981年版。

（35）《元史》卷二十二《武宗纪》。

（36）《元史》卷二十七《英宗纪》。

（37）《元史》卷二十八《英宗纪》。

（38）《元史》卷三十四《文宗纪》。

（39）《元史》卷三十六《文宗纪》。

（40）《元史》卷十一《世祖纪》。

（41）《元史》卷一百六十七《王恽传》。

（42）（元）王恽：《秋涧集》卷二十一《朝谒柳林行宫二诗（并序）》。

（43）《元史》卷一百六十四《焦养直传》。

（44）（元）苏天爵：《国朝文类》卷六《驾畋柳林随侍》，文渊阁四库全书本。

（45）（元）郭钰：《静思集》卷七《和虞学士春兴八首》，四库全书本，商务印书馆1989年版。

（46）（元）程钜夫：《雪楼集》卷八《太原宋氏先德之碑》，四库全书本，商务印书馆 1989 年版。

（47）《元史》卷一百八十八《刘哈剌不花传》。

（48）（元）袁桷：《清容居士集》卷三十二《梁德珪行状》，浙江古籍出版社 2015 年版。

（49）（金）元好问：《中州集》卷七载张本所作诗，华东师范大学出版社 2014 年版。

（50）《析津志辑佚·名宦》，北京古籍出版社 1983 年版。

（51）《日下旧闻考》卷一百三十三《京畿·良乡县》。

（52）《元史》卷二《太宗纪》。

（53）《元史》卷一百四十六《耶律楚材传》。

（54）（金）元好问：《遗山集》卷九《梁都运乱后得故家所藏无尽藏诗卷见约题诗同诸公赋》，吉林出版集团 2005 年版。

（55）（元）耶律楚材：《湛然居士集》卷十四，中国书店 2009 年版。

（56）（元）王恽：《秋涧集》卷二十二。

（57）（元）熊梦祥辑，北京图书馆善本组编：《析津志辑佚·名宦》，北京古籍出版社 1983 年版。

（58）（金）元好问：《遗山集》卷二《五言古诗》，吉林出版集团 2005 年版。

（59）（金）元好问：《遗山集》卷十《七言律诗》。

（60）（元）房祺编《河汾诸老诗集》卷八《兑斋曹先生之谦益甫》，《四部丛刊》初编本。

（61）（元）郝经：《陵川集》卷二十五，山西古籍出版社 2006 年版。

（62）《日下旧闻考》卷八十九《郊坰》引《析津志》佚文。

（63）（元）魏初：《青崖集》卷一。

（64）（67）（元）王恽：《秋涧集》卷二十五《七言绝句》。

（65）（元）魏初：《青崖集》卷一，四库全书本，商务印书馆 1989 年版。

（66）（元）王恽：《秋涧集》卷十三。

（68）（元）胡祗遹：《紫山大全集》卷五，四库全书本，商务印书馆 1989 年版。

（69）（元）胡祗遹：《紫山大全集》卷四《七言古诗》。

（70）（元）胡祗遹：《紫山大全集》卷一。

（71）（明）李贤等：《明一统志》卷一《京师》，此诗亦载《秋涧集》卷二十五，上海古籍出版社 1978 年版。

（72）《日下旧闻考》卷八十九《郊坰》。

（73）《日下旧闻考》卷九十《郊坰》。

（74）（金）元好问：《遗山集》卷三十三。

（75）（清）朱彝尊《词综》卷二十六《金词六十二首》，上海古籍出版社 1978 年版。

（76）《日下旧闻考》卷五十三《城市》。

（77）（元）王恽：《秋涧集》卷四十九《宋珍墓志铭（并序）》。

（78）（元）耶律楚材：《湛然居士集》卷四。

（79）（80）（元）耶律铸：《双溪醉隐集》卷一。

（81）（86）（元）耶律铸：《双溪醉隐集》卷三。

（82）（元）耶律铸：《双溪醉隐集》卷五。

（83）（84）（元）耶律铸：《双溪醉隐集》卷四。

（85）（元）耶律铸：《双溪醉隐集》卷六《醉去来辞五首（之四）》。

（87）（元）骆天骧《类编长安志》卷九《胜游・樊川》，三秦出版社 2006 年版。

（88）《元史》卷一百二十五《布鲁海牙传》。

（89）（元）贡奎：《云林集》卷一《集廉园》。

（90）（元）张养浩：《归田类稿》卷十九，上海古籍出版社 1981 年版。

（91）（元）姚燧：《牧庵集》卷三十六《诗余》，中州古籍出版社 2016 年版。

（92）（元）许有壬：《至正集》卷七十八《乐府》，四库全书本，商务印书馆 1989 年版。

（93）（元）袁桷：《清容居士集》卷十，浙江古籍出版社 2015 年版。

（94）（元）袁桷：《清容居士集》卷十三《送吴成季五绝》之二。

（95）（元）王恽：《秋涧集》卷二十二。

（96）（元）张养浩：《归田类稿》卷十九。

（97）孛兰肹等：《元一统志》（赵万里辑本）卷一，中华书局 1986 年版。

（98）（元）虞集：《道园学古录》卷十七《张九思神道碑》，吉林出版集团 2005 年版。

（99）（元）刘因：《静修集》卷十一，吉林出版集团 2005 年版。

（100）（元）刘因：《静修集》卷十五。

（101）（元）王恽：《秋涧集》卷二十二。

（102）（元）王恽：《秋涧集》卷三十二。

（103）（元）赵孟頫：《松雪斋集》卷五，西泠印社出版社 2010 年版。

（104）（元）张之翰：《西岩集》卷六，四库全书本，商务印书馆 1989 年版。

（105）（元）范椁：《范德机诗集》卷七，国家图书馆出版社 2006 年版。

（106）（107）（元）魏初：《青崖集》卷五《遵海堂铭（序文）》。

（108）（元）王恽：《秋涧集》卷十六《七言律诗》。

（109）（元）王恽：《秋涧集》卷七十七《乐府》。

（110）（元）胡祗遹：《紫山大全集》卷十一《韩氏南园远风台记》。

（111）（元）王恽：《秋涧集》卷三十七。

（112）（113）（元）刘因：《静修集》卷四《外家西园李花》、《陈氏庄》。

（114）（元）程钜夫、《雪楼集》卷七《姚长者碑》。

（115）（135）（元）汪元量：《湖山类稿》卷二，中华书局 1984 年增订版。

（116）（元）陈孚：《陈刚中诗集》卷三《玉堂藁》，四库全书本，商务印书馆 1989 年版。

（117）（元）陶宗仪《说郛》卷七十八载元人夏庭芝《青楼集》。

（118）（元）赵孟頫：《松雪斋集》卷七《贤乐堂记》。

（119）《日下旧闻考》卷一百五十六《存疑二》。

（120）（元）袁桷：《清容居士集》卷二《骚辞附》，浙江古籍出版社 2015 年版。

（121）（138）（145）（元）虞集：《道园学古录》卷一。

（122）（元）宋褧：《燕石集》卷十五，四库全书本，商务印书馆 1989 年版。

（123）（元）虞集：《道园学古录》卷三《芝亭永言》。

（124）（元）许有壬：《至正集》卷十六。

（125）（元）宋褧：《燕石集》卷七。

（126）（元）张雨：《句曲外史集》附录《句曲外史小传》，四库全书本，商务印书馆 1989 年版。

（127）（元）程钜夫：《雪楼集》卷二十九，四库全书本，商务印书馆 1989 年版。

（128）（元）范梈：《范德机诗集》卷五《歌行曲类》。

（129）（元）许有壬：《至正集》卷八十一《乐府》。

（130）（明）朱存理编《珊瑚木难》卷三，中华书局 2016 年版。

（131）（元）张翥：《蜕庵集》卷五，四库全书本，商务印书馆 1989 年版。

（132）（元）方回：《桐江续集》卷三十一《拄笏亭诗序》，四库全书本，商务印书馆 1989 年版。

（133）（元）许有壬：《至正集》卷七十二《题罗善先“赤壁赋”》，四库全书本，商务印书馆 1989 年版。

（134）（元）许有壬：《圭塘小藁》卷三《水木清华亭宴集十四韵并序》。

（136）《析津志辑佚・古迹》。

（137）（唐）陈子昂：《陈拾遗集》卷二《蓟丘览古赠卢居士藏用》，上海古籍出版社 1992 年版。

（139）（元）尹廷高：《玉井樵唱》卷下。

（140）（清）彭定球编：《全唐诗》卷八十三《陈子昂》，中华书局 1985 年版《全唐诗》。

（141）（唐）胡曾：《咏史诗》卷上，岳麓书社 1988 年版。

（142）《析津志辑佚・古迹》。

（143）（元）刘秉忠：《藏春集》卷四，四库全书本，商务印书馆 1989 年版。

（144）（元）汪元量：《水云集》卷一，四库全书本，商务印书馆 1989 年版。

（146）（175）（183）（185）（元）乃贤：《金台集》卷二，四库全书本，商务印书馆 1989 年版。

（147）（元）郝经：《陵川集》卷十《歌诗》。

（148）（元）耶律铸：《双溪醉隐集》卷六《忆大人领省二首》。

（149）（元）胡祗遹：《紫山大全集》卷五。

（150）（元）陈孚：《陈刚中诗集》卷三《玉堂藁》。

（151）（元）袁桷：《清容居士集》卷十五《开平第一集》。

（152）（元）袁桷：《清容居士集》卷四十八《书杜东洲诗集后》。

（153）隋树森编：《全元散曲·鲜于必仁》，中华书局 1964 年版。

（154）《日下旧闻考》卷五十三《城市·内城西城》转引之文。

（155）（元）赵孟頫：《松雪斋集》卷五。

（156）（元）马祖常：《石田文集》卷二，吉林出版集团 2005 年版。

（157）（元）苑梈：《范德机诗集》卷三。

（158）（元）杨载：《杨仲弘集》卷八，福建人民出版社 2007 年版。

（159）（元）宋褧：《燕石集》卷九。

（160）（明）宋讷：《西隐集》卷三《壬子秋过故宫十九首》，四库全书本，商务印书馆 1989 年版。

（161）（金）赵秉文：《滏水集》卷八。

（162）（元）耶律铸：《双溪醉隐集》卷四《次赵虎岩游香山故宫诗韵》。

（163）（明）刘侗、于奕正：《帝京景物略》，北京古籍出版社 1983 年版。

（164）（明）蒋一葵：《长安客话》，北京古籍出版社 1982 年版。

（165）《日下旧闻考》卷八十七《国朝苑囿·静宜园》转引。

（166）（元）刘秉忠：《藏春集》卷二。

（167）（元）张养浩：《归田类稿》卷十七《七言古诗》。

（168）（元）张养浩：《归田类稿》卷十九《七言律诗》。

（169）（元）虞集：《道园遗稿》卷三。

（170）《日下旧闻考》卷一百三十五《京畿·昌平州》引宋渤《重修狄梁公祠记》。

（171）（清）李卫等：《（雍正）畿辅通志》卷四十九《祠祀》，文渊阁四库全书本，上海古籍出版社 2003 年版。

（172）《日下旧闻考》卷一百三十五《京畿昌平》引《昌平山水记》

（173）《元史》卷二十九《泰定帝纪》。

（174）《元史》卷四十五《顺帝纪》。

（176）（元）萧㪺：《勤斋集》卷八，四库全书本，商务印书馆 1989 年版。

（177）（宋）刘敞：《公是集》卷二十八，中华书局 1985 年版。

（178）（宋）苏颂：《苏魏公文集》卷十三《前使辽诗》，中华书局 1988 年版。

（179）（宋）苏辙：《栾城集》卷十六，吉林出版集团 2005 年版。

（180）（清）厉鹗：《辽史拾遗》卷十四《地理志四·南京道》，商务印书馆 1936 年版。

（181）《日下旧闻考》卷一百五十五《存疑》。

（182）（明）李贤等：《明一统志》卷一《京师》。

（184）《日下旧闻考》卷四十四引《元混一方舆胜览》。

（186）（清）孙承泽：《春明梦余录》卷二十二《汉寿亭侯庙》，北京古籍出版社 1982 年版。

（187）《日下旧闻考》卷四十四《城市·内城中城》。

第四章　明代北京地区的园林

明太祖朱元璋在应天（今南京）即位称帝前后，命徐达、常遇春等率大军北伐。洪武元年（1368），明军一路北上，势如破竹，直逼大都。元顺帝被迫逃往上都，统治中原地区近百年的元朝最终灭亡。太祖朱元璋定都南京，并命徐达捣毁元都宫室，这为北京园林带来了短暂波折。但成祖朱棣以“靖难”夺得帝位，随即决定迁都，从而为北京园林的发展带来了更大机遇。尤其是皇城的兴建和发展，为明清两代北京的园林形胜奠定了核心基础。

第一节　皇城与皇家园林

作为一国之都，皇城是北京地区面积最大、建筑最为宏伟、也最引人注目的园林部分。由于朝代鼎革而带来的政治变迁，元大都在洪武年间曾遭到大规模的人为破坏。克元捷报传至南京后，太祖朱元璋命降大都路为北平府，并派人捣毁前朝宫殿。“虽天上之清都，海上之蓬瀛，尤不足以喻其境”[(1)]的元代宫室，顷刻之间即瓦砾遍地。时人宋纳诗中所谓“戍兵骑马出萧墙”、“金水河成饮马沟”，以及刘崧在《咏元宫诗》描绘的“宫楼粉暗女垣欹，禁苑尘飞辇路移”等景象，正是对凋败零落后的昔日宫阙所做的生动描述。洪武年间代替元大内的标志性建筑，为在元内旧基上兴建的燕王府。[(2)]虽然并非严格意义上的皇城，但燕王府在明初近半个世纪的时间内，对于维持元明皇城的赓续，具有承上启下的重要意义，故先为叙述。

（一）燕王府

洪武二年（1369），太祖朱元璋“定封建诸王之制”，次年四月行诸王册封礼，以第四子朱棣为燕王，随诏营建王府。洪武四年（1371），各地王府营造开工，燕王府因承元大内之旧基，太祖特例允其“逾制”，但诏令其他王府“不得引以为式”。历经八年多的营建，到洪武十二年（1379）底，燕王府告竣，成为明初北平园林的核心建筑。朱棣即位后修订的《明太祖实录》，记其规制云：

> 燕府营造讫工，绘图以进。其制：社稷、山川二坛，在王城南之右。王城四门，东曰体仁、西曰遵义、南曰端礼、北曰广智。门楼、廊庑二百七十二间。中曰承运殿，十一间。后为圆殿，次曰存心殿，各九间。承运殿之两庑，为左、右二殿。自存心、承运周回两庑至承运门，为屋百三十八间。殿之后为前、中、后三宫各九间，宫门两厢等室九十九间。王城之外，周垣四门，其南曰灵星，余三门同王城门名。周垣之内，堂库等室一百三十八间。凡为宫殿室屋八百一十一间。[3]

整个燕王府共计宫殿室屋811间，其规模是相当之大的。洪武十一年，太祖批准以晋王府作为王府大小的建造标准，“周围三里三百九步五寸，东西一百五十丈二寸五分，南北一百九十七丈二寸五分”。[4]但燕王府的尺寸，极有可能超过了这一定制。一则因为燕王府的围造可能在此之前已经完成，二则是元旧内具有广阔的地域可供选择。竣工后的燕王府中，正对承运门的承运殿是整个王府的中心，面阔十一间。而秦王府、晋王府等王府的正殿均为九间，学者认为这是燕王府建在元大内正殿旧基上的重要证据。承运殿两庑左右各有偏殿，规格次之，以衬托主殿的高大雄伟。承运殿之后，有圆殿，开面九间，又有存心殿，亦为九间。再后前、中、后三宫，各九间，当为燕王朱棣与燕王妃徐氏等起居所用。以上承运殿、两偏殿、圆殿、存心殿，以及前宫、中宫、后宫，凡八处宫殿，再加上燕王府之南的社稷、山川二坛，为洪武年间北平城内最主要的礼制建筑。王城四周绕以高墙，东、西、南、北开四门以通来往，分别称为体仁、遵义、端礼、广智。王城之外又另外建造有高大城垣。两墙则构建堂房、库房等附属建筑，既供王府属下人等办公、居住，又有保卫王城之责。外城墙正对王城端礼门的外南门，称为棂星门，这是燕王府不同于其他王府又一独特之处。在棂星门和王城端礼门之间，房屋树木可能较多，后来朱棣决定“靖难”时，就是在端礼门外设下伏兵，擒杀诱入王府的北平布政使张昺、北平都指挥谢贵两位朝廷大员的。

燕王府自洪武四年始建，洪武十二年底竣工，次年春朱棣就藩入住，直到朱棣夺得帝位后决定迁都，在永乐十五年（1417）营建西宫前后拆除为止，建成的燕王府存在了大约38年。若自始建之日算起，则历时46年。燕王府建于元大内旧基上，原大都的皇城园林自然随之归入燕王府，任其游赏。因此燕王府的兴建，对于维持元皇室园林遗址，开启明代皇城的新时代，无疑“起着桥梁枢纽作用”。但可惜的是，或许是出于政治变化的因素，后人关于明初燕王府的记载极少。目前仅见元末明初的宋讷曾在诗中提及，略云：

> 扶运匡时计已差，青山重叠故京遮。
> 九华宫殿燕王府，百辟门庭戍卒家。
> 文武衣冠更制度，绮罗巷陌失繁华。
> 毡车尽载天魔去，惟有莺衔御苑花。[5]

宋讷之诗，主旨在于感叹故国胜迹“郁葱佳气散无踪，宫外行人认九重”，故仅及新修的“九华宫殿燕王府”之名，而未对王府及其园林做过多描述。与燕王朱棣关系密切、后来成为“靖难”主谋的庆寿寺僧人道衍（即著名的姚广孝），亦有五言游园诗两首，并极可能是此期与燕王同游而作。此不失为明初燕王府园林的罕见史料，今全录于后，借以窥测当日燕王府园林景色之一斑。

其一为《海子》诗，谓：

> 海子乃天池，旧闻为太液。泉源出地底，湛湛深莫测。上有蓬莱山，下有鲛人室。清秋起凉飙，天水惟一碧。波心芰荷净，岸口菰蒲密。鲂鲤纵游泳，筌钓岂能及。烟雾晚空蒙，落日凫雁集。量宽渺江汉，何年满悉溢。龙舟泛双櫂，虹梁跨千尺。瑶池未足侔，灵沼应难匹。帝子勤古道，为乐知无逸。出游自有度，岂待时日吉。[6]

湖中泉水清邃，涟漪波浪中荷花亭亭玉立、鱼游雁集，龙舟徜徉，桥梁飞渡，仍不失元代太液池余韵。其二专述园内“万岁山”，并寓借古劝今之意：

> 超然出海上，巍巍与天齐。仰看众山拱，始悟泰华低。瑞霭散苍翠，灵光发虹霓。琪树晓瑟瑟，瑶草春萋萋。蓬莱在人间，梯磴乃可跻。上有广寒殿，凌虚立罘罳。斗星绕朱甍，云龙护悬题。明时奉圣主，长夕耀文奎。亡金事酣宴，残元贮哥姬。不德天靡辅，所以帝业隳。大明务恭俭，亲王鉴在兹。千秋与万岁，端拱乐无为。[7]

此时姚广孝与朱棣的关系，显然已经非同一般。两者以大志相砥砺、相约成为千古人物的想法，也在“靖难”成功之后得以实现。昔日的燕王府，也因此有机会由“龙兴之地”升格为明王朝的皇城所在。洪武三十一年（1398），太祖朱元璋去世，即位的惠帝朱允炆实行削藩政策。在姚广孝等人的策动下，建文元年（1399）七月，燕王朱棣以“靖难”为名起兵。历时三年，朱棣最终率军攻入南京金川门。明成祖夺得帝位后，即升“龙潜之地”为“北京”，并决意将都城北迁。永乐四年（1406），成祖下令筹建北京，派工部尚书宋礼赴四川、湖广、浙江等地采伐大木，为营建宫殿准备材料。次年，又征调工匠23万、民夫和兵士上百万遣往北京。但宫殿大规模的营建，直到永乐十五年（1417）才真正展开，永乐十八年（1420）最终竣工。在此期间，北京皇城的营建受到成祖的高度重视，时人谓为“肇建北京，焦劳圣虑，几二十年，工大费繁，调度甚广”。[8]北京宫殿建成不久，成祖即下诏两京互换，“改京师为南京，北京为京师”。永乐十九年（1421）正月初一，成祖于北京“奉安五庙神主于太庙，御奉天殿受朝贺”，又“大祀天地于南郊”，宣告迁都礼成，由此也开启了北京皇城发展的新时代。[9]

（二）皇城

史料记载，明初“营建北京，凡庙社郊祀坛场宫殿门阙，规制悉如南京，而高敞壮丽过之。复于皇城东南建皇太孙宫，东安门外东南建十王邸。通为屋八千三百五十楹。自永乐十五年六月兴工，至是成”。[10]此8350楹的房屋数，为明初北京都城总的营建数量，而非往常所认为的“十王邸”建筑之数，学者对此已有考证，其中主要部分即为皇宫。此后明代皇城建筑，或因火灾、或因人为增添，不时有所变迁。较大者如竣工刚及一年的永乐十九年，宫内三大殿即被大火焚毁。直到正统六年（1441），英宗以紫禁城内“三殿、两宫皆成”，大赦天下，罢洪熙以来的“行在”之称，北京作为京师的地位才最后稳固下来。嘉靖年间紫禁城内奉天等殿再次遭灾，“由正殿延烧至午门，楼廊俱尽，次日辰刻始息”。复修完工后，佞幸道教的明世宗进行了大规模的改名。万历年间，三殿再次火灾，“禁廷一望，俱为瓦砾之场，殊非全盛景象”。[11]但因系皇廷礼制建筑，多随灾随建。万历年间两宫被毁，葺复以后，“新宫尤伟，盖工部以殿材移用故也”。[12]但其总体格局，自明初即已奠定下来。事实上，朱棣主持营建的北京城，以太祖所建南京城为蓝本，同时又借鉴和延续了元大都的总体布局。其中皇城位于中轴线上，外绕都城，内含宫城，左右对称，布局严整，建筑雄伟。《明史》载明中后期北京城的基本结构称：

> 宫城周六里一十六步，亦曰紫禁城，门八：正南第一重曰承天，第二重曰端门，第三重曰午门；东曰东华，西曰西华，北曰元武。宫城之外为皇城，周一十八里有奇，门六：正南曰大明，东曰东安，西曰西安，北曰北安；大明门东转曰长安左，西转曰长安右。皇城之外曰京城，周四十五里，门九：正南曰丽正（正统初改曰正阳），南之左曰文明（后曰崇文），南之右曰顺城（后曰宣武），东之南曰齐化（后曰朝阳），东之北曰东直，西之南曰平则（后曰阜城），西之北曰彰仪（后曰西直），北之东曰安定，北之西曰德胜。嘉靖二十三年，筑重城包京城之南，转抱东西角楼，长二十八里，门七：正南曰永定，南之左为左安，南之右为右安，东曰广渠，东之北曰东便，西曰广宁，西之北曰西便。[13]

这是经过明代上百年修缮变迁的结果。而追溯到洪武年间，其始为徐达将元大都的北城墙南缩五里，并新辟安定、德胜两门。永乐年间营建都城时，又将南城墙向南扩延一里，由此奠定明北京内城（即北城）的大致轮廓。嘉靖年间，为抵御蒙古骑兵的侵扰，又曾想筑墙环绕京城外郭，后以财力所限仅完成南面部分，围出北京的外城，又称南城。北京城的轮廓也就从明初的正方形，变成嘉靖以后的帽子形。明初建成的皇城，就在这个“帽子城”的北半部，为整个北京城的核心，也是其中建筑最高大雄伟的部分。时人誉称“皇城在京城之中，宫殿森严，楼阙壮丽，邃九重之正位，迈往古之宏规，允为亿万斯年之固”。[14]

明代皇城的中心为宫城。宫城又称紫禁城，其由来大致有三说。一说与老子出函谷关时“紫气东来”的典故有关。杜甫《秋兴》诗称“西望瑶池降王母，东来紫气满函关”，古人将祥瑞之气称为紫云，仙人居住之地称紫海，加之皇帝所居必防备森严，所以称为紫禁城。一说认为乃天帝所居天宫“谓之紫宫”（《广雅·释天》），故“天帝之子”——皇帝在人间的宫殿亦以“紫宫”称之。第三种说法则认为源于古代星垣学说。古代天文学家将天象划分为三垣、四象、二十八宿，而处于三垣中央的紫微星垣成为天子的代称，其中紫微星即北斗星四周群星拱卫，古人认为正象征着君临天下、万民臣服，故以“紫禁城”代称宫城。宫中的设置和摆设，处处体现着皇家的高贵与威严，以及中国古代的精湛技艺与园林精华。明代紫禁城建成后，警卫森严，外人难以涉足，极少载于文献。综合《明宫史》、《旧京遗事》、《明史·舆服志》等，或可窥知明代禁内的大致形胜。大致以谨身殿北的两门为界，紫禁城分为外朝和内廷两部分。外朝以三大殿为中心，是皇帝举行朝会、举办大典的场所。三大殿依次名为奉天殿（嘉靖年间重建后改名皇极殿，以下同，不注）、华盖殿（中极殿）、谨身殿（建极殿），“高踞三躔白玉石栏杆之上”，气势雄伟、庄严，正所谓“宫阙壮九重之固”。[15]其中奉天殿是外朝的核心，“金砖玉瓦”，也就是俗称的“金銮殿”，是紫禁城内体量最大、建造最壮观、礼制规格最高的建筑。奉天殿丹墀之东西两侧，为文楼（文昭阁）、武楼（武成阁）。奉天殿及殿前广场非常宏大，为“常朝”之所，凡皇帝登极、朝会大典、出征授印，以及公布进士名单等，都在此举行仪式。从明人诗作中，或可感受到奉天殿早朝时的庄严氛围，其一谓：

天外鸣鞭肃禁宸，朝廷献纳有司存。
罘罳拂曙楼台迥，象魏连云观阙尊。
夹陛书思端万笏，上方求谏辟千门。
宫墙树色深于染，总受天家雨露恩。

其二云：

月转苍龙阙角西，建章云敛玉绳低。
碧箫双引鸾声细，彩扇平分雉尾齐。

老幸缀行班石陛，谬惭通籍预金闺。
日高归院词头下，满袖天香拆紫泥。[16]

奉天殿之南为奉天门（皇极门），置有明人俗传的“罗儿天铜壶滴漏”。四周又有左顺门（会极门）、右顺门（归极门），东角门（弘政门）、西角门（宣治门），供帝后及文武百官在不同场合下按礼制出入。而正南为午门，“巍然而向明”，“钟鼓在焉，旗纛在焉”。这是整个紫禁城的正门，因位于京城轴线正中，面南向阳，位当子午，故名午门。午门俗称“五凤楼”，以东西北三面城台相连，环抱一个方形广场。北面门楼九间，重檐黄瓦庑殿顶。东西城台上庑房各十三间，从门楼两侧向南排开，形如雁翅，又称雁翅楼。雁翅楼南北两端，又各有重檐攒尖顶阙亭。午门是明帝颁发诏书的地方，在黄瓦朱墙、飞檐画栋的相互衬映之下，午门宛如三峦环抱，五峰突起，建筑雄壮，气势威严。

出午门，其左为太庙，有阙左门、神厨门相通。阙左门之东，为“松林会堆处”。其右为太社稷，有阙右门、社左门。午门往南为端门，其东为庙街门，即太庙右门；端门之西为社街门，即太社稷坛南左门。端门之南正对承天门，这是明代皇城的正门，承天门两旁即长安左门、长安右门，以“左青龙，右白虎”而得名龙门、虎门。明代“殿试”后，文、武两榜就分别贴在龙门、虎门之外。承天门之南为大明门，“中为驰道，东西长廊各千步”，即著名的千步廊，建有廊房一百多间，按文东、武西的格局排列，是中枢六部、五府的办公地点。大明门为皇城外层的大门，南与正阳门、北与地安门遥遥相对。相传永乐年间建成时，成祖朱棣命大学士解缙题门联，解缙大书“日月光天德，山河壮帝居”，蔚为壮丽。

外朝的重要建筑，还有奉天门两侧对称分布的文华殿和武英殿。文华殿位于协和门以东，一度作为“太子视事之所”。按“五行”之说，东方属木，色为绿，故太子使用的宫殿屋顶覆绿色琉璃瓦。文华殿初为皇帝常御的便殿，天顺、成化两朝太子践祚前曾摄事于此。后因太子年幼不便理事，嘉靖十五年（1536）仍复为皇帝便殿，又改为经筵之所，屋顶随之易黄琉璃瓦。每岁春秋仲月，在文华殿举行“经筵礼”。明代还设有“文华殿大学士”，辅导太子读书。嘉靖十七年（1538），文华殿后又添建了圣济殿。武英殿位于熙和门以西，与文华殿遥遥相对。正殿5间，黄琉璃瓦歇山顶，建在围以汉白玉石栏的须弥座上，前出月台，有甬路直通武英门。东西配殿为凝道殿、焕章殿，后殿名敬思殿。东北有恒寿斋，西北为浴德堂。明帝曾将武英殿作为

"朝堂"，多次在这里临朝听政，处理国事。明初帝王斋居、召见大臣，先皆在此，后移至文华殿。又设待诏，择能画者居之。到明末崇祯年间，也在此举行皇后千秋、命妇朝贺仪。李自成撤出北京前一日，曾在武英殿草草举行即位仪式，遂成明季武英殿之绝响。

奉天殿之后为华盖殿，"南北连属，穿堂上有渗金圆顶"，两旁之门分别为中左门、中右门。再后为谨身殿，殿后长五丈、宽近一丈的石雕御路，浮雕着蟠龙、海水江涯与各种图案，布局宏伟，雕刻精谨，是中国古代石雕艺术的杰作。谨身殿之后，有与乾清门相对的云台门，是用来隔开外朝内廷的，清代以后就遗迹无存了。明代乾清宫和谨身殿之间，有皇帝召见阁僚大臣的"平台"。平台召对曾是明朝的一项重要制度，明末崇祯帝在此召见守边名将袁崇焕，寄以"平辽"重任，惜有初无终，遂至覆亡。乾清门为内廷的正门，"左右金狮各一，入门丹陛，直至乾清宫大殿"。乾清宫是"内廷三大宫"的第一宫，为明帝居住和日常办公的地方，大殿上悬"敬天法祖"四字大匾。左右两门，分别称为日精门、月华门。殿之东西各有斜廊，廊后左有昭仁殿，右有弘德殿。附近又有思政轩、养德斋，以供皇帝处理政务之余怡情闲暇。乾清宫之后为交泰殿，"渗金圆顶，亦犹中极殿之制"，嘉靖年间增建后辟为皇后居所，寓天地交泰之意。交泰殿之北为坤宁宫，台基与乾清宫、交泰殿相连，明永乐年间建成，为明代前期皇后寝宫，中门向后，原称广运门，嘉靖年间改称坤宁门。坤宁宫之东披檐曰清暇居，北园廊曰游艺斋。附近又有永祥门、增瑞门，景和门、龙福门，端则门、基化门等，再北"便接琼苑东西门"。虽深闭宫中，亦可欣赏"满城春色宫墙柳"之景色。

后宫的另一重要地点，则是供太后妃嫔居住的东西"十二宫"，其名号屡有变动。其中东六宫在坤宁宫之东，以东二长街为轴线，分三组对称排列，自南向北分别为延祺宫（初名长寿宫，有集瑞亭）、景仁宫（初名长宁宫，有惟和、从善二亭），永和宫、承乾宫，景阳宫、钟粹宫。其中承乾宫为东宫娘娘所居，钟粹宫明后期为皇太子居所后，改称兴龙宫，"有松数株"。西六宫在坤宁宫之西，以西二长街为轴线，三组宫殿为毓德宫（原名长乐宫，万历年间改为永寿宫）、启祥宫（即未央宫，嘉靖年间改为启祥宫），翊坤宫、长春宫（即永宁宫，天启年间改为长春宫），储秀宫（原名寿昌宫）、咸福宫（原名寿安宫）。东西"十二宫"是诞育皇子的重要场所，东二长街两北端之门分别称麟趾、千婴，西二长街南北两端则有螽斯、百子二门。附近又有怡神殿、养心殿，奉先殿（俗称"内太庙"）、仁寿殿、慈庆宫（初称清宁宫，为太子所居），以及北边的乾东五所与乾西五所等，成为妃嫔太后以及众皇子的起居生活之所。其中隆德殿供奉玄教三清上帝诸尊神（崇祯五年移送朝天等宫），英华殿（旧名隆禧殿）供奉西番佛菩萨像，意图以各种神灵佑护皇嗣健康成长、皇室瓜瓞绵延。

东、西六宫之间，亦设风景形胜，以便妃嫔皇子随时游憩嬉戏。英华殿前有菩提树二株，相传是有“九莲菩萨”之称的李太后亲手所植，“高二丈，枝干婆娑，下垂着地，盛夏开花，作黄金色，子不于花蒂生而缀于叶背。秋深叶下，飘扬永巷，却叶受子而念珠出焉。其颗较南产差小而色黄，且间分瓣之线界作白丝，名曰多宝珠”。[17]英华殿周围风景优美，古松翠柏，“幽静犹山林焉”。西六宫设有容轩、无逸斋。又有慈宁宫，始于嘉靖十五年（1536）“以仁寿宫故址并撤大善殿”所建，[18]初为明世宗母后居所，万历年间慈圣“李老娘娘”居此，泰昌元年神宗宠妃“郑老娘娘”亦迁居此处。慈宁宫西南即著名的慈宁宫花园，是明帝为太皇太后、皇太后及太妃嫔们所建游憩、瞻道礼佛的地方。花园南北长约四十丈，东西宽约十五丈，由于地方相对逼仄，主要以精巧的内部装修、水池、山石以及品种繁多的花木来烘托园林气氛。其园林建筑，有临溪观（万历十一年改为临溪亭）、咸若亭（后改咸若馆）等。园中松柏苍翠，间以梧桐、银杏、玉兰、丁香等不同花木，错落有致。花坛中则密植牡丹、芍药，春华秋实，四季情趣各有不同。园内又有小巧的鱼池，其水来自于紫禁城内河，“立有水车房，用驴拽水车，由地灌以运输”，既可于平日“鱼泳在藻，以恣游赏”，又可在遭遇紧急情况时用以救灾。在礼制森严的紫禁城中，慈宁宫花园成为老迈太妃们消磨时光、寻求内心慰藉的理想所在。

紫禁城内宫殿名号繁多，“不能尽列，所谓千门万户也”。永乐间臣下颂为：

> 华盖屹立乎中央，奉天端拱乎南面。其北则有坤宁之域，乾清之宫。璇题耀日，宝柱凌空。金铺璀璨，绮疏玲珑。珠玉炫烂，锦绣丰茸。葳蕤起凤，夭矫盘龙。千门瑞霭，万户春融。其南则有午门、端门、左掖、右掖，丹阙峙而上耸，黄道正而下直。豁大明之高张，屹正阳之拱挹。缭周庐之穹崇，蔽重甍之护翼。[19]

午门、玄武门、东华门、西华门，分别为紫禁城的四座正门。宫城之外，有东上门、北中门等十二门以通皇城。皇城“宫阙壮九重之固，市朝从万国之瞻。庙社尊严，池苑盛丽。诚万万年太平之基”。[20]宣德年间于东、西城墙有所移建，此后皇城的范围即相对固定下来。其中四座正门，分别为承天门（万历《大明会典》以大明门为正门）、北安门（俗称厚载门，后称地安门）、西安门、东安门。皇城正南金水河上，有五座汉白玉建造的外“金水桥”，其源远自周朝，历代皇阙相沿，“表天河银汉之义”。皇城内的重要建筑，当然以紫禁城中数量众多的宏丽宫殿为最，其次为禁城东南、西南的太庙和社稷坛，详见后文坛庙园林部分。再次则为分布皇城内的数十个御用机构，包括内府十二监、八局、十库与各监所属作坊等，几乎囊括皇宫日常生活以及礼仪大典所需的绝大部分用度。另有“红铺”遍布，“一一摇振，环城巡警”，负责安全保卫。对于难以窥其底细的外人而言，皇帝起居所在的皇城尤其是宫城，无疑充满诱人的神秘色彩。1556年造访中国的葡萄牙传教士加斯帕尔·达·克鲁斯（Gaspar da Cruz），在其有名的《中国志》（Tractado emque se cōtam muito pol estéco as cous da China）中，如此描述他很可能也是辗转听来的北京宫城景象：

> 其中皇帝居住的宫城更具神秘感。王宫大门里面是一道道高大的围墙，内有很多大房间和很大的菜园和果园。园子里有很多水池，池中养着很多鱼。里面还有树林，林中有野猪和野鹿供狩猎。

显然，其中想象与实景并存。但或也正是由于深藏禁中，从而给外人留下无尽的遐想空间，同时也带来了巨大的憧憬与向往。

（三）御花园

除皇城建筑以外，明代也是北京皇家园林发展的重要时期，其中御花园、西苑，以及万岁山与大内近在咫尺，营造最多。此外东苑、南苑等，亦是影响深远的皇家园林。御花园在紫禁城后部，内廷中路坤宁宫之北，明代又称“宫后苑”、“琼苑”，“凡奇花异树，禽声上下，春花秋月，景色可人”。[21]御花园于明初营建北京城时即已规划，始于永乐十五年（1417），此后续有增添，但基本格局未有大的变化。花园以钦安殿为中心，采用主次相辅、左右对称的格局，大体形成东、中、西三路。明初成祖朱棣宣称以真武之神佑护而得天下，因而供奉“玄天上帝”即真武神的钦安殿处于正中路，在御花园中占有显赫地位。钦安殿在嘉靖年间经过大规模增建，《明实录》有记：“初，上又以文祖建钦安殿祀真武之神，诏持增缭垣，作天一门及大内左右诸宫，益加修饬。至是皆告成，上亲制祀文，告列圣于内殿，仍具皮弁服，祭真武之神于钦安殿。”[22]作为皇家道庙，明代钦安殿内香火鼎盛，嘉靖年间尤甚，“殿之东北有足迹二，传云世庙时两宫回禄之变，玄帝曾立此默为救火，其灵迹显佑有如此者”。这一传说还一直持续到明末，崇祯五年秋“隆德、英华殿诸像，俱送付朝天等宫、大隆善等寺安藏，惟此殿圣像独存未动也”。[23]殿前为“天一之门”，嘉靖十四年（1535）添额，其名源于《易经》“天一生水”，既与传统的五行之说相应，又有厌胜宫内火警、祈求平安之意。天一门主体由青砖砌成，工艺考究，额枋是明代典型的旋花彩画。门两旁陈列镀金獬豸各一，门内正对枝繁叶茂的连理柏，苍劲古朴。门内钦安殿坐落于汉白玉石单层须弥座上，面阔五间，上覆黄琉璃瓦顶，重檐盝顶。殿前出月台，月台前出丹陛，东西两侧又出台阶。四周围以穿花龙纹汉白玉石栏杆，龙凤望柱头，惟殿后正中栏板上雕双龙戏水纹，尤其引人注目。院落内的石雕非常精美，技艺高超，体现了中国古代精湛的雕刻艺术。钦安殿东南设焚帛炉，西南置夹杆石，以北各置香亭，东西墙有连通花园的随墙小门，在墙垣环绕中自成一体。殿前须弥座下左右各植白皮松一棵，树干斑斓，与浓绿的针叶、洁白的石栏形成鲜明对照，为静穆庄严的环境中注入了无限生趣。又殿前竹园，明人有“钦安百尺”之誉，以擅作“青词”得宠的夏言作有《观钦安殿栽竹诗》云：

钦安殿前修竹园，百尺琅玕护紫垣。
夜夜月明摇凤尾，年年春雨长龙孙。[24]

御花园东路自东南的琼苑东门进入，至钦安殿东稍北，原为观花殿。万历十一年（1583）改筑人工堆山，以太湖石倚墙叠石而成，正中石洞门额曰“堆秀”，为万历帝御赐。山石奇形怪状，有的酷似鸡、狗、猪、猴、马、兔等“十二生肖”，或卧或站，姿态各异，吸引宫人前来寻觅揣摩。其上建有方形四角攒尖鎏金宝顶亭子一座，赐名“御景亭”。每年九月九日重阳时，帝后或于此登高。近瞰琼苑，远眺紫禁城、景山，只见浮碧亭下曲池中游鱼水禽嬉戏，万春亭旁古藤盎然，绛雪轩前海棠茂盛。四周苍松翠柏和花草藤萝之间，仙鹤鹿群漫游。御园胜景，尽收眼底。再南望禁宫，满眼的黄色琉璃瓦，在秋日晴阳下影照下，跃出闪耀的光芒。钦安殿西侧，其布置大致与东侧对称。

制高点为清望阁，北倚宫墙，亦是一处供登临远眺的建筑，与堆秀山形成东西平衡的格局。清望阁为黄琉璃瓦歇山顶，上层回廊环绕，玲珑轻盈。登阁俯视，园中亭台辉映，风光绮丽。北望景山，峻挺葱郁。冬天晴日远眺西山，或积雪遥遥可见。又有四神祠，嘉靖十五年（1536）建，亭取八方，前出抱厦。四神一说是青龙、白虎、朱雀、玄武四方之神，又说或是风、云、雷、雨四自然神，但都与道教有关。又有对育轩，嘉靖十四年更为玉芳轩。轩临鱼池，池上有澄瑞亭，与东部的浮碧亭相对。亭南则为与万春亭对称的千秋亭，上圆下方，均嘉靖十五年添建。又有乐志斋、曲流馆，其前叠石环抱，花木扶疏。御花园建筑均玲珑别致，疏密合度。全园布局紧凑，古典富丽，尽显御赏园林的精心。北部自西而东，有集福、承光、延和三门，以启关闭。再北为随墙琉璃门三座，即顺贞门，明初原称坤宁门，嘉靖十四年（1535）因坤宁门移至坤宁宫后而改。顺贞门为御花园的北门，无故禁开，其北即紫禁城北门玄武门，而非御花园之地矣。

（四）西苑

西苑位于紫禁城之西，是明代大内御苑中规模最大的皇家园林。其源可上溯至辽金离宫，元代新建大都后，太液池遂成城内正中的皇家园囿，并成为元代皇宫三大部分（大内、隆福宫、兴圣宫）的中心。明初西苑大体上保持了元代太液池的规模和格局，到天顺年间（1457—1464），又进行了较大规模的扩建。扩建主要包括三部分，一是填平圆坻与东岸之间的水面，圆坻因此而由水中岛屿一变而成突出于东岸的半岛，原来的土筑高台改为砖砌的“团城”，团城与西岸间的木吊桥改为石拱“玉河桥”。二是往南开凿南海，进一步扩大了太液池的水面，占到园林总面积的二分之一以上，从而扩大了园林的空间感，奠定了北、中、南的三海总体布局。三是在琼华岛和北岸，增建若干建筑物，对这一带的景观有较大改变。到嘉靖（1522—1566）、万历（1574—1620）两朝，又陆续在中海、南海一带增建开辟新的景点。经过历朝营建，明代西苑遂成规模，总体上建筑疏朗、树木蓊郁，既有仙山琼阁之境界，又富水乡田园之野趣，犹如在砖墙层层包围的城市中，劈出了一大片鲜活的自然环境。

明代对西苑的重视和经营，可以上溯到宣宗时期。《明史》有载，称：

宣宗留意文雅，建广寒、清暑二殿，及东、西琼岛，游观所至，悉置经籍。

明宣宗曾伺奉太后游宴，还亲自撰拟了《御制广寒殿记》，谓“北京之万岁山，在宫城西北隅，周回数里，而崇倍之，皆奇石积叠以成，巍巍乎，矗矗乎，巉峭峻削，盘回起伏，或陡绝如壑，或嵌岩如屋。左右二道，宛转而上，步蹑屡息，乃造其巅，而飞楼复阁，广亭危榭，东西拱向，俯仰辉映，不可殚纪”，以为颂扬。[25]明宣宗又有御制《绿竹引》，谓：

蓟门八月霜华浓，何时丛竹能成丛。
凤城之阳禁苑东。琅玕万树凌青空。
光摇太液波心月，高出三山顶上松。

后人名为“凤城万树”。[26]可见禁苑之东亦有宜人的苍翠竹林。到天顺年间扩增三海之后，在西苑南部大兴土木者，以嘉靖帝为最。史料载称：

世宗初，垦西苑隙地为田，建殿曰无逸，亭曰豳风，又建亭曰省耕，曰省敛，每岁耕获，帝辄临观。十三年，西苑河东亭榭成，亲定名曰天鹅房，北曰飞霭亭，迎翠殿前曰浮香亭，宝月亭前曰秋辉亭，昭和殿前曰澄渊亭，后曰趯台坡，临漪亭前曰水云榭，西苑门外二亭曰左临海亭、右临海亭，北闸口曰涌玉亭，河之东曰聚景亭，改吕梁洪之亭曰吕梁，前曰檥金亭，翠玉馆前曰撷秀亭。[27]

明人对嘉靖帝的营建，有更详尽的记载，称：

西苑宫殿自十年辛卯渐兴，以至壬戌，凡三十余年，其间创造不辍，名号已不胜书。至壬戌万寿宫再建之后，其间可纪者，如四十三年甲子重建惠熙、承华等殿，宝月等亭既成，改惠熙为元熙延年殿；四十四年正月建金箓大典于元都殿，又谢天赐丸药于太极殿及紫皇殿，此三殿又先期创者；至四十四年重建万法宝殿，名其中曰寿憩，左曰福舍，右曰禄舍，则工程甚大，各臣俱沾赏；至四十五年天月，又建真庆殿，四月紫极殿之寿清宫成，在事者俱受赏，则上已不豫矣。九月，又建乾光殿，闰十月紫宸宫成，百官上表称贺，时上疾已亟，虽贺而未必能御矣。自世宗升遐未匝月，先撤各宫殿及门所悬匾额，以次渐拆材木。

可见出于佞道，嘉靖帝在西苑大造斋宫，直至病逝前夕犹未停止，前后历数十年，渐成规模，“流泉石梁，颇甚幽致。且松柏列植，蒙密蔽空，又百卉罗植于庭间”。[28]

明代中前期，明帝曾多次赏赐近臣游览西苑。早在永乐年间，“学士解缙、胡广等七人从上幸北京，每令节燕闲，扈驾登万岁山、侍宴广寒殿、泛舟太液池以为常，广等多为歌诗以纪之。”待北京宫殿建成、正式迁都之后，西苑成为最大的宫苑胜地，赏游西苑也渐成惯例，以贯彻太祖遗意，所谓“圣祖制大诰，首以君臣同游为言，故当时儒臣，每得侍上游观禁苑，而亭台楼阁靡不登眺，相与笑谈，一如家人父子，凡以通上下之情，而成天地之交也”。[29]由此而有纪游诗文传世，外人可据以窥西苑胜景之概貌。宣德年间，据杨士奇所记，众人乘舆马自西安门入，循太液池之东步行向南，先观“新作之圆殿”，复览“改作之清暑殿”，二殿均“规制高明，缮作精密。凡所以供奉之具，洁清鲜好，靡不悉备”。内臣谓其乃“皇上奉侍皇太后宴游之所”。次登万岁山，“至广寒殿，而仁智、介福、延和三殿，及瀛洲、方壶、玉虹、金露之亭”。可见在明初，西苑仍以北部太液池附近为主体，“引而四望，山川之壮丽，卉木之芳华，飞走潜跃之各适其性。万华毕陈，胸次豁然，心旷神怡，百虑皆净。信天造之佳境，而人生之甚适也。”[30]

到天顺年间，叶盛、韩雍、李贤等大臣受赏游览时，其路线为“趋右顺，出西华、西上、西中、西苑四门，北入椒园”，此时西苑门已成为西苑的正门。西苑门前临太液池东南岸，“池广数百顷，蒲荻丛茂，水禽飞鸣游戏于其间。隔岸林树阴森，苍翠可爱”。北折循岸行百步许，至椒园，即五雷殿，又名蕉园，明代实录修成后，在此焚烧草稿。“松桧苍翠，果树分罗”中圆殿为崇智殿，“金璧掩映，四面豁敞”，乃观灯所在。其北有钓鱼台，南为金鱼池，西有玩芳亭。又北行至团城，其西有石桥横跨池上，两端各建牌楼“金鳌”、“玉蝀”，故又名“金鳌玉蝀桥”，是为北海与中海的分界线。登上团城承光殿：

北望山峰嶙峋岸嵂，俯瞰池波荡漾澄澈，而山水之间千姿万态，莫不呈奇献秀于几窗之前。

其北过“堆云积翠桥”，即万岁山，仁智、介福、延和三殿，瀛洲、方壶、玉虹、金露四亭，仍如明初，“而宫阙峥嵘，风景佳丽，宛如图画”。

过东桥转北，有嘉靖十三年（1534）初建的凝和殿，拥翠、飞香二亭临水矗立。稍北又有存放龙舟凤舸的船房。再北艮隅即为水源，“云是西山玉泉，逶迤而来”。往西至乾隅，有太素殿，殿后为岁寒草亭，“画松竹梅于上”。门左远趣轩，轩前有会景亭。后来又改建有五龙亭，名为龙泽、澄祥、涌瑞、滋香、浮翠，成为帝后大臣们钓鱼、赏月、观焰火之地，清人诗有云：

液池西北五龙亭，小艇穿花月满汀，
酒渴正思吞碧海，闲寻陆羽话茶经。

李贤等人游览时，沿西岸南行，又有映辉亭、迎翠殿、澄波亭，“东望山峰，倒蘸于太液波光之中，黛色岚光，可掬可挹，烟霭云涛，朝暮万状。”

经过跑马射箭的小教场，西南方向有小山，即著名的兔园山。兔园山在西苑西南部，有门径与西苑相通，“远望郁然，日光横照，紫翠重迭”，有“赛蓬莱”之称，成为西苑中的园中园。近则见殿倚山，叠山上泉水迸流而成“水帘”，洞中金龙喷水，“复潜绕殿前，为流觞曲水”。山畔又“有殿翼然，至其顶，一室正中，四面帘栊栏，栏之外奇峰回互，茂树环拥，异花瑶草，莫可名状”。山前之殿则深静高爽，殿前石桥左右有沼，沼中有台，“台外古木丛高，百鸟翔集，鸣声上下”。兔园山主殿名清虚，为西苑西南的登高处，“俯瞰都城，历历可见。”嘉靖时建鉴戒亭，“取殷鉴之义”。其南为瑶景、翠林二亭，“古木延翳，奇石错立，架石梁通东西两池。南北二梁之间，曰旋磨台，螺盘而上，其巅有甃，皆陶埏云龙之象，相传世宗礼斗于此。”兔园山清虚殿为明帝万岁山之外的又一重阳登高祈寿处，“宫眷内臣皆著重阳景菊花补服，吃迎霜兔、菊花酒”。出兔园山稍南为南台，又名趯台陂，是南海中堆筑的一个大岛，“林木阴森”，桥南有昭和殿、拥翠宫，澄渊亭濒临水岸，“沙鸥水禽，如在镜中”。其北为后来废平台所建的紫光阁，西则有万寿宫等。[31]

西苑内还有嘉靖十年所立帝社、帝稷两坛，“此亘古史册所未有”。又建有大高玄殿奉玉皇及三清像，其他道教祈禳建筑更是大增，“以玄极为拜天之所，当正朝之奉天殿；以大高玄为内朝之所，当正朝之文华殿”。[32]但明代后期在西苑的兴造相对较少，因而保持了建筑疏朗的整体格局，尤其是南海一带，为明帝“阅稼”之所，树木蓊郁，具有较为浓郁的田园野趣。明人有诗记称：

> 青林迤逦转回塘，南去高台对苑墙。
> 暖日旌旗春欲动，薰风殿阁昼生凉。
> 别开水榭亲鱼鸟，下见平田熟稻粱。
> 圣主一游还一豫，居然清禁有江乡。[33]

（五）万岁山

万岁山位于紫禁城玄武门之北，俗称煤山，为另一重要的皇家园林。万岁山地处宫城中轴线上，“其高数十仞，众木森然”，[34]被视为大内的“镇山”。金代在中都北部修建离宫、开凿西华潭（今北海）时，即于此堆积小丘。元大都建成后，因正处城内中心，遂辟为专供皇家赏乐的“后苑”，名为“青山”，建有延春阁等建筑。永乐年间营建北京城时，将拆毁元代宫殿和挖掘护城河的渣土堆积其上，形成一座更高的土山，成为整个北京城的最高点，既满足了宫城“倚山面水”的布局要求，也不无暗藏厌胜前朝“风水”之意。到明代中后期，经过上百处的经营，万岁山下遍植果树，通称“百果园”，又称“北果园”，“其上林木阴翳，尤多珍果”。[35]山下种植果木，山上则循着土坡栽种松、柏、槐等树，又饲养了鹤、鹿等寓意长寿的珍贵动物。园内苍松翠柏，繁花丛草，极其清幽怡人。初夏四五月，明帝“或幸万岁山前插柳，看御马监勇士跑马走解”。[36]园中依山势修建了规模不一的殿、楼、亭、阁。其中山北东隅的观德殿，“山左宽旷，为射箭所，故名观德”，万历二十八年添建。观德殿东南有寿皇殿，是供皇帝登高、赏花、饮宴的地方，“内多牡丹，芍药，旁有大石壁立，色甚古”。[37]每年九月九日重阳节，帝后或“驾幸万岁山登高”，并吃迎霜麻辣兔、菊花酒，以应节祈寿。[38]山顶的观景亭阁，有玩芳亭（万历二十八年改名玩景亭，随更名毓秀亭），亭下有寿明洞、毓秀馆。又有长春亭、康永阁、延宁阁、万福阁、集芳亭、会景亭、兴隆阁、聚仙室、集仙室等，多建于万历年间。晚明时，“山上树木葱郁，神庙时鹤鹿成群，而呦呦之鸣，与在阴之和，互相响答，闻于霄汉矣。山之上土成磴道，每重阳日，圣驾至山顶，坐眺望颇远。前有万岁山门，再南曰北上门，左曰北上东门，右曰北上西门。再南，过北上门，则紫禁城之玄武门也”。[39]文徵明瞻观万岁山之诗云：

> 日出灵山花雾消，分明员峤戴金鳌。
> 东来复道浮云迥，北极觚棱王气高。
> 仙仗乘春观物化，寝园常岁荐樱桃。
> 青林翠葆深于沐，总是天家雨露膏。

清初宋起凤在《稗说》中说到，万岁山：

> 非生而山也，乃积土为之。其高与山等，上植诸木，岁久成林，逾抱。山亦作青苍色，与西山爽气无异。登山，则六宫中千门万户，与嫔妃内侍纤细毕见，虽大珰不敢登。上纵放麋鹿仙鹤，山下垣以石堵，建亭于山麓之中，额曰万寿。地平坦，可以驰射，先朝列庙无有幸者，独思宗（即崇祯帝）岁常经临焉。上每御是地，辄遣禁军操演，以观其技。

但力图振作的朱由检，仍难挽国势日衰的命运。明末李自成率军攻入北京，走投无路的崇祯皇帝，只得走出玄武门，缢死在万岁山东麓的老槐树下，以个人的悲剧形式见证了明代皇家园林的落幕。[40]

（六）东苑

东苑位于东华门外东南，因在禁城之东，故名。永乐十一年（1413）端午“车驾幸东苑，观击球射柳，听文武群臣、四夷朝使及在京耆老聚观”，朱棣以陪侍的皇太孙朱瞻基连发皆中，大喜，出“万方玉帛风云会”嘱对，皇太孙以“一统山河日月明”答之，传为佳话。[41]永乐十三年、十四年，朱棣再于端午日“御东苑，观击球射柳，赐文武群臣钞有差，文武进诗者加赐酒帛”。[42]其时北京宫城正在营建之中，可见在宫殿未完工之前，位于行在的东苑成为朱棣显示与民同乐的重要园林。其“击球射柳”活动则不无元代遗风，故东苑或亦当沿自元季。

明宣宗朱瞻基继位后，可能忆及昔日与皇祖同游盛事，亦于宣德三年（1428）七月十一日，召尚书蹇义、夏原吉、杨士奇、杨荣等大臣同游，并留下记载，据此可略窥明初东苑皇家园林的概况。其中说道：

> 夹路皆嘉植，前至一殿，栋宇宏壮，金碧焜燿。其后瑶台玉砌，奇石森耸，环植花卉，香艳秾郁。引泉为方池，上玉龙高盈丈，喷激下注，入于石渠，直透殿内。两旁石沟之首，圆转各有二窍并列，其一水贯其中，委曲萦回，复流至第二窍，乃入于池，直通殿外。石池之中，奇石屹立，不假雕琢，宛若升龙之状。上四窍以通泉脉，而常闭之，启其窍则水皆涌出，直上盈丈，与殿后石龙吐水相应。池南又有台，高数尺，森列异石，植以花卉，纷披掩映。殿陛前有二石，左如龙翔，右如凤舞，天然奇巧，宛若生成。初，上御殿中，召义等语政务良久，乃曰："此旁复有草舍一区，乃朕致斋之所，非敢比古人茅茨不翦之意，然庶几不忘乎俭矣，卿等可遍观。"于是中官引至一小殿，梁栋椽桷，皆以山木为之，而覆之以草，四面阑楯亦然，不加斲削。少西有路，迂回入荆扉，则有河石甃之。河南有小桥，覆以草亭，左右复有草亭，亦东西相望，宛若台星。枕桥而渡，其下皆水，游鱼物跃可观。中为小殿，有东、西斋，有轩，以为弹琴读书之所，悉以草覆之。四围编竹篱，篱下皆蔬茹匏瓜之类。[43]

宣宗赐以金帛、绦环、玉钩等物，复于河上网鱼，设宴东庑，众人皆"尽醉而归"。游毕，杨士奇赋诗九首，分别以斋宫、圆亭、方沼、翠渠、黛峰、灵泉、御苑、嘉鱼、瑞匏为名，可见明初宣宗时期的东苑，因崇尚"庶几不忘乎俭"之旨，故宫殿建造较少，布置也较为简朴。

相对于西苑而言，东苑在紫禁城东南部，故又称"南城"、"小南城"、"南内"，其中的宫殿主要有重华宫、崇质殿等。"土木之变"后，回到北京的英宗朱祁镇曾被其弟代宗朱祁钰软禁于此，尽尝阶下冷暖，"其中翔凤等殿石栏干，景皇帝方建隆福寺，命内官悉取去为用。又听奸人言，伐四围树木。英皇甚不乐。"[44]英宗复辟后，诏令对其原来居住的地方进行重修，使园林面貌发生了很大变化。增建殿宇始于天顺三年（1459），董其事者为太监黄顺、都督佥事赵辅、工部尚书赵荣等人。[45]由于得到"复辟"皇帝的重视，修建工程很快完成，其布置亦极尽华丽。史料有记：

> 初，上在南内，悦其幽静。既复位，数幸焉，因增置殿

宇。其正殿曰龙德，左右曰崇仁、曰广智，其门南曰丹凤，东曰苍龙。正殿之后凿石为桥，桥南北表以牌楼曰飞虹、曰戴鳌，左右有亭曰天光、曰云影。其后叠石为山曰秀岩，山上正中为圆殿曰乾运，其东西有亭曰凌云、曰御风。其后殿曰永明，门曰佳丽。又其后为圆殿一，引水环之曰环碧，其门曰静芳、曰瑞光。别有馆，曰嘉乐、曰昭融。有阁跨河，曰澄辉。皆极华丽，至是俱成。后又杂植四方所贡奇花异木于其中，每春暖花开，命中贵陪内阁儒臣赏宴。[46]

世宗时，亦复多次临幸，其时朱国祯以任史官之便，于嘉靖十六年（1537）秋月游览其中，“悉得胜概。石桥通体皆盘云龙，势跃跃欲动。东为离宫者五，大门西向。中门及殿皆南向。每宫殿后一小池，跨以桥，池之前后为石坛者四，植以栝松。最后一殿供佛甚奇古，左右围廊与后殿相接。其制一律，想仿大内式为之，太祖钦定所谓尽去雕镂存朴素者。”[47]《明清两代宫苑建置沿革图考》记涵碧亭“又北则回龙观，殿曰崇德，观中多海棠，每至春深盛开时，帝王多临幸焉。河东又有玩芳亭、桂香馆、翠玉馆、浮金馆、撷秀亭、聚景亭，以及含和殿、秋香馆左右漾金亭，盖皆为南城离宫云”。[48]南内由明初崇沿朴质的田园风光，改而成为皇家园林新胜。其附近的皇史宬，“珍藏太祖以来御笔、实录、要紧典籍、石室金柜之书”，每年六月初六日奏知晒晾，为著名的皇室珍档储藏重地。[49]

（七）南苑

明代南苑隶属于上林苑，又称南海子，在永定门以南二十里。《明一统志》称：

南海子在京城南二十里，旧为下马飞放泊，内有按鹰台。永乐十二年增广其地，周围凡一万八千六百六十丈，乃域养禽兽、种植蔬果之所。中有海子，大小凡三，其水四时不竭，汪洋若海。以禁城北有海子，故别名曰南海子。[50]

其历史，可以上溯到辽代的“延芳淀”。金代迁都燕京后，海陵王常率近侍“猎于南郊”，至金章宗又在城南兴建一座名为建春宫的行宫，以供帝王巡观渔猎。元代在此地大规模营建苑囿，时称“下马飞放泊”，又名南海子，“在大兴县正南，广四十顷”。其内堆筑晾鹰台，建有幄殿，为元大都城南著名的皇家苑囿。明初成祖朱棣决定迁都北京后，即着手整理修缮京南上林苑。永乐五年（1407）三月，朱棣下诏“改上林署为上林苑监，以中官相兼任用”，设置监正、监副、监丞、典簿等员，又“设良牧、蕃育、林衡、嘉蔬、川衡、冰鉴及典察左、右、前、后十署”，各置典署、署丞，共同管理。(51)五月，命户部给予口粮路费，迁徙山西平阳驲潞、山东登莱府等府州民五千户，“隶上林苑监牧养栽种”，以为南苑的恢复和维护提供人力保障。(52)永乐十二年（1414），又下令对南苑进行扩充，四周筑起土墙，开辟北大红门、南大红门、东红门、西红门等。此后明廷设置衙署，持续经营。宣德三年（1428），“命太师英国公张辅等拨军修治南海子周垣桥道”。宣德七年，“修通州通流闸及南海子红桥等闸”，整治南苑水道。(53)正统八年（1443），因南苑受到耕占威胁，英宗在奉天门宣谕都察院诸臣，称“南海子先朝所治，以时游观，以节劳佚。中有树艺，国用资焉，往时禁例严甚。比来守者多擅耕种其中，且私鬻所有，复纵人刍牧，尔其即榜谕之，戒以毋故常是，蹈违者重罪无赦”。令下，拆毁靠近墙垣的民居与占居园内的坟墓，拔掉了大量的农作物，一定程度上恢复了皇家苑囿的自然状态。(54)在此前后，又陆续修理南苑内外各处桥梁。尤其是天顺二年（1458）“修南海子行殿，及大桥一、小桥七十五”，南苑得到更系统地整修。(55)此时的南苑，“方百六十里，辟四门，缭以崇墉。中有水泉三处，獐鹿雉兔蕃育其中，籍海户千余家守视”。(56)苑内围造二十四园，设有庑殿行宫、提督官署，以及关帝庙、灵通庙、镇国观音寺等建筑，由海户蕃育獐、鹿、雉、兔，同时种植菜蔬瓜果以供内廷，成为京南一座著名的皇家禁苑。明代中后期，据史料所载，设：

> 总督太监一员，关防一颗，提督太监四员，管理、佥书、掌司、监工数十员。分东、西、南、北四围，每面方四十里，总二十四铺，各有看守墙铺牌子、净军若干人。东安门外有菜厂一处，是其在京之外署也，职掌寿鹿、獐、兔，菜蔬、西瓜、果子。凡收选，内官于礼部大堂同钦差司礼监监官选中时，由部之后门到厂，过一宿次晨点入东安门赴内官监，又细选无违碍者，方给乌木牌。候收毕，请万寿山前拨散。(57)

南苑面积广大，泉沼密布，草木丰茂，自然条件优越。在园内维护苑墙、饲养兽禽、种地种菜的值差人员，统称“海户”。清初吴伟业有

《海户曲》追述南苑风景及海户生活云：

大红门前逢海户，衣食年年守环堵。
收藁腰镰拜啬夫，筑场贳酒从樵父。
不知占籍始何年，家近龙池海眼穿。
七十二泉长不竭，御沟春暖自涓涓。
平畴如掌催东作，水田漠漠江南乐。
驾鹅䴔䴖满烟汀，不枉人呼飞放泊。
后湖相望筑三山，两地神州咫尺间。
遂使相如夸陆海，肯教王母笑桑田？

明成祖在京南设置上林苑，一方面是效仿历代王朝，将麋鹿圈养于皇家园林中，以作为无上皇权的象征。同时也有寓武备于游猎之意，所谓“每猎，海户合围，纵骑士于中，亦所以训武也”。[58]明代帝王时率群臣游猎其中，尤其是面临外敌威胁之时，驾幸更为频繁。明初成祖常以北征为念，定都北京后，“岁猎以时，讲武也”，几乎每年都在南海子合围较猎、训练兵马。[59]“土木之变”后的英宗、武宗、穆宗，也常率文武百官出猎城南。其中仅英宗“驾幸南海子”，见于《实录》记载者前后即有十余次。[60]尤其是天顺三年（1459），内阁学士李贤、彭时、吕原等人扈驾校猎，还获赐獐、鹿、雉、兔，以示激励。武宗亦好出猎，正德二年（1507）初，特命工部左侍郎吴洪等“提督修理上林苑海子行殿屋宇等处”。[61]陈沂《幸南海子》诗称：

春旗出太液，夜骑入长杨。
赤羽惊风落，雕弓抱月张。
横驱视沙塞，纵发拟河湟。
未寝征胡议，谁为谏猎章。

“长杨”为秦汉时期的行宫代称，“本秦旧宫，至汉修饰，以备行幸。宫中有垂杨数亩，因为宫名。门口射熊馆，秦汉游猎之所”。明代诗人遂以“长杨”为典，来拟兴同为帝王游猎之所的南苑。除此之外，明廷还设有御马苑，“在京城外郑村坝等处牧养御马，大小二十所，相距各三四里，皆缭以周垣。垣中有厩，垣外地甚平旷，自春至秋，百草繁茂。群马畜牧其间，生育蕃息，国家富强，实有赖焉。”[62]但隆庆二年（1568）春穆宗巡幸南苑时，却异常失望。史料载称：“先是，左右盛称海子，大学士徐阶等奏止，不听。驾至，榛莽沮洳，宫幄不治，上悔之，遽命还跸矣。”[63]可见此时的南苑已经开始衰败，这或也可视为明代后期武备不振的预兆。

尽管如此，南苑自然景观仍存，尤其是其今昔的对比，犹能激起后人的感慨与谈兴。其中“南苑秋风”（又称南囿秋风）为明代“燕京十景”之一。每至八月西风徐来，南苑秋水长天，万里晴云之下树碧果红，鹿走雉鸣，鸢飞鱼跃，别有一凡野趣。大学士李东阳有《南苑秋风》一诗颂称：

别苑临城辇路开，天风昨夜起宫槐。
秋随万马嘶空至，晓送千旌拂地来。
落雁远惊云外浦，飞鹰欲下水边台。
宸游睿藻年年事，况有长杨侍从才。

但张居正《游南海子》，则忧患之情溢于言表：

芳郊秘苑五云中，犹识先皇御宿宫。
碧树依微含雨露，朱甍窈窕郁烟虹。
空山想见朱旗绕，阙道虚疑玉辇通。
此日从臣俱寂寞，上林谁复叹才雄。

至明末清初的吴伟业，转眼间物是人非，更在《海户曲》中感慨：

一朝翦伐生荆杞，五柞长杨怅已矣。
野火风吹蚂蚁坟，枯杨月落蛤蟆水。

诗中提及的“蚂蚁坟”，位于园内西北隅，为南苑一大异景，“岁清明日，蚁亿万集，叠而成丘。中一丘，高丈，旁三四丘，高各数尺，竟日而散去。今土人每清明节往群观之，曰蚂蚁坟。传是辽将伐金，全军没此，骨不归矣。魂无主者，故化为虫沙，感于节序，其有焉。”南苑西墙，又有“沙岗委蛇”之景，“岁岁增长，今高三四丈，长十数里矣。远色如银，近纹若波，土人曰沙龙”。[64]究其实，应是在南苑苑墙及浓密树木的阻挡之下，日积月累而形成的沙丘景观。这或也说明正是由于南苑自然条件较为优越，树木繁多，从而能较好地阻隔冬春西北风裹挟而来的沙尘。

第二节　坛庙园林

明代北京坛庙之制沿自南京，但弘丽胜之，明人多颂以溢美之词，谓“左祖右社，蔚乎穹窿。有坛有壝，有寝有宫。亦有天地，以严其崇”云。[65]其中近在禁宫遐迩的太庙与社稷坛，以及丽正门以南大道东西两侧的天坛、山川坛，是明代北京面积较大、景观相对集中的坛庙园林。至于地坛、日坛、月坛、先蚕坛、历代帝王庙、文庙等，则按礼制分布于城内各处。高大神圣的祭祀建筑，在苍松翠柏、假山亭榭的衬映下，营造出肃穆、静谧的文化氛围。时人在祭祀之余，亦可满足集会、交往的社会需要。红墙碧瓦下的茂密林木，更为都市增添了亮丽的生机，成为重要的城市文化与园林景观。

（一）太庙、社稷坛

明代最重要的坛庙园林，首推依“左祖右社”王都规制而建的太庙和社稷坛。元大都“左祖右社”分别在齐化门、平则门内，离大内有一定的距离。明代参照北魏洛阳宫阙布局，将“左祖右社”改置于紫禁城附近，既便利皇帝祭祀，又大大增加了禁廷宫前的景深，“取得了尽善尽美的效果”。[66]

太庙在紫禁城东南，是皇帝举行祭祖典礼的地方。其历史可以上溯到夏朝“世室”、殷商“重屋”、周朝“明堂”，秦汉以后统称“太庙”。洪武元年，明太祖命儒臣议祀典，追尊高曾祖考四代，“因作四亲庙于宫城东西”，为明代太庙之始。八年改建太庙，“为同堂异室之制，中室奉德祖”。明代北京太庙始建于永乐十八年（1420），“如南京制”。孝宗即位，以“九庙已备”，于是在太庙寝殿之后别建祧庙，“如古夹室之制”。嘉靖四年，光禄寺丞何渊请于太庙内设立世室，“以献皇帝与祖宗同享”。遂改定庙制，“命祧德祖，奉安太祖神主寝殿正中，为不迁之祖，太宗而下皆以次奉迁”。十四年，“更建世室及昭穆群庙于太庙之左右”，十七年，“上太宗庙号成祖、献皇帝庙号睿宗”，终将其生父神主祔入。但到二十年四月，九庙即遭火灾焚毁一尽。二十二年遂“复同堂异室之旧”，沿至明季，未再有大的变动。[67]

太庙占地二百余亩，延及后世的太庙建筑群，基本为嘉靖年间重建的规模。作为皇帝家庙，太庙没有向外开的门，正门是西南通向紫禁城的太庙街门。皇帝祭祖时，从太庙街门进入，首先来到琉璃门。

琉璃门嵌在墙上，又叫“随墙门”，上覆绿琉璃瓦，整个建筑别致端庄，实际上成为太庙正门。紧接着进入南门——戟门，亦即享有最高规格的礼仪之门，以门外列戟120杆作为仪仗而得名。太庙建筑分为前、中、后三大殿。前殿又称享殿，是整个太庙的主体。始建于明永乐十八年，嘉靖十五年因更改庙制而有所修改，不久遭雷击焚毁，嘉靖二十四年复建。享殿两侧配殿设置皇族和功臣的牌位，即后人引以为傲的“配享庙庭”。中殿亦建于明初，按周礼“天子九庙”设置，殿内正中室供奉“太祖南向之位”，始于嘉靖帝所定，其余各祖则分供于各夹室。后殿，又名祧庙，弘治四年添建。太庙各殿天花板及廊柱贴赤金花，制作精细，装饰豪华。再加上配殿、燎炉、宰牲亭、库房等附属建筑，整个太庙廊庑环绕，苍劲古拙的古柏遍布，阴翳蔽日之下，益发烘托出庄严肃穆的神秘氛围。

社稷坛又叫太社稷坛，在紫禁城西南，是明帝祭祀社、稷神祇的地方。社稷是“太社”和“太稷”的合称，社为土地神，稷为五谷神，两者构成传统农业社会最稳固的统治根基。社稷坛所在之地，原为唐代幽州东北郊的一座古刹，辽代扩建为兴国寺，元代圈入大都城后，改称万寿兴国寺。明初成祖朱棣命在兴国寺基础上建成太社稷坛，坛制祀礼一如洪武旧制。太社稷坛整体略呈长方形，有内外两重垣。内垣红墙，黄琉璃瓦顶，四面各辟一座汉白玉门，名“棂星门”。最北的戟门为主门，原为中柱三门之制。戟门南为享殿，又称拜殿，是皇帝祭祀时休息或遇雨时行祭之处。殿之南即社稷坛，遵照古制“坛而不屋”，上层以中黄、东青、南红、西白、北黑的次序铺设五色土，象征五行。坛中央有一方形石柱，称为“社主”，又名“江山石”，象征“江山永固”。还有一根木制的“稷主”，以祈祷“五谷丰登”。每年春秋仲月上戊之日，明帝前来祭祀太社和太稷。天子面南，左社（东）右稷（西）而祭。洪熙元年二月帝祭社稷，“奉太祖、太宗并配，命礼部永为定式”。至嘉靖九年，再次改正社稷配位，“仍以勾龙、后稷配”。如遇出征、班师、献俘等重要事件，亦至此举行社稷大典。春秋二祭时，例由顺天府铺垫新土。所铺五色土系由全国各地纳贡而来，以示“普天之下，莫非王土”。出入之门，社稷街门为正门，东向，黄琉璃筒瓦歇山顶。又有社左门、东北门。社稷坛内古柏参天，虬枝盘曲，相传多为明初建坛时所栽。其中的“槐柏合抱”，即一对槐树和柏树相抱而生，均枝繁叶茂，蔚为壮观，更为园中增添了别样景致。

嘉靖十年（1531）又于西苑豳风亭之西建帝社稷坛。其源起，乃是嘉靖好古礼，给事中王玑以亲耕礼成，“言欲推衍耕藉之道。礼部议西苑地宽，宜令农夫垦艺其中，上以春秋临幸观省，收其所入，输之神仓。帝可其议，命建土谷坛于豳风亭西，至是改为帝社帝稷”。其坛高六尺，方广二丈五尺，北为棂星门，“缭以土垣，神位以木为之”，坛南置藏神位的石龛，坛北树二坊，名帝社街。每岁仲春、仲秋之次戊日，如次戊逢望后则改上巳日，“上躬行祈报礼”，以文武12员陪拜。隆庆元年，礼部奏称帝社稷之名“自古所无，嫌于烦数”，请罢。明帝在西苑祭祀社稷的古礼，遂告一段落。(68)

（二）天坛、山川坛

天坛位于紫禁城正南，即丽正门以南大道东侧。洪武元年，明太祖始建圜丘于钟山之阳，所谓“祭天于南郊之圜丘，祭地于北郊之方泽，所以顺阴阳之位也”。成祖朱棣迁都北京，即诏于城南之左建筑郊坛，永乐十八年竣工，“中为大祀殿十二楹，中四楹饰以金，余施三采。正中作石台，设昊天上帝皇地祇神座，正南为大祀门，缭以周垣，周九里三十步，规制礼仪悉如南京”。此时皇天后土合祀，称为天地坛。洪熙元年，仁宗以“太祖受命上天，肇兴皇业；太宗中兴，宗社再奠。寰区圣德神功，咸配天地。朕崇敬祖考，永惟一心”，于正月大祀天地神祇时以太祖、太宗配祀，并敕“仍著典章，垂范万世”。嘉靖年间，世宗复议天地分祀之制，决定“当遵皇祖旧制，露祭于坛，分南北郊”，于嘉靖九年建圜丘，“北郊及东西郊亦以次告成，而分祀之制遂定”。十三年二月令更圜丘为天坛，方泽为地坛，南郊坛此后即以“天坛”流传后世。

天坛建筑极尽豪华，栏板望柱遍施彩画，殿基巨石上精心雕刻腾龙舞凤，显得华丽而庄重。尤其是其主体建筑圜丘，布局严谨，结构奇特，装饰瑰丽，给亲临者以极其震撼的神圣之感，即明代大臣夏言所谓“圜丘祀天，宜即高敞，以展对越之敬”。其布局载于《明一统志》：“天地坛在正阳门之南左，缭以垣墙，周回十里。中为大祀殿，丹墀东西四坛，以祀日月星辰。大祀门外东西列二十坛，以祀岳镇、海渎、山川、太岁、风云雷雨、历代帝王、天下神祇。东坛末为具服殿，西南为斋宫，西南隅为神乐观、牺牲所。”(69)嘉靖改制时，世宗亲定天坛主体，

第一层径阔五丈九尺，高九尺。二层径十丈五尺，三层径二十二丈，俱高八尺一寸。地面四方，渐垫起五丈。又定

> 祭时，上帝南向，太祖西向，俱一层上。其从祀四坛，东大明西夜明，次东二十八宿、五星、周天星辰，次西风云雷雨，俱二层。各成面砖用一九七五阳数，及周围栏板柱子，皆青色琉璃，四出阶，阶各九级，白石为之。内壝圆墙九十七丈七尺五寸，高八尺一寸厚二尺七寸五分。棂星石门五，正南三，东西北各一。外壝方墙二百有四丈八尺五寸，高七尺一寸，厚二尺七寸，棂星门如前。又外围方墙，为门四，南曰昭亨，东曰泰元，西曰广利，北曰成贞。内棂星门南门外，东南砌绿磁燎炉，傍毛血池。西南望灯台，长竿悬大灯。外棂星门南门外，左设具服台，东南门外建神库、神厨、祭器库、宰牲亭。北门外正北建泰神殿，后改为皇穹宇，藏上帝、太祖之神版，翼以两庑，藏从祀之神版。又西为銮驾库，又西为牺牲所。少北为神乐观。成贞门外为斋宫，迤西为坛门，坛北旧天地坛，即大祀殿也。(70)

大祀殿为天坛的主殿，又名“大祈殿”，原为矩形的大殿，始建于明初，合祀天、地，乃是天坛最早的建筑。嘉靖十七年撤毁大祀殿，复于二十四年改建为三重顶圆殿，殿顶覆盖上青、中黄、下绿三色琉璃，寓意天、地、万物，并改名为大享殿。神乐观为天坛另一引人注目之机构，在西门内稍南，坐西向东，是天坛五组大型建筑之一。神乐观职掌祭天时演奏雅乐，培训祭祀乐舞人员。五开间前殿为太和殿，用于排演祭祀大典。七开间后殿，原名玄武殿，供奉玄武大帝以及诸乐神，明末改称显佑殿。乐舞官、舞生都由道士担任，明初迁都时有乐舞生300名，以后保持在600名左右，嘉靖时更达到两千多名。每当乐舞生列阵操练演奏，乐声缭绕，蔚为大观。自世宗分建南北郊，“俱坛而不屋，南郊以冬至、北郊以夏至行礼。而二至之外，复有孟春祈谷、季秋大享，岁凡四焉”，以祈祷普天之下风调雨顺、五谷丰登。每年皇帝来天坛举行祭天仪式，为明廷一年中最重大的祭典。民人则有端午之日游天坛“避毒”的风俗，“过午出，走马坛之墙下。无江城系丝投角黍俗，而亦为角黍；无竞渡俗，亦竞游耍”。(71)平日，则多从北边的药王庙遥望，只见“天坛临溪，溪当门，门瞻之，黄垣一周，树头屯屯，方殿猗猗，圜丘苍苍，瞻乎坛”，令人喟然起敬。(72)袁宏道有咏天坛诗，略云：

> 空坛深净驳琉璃，秃发簪冠老导师。

铜沓金涂秋草里，如今不似世宗时。
碧翁难道是无情，分合千年议不成。
不得宁居天亦苦，古来多事是书生。
仙苑桃花朵朵香，曾于天上看霓裳。
刘郎老去风情减，闲把音容问太常。

山川坛位于天坛之西，与天坛左右相对，为皇家祭祀山川诸神的场所。《尚书·舜典》谓“望于山川，遍于群神”，即于京城望祭天下山林、川泽、丘陵之神，以祈丰年。洪武年间初建山川坛于南京天地坛之西，遍祭太岁、风云雷雨、岳镇海渎、钟山，以及京畿山川、四季月将、都城隍诸神。永乐年间朱棣迁都后，于北京“建山川坛于正阳门南之右，悉如南京旧制，惟正殿钟山之右增祀天寿山神”。嘉靖八年，世宗定“凡亲祀山川等神，皆用皮弁服行礼，以别于郊庙”，十一年又进行了较大规模的改革：

改山川坛为天地神祇坛。天神坛在左，南向，云雨风雷，凡四坛（从祀）。地祇坛在右，北向，五岳五镇五陵山四海四渎，凡五坛从祀。京畿山川，西向；天下山川，东向。以辰戌丑未年仲秋皇帝亲祭，余年遣大臣摄祭。其太岁日，将城隍别祀之。

隆庆元年，礼臣奏称天神地祇已从祀南北郊，山川坛仲秋举行的神祇之祭有重复之嫌，穆宗“令罢之”。[73]

山川坛“缭以垣墙，周回六里，中为殿宇，以祀太岁、风云雷雨、岳镇海渎。东西二庑，以祀山川、月将、城隍之神。左为旗纛庙，西南为先农坛，下皆藉田”。[74]山川坛正殿七坛，分别祭祀风云雷雨、五岳、四镇、四海、四渎、钟山天寿山之神。两庑从祀六坛，祭祀京畿山川、夏冬春秋月将、都城隍诸神。嘉靖十一年，改山川坛为天神地祇二坛，别建太岁坛专祀太岁。前有拜殿、宰牲亭，其南为川井，明人传闻“有龙蛰其中”。天神坛、地祇坛、太岁坛为山川坛内主要建筑。天神坛方广五丈，四方各出陛九级，坛北设云形青白石龛以象天，棂星门六座，“正南三、东西北各一”。地祇坛面阔十丈，进深六丈，四方出陛各六级。内设青白石龛，各为山形、水形，以象征山川。棂星门建制，一如天神坛。太岁坛正对神祇坛，又称太岁殿，南向，七间，东西各有配殿十一间，东南砌燎炉，西为神库、神厨、宰牲亭等。

太岁坛是明帝祭祀太岁神的地方，隆庆元年请罢仲秋神祇坛之祭，“而太岁之祭如故”。太岁坛东为旗纛庙，又称东院，有收谷亭、神谷仓等，是贮藏五谷祭品的处所。西南为先农坛，每岁仲春上戊，例由顺天府尹致祭，“后凡遇登极之初行耕藉礼，则亲祭。”弘治元年定耕藉仪，前期百官致斋，至期帝先祭先农毕，再至耕藉位受耒耜“三推三反”，府尹播种覆土，帝坐观耕，还具服殿。府尹再率两县令、耆老人终亩，设宴庆贺，“三品以上丹陛上，东西坐；四品以下台下坐，并宴劳耆老于坛旁”。设宴地点在内坛东北部的斋宫，始建于天顺二年（1458）。嘉靖十年更定耕藉仪，以御门观耕之地位卑下，议置观耕台，为木制高台，以便皇帝观耕。山川坛主祭山川百神，又有皇帝的“一亩三分地”（藉田），多少带上了田园风光的自然特色。

（三）地坛、日坛、月坛

地坛在安定门外路东，与天坛南北相对。明初城北无祀地之坛，天地合祀于城南。嘉靖九年（1530）更定坛庙，循旧制于城北建方泽坛，圜丘、朝日、夕月三坛亦同时开工。次年三月四郊坛竣工，五月夏至日明世宗至方泽坛祭地，嘉靖十三年（1534）改称地坛。地坛设置皆为偶数，以应“地属阴，为阴数”之说。地坛外围和方泽坛均为方形，以应“天圆地方”。坛制两层，一层面方六丈，高六尺。二层面方十丈六尺，高六尺。每层面砖，或用六块，或用八块，黄琉璃砖，绿琉璃瓦顶。四出陛，各八级。周围水渠一道，祭祀时水渠灌水，称为“方泽池”。内棂星门四座，北门外西侧为瘗位，瘗祝帛之所，东侧为灯台。南门外为皇祇室，藏神版。外棂星门四座，西门外以西为神库、神厨、宰牲亭、祭器库，北门外西北为斋宫。外又建四天门，西门外为銮驾库、遣官房，南为陪祀官房。再外为坛门，其外为泰折街牌坊。护坛地一千四百七十六亩，是国内现存最大的祭地之坛。地坛于每年夏至祭地，方丘正位为皇地祇神版，配位为太祖神版，祭前一日自太庙请来。第二层东一坛列五岳、基运山、翔圣山、神烈山，东二坛四海，西一坛列五镇、天寿山、纯德山，西二坛四渎。地坛祭礼，类如天坛祭天，惟将望燎改为望瘗，即除配位祝帛外，祭地供品不放入燎炉内焚烧，而是埋入瘗坎之内。神宗时张居正曾有天、地合祀之议，虽终未行，但明后期神宗、熹宗、庄烈帝三朝仅言祀天，可见北郊祭地之礼少有举行。

朝日坛在城东朝阳门外以南二里，是明帝祭祀大明神（即太阳）

的地方。洪武三年，礼臣请于城东门外筑朝日坛、西门外筑夕月坛，春分秋分致祭。二十一年增修南郊坛壝，于大祀殿丹墀内以日月星辰四坛从祀，“其朝日夕月崇星之祭，悉罢之”。朱棣迁都北京后，依南京旧制。嘉靖九年，世宗以“日月照临，其功甚大。太岁等神岁有二祭，而日月星辰止一从祭，义所不安”，于是于京城之东依方建坛专祀。朝日坛其制西向，一层。坛方广五丈，高五尺九寸。坛面用红琉璃，阶九级，俱白石。壝墙七十五丈，高八尺一寸，厚二尺三寸。棂星门六座，正西三座，东南北各一座。西门外为燎炉、瘗池，西南为具服殿，东北为神库、神厨、宰牲亭、灯库、钟楼，北为遣官房。外围墙前方后圆，西北各三门，名为天门。北天门外石坊称“礼神街”，西天门外以南，为陪祀用的斋房、宿房五十四间。护坛地一百亩。甲、丙、戊、庚、壬之年皇帝亲祭，余年遣文臣摄祭，均著红衣。祭时为春分之日寅时，大明神牌西向，“迎神四拜，饮福受胙两拜，送神四拜”，礼仪视天地坛减等。

夕月坛在阜成门外以南二里，与朝日坛东西相对。其制东向，一层，方广四丈，高四尺六寸。主体坛面砖白色琉璃，以象征月亮。四出陛六级。方壝墙二十四丈，高八尺。棂星门六座，正东三座，南北西各一座。东门外为瘗池，东北为具服殿。南门外为神库，西南为宰牲亭、神厨、祭器库。北门外为钟楼、遣官房。外围方墙，东北各三门，称为天门。东天门外北有石坊，书“礼佛街”。护坛地计三十六亩。夕月坛为明帝祀夜明即月亮神之所，祭时为秋分之日亥时，逢丑、辰、未、戌皇帝亲临，余年遣武臣摄祭，均着白衣。坛面夜明之神牌东向，木、火、土、金、水五星以及二十八宿、周天星辰从祀，“迎神、饮福、受胙、送神，皆再拜”，礼视朝日坛又稍减。

（四）先蚕坛、历代帝王庙、文庙

先蚕坛始设于宋，但明初先蚕“未列祀典”，未设坛专祭。嘉靖九年，夏言称“耕蚕之礼，不宜偏废”，世宗令礼部具奏。乃于安定门外建先蚕坛，“帝亲定其制：坛方二丈六尺，迭二级，高二尺六寸，四出陛。东西北俱树桑柘，内设蚕宫、令署，采桑台高一尺四寸，方十倍，三出陛。銮驾库五间，后盖织堂”。坛成，皇后“亲蚕于北郊，祭先蚕氏，仪与宋政和礼同”。随又按礼赴北郊治茧、缫丝、织染，“导从如常仪”。每次皇后从北上门经地安门，赴北郊先蚕坛，虽“导从如常仪”，但陪祀嫔妃命妇上千，再加上护卫官兵上万，沿途声势浩大，观者堵塞，礼部官员因而上奏“皇后出郊亲蚕非便。”世宗谓“朕惟农桑重务，欲于宫前建土谷坛，宫后为蚕坛，以时省观”，令大学士张孚敬与尚书李时择地重修，乃于嘉靖十年（1531），“改筑先蚕坛于西苑仁寿宫侧，毁北郊蚕坛”。其规制，高士奇《金鳌退食笔记》有载：

> 亲蚕殿在（西苑）万寿宫西南，有斋宫、具服殿、蚕室、茧馆，皆如古制。蚕坛方可二丈六尺，叠二级，高二尺六寸，陛四出。东西北俱树以桑柘。采桑台高一尺四寸，广一丈四尺。又有銮驾库五间。墙围方八十余丈。

世宗亦有所叙述，为“置蚕室于迎和门内之北，立先蚕坛于此，每岁命皇后率宫职行祭告采桑礼于中”。[75]此后皇后行亲蚕礼，即不必再出禁苑。但世宗每岁命皇后率宫职祭告的想法却并未能持续多久。嘉靖十六年罢皇后行亲蚕礼，“仍命进蚕具如常岁，遣女官祭先蚕”，嘉靖四十一年更“并罢所司奏请”。

历代帝王庙在阜成门内大市街之西，原址为保安寺，嘉靖九年（1530）始建。洪武六年，太祖“以五帝、三王及汉唐宋创业之君，俱宜于京师立庙致祭，遂建历代帝王庙于（南京）钦天山之阳”。朱棣迁都后，帝王庙例遣南京太常寺官行礼，北京则于南郊从祀。嘉靖九年，“罢历代帝王南郊从祀，建历代帝王庙于都城西，岁以仲春秋致祭，并罢南京庙祭”。庙成，臣下作文颂之，称：

> 我皇上方以宪天之道稽古之学，一新制作，于凡类禋望秩之典，靡不究定，礼备乐和，品式焕如矣。乃卜地于京师阜城门之隙，草图鸠工而始作庙焉。凡墉垣门庑、堂寝庭庀，与夫庖库井舍之微，莫不毕缮。翼然灿然，俭而弗陋，华而弗逾，盖诚足以妥神灵而昭崇报矣。[76]

历代帝王庙前为庙街，门东西设两坊，额曰景德。庙内影壁正中由缠枝牡丹琉璃团花，四角饰琉璃岔角。庙门为单檐黑琉璃筒瓦歇山顶。景德门专供皇帝亲祭时出入，绕以汉白玉石护栏，前后三出陛，中间为云山纹御路。再北为景德崇圣殿，为历代帝王庙主殿，处于正中心，为重檐庑殿式建筑，绿琉璃瓦，略如禁宫内主殿。大殿坐落于高大台基上，殿前月台、石栏板和雕刻云山纹的御路均精美宽敞，以示帝王的“九五之尊”礼制。其他还有东西配殿，以及祭器库、神库、神厨、宰牲亭、钟楼等，构成一个完整的祭祀系统。每年春秋两祭，一般特遣大臣行礼。二十四年复调整入祀帝王，罢元世祖，迁唐太宗与宋太祖同室，历代帝王庙遂定为“凡十五帝，从祀名臣三十二人”。庙设神主，内分五室，中室三皇伏羲、神农、黄帝，左少昊、颛顼、喾、尧、舜五帝，右禹、汤、武三王，又东汉高祖、光武，又西唐太宗、宋太祖，迄至明末未有大的变更。

文庙位于国子监街，又名“先师庙”，是明帝祭祀孔子的场所。北京文庙始于元大德六年（1302），明初洪武年间为北平府学。永乐二年（1404）改国子监，复文庙，左庙右学。永乐九年修缮大成殿，宣德四年（1429）又修整大成殿及两庑，嘉靖九年（1530）增建崇圣祠，遂“规制大备”。史料载：

> 文庙在国子监彝伦堂之东，正为大成殿，东西翼以两庑。前有戟门，外有棂星门。殿前旧有元加封孔子碑，本朝正统中有御制新建太学碑文立于殿前，庇之以亭。[77]

文庙有持敬门与国子监相通，内有先师门、大成门、大成殿、崇圣门、崇圣祠五座建筑，又有碑亭、井亭、宰牲亭、致斋所、神厨、神库。正殿大成殿为整个文庙的中心，重檐庑殿顶，殿前月台三出陛，殿内供奉孔子及“四配”、“十二哲”。殿前有古柏一株，相传为元代国子监祭酒许衡所植，明朝严嵩代嘉靖帝祭孔时曾为柏树树枝揭掉乌纱帽，后世遂名为“除奸柏”，或称“触奸柏”。文庙内著名文化景观，一为太学石鼓，相传始于周宣王，“其高二尺，广径一尺有奇，其数十，其文籀，其辞诵天子之田。”[78]明代文人前来拜谒文庙，对其多有咏颂。李东阳《周石鼓歌》略云：

> 圣朝天子方好儒，森列戟门护重幄。
> 闻之兴慕见兴敬，以手摩挲防击扑。

四川黄辉《石鼓歌》则称：

> 但令梦寐到成宣，只字犹堪动心魄。
> 老生更访吉日碑，剔尽昆仑亦何益。

二为进士题名碑，这是朝廷举行“抡才大典”的宝贵见证。题名碑分布在文庙第一进院落御路两侧，其中有元代3座、明代77座。明代许多重要的历史人物，如张居正、于谦、徐光启、袁崇焕等，都能在模糊的碑面上找到其科名。苍松翠柏掩映之下，穿梭于跨度数百年的人文碑林，不禁产生“江山代有才人出”之感慨，令人游兴陡增。

第三节　陵寝园林

古人谓“事死如事生”，帝王更以其“九五之尊”，竭力为自己及先祖、后世营造“万年吉地”，并成为景色秀丽的园林区域。而时过境迁，皇家陵寝又往往成为后人凭吊游览的首选，为其抹上更为亮丽的人文色彩。明代陵寝制度始于太祖。南京孝陵的营建，无论在建制还是在布局上，都较以往各朝有较大变动。如新创明楼，改方坟为圆坟，外建圆形宝城，将唐宋陵寝上下二宫合而为一，自陵门以内到神厨、神库、殿门、享殿和东西庑殿，整体平面作长方形等等，对以后诸陵的营建都有重要影响。

明代皇家陵寝分布多处，洪武一朝建有泗州祖陵、凤阳皇陵、南京孝陵。永乐年间迁都北京后，随改至昌平建陵。此后的特例，又有世宗入继大统后，为其生父在湖广钟祥扩建的显陵。以及代宗去世后，先以亲王礼葬于西山金山，后于原地改建的景泰陵。但昌平无疑是明代最主要的陵寝区。其地属于军都山，原名黄土山，山麓一带黄土深厚。因处北方蒙元势力南下冲道，地势险要，本为京北屏障。永乐五年（1407），协助夺位有功的徐皇后在南京病故，有意迁都北京的成祖朱棣遂遣礼部尚书赵羾率出身江西风水世家的廖均卿、曾从政等人，到北京附近择地建陵。廖均卿以昌平县之东的黄土山林木葱茏，远接万山之祖昆仑，近属燕山余脉，小盆地中部平原前流水曲折蜿蜒，而东西北三面环山，两侧龙山、虎山峙立，群峰层叠之下如屏如障，面南山口形成天然门户，案山、朝山齐备，并遥引即将兴建的北京紫禁皇城，遂谓为万年难觅的“风水吉地”。明成祖“车驾临视”，封为天寿山，从七年五月开始动工营建长陵。十一年长陵竣工，葬入徐皇后，二十二年底又葬入成祖，“自是列圣因之，皆兆于长陵之左右而同为一域焉。”[79]从明初成祖朱棣营建长陵开始，到明亡后清朝为明末帝朱由检修建思陵为止，其间共历时235年，修建帝陵十三座，依时序分别为长陵、献陵、景陵、裕陵、茂陵、泰陵、康陵、永陵、昭陵、定陵、庆陵、德陵、思陵。明代对山陵定有严格的保护律令，《大明律》将谋毁宗庙、山陵及宫阙定为“大逆”，“但共谋者，不分首从皆凌迟处死。”即使巡山官军盗伐园陵内树木，亦“皆杖一百徒三年”，定律予以重罚。其条例云：

> 凡凤阳皇陵、泗州祖陵、南京孝陵、天寿山列圣陵寝、承天府显陵，山前、山后各有禁限。若有盗砍树株者，验实真正桥楂，比照盗大祀神御物斩罪奏请定夺，为从者发边卫充军。取石开窑烧造放火烧山者，俱照前拟断。其孝陵神烈山铺舍以外去墙二十里，敢有开山取石、安插坟墓、筑凿台池者，枷号一个月，发边卫充军。若于凤阳皇城内外耕种牧安、歌歇作践者，问罪枷号一个月发落。该巡守人役拾柴打草不在禁限，但有科敛银两馈送、不行用心巡视，及守备、留守等官不行严加约束，以致下人恣肆作弊者，各从究治。天寿山仍照旧例，锦衣卫轮差的当官校，往来巡视。若差去官校卖放作弊，及托此妄拿平人骗害者，一体治罪。[80]

十三陵四周修筑围墙，共设十二关口，由守陵军卫严密护卫巡查。经过上百年的营缮封禁，遂成为建筑宏伟、古树参天、山青水秀的园林胜地。其中规格最高、规模最大者，为明成祖长陵。

（一）长陵

长陵是成祖朱棣和皇后徐氏的合葬陵寝，为昌平十三陵的开创者。昌平陵区长约14里的总神道上，建有石牌坊、下马碑、大红门、神功圣德碑、神道柱、石像生、棂星门等礼制建筑，而其指归皆为长陵。正南的石牌坊为整个天寿山陵区的起点，建于嘉靖十九年（1540），计五门六柱十一楼，是全国现存最大的石牌坊，巨大的汉白玉构件和精美的石雕工艺，均堪称一绝。石牌坊之北两里为大红门，又名大宫门，丹壁黄瓦，为陵区正门，两侧即“官员人等至此下马”的下马碑。大红门内一里神道正中即圣德碑亭，“重檐，四出陛，中有穹碑，高三丈余，龙头龟趺”。亭内所立“大明长陵神功圣德碑”系仁宗朱高炽亲撰，述颂成祖及徐皇后一生的功绩与圣德，“亭外四隅有石柱四，俱刻交龙环之”。其东曾建有行宫，供祭祀时休憩起居所用。又约两里为棂星门，门前两侧布列石像生，共分十八对，计石人十二：勋臣、文臣、武臣各四位，又有石兽二十四：马、麒麟、象、橐驼、獬豸、狮子均四，“各二立二蹲，近者立，远者蹲”。其造型生动，场面壮观，远非其他处石像生所能比拟。棂星门又称龙凤门、天门，亦为汉白玉石牌坊，在三门额枋中央雕有石制火珠，故又称“火焰牌坊”。棂星门北一里半山坡稍南，原有旧行宫。后称至坡北大石桥东北一里许，称“新行宫”，建有感思殿，又有工部各厂与内监公署。嘉靖十五年世宗谒陵后，对长陵殿门神道进行了修整，对陵区树木保护尤为重视，“自大红门以内，苍松翠柏无虑数十万株”，以充分体现皇家陵寝的郁郁生气。

作为十三陵的主陵，长陵位于天寿山中峰之下，占据整个陵寝区的“正穴”。后人谓长陵：

> 地脉接居庸而拔起三峰，中峰正干蜿蜒奇秀，而广厚尊严。土山带石，入脉之势，如骏马驰阪，如游龙翔空……北之主山环列为障，如御屏、如玉扆，左右翼之，龙砂重叠，盘绕回抱。内明堂之广大，案之玉几、水之朝宗，无一非献灵效顺、无一非三百年之发祥流庆也。(81)

据顾炎武所记，长陵：

> 门三道，东西两角门，门内东神厨五间，西神库五间，厨前有碑亭一座，南向，内有碑，龙头龟趺，无字。重门三道，榜曰祾恩门。东西二小角门，门内有神帛炉东西各一。其上为享殿，榜曰祾恩殿，九间重檐，中四柱饰以金莲，余皆髹漆。阶三道，中一道为神路，中平外墄，其平刻为龙形，东西二道皆墄。有白石栏三层，东西皆有级，执事所上也。两庑各十五间，殿后为门三道。又进为白石坊一座，又进为石台，其上炉一，花瓶、烛台各二，皆白石。又前为宝城，城下有甬道，内为黄琉璃屏一座，旁有级分东西上，折而南，是为明楼，重檐四出陛，前俯享殿，后接宝城，上有榜曰长陵。中有大碑一，上书曰大明，用篆；下书曰成祖文皇帝之陵，用隶。字大径尺，以金填之。碑用朱漆栏画云气，碑头交龙方趺。宝城周围二里。城之内下有水沟，自殿门左右缭以周垣，属之宝城。(82)

长陵布局前方后圆，由前后相连的三进院落组成，围墙内面积达十多万平方米，是十三陵中面积最大、规模最宏伟的陵园。陵内镌刻有清代顺治年间保护明陵的谕旨，以及后来乾隆、嘉庆二帝的御制诗，因而长陵也成为十三陵中原建筑保护最好的陵区。长陵祾恩殿是明代帝陵中唯一保存至今的陵殿，规模大，等级高，用材主要为优质楠木，具有重要的历史与文物价值，堪称中国古代木构建筑的珍贵遗物。

（二）永陵

长陵之后所建诸陵，陵制都有所降低。最早为仁宗献陵，在天寿山的西峰之下，距长陵以西稍北约一里。仁宗逝前曾遗诏说："朕临御日浅，恩泽未浃于民，不忍重劳，山陵制度务从俭约。"(83)故献陵营建之初，宣宗召尚书蹇义、夏原吉等谕称："国家以四海之富，葬亲岂宜惜费。然古圣帝明王，皆从俭制。况皇考遗诏，天下所共知，宜遵先志。"遂为建寝殿五楹，左右庑、神厨各五楹，门楼三楹，"其制较长陵远杀"，(84)且其制度"皆上（即宣宗朱瞻基）所规画"。献陵"殿五间，单檐，柱皆朱漆，直椽，阶三道，其平刻为云花，石栏一层，东西有级，两庑各五间，余如长陵"。殿后为玉案山，山之前门及殿，山之后门及宝城各为周垣，周围皆植树木。随后所建诸陵，景陵在天寿山东峰之下，裕陵在石门山，茂陵在聚宝山，泰陵在史家山，康陵在金岭山。其陵制大略沿自献陵，后人称明代所营陵寝中，以"献陵最朴，景陵次之"。但各陵城垣内及坟冢上，亦各有树数百或千余株，虽经明末农民军侵扰，存亡不一，"惟茂陵独完"，仍大致保持了相对独立的园林区域。

至嘉靖帝的永陵，则比以前诸陵更为独特。据清初拜谒明陵的顾炎武所见：

> 永陵在十八道岭，嘉靖十五年改名为阳翠岭，距长陵东南三里。自七空桥北百余步分东为永陵神路。长三里，有石桥一空，有碑亭一座如献陵，而崇巨过之。碑亭南有石桥三道，皆一空。门三道，门内东神厨五间，西神库五间。重门三道，东西二小角门。又进，复有重门三道，饰以石栏。累级而上，方至中墀。殿七间，两庑各九间，其平刻左龙右凤，石栏二层，余悉如长陵。殿后有门，两旁有垣，垣各有门。明楼无甬道，东西为白石门。曲折而上，楼之三面皆为城堞。榜曰"永陵"，碑曰"大明世宗肃皇帝之陵"。享殿、明楼皆以文石为砌，壮丽精致，孝、长二陵不及也。宝城前东西垣各为一门，门外为东西长街，而设重垣于外。垣凡三周，皆

> 属之宝城，其规制特大云。旧有树，今亡。[85]

永陵为明世宗朱厚熜与陈皇后、方皇后、杜皇后的合葬墓，据《大明会典》记载，永陵宝城直径 81 丈，祾恩殿为重檐 7 间，左右配殿各 9 间，其规制仅次于长陵，但超过献、景、裕、茂、泰、康六陵。尤其是永陵制作精美过之，祾恩殿、祾恩门的“龙凤戏珠”御路石雕栩栩如生，圣号碑造型新颖，宝城城台设计别具一格，连外罗城也比其他陵墓多筑一道，保存至今的明楼则为十三陵之冠。加上世宗一意玄修，为其营建的永陵也带上了较为浓厚的道教色彩。明代隆庆《昌平州志》誉称永陵“重门严邃，殿宇宏深，楼城巍峨，松柏苍翠，宛若仙宫。其规制一准于长陵，而伟丽精巧实有过之”。清代《帝陵图说》亦言：“永陵既成，壮丽已极，为七陵所未有。”

（三）定陵

永陵之后，又在长陵西南四里的文峪山营建昭陵。再后为定陵，在大峪山，距昭陵以北约一里。

> 自昭陵五空桥东二百步分北为定陵神路，长三里。路有石桥三空。陵东向，碑亭东有桥三道，皆一空，制如永陵。其不同者，门内神厨库各三间，两庑各七间。三重门旁各有墙，墙有门，不升降中门之级。殿后有石栏一层，而宝城从左右上。[86]

定陵是万历帝及其孝端、孝靖两位皇后的陵墓，布局前方后圆，暗含“天圆地方”的象征意义。定陵地面主体包括坐落在中轴线上的石桥、碑亭、陵门、祾恩门、祾恩殿、明楼、宝城和地宫，四周又有神厨、神库、宰牲亭、祠祭属、神宫监等附属建筑 300 多间。其营建继承了永陵的精美，历时 6 年，耗银 800 万两方才完成。清初梁份曾在《帝陵图说》感叹，定陵连外城都“铺地墙基，其石皆文石，滑泽如新，微尘不能染。左右长垣琢为山水、花卉、龙凤、麒麟、海马、龟蛇之壮［状］，莫不宛然逼肖，真巧夺天工也”。

定陵是十三陵中至今唯一被发掘的陵墓，也由此揭开了明代帝陵地宫的神秘面纱。地宫是帝陵的主要部分，据考古发掘报告，定陵地宫深达 27 米，由前、中、后、左、右共 5 个殿组成，总面积 1200 余平方米。殿顶为拱券式石结构，各室券门上均精工雕刻，纹饰瑰丽。其中左、右配殿相互对称，中间各有用汉白玉垒砌的棺床，有甬道与中殿相通。中殿内设3个汉白玉石座，摆放有“长明灯”。后殿是地宫最大的殿，也是主殿，地面用磨光花斑石铺砌。殿内棺床放置帝、后的棺椁，万历帝居中，两位皇后分侍左右。棺椁由十几寸厚的金丝楠木制成，周围放置玉料、梅瓶及装满殉葬品的红漆木箱。据统计，定陵地宫共出土各类器物3000多件，包括帝后金冠、凤冠、兖服、冕旒、百子衣、册宝、珠宝、刀箭等金器、银器、玉器、瓷器、木器以及大量的丝织品，后于原址建立了定陵博物馆。但由于保管条件等因素的限制，定陵当年出土的珍贵文物，多已遭到不同程度的损坏。前来参观的后人，或许只能从空旷的墓道及少量复制随葬品中，遥想当日皇家地宫的辉煌景象，并感叹世事的桑田沧海。

（四）思陵

定陵之后为庆陵，在天寿山西峰之右，“平刻龙凤，殿柱饰以金莲，殿无后门”。再次为德陵，在檀子峪，“凡殿楼门亭俱黄瓦”。昌平又有诸妃及王子之陵，“或在陵山之内，或在他山”。如苏山有万贵妃之墓，银钱山有郑贵妃暨二李、刘、周四妃之墓，袄儿峪有四妃、二太子墓。东山口以东有刘惠妃墓，东八里绵山有蕲献王、滕怀王之墓，凡此等等。又悼陵之东鹿马山，有田贵妃之墓。田贵妃为明末帝崇祯之妃，逝于崇祯十五年（1642）七月，然营墓“未毕而都城失守”。崇祯帝自缢于煤山后，农民军将其与周皇后之尸棺送至昌平，“州之士民率钱募夫，葬之田妃墓内。移田妃于右，帝居中，后居左，以田妃之椁为帝椁，斩蓬藋而封之”，名为思陵。思陵是十三陵中唯一的一座妃嫔与帝后合葬之陵，“而规制狭小，曾不及东西井之闳深”。门外之右为太监王承恩之墓，“以从死祔焉”，亦前所未有，深刻反映了这一陵墓特殊的时代背景。顾炎武曾感叹“春秋之法，君弑，贼不讨，不书葬，实葬而名未葬。今之言陵者名也，未葬者实也。实未葬而名葬，臣子之义所不敢出也，故从其实而书之”，不称“思陵”而名“攒宫”。[87]清朝定鼎北京后，为收买人心，复为崇祯帝营建陵墓。顺治元年（1644）十一月，在朝廷的严旨切责下，主办官员开工，至次年九月完工。顺治十一年谈迁前往拜谒时，所见思陵规制为：

抵周垣之南垣，博六十步，中门丈有二尺。左右各户，而钥其右……陵户启钥，垣以内左右庑三楹，崇不三丈，丹案供奉“明怀宗端皇帝神位”。展拜讫，循壁而北，又垣，其门、左右庑如前。中为碑亭，云“怀宗端皇帝陵”，篆首“大明”。展拜讫，出，进北垣，除地五丈则石坎，浅五寸、方数尺，焚帛处。坎北炉瓶五事，并琢以石。稍进五尺，横石几，盘果五之，俱石也。蜕龙之藏，涌土约三四尺，茅塞榛荒，酸枣数本，即求啼乌之树、泣鹃之枝，而无从也。(88)

但值此鼎革战乱之际，在“陵木伐尽，享殿不闭，绮疏藻井，百不一全”的情况下，十三陵能得到新朝的保护与重修，已是不幸中的万幸。顺治十六年，思陵增建碑亭，又因改谥“庄烈愍皇帝”，随改陵碑、神牌，但总体布局未有大的变化。到清乾隆年间，思陵经过两次修缮，改建陵门、享殿、明楼等，形制逐趋齐备。

清代在昌平各陵园设置司香内使即守陵太监2名、陵夫8名，给予香火地亩。春秋二季由太常寺差官至陵致祭，每年还委派工部堂官赴各陵检查，时加修葺。顺治、康熙、乾隆、嘉庆诸帝，又多次亲谒明陵，以表达对胜朝之君的尊重。因此，清代中期以后，包括思陵在内的明十三陵地区，树木又逐渐繁盛，多少恢复了明代前中期茂密的园林风光。尤其“明陵落照”之景口耳传诵，文人骚客多来赏游凭吊。清代朱彝尊有《来青轩》诗云：

天书稠叠此山亭，往事犹传翠辇经。
莫倚危栏频北望，十三陵树几曾青？

（五）西山景泰陵

北京明陵除昌平十三陵外，尚有西山景泰陵。北京民间流传“一溜边山七十二府”的说法，这里的“府”指的是“地府”或“冥府”。沿北京西山南麓一线的“一溜边山”，葬有大量的皇家国戚，史料载称，明代“妃嫔、太子、诸王、公主之葬西山者，以百数”。其中景泰陵位于西山今海淀玉泉山以北，明代称为“金山口”。明宣宗朱祁镇原配胡氏（恭让章皇后）因失宠被废，逝后即葬于此，“门三道二重，殿五间，两庑周垣，碑无字”。但金山规制最高、也最引人注目的，则是为代宗及其皇后汪氏所建的景泰陵。明代宗朱祁钰是英宗朱祁镇的异母弟，在“土木堡之变”的危难时刻代兄称帝，抵御外侮。景泰八年

(1457) 英宗复辟，即将朱祁钰封为郕王，并软禁于西苑。一个多月后朱祁钰去世，英宗恨其薄待自己于“南内”，谥曰“戾”，命以王礼葬于金山口藩王墓地。到宪宗时追认帝位，谥为“恭仁康定景皇帝”，并在原址扩建帝陵。景泰陵因此成为明代迁都北京后，唯一没有葬入昌平十三陵的帝陵。

明人记载：

> 未入金山，有甃垣方门中，绿树幽晻，望暧暧然，新黄甓者，景帝寝庙也。世宗谒陵毕，过此，特谒景帝，易黄甓焉。庙初碧瓦也。[89]

景泰陵是在王墓的基础上重建而成的，虽然嘉靖时又建陵碑，易绿瓦为黄瓦，使之符合帝陵规制，但整个景泰陵的规模仍远比此前诸帝陵要小得多。其制，为“门三道三重，殿五间，周垣门内有碑亭一座，碑曰‘大明恭仁康定景皇帝之陵’”。[90]景泰陵以金山为来龙，以玉泉山为朝案，红石山为左龙，西趾山为右虎，陵前两水合襟，最后自玉泉山东侧注入西湖景。察其地貌，虽具吉壤之形，而神实涣散。由于世宗、神宗曾经亲临拜谒，得到两朝重视的景泰陵基本具备了同期皇陵的主体建筑和布局特点。陵园分为前、后两个部分三进院落，均为庑殿顶。前为方形，有祾恩殿、碑亭、宰牲亭、神厨、神库和内官房等建筑。后面为陵冢：“无宝城无明楼无穹碑，不封不树，土冢隆隆起可二三尺，周三十硅，径十硅”，由此可见其简陋。与多植松柏的帝陵不同，景泰陵内“树多白杨及樗”，明代就有“景帝坟园不称陵”之说。清代乾隆帝曾御制《明景帝陵文》，刻于圣德碑之背，现因重立时误置于正面。诗称：“迁都和议斥纷陈，一意于谦任智臣。挟重虽云祛恫喝，示轻终是薄君亲。侄随见废子随弃，弟失其恭兄失仁。宗社未之真是幸，邱明夸语岂为淳，”满含调侃、讽刺之味。[91]清人又有《故明景帝陵怀古》诗云：

> 金山南临裂帛湖，荒陵十里鸺鹠呼。
> 夺门事往二百载，行人过此犹欷歔。
> 红墙剥尽古瓦落，莓苔溜雨生铜铺。
> 老松离立色枯槁，但穴虫蚁余根株。
> 蕺涂龙輴礼本杀，矧乃劫火经樵苏。
> 咫尺天寿云气接，坏［抔］土独葬西山隅。[92]

面对玉泉高耸、苍翠葱郁、殿宇映衬的昔日园林遗迹，后人只能感慨“君臣一代尽宿草，雍门太息当何如”而已。

第四节　寺观园林

明代是北京寺庙宫观翻修重建的重要时期，成化十七年（1484年）都城内外639处之多。[93]至万历朝，仅宛平县境内数量达575处，[94]其中多数为佛教寺院，京城内以北城和西城最多。

> 予尝行径其居，见其旧有存者，其殿塔幢幡，率齐云落星，备极靡丽，如万寿寺佛像，一座千金；古林僧衲衣，千珠千佛，其他称是。此非杼轴不空、财力之盛不能也。又见其新有作者、其所集工匠、夫役、歌而子来，运斤而云，行缆而织，如潭柘寺经年匆亟，香山寺、弘光寺数区并兴。此非闾左无事，遭际之盛不能也。又见其紫衫衣衲、拽杖挂珠，交错燕市之衢，所在说法衍乐，观者成堵，如戒坛之日，几集百万，倏散倏聚，莫知所之。[95]

繁盛程度可见一斑。中国传统文化中寺庙与园林融合一体的造园艺术，在这个时期的北京迅速发展起来。很多寺庙，本身具有园林性质；寺庙周围往往种植花木，兼有园林境界。一些寺庙庭院，更是构筑亭台、池榭、山石。中国佛教寺院以殿堂为主的“庭院式”布局，也为寺庙园林发展提供了条件。还有一些寺庙，本身不具备园林功能，但其周围，或有名贵花木、或有湖水溪流，如金刚寺、大隆福寺、长椿寺、白塔寺、万寿寺等，形成很多以寺庙为中心的风景游览区。这些区域，在传统宗教节日以外的时间，吸引了民众和文人士大夫们的游览。

一、明代北京寺观园林的分布

明代北京地区的寺观园林，在空间分布上，以西郊和内城西区为重。西郊多名山，景色秀丽，寺庙依山而建，所谓“世间好语佛说尽，天下名山僧占多。”自然景观与宗教建筑的结合，形成了寺庙园林独特的吸引力。明时太子少师姚广孝曾言：“平坡最幽胜，真学佛者所宜处，好游之士所必至也”。[96]郑善夫《西山杂诗》：“西山五百寺，多傍北邙岑”；郝敬《西山绝句》：“西山三百寺，十日遍经行”，都是形容西山风景区寺庙之盛，时有“西山岩麓，无处非寺，游人登览，类不过十之二三”的说法。[97]“阜成、西直之外，貂珰阀阅之裔，春而踏青，夏而寻幽，如高梁、白云、卧佛、碧云之会，冠盖踵接，壶榼肩摩，锦绣珠翠，笙歌技巧，哗于朝市”，[98]说的就是西山寺庙热闹之场景。西郊寺庙园林的兴盛，一方面整个明代从皇室贵族到宦官集团都崇信佛教，明代宦官政治在大兴庙观的过程中起了十分重要的作用。大慧寺即是正德时期的司礼监太监张雄所建，王廷相《西山行》：“西山三百七十寺，正德年中内臣作”；另一方面这些寺庙的分布，和北京西郊沿线对外的交通布局息息相关。以西直门和阜成门外表现得最为明显。这两座城门向西的道路通往西山，这条交通线，可能有以下功能：运输西山木材、木炭、煤等山地资源；游览西山；西山庙宇进香。如西直门至瓮山沿玉河一线实际上是一条以水为依托的游览线，而在“高梁桥北精蓝棋置。每岁四月八日为浴佛会，幡幢铙吹，蔽空震野，百戏毕集。四方来观，肩摩毂击，浃旬乃已，盖若狂云。温陵黄居中诗：四月长安道，芳郊乐事偏。乍休浴佛会，更结赛神缘。角抵侬人戏，婆娑里社传。汗挥都市雨，香滚禁城烟。翠黛迷金粉，青骢控锦鞯。旌幢纷耀日，铙鼓竞喧天。树色翻罗绮，莺声入管弦。移尊依水曲，挈榼拥桥边。杂遝穿花去，酣歌藉草眠。风流欢胜赏，不数永和年。”[99]再如阜成门外向西则沿途有嘉兴观、摩诃庵、法藏庵、西域双林寺、昭应宫、慈慧寺、慈寿寺、皇姑寺、嘉禧寺等著名寺庙。[100]这两条线路吸引众多香客和文人士大夫纷沓而至。

西山寺庙风景区以八大处为其中代表。一处长安寺，又名善应寺，位于翠微山西南角下，创建于明弘治十七年（1504），旧称翠微寺。两进院落，前殿释迦殿，后殿娘娘殿。以奇花名树闻名，种有玉兰、紫薇，寺内四棵白皮松，种植于明代。二处灵光寺，位于翠微山东麓，创建于唐大历年间（766），初名“龙泉寺”。金大定二年（1162）重修，更名“觉山寺”。明宣德、成化再度修葺，改称灵光寺。古有“翠微八大刹，灵光居第一”的说法。寺内有：峭壁飞瀑、金鱼池、水心亭、归来庵与画像千佛塔基等景观。三处三山庵，因处翠微、平坡、卢师三山之间而得名。俗称“麻家庵”。院落一进，殿前有一块长方形门道石，上刻有花木鸟兽、流水行云，称“水云石”。“翠微入画”说的就是在此处远眺山景。四处为大悲寺，旧称隐寂寺。始建于北宋、辽金时，明嘉靖二十九年（1550 年），增建“大悲阁”，以供奉观世音菩萨。院落三进，依山而建。五处为龙王堂，又名龙泉庵。始建于明仁宗洪熙乙巳（1425）。清康熙十一年（1672 年）重修，院落五进，庵内另有“卧游阁”、“听泉小谢”、“妙香院”、“华祖院”等景。六处为香界寺，旧称平坡寺，在平坡山上而得名，是八大处主寺。创建于唐乾元初年（758），明洪熙元年（1425）重建，改成“大圆通寺”，清康熙十七年两次重建，改称圣感寺，乾隆十三年（1748）扩建了行宫，定名香界寺。殿宇五进，气势宏大。七处为宝珠洞，在平坡山顶，是八大处中最高一处。洞内砾石黑白相间似珍珠，故而得名。明公光国赋诗记云：“玄窟何人凿，攀萝折折寻。三芝开宝地，五药遍珠林。岩滴冰霜乳，云迁远近岑。珠光时夜发，照见柏森森。”八处为证果寺，坐落于卢师山腰。始建于隋代仁寿年间，明景泰年间改称“镇海寺”，天顺元年（1457）改为证果寺。院落前后两进。寺西有小院，再西为密魔崖，崖上刻有“天然幽谷”四字。崖下有卢师洞、真武洞，洞前建有招止亭。(101)古有八大处十二景之说，以描述此处无限的风光。

内城西区环绕积水潭、什刹海沿岸积聚了众多寺庙。另外，在明代北京皇城以西建有三处皇家道教庙宇：灵济宫、朝天宫、显灵宫。这些庙宇地位较高，除具有祭祀功能外，灵济宫、朝天宫还曾作为百官习仪的场所，也促成了这个区域寺观园林的发展。

除了这两个区域以外，北京城内寺庙园林具有代表性的主要有月河梵院以及弘善寺。

朝阳门外月河梵院，明代僧人道深曾在寺旁建的单独附属园，利用月河溪水，依据原有地形而建，与文人园林相似，是明代寺观园林的代表作。园内有一粟轩、花石屏、希古草舍、槐室、板凳桥、苍雪亭等数十景观，四周以竹相围，有假山、莲池、梅花、兰花、碧桃等珍贵花卉，幽静致远，“苑之池亭景为都城最”。《天府广记》卷三十七《月河梵院记》做了详细描述：

> 苑后为一粟轩，轩名曾西墅学士题。轩前峙以巨石，西辟小门，门隐花石屏，北为聚星亭，亭四面为栏槛，以息游者。亭东石盆池高三尺许，玄质白章，中凹而坎其旁，云夏用以沉李浮瓜者。亭之前后皆盆石，石多昆山、太湖、灵璧、锦川之属。亭少西为石桥，桥西为雨花台，上建石鼓三，台北为草舍一楹，曰希古，桑枢瓮牖，中设藤床石枕及古瓦埙篪之属。草舍东聚石为假山，西峰曰云根，曰苍雪，东峰曰小金山，曰璧峰。下为石池，接竹以溜泉，泉水涓涓自峰顶下，竟日不竭，僧指为水戏。……自一粟轩折南以东，为老圃，圃之门曰曦先，曦先北为窖，冬藏以花卉。窖东为春意亭，……亭东为板凳桥，桥东为弹琴处，中置石琴，上刻苍

雪山人作。西为下棋处。……逾下棋处，为小石浮图。浮图东循坡陀而上，凡十余弓，为灰堆山。山上有聚景亭，上望北山及宫阙，历历可指，亭东隙地植竹数挺，曰竹坞，下山少南门曰看清，入看清结松为亭，逾松亭为观澜处。

从这些描述中，可见其建筑设计的精巧以及浓厚的江南文人园林气质。

弘善寺，亦称韦公寺，明代中叶正德年间内侍韦霦所建，距左安门二里。明武宗赐额“弘善寺”。《帝京景物略》卷三著有：

京师七奇树，韦公寺三焉。天坛拗榆钱也，榆春钱，天坛榆之钱以秋。显灵宫折枝柏也，雷披一枝，屏于溜中，折而不殊，二百年匆匆。报国寺矬松也，干数尺，枝横数丈，如浅水荇，如蛀架藤。卧佛寺古娑罗也，下根尽出，累瘿露筋，上叶砌之，雨日不下。与韦公寺内之海棠也，苹婆也，寺后五里之柰子而七也。寺在左安门外二里，武宗朝常侍韦霦建，赀竭不能竟，诏水衡佐焉，赐额弘善寺。寺东行一折，有堂，堂三折，有亭，亭后假山，亭前深溪。溪里许，芦荻满中，可舟尔，而无舟。寺无香火田地，以果实岁。树周匝层列，可千万数。寺南观音阁，苹婆一株，高五六丈。花时鲜红新绿，五六丈皆花叶光。实时早秋，裹着日色，焰焰于春花时。实成而叶竭矣，但见垂累紫白，丸丸五六丈也．寺内二西府海棠，树二寻，左右列，游者左右目其盛，年年次第之，花不敢懈。寺后五果柰子树，岁柰花开，柰旁人家，担负几案酒肴具，以待游者，赁卖旬日，卒岁为业。树旁枝低亚，入树中，旷然容数十席。花阴暗日，花光明之，看花日暮，多就宿韦公寺者。海棠、苹婆、柰子，色二红白。花淡蕊浓，柎长多态。海棠红于苹婆，苹婆红于柰子也。崇祯己巳冬之警，我师驻寺，海棠苹婆以存，柰子树，敌薪之。

园林中的奇花异木以及别具匠心的设计，使这个区域吸引了众多文人仕宦的造访，成为京郊游览胜地。

二、明代北京寺观园林的类型特点

明代北京寺观园林在众多园林类型中，有非常重要的独特性。自宋至明，禅宗使得文人与佛学结合紧密，文人参禅，僧人也向学。到了明代，佛教开始走向世俗化、文人化，反应在园林艺术上，寺观园林的景象和文人园林、私家园林非常接近。在选址、山水地形的处理、山石小品、植物配备等方面，结合寺观的宗教性质，多有新意。无论城郊还是城内，无不参考、依托周围的自然景观而建。植物是寺观园林重要的组成部分，北京地区自然生长的树木，多是松柏之属。天然古木，为寺观增色不少。还有一些寺庙，是京城花木经营和观赏的重要场所，如明代摩诃庵以杏花著称，“摩诃庵外袖吟鞭，繁杏春开十里田”。[102]又丰台草桥一带，为唐代万泉寺旧址，“天启间，建碧霞元君庙其北，岁四月，游人集醵且博，旬日乃罢。居人遂花为业。都人卖花担，每晨千百，散入都门。入春而梅，而山茶，而水仙，而探春，中春而桃李，而海棠，而丁香，春老而牡丹，而芍药，而孪枝，入夏榴花外，皆草花……”[103]，有诗描述：

> 昨日慈人买花归，插满铜瓶香彻夜，
> 今日丰台赏花来，铺荫更座芳丛下。[104]

这种功能一直延续至清。

明代北京寺观园林的兴盛不绝，一方面与明代政治经济文化宗教一些系列的政策有关，另一方面，寺观园林功能的多样化，也是重要因素。与皇家园林和私人园林不同之处在于，寺观园林一开始就面向普通大众开放。其宗教性质承载着百姓的精神寄托，除了祭祀祈祷之外，还承担了诸如集市贸易、社会救济、游览观光、文化交流、文人聚集讲学等很多社会功能。

首先，寺观园林是游览娱乐的重要场所。明代寺观园林遍布京城内外各个区域，以寺庙为中心形成了众多具有公共游览性质的区域。著名的有什刹海、后海、积水潭、高梁桥一带。城内各个水系，多是寺庙聚集之地。

> 自地安门以西皆水局也。东南为什刹海、又西为后海，过德胜门而西为积水潭，实一水也，元人谓之海子……然都人士游踪多集于什刹海，以其去市最近，故群屐争趋。长夏夕阴，火伞初敛。柳荫水曲，团扇风前。几席纵横，茶瓜狼藉。玻璃十倾，卷浪溶溶。菡萏一枝，飘香冉冉。相民唐代曲江，不过如是。[105]

《帝京景物略》形容积水潭一带：

> 岁中元夜，盂兰会，寺寺僧集，放灯莲花中，谓灯花，谓花灯。酒人水嬉，缚烟火，作凫雁龟鱼，水火激射，至萎花焦叶。是夕，梵呗鼓铙，与宴歌弦管，沉沉昧旦。水，秋稍闲，然芦苇天，菱芡岁，诗社交于水亭。冬水坚冻，一人挽木小兜，驱如衢，曰冰床。雪后，集十余床，罏分尊合，月在雪，雪在冰。西湖春，秦淮夏，洞庭秋，东南人自谢未曾有也。[106]

一年四季，游人不绝。据统计，明代北京有游览诗在6首以上的明代寺庙有24所，有游览诗10首以上的寺庙13所。它们的名称和诗文数量分别是：碧云寺（74）、韦公寺（53）、报国慈仁寺（42）、大功德寺（26）、卧佛寺（21）、摩诃庵（17）、灵济宫（17）、朝天宫（17）、显灵宫（15）、天宁寺（14）、兴隆寺（13）、龙华寺（11）、都城隍庙（11）、万寿寺（9）、真觉寺（9）、正阳门关帝庙（9）、慈慧寺（8）、慈寿寺（7）、崇国寺（7）、白云观（7）、长椿寺（7）、极乐寺（6）、月河梵院（6）、白塔寺（6）。[107]由此可见，这些寺观园林对文人士大夫们的吸引力还是很大的。

其次，集市贸易的功能。当时京城著称的有“东西庙”，东为隆福寺，西为护国寺：

> 自正月起，每逢七、八日开西庙，九、十日开东庙。开庙之日，百货云集，凡珠玉、绫罗、衣服、饮食、古玩、字画、花鸟、虫鱼以及寻常日用之物，星卜、杂技之流，无所不有。乃都城内之一大市会也。两庙花厂尤为雅观。春日以果木为胜，夏日以茉莉为胜，秋日以桂菊为胜，冬日以水仙为胜。至于春花中如牡丹、海棠、丁香、碧桃之流，皆能于严冬开放，鲜艳异常，洵足以巧夺天工，预支月令。[108]

此外，宣武门内的城隍庙，明代每月朔望、廿三为庙会之期，“人生日用所需，精粗皆备，……书画古董，真伪杂错……”。[109]慈宁寺的庙会，在明末清初以花卉和书肆著称。城外碧霞元君庙“每岁四月有庙市，市皆日用农具，游者多乡人”。[110]

再次，有些寺庙兼具社会救济功能。东城幡竿寺，西城蜡烛寺为其中代表。“舍饭蜡烛寺，日给贫人粟米，病有医，死有棺……明制于幡竿、蜡烛二寺舍饭，幡竿寺在双碾胡同”。[111]

聚会讲学功能。[112]在明天启年间，首善书院开设之前，明北京城的寺庙还是文人聚会讲学之所。“京师首善之地，琳宫鸱吻相望，独无学者敬业乐群之地。往时罗文恭、徐文贞讲学，率借僧舍，诚一大阙事也”。[113]

第五节　私家园林

明代是北京私家园林大发展时期。万历年间，私家造园之风日渐大盛，主要分布于城内，西郊、南郊，又以什刹海地区和西郊最为集中。由于明代藩王“之国”之制，诸王成年后需离京至封地居住，所以永乐后，北京私家园林中没有王府园林，而以外戚、功臣世家、宦官三类园林最为兴盛，文人官僚次之。[114]清宋起凤《稗说》记录：“定国、成国两公，李、周、田三外家，王、魏、曹、李诸巨珰，皆有家园地，筑与内地，即燕中士大夫亦不得过而浏览焉。”其中谈及的定国公是徐达之后，成国公是永乐时期朱能后人；李、周、田分别指万历年间李伟、崇祯年间周奎、田弘遇三外戚；王、魏、曹、李四巨珰，分别是正德年间王振，天启年间魏忠贤、崇祯年间曹化淳、弘治年间李广四个太监，这三类人，都因身受皇恩，即享有特权，又敛财无数，奢侈无度，造园便成为一时风气。他们建造的私家园林，富丽恢弘。即使当时士大夫，都不能随意入园浏览。武清侯清华园是豪门园林的代表作，此外著名的还有：冉驸马的宜园、万驸马的曲水园和白石庄、李皇亲的清华园和新园、英国公园、惠安伯牡丹园等园。文人园林以米万钟的三园最为著名，分别是海淀的勺园、西长安门内的湛园、积水潭的漫园。大臣以正统间大学士杨荣的杏园为代表。旁边周以杏林，装点古松奇石，常引大臣们来此集会。画家谢庭循画有《杏园雅集图》，从中可以追寻到庭园疏朗的景致，苍松、湖石、奇花、翠竹尽收眼底。

明代私家园林最重水景，清华园的重湖，水面壮阔；曲水园的曲溪，弯折幽静。假山叠石则继承唐宋以来的传统，以奇为胜。如冉氏宜园有“万年聚”、李氏清华园有“断石”、米万钟更是为收藏奇石专门建了古云山房。花木方面以槐松类、柳树、牡丹、芍药、海棠备受青睐。

清初宋起凤《稗说》记录：

京师园囿之胜无如李戚畹之海淀、米太仆友石之勺园二者为最。盖北地土脉深厚悭于水泉独两园居平则门外擅有西山玉泉裂帛湖诸水汪洋一方而陂池渠沼远近映带林木得水蓊然秀郁四时风气不异江南。两园又饶于山石卉竹凡一切径路皆架梁横木逶迤水石中不知其凡几。树木交阴密不透风日。

可见米万钟勺园、武清侯李氏清华园为明北京私家园林中的杰出之作。前者乃文人园林的代表，雅致幽远，后者富丽恢弘，时有“李园壮丽，米园曲折。米园不俗，李园不酸”的论断。(115)《稗说》亦称：“米园具思致，以幽胥胜；李园雄拓，以富丽胜。”肯定了二园各有所长。另《天爵堂文集笔余》记载：“都人皆极羡贵戚李园绮艳绝世，而以勺园为寒俭不足观。”(116)相较勺园清丽的气质，时人更羡慕李园的富丽奢华。

清华园（李园）

武清侯李氏在当时非常热衷造园，京城之内，修造了数座园林，堪比皇家园林，最为著名的就是位于海淀的清华园。《万历野获编》载：“（米进士勺园）旁有戚畹李武清新构亭馆，大数百亩，穿池叠山，所费已巨万，尚属经始耳。”明末清初谈迁《北游录》记载：“故武清侯李诚铭，以神祖元舅余力治园，其地十顷，穿沼垒石，费亿万缗，胜甲都下。”米万钟于万历二十三年（1595）中进士，此时尚未建好，正在大兴土木。通过这两段史料，大致可以推出清华园建成的时间应不早于万历三十七年（1609）。(117)《日下旧闻考》引《寄园寄所寄录》载：“（崇祯）戊寅，诏武清侯助军饷百万。侯时家产已落，以甲第及海淀别业售于人。”在崇祯十一年戊寅（1638），清华园被迫出售，此时，不再属于李氏一族。清华园规模非常大，可以说是明清两代私家园林之首。后康熙在清华园的故址上修建了畅春园。康熙帝《畅春园记》记载：“视昔亭台、丘壑、林木、泉石之胜，系其广袤，十仅存夫六七。”畅春园只占昔日清华园原址的十分之六七。学界由此推算清华园的规模可能有1200至1500亩。

刘侗、于奕正《帝京景物略》对清华园的景物格局记载最为详细：

洴而西，广可舟矣，武清侯李皇亲园之。方十里，正中，挹海堂。堂北亭，置“清雅”二字，明肃太后手书也。亭一望牡丹，石间之，芍药间之，濒于水则已。飞桥而汀，桥下金鲫，长者五尺，锦片片花影中，惊则火流，饵则霞起。汀而北，一望又荷蕖，望尽而山……山水之际，高楼斯起，楼之上斯台，平看香山，俯瞰玉泉，两高斯亲，峙若承睫。园中水程十数里，舟莫或不达，屿石百座，槛莫或不周。

《日下旧闻考》载：“明李伟清华园地临丹棱沜，方十里，正中为挹海堂，又为楼百尺，对山瞰湖，今之畅春园就其旧址亦不过十余里。挹海堂已废，惟楼尚存。今之延爽楼，相传为当时遗甓。所去娄兜桥，一名西勾，在园北者，今其迹已莫可辨。”清代中叶汪启淑《水曹清暇录》载：

娄兜，明李武清园中桥名也。武清侯园总名清华，广有十里，牡丹最多，有绿蝴蝶一种尤妙绝，今失其种。园中有高楼五楹，楼上复筑一台，望玉泉诸山如在几席，额曰“清天白曰”，明某宗所书。又亭名“清雅”，明某后所书。惜皆鞠为茂草荒烟矣。

《古今图书集成·园林部》《誉盱》载：

海淀清华园，戚畹李侯之别业也。去都门西北十里。湖水自西山流入御吟沟，人无得而游焉。淀之水，滥觞一勺，都人米仲诏浚之，筑为勺园。李乃构园于上流而工制有加，米颜之曰‘清华’。初至见茅屋数间，入重门，境始大。池中金鳞长至五尺。别院二，邃丽各极其致？为楼百尺，对山瞰湖。堤柳长二十里，亭曰‘花聚’，芙蕖绕亭，五六月见花不见叶也。池东百步，置断石，石纹五色，狭者尺许，修者百丈。西折为阁，为飞桥，为山洞，西北为水阁。叠石以激水，其形如帘，其声如瀑。禽鱼花木之盛，南中无以过也。雪后联木为冰船，上施轩幕，围炉其中，引斛割炙，以一二十人挽船走冰上若飞，视雪如银浪，放手中流，令人襟袂凌越，未知瑶池玉宇又何如尔。

从以上几段文献，我们大致可知，园中主要建筑以南北中轴线成纵深布置，南端是两重园门。整个园区，水面阔大，是一座以水为主的水景园。水面被岛、堤分为前湖、后湖。前后湖之间“挹海堂”是整个园区最重要的建筑群。在湖四周有河渠构成的一个水网，可行舟，即可作浏览的线路，又可作园中交通运输之用。《帝京景物略》："园内水程十数里，舟莫或不达。"高道素《明水轩日记》记载："清华园前后重湖，一望漾渺，在都下为名园第一。若以水论，江淮以北，亦当第一也。"当时此园号称"京国第一名园"。"清华园"的匾额乃米万钟亲笔所题。

勺园（米家园）

勺园位于北京海淀北，今北京大学校园范围内。是明代米万钟的郊园，也是明代最负盛名的私家园林。目前仅保存有少量遗迹，关于此园的文献记载还是比较丰富。研究者众，民国时期洪业辑有《勺园图录考》，搜罗了大量相关文献；后有侯仁之《记米万钟〈勺园修禊图〉》和沈乃文《米万钟与勺园史实再考》，是考证勺园历史沿革方面的两篇力作。

米万钟，字仲诏，又字友石，宛平县人，万历二十三年（1595）进士，曾历任永宁、铜梁、六合三县县令，为官颇有清正之名。天启五年（1625），被魏党弹劾削籍，崇祯初年复起任太仆少卿。擅书画，与董其昌齐名，有"南董北米"的说法。在京城内建有湛园、漫园、勺园三个园林，以勺园最为著称。据洪业推断此园建于万历四十年（1612）至四十二年（1614）之间。位于明李氏清华园东，附近是米氏祖坟之所。明末动乱之际，这座名园走向荒废。米万钟本人于万历四十五年（1617）绘制的《勺园修禊图》，为我们今天了解勺园景致提供了依据。关于勺园名称来源，《长安客话》载云：

> 北淀有园一区水曹郎米仲诏（万钟）新筑也。取海淀一勺之意署之曰"勺"，又署之曰"风烟里"。中所布景曰色空天，曰太乙叶，曰松坨，曰翠葆榭，曰林于澨。种种会心品题不尽。(118)

勺园又名"风烟里"。园中布局：

> （清华）园东西相直米太仆勺园百亩耳望之等深步焉则等远。入路柳数行乳石数垛。路而南陂焉。陂上桥高于屋桥上望园一方皆水也。水皆莲莲皆以白。堂楼亭榭数可入九进可得四。覆者皆柳也肃者皆松列者皆槐笋者皆石及竹。水之使不得径也。栈而阁道之使不得舟也。堂室无通户左右无兼径阶必以渠取道必渠之外廓。其取道也板而槛七之。树根槎枒

> 二之。砌上下折一之。客从桥上指了了也。下桥而北园始门焉。入门客懵然矣。意所畅穷目。目所畅穷趾。朝光在树疑中疑夕东西迷也。最后一堂忽启北窗稻畦千顷急视幸日乃未曛。西园之北有桥曰娄兜桥一曰西勺。[119]

《日下旧闻考》引明人孙国敉《燕都游览志》：

> 勺园径曰“风烟里”。入径乱石磊砢高柳荫之。南有陂陂上桥曰“缨云”集苏子瞻书。下桥为屏墙墙上石曰“雀浜”勒黄山谷书。折而北为文水陂跨水有斋曰“定舫”舫西高阜题曰“松风水月”。阜断为桥曰“逶迤梁”主人所自书也。踰梁而北为勺海堂吴文仲篆。堂前怪石蹲焉栝子松倚之。其右为曲廊有屋如舫曰“太乙叶”周遭皆白莲花也。东南皆竹有碑曰“林于澨”。有高楼涌竹林中曰“翠葆楼”邹迪光书。下楼北行为槎枒渡亦主人自书。又北为水榭。最后一堂北窗一拓则稻畦千顷不复有缭垣焉。

通过现存遗迹和史料记载，沈乃文先生推断明代时期的勺园东西方向布置了很多景物不应与南北方向的尺度相差太大。明代私家园林开始学习江南园林的造园技巧。这一点在勺园的建造上体现得尤为明显。米万钟因为有在六合县为官的经历，对江南园林非常偏爱和熟悉，“米仲诏进士园，事事模效江南，几如桓温之于刘琨，无所不似”。[120]米万钟本人也有诗为证：“先生亦动莼鲈思，得句宁无赋小山。”《长安客话》引沈齐源《假居园后》诗有“广陵骚客客京华，借得名园即是家”之句。勺园以水景取胜，《天爵堂文集笔余》称“米氏海淀勺园一洗繁华。蒿径板桥，带以水石，亩宫之内，曲折备藏，有幽人野客之致，所以为佳。”勺海堂与后堂、定舫与水榭及蒸云楼隔水相望，意境幽远。王思任《题米仲诏勺园》诗四首中有“米家亭馆胜京西，胜在干原忽水栖”，“勺园一勺五湖波，湿尽山云滴绿多”等句。袁中道《七夕集米友石勺园》云“到门惟见水入室尽疑舟”，“看山真是近得水最为多”。均在描绘园中水景之盛。米万钟本人有诗吟诵此园：

> 幽居卜筑藕花间，半掩柴扉日日闲。
> 新竹移来宜作径，长松老去好成关。
> 绕堤尽是苍烟护，傍舍都将碧水环。

更喜高楼明月夜，悠然把酒对西山。

定国公园

《帝京景物略》记载：

环北湖（即积水潭）之园，定园始，故仆莫先定园者。实则有思致文理者为之。土垣不垩，土池不甃，堂不阁不亭，树不花不实，不配不行，是不亦文矣乎。园在德胜桥右，入门，古屋三楹，榜曰“太师圃”，自三字外，额无匾，柱无联，壁无诗片。西转而北，垂柳高槐，树不数枚，以岁久繁柯，阴遂满院。藕花一塘，隔岸数石，乱而卧，土墙生苔，如山脚到涧边，不记在人家圃。野塘北，又一堂临湖，芦苇侵庭除，为之短墙以拒之。左右各一室，室各二楹，荒荒如山斋。西过一台，湖于前，不可以不台也。老柳瞰湖而不让台，台遂不必尽望。盖他园，花树故故为容。亭台意特特在湖者，不免佻达矣。园左右多新亭馆，对湖乃寺。万历中，有筑于园侧者，掘得元寺额，曰“石湖寺”焉。

由上述资料可知，定国公园风格古朴，土墙不加涂饰，土池不作驳岸，建筑不讲究形式，树木不追求花实，听其自然。

英国公园

英国公张辅，始封于永乐六年（1408），子孙世袭。《帝京景物略》记载：“英国公赐第之堂，曲折东入，一高楼，南临街，北临深树，望去绿不已。有亭立杂树中，海棠族而居。亭北临水，桥之。水从西南入，其取道柔，周别一亭而止。亭傍二石，奇质，元内府国镇也。上刻元年月，下刻元玺。当赐第时，二石兴俱矣。亭北三榆，质又奇，木性渐升也，谁搤令下，既下斯流耳，谁掖复上，左柯返右，右柯返左，各三四返，遂相攫拿，捺捺撇撇，如蝌蚪文，如钟鼎篆，人形况意喻之，终无渚理。亭后，竹之族也，蕃衍硕大，子母祖孙，观榆屈诘之意。用是亭亭条条，观竹森寒。又观花畦以豁，物之盛者屡移人情也。畦则池，池则台，台则堂，堂傍则闲，东则圃。台之望，古柴市，今文庙也。堂之楸，朴老，不好奇矣，不损其古。阁之梧桐，又老矣，翠化而俱苍，直榦化而俱高岩。东圃方方蔬畦也。其取道直，可射”。从园的总体布局看，大体上仍然是宋代洛阳园林的格局。[121]

成国公园

成国公朱能，字士弘，怀远人。靖难之役时，夺取北平九门，后受封成国公，子孙世袭封号。成国公园位于东城，《帝京景物略》记载：

> 园有三堂，堂皆荫，高柳老榆也。左堂盘松数十科，盘者瘦以矜，干直以壮，性非盘也。右堂池三四亩，堂后一槐，四五百岁矣，身大于屋半间，顶嵯峨若山，花角荣落，迟不及寒暑之候。下叶已兔目鼠耳，上枝未萌也。绿周上，阴老下矣。其质量重远，所灌输然也。数石经横其下，枝轮脉错，若欲状槐之根。树旁有台，台东有阁，榆柳夹而营之，中可以射。繇园出者，其意苍然。园曰“适景”，都人呼十景园也。

适景园、十景园都是指的成国公园。此园中有一株四五百岁的老槐树，著称于世，如李东阳有《成国公槐树歌》，刘侗作《适景园老树》诗，都是对这棵树歌咏。园中除三堂而外，据袁宏道的《适景园小集》说，还有：

> 一门复一门，墙屏多于地。侯家事整严，树亦分行次。
> 盆芳种种清，金蛾及茉莉。苍藤蔽檐楣，楚楚干云势。
> 竹子千余竿，丛稍减青翠。寒士依朱门，素然无伟气。
> 鹤翎片片黄，丹旗傍银字。绨锦裹文石，翻作青山祟。
> 兑酒向东篱，颓然常清醉。

宜园

《帝京景物略》记载：

> 堂室则异宜已，幽曲不宜宴张，宏敞不宜著书。垣径也亦异宜，蔽翳不宜信步，晶旷不宜做愁。冉驸马宜园，在石大人胡同，其堂三楹，阶墀朗朗，老树森立，堂后有台，而堂与树，交蔽其望。台前有池，仰泉于树杪堂溜也，积潦则水津津，晴定则土。客来，高会张乐，竟日卜夜去。视右一扉而扃。或启焉，则垣故故复，迳故故迂回。入垣一方，假山一座满之，如器承餈，如巾纱中所影顶髻。山前一石，数

> 百万碎石结成也。……园创自正德中咸宁侯仇鸾，后归成国公朱，今庚归冉。石有名曰“万年聚”，不知何主人时所命也。

据此可知此园位于石大人胡同，创建于明正德年间，最初为咸宁侯仇鸾所筑，后归成国公，后又归冉驸马。一般来说，北京私家园林，是不允许私自引水入园的。宜园水无泉源，凿池来储存雨水，以此作为园里的水源，沿池建堂，堂前（后）临水筑台。

万驸马曲水园

曲水园位于东城，原为新宁远伯李成梁的故园，后归万驸马。此园因形如松的松化石而著称。园中水竹也非常迷人。

《帝京景物记》记载：

> 驸马万公曲水家园，新宁远伯之故园也。燕不饶水与竹，而园饶之。水以汲灌，善渟焉，澄且鲜。府第东入，石墙一遭，径迢迢皆竹。竹尽而西，迢迢皆水。曲廊与水而曲，东则亭，西则台，水其中央。滨水又廊，廊一再曲，临水又台，台与室间，松花石攸在也。木而化欤？闻松柏槐柳榆枫焉，闻化矣，木尚半焉，化石，非其化也，木归土而结石也，……然石形也松，曰松化石，形性乃见，肤而鳞，质而干，根拳曲而株婆娑，匪松实化之，不至此。

明代的私家园林，在建造风格相较清代有更多的自由。园林设置，无不围绕主人的日常生活而建。有居住的需求，同时也兼具很强的观赏性，主人的人生经历以及情趣意味，都体现在园林的建造之中。厅堂、寝室、书斋、祠庙等建筑，都是围绕主人生活起居而设。同时，私家园林也是京城中上层人士重要的活动场所。尤其文人园林，兼有公共园林的性质，文人仕宦之间互相唱酬，有大量游园诗记录了这些场景。豪门园林更是常常建有戏楼，是举办各种节庆、婚宴，寿席等活动的重要场所。但是，明清两代，园林的建筑形式、规模等方面，受严格等级制度的限制，不可逾越。明嘉靖年间外戚张延龄就曾经因“造园池，僭侈逾制”[(122)]而获死罪。在山水营建方面，禁止私人引水，这样的规定，对北京私家园林的营建造成了诸多限制。明成化间大太监李广“起大第，引玉泉山水，前后绕之。”[(123)]在其后被弹劾的几条罪状中，其一就是“盗引玉泉，私绕经第”。[(124)]明沈德符曾评价北京的私人园林多庙堂氛围而少山林气息，具有“气象轩豁”的特征。选址喜欢依临河湖，根据水面的布局设计园林。布局严正，往往讲究中轴均衡，强调正厢观念。

明代自万历以后，私家园林的修建受江南园林的影响很深，但又同时保留了自己北方园林的风格。大量南方士子入京为官，还有一些人，像米万钟，有在南方做官的经历，这些人在文人中形成了一种文化氛围。武清侯李氏位于三里河故道旁的别业于“水岸设村落，宛如江浦渔市”。另《稗说》载：“周、田两家居第，通水泉，荫植花木，叠石为山，极尽窈窕。两家本吴人，宾客憧仆，多出其里，故构筑一依吴式，幽曲深邃，为他园所无。”周、田两家外戚也来自江南，这些豪门园林格局在恢弘富丽之中也都仿江南风格。首先在选址上，喜欢依据河湖水面而筑园。建筑方面，主要是北京建筑风格，但一些舫舟类建筑，模仿船形，是受江南建筑风格的影响。用色方面，用“炕木色”、“竹节漆”、木原色替代了鲜艳的油漆彩画，模仿江南园林的素雅，这一点在文人园林上更能体现。私家造园以青石为主，但不乏对秀丽多窍湖石的喜爱，推崇江南的叠石风格。

第六节　公共园林风景区

明代的公共游豫园林，分布较广，内城有德胜门内水关和安定门外满井、什刹海、太平湖、泡子河，外城有金鱼池、南下洼，以及东便门外二闸地段，西便门外莲花池、柳浪庄（俗称六郎庄）等处，还有天坛松林、高梁桥的柳林等等，另外在北京西山一带的香山寺、卢师山，玉泉山、戒坛寺、潭柘寺、仰山一带分布的大量寺庙，都是普通民众游览的场所。《帝京景物略》指出明代百姓游览园林有较为明显的特征：首先突出季节性，持续时间长。几乎逢节必游，时间多集中在春夏二季和初秋，从阴历的三月初一持续到八月中旬，历时达半年之久；再者，规模大，游人以万计。[125]

什刹海位于北京内城，由前海、后海和西海三部分组成，元代称“海子”，明清时期统称“什刹海”，又统称“后三海”。西海临近德胜门水关，又名积水潭或净业湖。明代李东阳《雪后经西涯》描绘：

> 豪客园池非旧业，梵家宫殿有高台。
> 林花苑柳如相识，又是一度春风来。[126]

什刹海作为北京内城最大的，也是向游人开放的水域，是北京城内重要的公共游豫区域。明代洪武元年（1365），在德胜门至安定门一线修建北城墙，将大都北墙南移五里，并在德胜门西至水关，引水入城。后来，又在水关岛上建镇水观音庵。明代建都北京后，水系变迁，积水潭的水源减少，漕运已不再能够进城，什刹海地区承载着的航运功能逐渐弱化，归于平静的水面，吸引了众多豪门和文人在此营建官邸和宅园，使这个区域成为名园荟萃，聚会游览的胜地。据《帝京景物略》记载：

> 沿水而刹者、墅者、亭者，因水也，水亦因之。梵各钟磬，亭墅各声歌，而致乃在遥见遥闻，隔水相赏。立净业门，木存水南。坐太师圃、晾马厂、镜园、莲花蒐、刘茂才园，目存水北。东望之，方园也，宜夕。西望之，漫园、缇园、杨园、王园也，望西山，宜朝。深深之太平万、虾莱亭、莲花社，远远之金刚寺、兴德寺，或辞众眺，或谢群游亦。

可见当时，这一代的繁华热闹。有代表的就有定国公园、英国公新园及漫园、镜园、刘茂才园、堤园、杨园。同时这个区域寺庙也非常多。所以，这个区域吸引了王公贵胄，文人墨客，市民百姓各个阶层人士的游览。成为京城重要的公共空间。著名的景点就有“银锭观山”、“西涯晚景”、“憔楼夜鼓”、“响闸烟云”、“柳堤春晓”、“湖心赏月”。

这些园区，沿湖岸开放。三海间一些区域，自然风景优美，引人驻足，如后海西沿以及前海西南岸一带。自西海南端至前海西南部之间原有长河勾连，三海水系于交界处往往建有石桥，各桥围之间隔出很多区域。什刹海的桥梁多为三孔或单孔石拱桥。前海西南岸一带旧称“西涯”，明代著名文人李东阳曾经在此居住，作有《西涯十二咏》，除其自家园外，咏及海子、西山、杨柳湾、稻田、响闸、钟鼓楼、慈恩寺、广福观等，被后人称为“西涯晚景”。还有一些地方，近水的楼阁或亭台为核心，形成独特的园林景观，如明代的阮公亭、莲花社和虾菜亭等。另有一些区域，与酒楼、茶馆相结合，形同闹市，成为公共园林的一部分。除此而外，这一地区几乎所有的寺庙园林都兼有公共园林的功能，而另有某些园林虽为私人所建，但向外界全面开放，性质也更近于公共园林。[127]

这个区域，一年四季都吸引民众前来观赏游览，景色以夏季最为宜人。自元代起，海子一带就是春游佳处，故元人有诗句吟道：“燕山三月风和柔，海子酒船如画船。”[128]“柳梢烟重滴春娇，傍天桥，住兰桡。”[129]到了明代，此处更是文人墨客踏春赏花的必游之处。夏季，更是游船赏荷，消暑的好去处。明代净业湖和莲花池的主要作用是种荷花和稻田。明初，“上林苑监”的川衡署开始在湖内种植荷花，改造湖水，设置船只，供皇上游览之用。每年夏天，也吸引了民众来此观赏荷花。明代高晰《水关竹枝词》描绘道：

> 酒家辛畔唤渔船，万顷玻璃万项天。
> 便欲过溪东渡去，笙歌直到鼓楼前。

《帝京景物略》载：“岁盛夏，莲始华，宴赏尽，园辛遂园亭，虽莲香所不至，亦席亦歌。”秋天，以中元节最为热闹。《日下旧闻考》载：“中元夜，寺僧于净业湖边放河灯，杂入荷花中，游人设水嬉为盂兰会。梵吹钟鼓，杂以宴饮……”行舟可经由净业湖，过德胜桥而至莲花池。中元夜，百姓会聚此处放河灯。冬季，湖面结冰，更是冰嬉的地点。正德以后，兴起了“冰床围酌”的游戏，《燕都游览志》记载：“好事者，恒觅十余床，携围炉具，酌冰凌中。”

什刹海区域，也是民俗活动聚集之地。《燕都游览志》载：“（净业）寺前旧作厂棚，列席浮尊，宴饮殊适。”各种戏曲、杂艺、饮食糕点、民间酒楼云集于此。

北京西郊，为群山环绕，泉流汇集，明清两代是非常重要的园林风景区。明代在这个区域建造了大量寺庙园林，到了清代，在此基础上，修建了大型皇家园林。修建的寺庙数量之多，远超前代。据《日下旧闻考》著录的就有：永乐初年，高梁河畔的真觉寺；洪熙元年，翠微山大圆通寺；宣德年间，重建西湖功德寺和旸台山大觉寺，新建西域寺；正统年间，黄村保明寺，玉泉山建华岩寺；天顺间，衍法寺、普法寺；成化间，寿安寺、双泉寺、灵光寺、承恩寺；嘉靖年间，南海淀永通寺、重修极乐寺；万历年间，慈寿寺、万寿寺、慈恩寺和洪慈宫；以上都是皇家敕建。私人修建的有：宣德年间，僧东洲建五华寺；正统年间，僧道深建宝藏寺、普济寺，太监范宏扩建香山寺，金台大夫李福善建法海寺；成化年间，太监郑同建香山洪光寺；弘治年间，瓮山园静寺，太仆寺少卿李伦重建开元寺；正德年间，太监张雄建大慧寺，张永建昌运宫，御马监于经拓建碧云寺；嘉靖年间，太监赵政建八里庄摩诃庵；万年年间，太监冯保建双林寺；天启年间，太监魏忠贤扩建碧云寺，中书舍人袁志学建玉皇顶玉皇庙。[130]

注释：

（1）吴节：《故宫遗录序》；萧洵：《故宫遗录》。

（2）关于明初燕王府的位置，自明代末期开始，就有元大内和元西内两种说法。参见姜舜源：《元明之际北京宫殿沿革考》（《故宫博物院院刊》1991 年第 4 期）、李燮平：《燕王府所在地考析》（《故宫博物院院刊》1999 年第 1 期）、白颖：《燕王府位置新考》（《故宫博物院院刊》2008 年第 2 期）等文。

（3）《明太祖实录》卷一百二十七，洪武十二年十一月甲寅。

（4）《明太祖实录》卷一百十九，洪武十一年七月乙酉。

（5）（明）宋讷：《西隐集》卷三，“壬子秋过故宫十九首”之七，四库全书本，商务印书馆 1989 年版。

（6）（7）（明）姚广孝：《逃虚子诗集》卷一。

（8）（清）张廷玉等：《明史》卷一百六十四，中华书局点校本。

（9）（清）张廷玉等：《明史》卷七。

（10）《明太宗实录》卷二百三十二。

（11）（明）沈德符：《万历野获编》卷四，北京燕山出版社 1998 年版。

（12）（明）朱国祯：《涌幢小品》卷四，上海古籍出版社 2012 年版。

（13）（清）张廷玉等：《明史》卷四十。

（14）（明）李贤：《明一统志》卷一，上海古籍出版社 1978 年版。

（15）（明）陈循：《寰宇通志》卷一，国家图书馆出版社 2014 年版。

（16）（明）文徵明：《奉天殿早朝二首》，《甫田集》卷十，吉林出版集团 2005 年版。

（17）于敏中等：《日下旧闻考》卷三十四。

（18）申时行等：《大明会典》卷一百八十一。

（19）杨荣：《皇都大一统赋》，《明文海》卷二。

（20）（明）陈循：《寰宇通志》卷一。

（21）（23）（36）（49）（57）（明）吕毖：《明宫史》。

（22）《明世宗实录》卷一百八十，嘉靖十四年十月丙午。

（24）于敏中等：《日下旧闻考》卷三十五；姚之骃：《元明事类钞》卷三十六。

（25）（清）孙承泽：《春明梦余录》卷六十四，北京古籍出版社 1982 年版。

（26）汪珂玉：《珊瑚网》卷十三。又参见姚之骃：《元明事类钞》卷三十六。

（27）张廷玉等：《明史》卷六十八。

（28）（明）沈德符：《万历野获编》卷二。

（29）黄佐：《翰林记》卷三。

（30）杨士奇：《赐游西苑诗序》。

（31）参见李贤：《赐游西苑记》、韩雍：《赐游西苑记》、吕毖：《明宫史》、高士奇：《金鳌退食笔记》等。

（32）沈德符：《万历野获编》卷二。

（33）文徵明：《甫田集》卷十。

（34）沈德符：《万历野获编》卷二十四。

（35）文徵明：《甫田集》卷十。

（37）于敏中等：《日下旧闻考》卷三十五。

（38）吕毖：《明宫史》。沈德符：《万历野获编》卷二十四。

（39）刘若愚：《酌中志》卷十七。

（40）参见赵兴华编著：《北京园林史话》。

（41）《明太宗实录》卷一百四十，永乐十一年五月癸未。

（42）《明太宗实录》卷一百六十四（永乐十三年五月辛丑），又卷一百七十六（永乐十四年五月丙午）。

（43）黄佐：《翰林记》卷三。

（44）朱国祯：《涌幢小品》卷四。

（45）《明英宗实录》卷三百二，天顺三年四月乙卯。

（46）《明英宗实录》卷三百九，天顺三年十一月庚子。

（47）朱国祯：《涌幢小品》卷四。

（48）朱偰：《明清两代宫苑建置沿革图考》。

（50）李贤：《明一统志》卷七。

（51）《明太宗实录》卷六十五，永乐五年三月辛巳。

（52）《明太宗实录》卷六十七，永乐五年五月乙卯。

（53）《明宣宗实录》卷四十八（宣德三年十一月己巳）、卷九十四（宣德七年八月壬寅）。

（54）《明英宗实录》卷一百九，正统八年十月壬午。

（55）《明英宗实录》卷八十八（正统七年正月丁亥）、卷一百五（正统八年六月壬寅）、卷二百八十七（天顺二年二月丁未）。

（56）（58）廖道南：《殿阁词林记》卷十二。

（59）（63）（64）（72）刘侗、于奕正：《帝京景物略》卷三。

（60）《明英宗实录》，正统十年十月丙午；天顺二年十月甲子、戊寅；天顺三年十月己未；天顺四年三月己卯、十月戊辰、闰十一月庚戌；天顺五年十一月壬戌、十二月乙亥。

（61）《明武宗实录》卷二十三，正德二年二月壬午。

（62）李贤：《明一统志》卷七。

（65）金幼孜：《皇都大一统赋》，《明文海》卷二。

（66）于倬云：《紫禁城始建经略与明代建筑考》，《故宫博物馆院刊》1990年第3期。

（67）嵇璜、刘墉等：《续通典》卷五十一。

（68）嵇璜、刘墉等：《续通典》卷五十。

（69）（77）李贤：《明一统志》卷七。

（70）嵇璜、刘墉等：《续通典》卷四十七。

（71）刘侗、于奕正：《帝京景物略》卷二。

（73）嵇璜、刘墉等：《续通典》卷五十。

（74）李贤：《明一统志》卷七。

（75）廖道南：《殿阁词林记》卷十三。

（76）王立道：《拟奉敕撰新建历代帝王庙碑》，《具茨集》卷五。

（78）刘侗、于奕正：《帝京景物略》卷一。

（79）（82）（83）（85）（86）（87）（90）顾炎武：《昌平山水记》卷上。

（80）《大明律集解附例》卷十八。

（81）梁份：《帝陵图说》。

（84）嵇璜、刘墉等：《续通典》卷七十四。

（88）谈迁：《北游录》，纪游上。

（89）刘侗、于奕正：《帝京景物略》卷五。

（91）弘历：《御制诗三集》卷八十三。

（92）王士祯：《精华录》卷二。

（93）《明宪宗实录》成化二十七年正月己丑条。

（94）（95）《宛署杂记》卷十九。

（96）（128）（129）（清）于敏中等编撰《日下旧闻考》卷一百六，引辛斋诗语．北京古籍出版社1983年版，第1757、851、852页。

（97）（99）（118）（明）蒋一葵《长安客话》卷三，北京古籍出版社1994年版，第45、63—66页。

（98）《宛署杂记》卷十九。

（100）（107）吴承忠，宋军：《明代北京游览型寺庙分布特征》，《城市问题》总第151期，2008年第2期。

（101）（121）（130）赵兴华编著：《北京园林史话》，中国林业出版社2000年版，第101—103、90、98—99页。

（102）《日下旧闻考》卷一百五，《朱养醇诗》

（103）《帝京景物略》卷三，草桥条。

（104）宋至：《丰台看芍药诗》，见《宸垣识略》卷十三《郊坰》

（105）震钧：《天咫偶闻》卷四。

（106）《帝京景物略》卷一，水关条。

（108）《燕京岁时记》“东西庙”条。

（109）《万历野获编》卷二十四，“庙市日期”条。

（110）《燕京岁时记》“北顶”条

（111）朱一新：《京城坊巷志稿》。

（112）孙敏贞：《北京明清时期寺庙园林的发展及其特点》，《北京林业大学学报（社会科学版）》，1991年增刊第75页。

（113）《春明梦余录》。

（114）贾珺：《元明时期的北京私家园林》，《华中建筑》25卷，2007年第4期，第103页。

（115）（明）：刘侗、于奕正：《帝京景物略》，北京古籍出版社1960年版。

（116）（明）：薛冈：《天爵堂文集笔余》卷三。

（117）贾珺：《明代武清侯李氏清华园考略》，《建筑史》第5辑，第104页。

（119）（明）：刘侗、于奕正：《帝京景物略》，北京古籍出版社1960年版，第218—222页。

（120）（明）沈德符：《万历野获编》，中华书局1959年版，第609—610页。

（122）《明史》卷三百四十，中华书局1986年版。

（123）《明史》卷三百零四。

（124）《明史》卷一百八十。

（125）王丹丹：《北京公共园林的发展与演变历程研究》，中国知网，博士论文，第90页。

（126）（明）李东阳：《李东阳集》，岳麓书社1984年版，卷一，第530页.

（127）贾珺：《北京什刹海地区寺庙园林与公共园林历史景象概说》，《第四届中国建筑史学国际研讨会论文集》，第88—89页。

第五章　清代北京地区的园林（上）

第一节　西苑与南苑

一、西苑

清代西苑，位于紫禁城和景山的西侧，包括今天的北海、中海、南海，合称三海。西苑水源出于玉泉山，从德胜门水关流入，“汇为巨池，周广数里，自金盛时即有西苑太液池之称，名迹如琼华岛、广寒殿诸胜。历元迄明，苑池之利相沿弗改，然以供游憩而已”。[1]三海的规模自明代之后，以太液池上的两座石桥划分为三个水面：金鳌玉蛛桥以北为北海，蜈蚣桥以南为南海，两桥之间为中海。

清代沿用西苑并进行了陆续修建，尤其是在乾隆时期西苑的营建基本定型。西苑三海分割巧妙，各具特色。北海面积最大，殿宇众多，亭台楼榭，游廊环绕，山石、树木、湖水相映相衬，景色绚丽，尤以琼华岛景区最为突出。中海水面居中，建筑疏朗而体量高大，以气势取胜。南海建筑较多，几个景区相对集中，和北海遥相呼应，别具一格。

清代在西苑的营建主要是在顺治朝和乾隆朝。顺治八年（1651）拆除了琼华岛山顶上的主体建筑广寒殿和四周的亭子，修建了巨型喇嘛塔和佛寺，并将万岁山改名为白塔山。乾隆年间，除了对北海琼华岛（白塔山）的大部分建筑物进行重修以外，在北海东北岸、北岸营造了许多建筑。又在南海南台（即今瀛台）以及中海东岸地区修建了宫殿楼阁和庭院幽谷。现在整个三海的格局和园林建筑，主要是乾隆时期完成的。后来虽屡有修葺，只是个别地方有所增减。

西苑正门为西苑门，位于中海、南海之间东岸，沿池东岸西折，临池面北是德昌门，是南海的北门，门内为勤政殿，殿后为仁曜门。德昌门内勤政殿五楹北向，额悬康熙皇帝御书“勤政”二字，乾隆帝御书联曰：“常切单心归宥密，每怀敕命凛几康。”今该建筑已拆除。

南海部分的主体是瀛台。瀛台岛在顺治、康熙时都曾进行大规模的修建，乾隆帝御书额曰：“瀛台”，为帝后们避暑之地，也是康熙皇帝垂钓、看烟火、赐宴王公宗室的地方。瀛台之名取自传说中的东海仙岛瀛洲，寓意人间仙境。乾隆帝《御制瀛台记》：

> 入西苑门有巨池，相传曰太液，循东岸南行，折而西，过木桥，宇五间为勤政殿。自勤政殿南行石堤，可数十步阶而升，有楼门向北，匾曰瀛台。门内有殿五间，为香扆殿，殿南飞阁环拱，自殿至阁，如履平地，忽缘梯而降，方知为上下楼，楼前有亭临水曰迎薰亭。东西奇石古木，森列如屏，自亭东行，过石洞，奇峰峭壁，轇轕蓊蔚，有天然山林之致。盖瀛台惟北通一堤，其三面皆临太液，故自下视之，宫室殿宇杂于山林之间，如图画所谓海中蓬莱者，名曰瀛台，岂其意乎？(2)

瀛台岛上的建筑物以轴线对称布局，自北至南有翔鸾阁、涵元门、涵元殿、蓬莱阁、香依殿、迎薰亭等。过仁曜门，即为翔鸾阁，阁后东楼曰祥辉，西曰瑞曜，由阁而南为涵元门，门内东向为庆云殿，西向为景星殿，正中南向为涵元殿。翔鸾阁广七间，左右延楼回抱，各十九间。涵元殿正中为乾隆帝御书题额“天心月胁”。涵元殿之东为藻韵楼，西为绮思楼，正北相对为香扆殿。香扆殿东为春明楼，西为湛虚楼。瀛台最南面为迎薰亭，额曰“对时育物”，联曰“相于明月清风际，只在高山流水间”。

沿瀛台岛又点缀了许多赏游的建筑。东面有补桐书屋，是雍正二年（1724）时弘历在此读书的地方；北向者为随安室。乾隆四十年《御制随安室诗》：

> 随安旧书室，是处与题名。况昔栖迟地（雍正二年曾居此读书），如闻占毕声。
>
> 几曾德业进，空忆就将情。所愧宣尼语，三年曷有成。

从补桐书屋折而东，为待月轩。绮思楼西、崇台北为长春书屋，屋后室曰漱芳润。长春书屋西池亭曰怀抱爽。怀抱爽左右山石间有剑石二，勒乾隆帝御书曰：“插笏”。

南海的东北隅有韵古堂，即瀛洲在望。乾隆二十六年（1761），在江西临江得周代古镈钟十一枚，继而补全，成十二律，以为宫内演奏中和韶乐之用。平日则贮藏于此堂之中。堂东有立于池中的流杯亭，昔日有飞泉瀑布下注池中，乾隆皇帝将其命名为“流水音”。方亭内石板地面上凿有流水九曲，乃沿袭古代“曲水流觞”的习俗。为饮酒赋诗之处。流杯亭北为素尚斋，斋西有室曰“得静便”，向南室曰“赏修竹”，廊曰“响雪”。响雪廊东南室曰“千尺雪”，为人造瀑布。乾隆南巡时，曾在苏州寒山游览，见“千尺雪”甚为爱赏，回京后在中南海与盘山、避暑山庄分别模仿建造“千尺雪”。

“流水音”亭周围还有素尚斋、鱼乐亭、日知阁、交芦馆、蕉雨轩、云绘楼、清音阁等，是明清两代皇帝赏赐群臣游宴赋诗之处。云绘楼三层，北向。1949年北京解放时中南海的云绘楼、清音阁已破旧不堪。周恩来总理为保护古建于1954年同古建专家梁思成经过精心选址，云绘楼、清音阁迁建于陶然公园慈悲庵西面原武家窑的旧址上，现在陶然亭公园葫芦岛的西南。从清音阁沿堤而南为同豫轩。同豫轩后为鉴古堂，左为“香远”，右曰“静柯”。

南海南岸，隔池相对者为宝月楼，即今天的新华门。宝月楼相传是乾隆帝为香妃所建，始建于乾隆二十三年（1758）春季，完工于当年秋季。宝月楼与同豫轩、茂对斋东西相望，北对迎熏亭，南临皇城，楼上恭悬皇上御书额曰“仰观俯察”。乾隆帝《御制宝月楼记》曰：

> 宝月楼者，介于瀛台南岸适中，北对迎熏亭，亭与台皆胜国遗址，岁时修葺增减，无大营造。顾液池南岸逼近皇城，长以二百丈计，阔以四丈计，地既狭，前朝未置宫室，每临台南望，嫌其直长，鲜屏蔽，则命奉宸既景，既相约之栎之鸠工，戊寅之春落成，是岁之秋，久欲为记，辄以片时来往，率即成咏罢辍，兹始叙而记之。盖兹楼之经始也，拟以三层，既觉太侈，则减其一，延不过七间，袤不过二丈，据岸者十之四，据池者百之一，池不觉其窄，岸不觉其长，拾级而登，布席而坐，则云阁琼台，诡峰古槐，峭蒨巉巘，耸翠流丹，若三壶之隐现于镜海云天者，北眺之胜概也。凭窻下视，迥出皇城，三市五都，隐赈纵横，贾贸壥闠，列隧百重，华盖

珂马，剑佩簪缨，抚兹繁庶，益切保泰与持盈，此则南临之所会也。于东则紫禁紫微、左庙右社，规天矩地，因上因下，授时顺乡，玉堂金马，惭茅茨于有虞，法卑室乎大夏，奉此宫室，每同汉文恐羞之情也。而其西则西山起伏连延，朝岚夕霭，气象万千，春雨沐而农兴，秋霜落而林殷，是又神皋绣壤下，视三都与两京也。[3]

按照乾隆帝的说法，南海的南岸是背靠着皇城的狭长地带，原来没有宫室，从瀛台上望去显得过于空旷，缺乏景观，于是建造了宝月楼。登上宝月楼，可以北眺三海、南观街市、东看紫禁、西望远山，乾隆帝还为宝月楼题写了匾额“仰观俯察”。

仁曜门之西为结秀亭，亭西为丰泽园。丰泽园在瀛台之北，康熙年间建造，曾为养蚕之处。雍正年间皇帝在举行亲耕礼之前在此演礼。丰泽园内主体建筑为惇叙殿，光绪年间改名为颐年殿，民国时改名颐年堂，袁世凯曾在此办公。1949 年后改为会议场所。颐年堂东为菊香书屋，为毛泽东居住地。丰泽园西有荷风蕙露亭、崇雅殿、静憩轩、怀远斋和纯一斋，荷风蕙露亭北为静谷，为一座幽静的小园林。静谷再北为春耦斋，民国时为总统办公处，1949 年后改为会议及娱乐场所。

仁曜门西屋数楹，是康熙帝养蚕之处，建亭于桥榜曰“结秀”。又西有稻畦数亩，为丰泽园，康熙帝“每亲临劝课农桑”。雍正帝“岁耕耤田，先期演耕于此”。乾隆帝“举行旧典，率循不废，仰见圣圣相承勤民务本之至意”。乾隆帝《御制丰泽园记》曰：

西苑宫室皆因元明旧址，惟丰泽园为康熙间新建之所，自勤政殿西行，过小屋数间，盖皇祖养蚕处也。复西行，历稻畦数亩，折而北，则为丰泽园。园内殿宇制度惟朴，不尚华丽，园后种桑数十株。闻之老监云：皇祖万几余暇，则于此劝课农桑，或亲御耒耜。逮我皇父缵承丕业，敬天法祖，世德作求，数年以来屡行亲耕之礼，皆预演礼于此。乃知圣圣同规，敦本重农，用跻天下于熙皞之盛。[4]

丰泽园门内为惇叙殿，旧名崇雅殿，乾隆帝曾宴王公宗室于此，联句赋诗，因移崇雅额于别殿，易名惇叙殿，内额曰：“睦亲九族”。惇叙殿东为菊香书屋，殿后为澄怀堂，堂额为康熙帝御书。康熙初年，词臣尝于此进讲，堂内额曰：“观众妙”。澄怀堂北有楼，榜曰遐瞩楼，上下七楹。丰泽园西有亭，曰“荷风蕙露”，与亭相对，有门，入门为崇雅殿，殿后东为静憩轩，西为怀远斋，后有台，其南隔水相对为纯一斋。南海北门德昌门西有门，东向，入门循山径而南，为春耦斋。[5]

中海以高大的紫光阁和万善殿作为东西岸的主体建筑，并建水云榭为湖心亭，使东西岸建筑相呼应，北边以琼华岛的白塔山为背景，南面碧波万顷，西面菱荷成片，疏朗有致。

中海重要建筑是紫光阁，位于中海西岸北部。阁高两层，面阔七间，单檐庑殿顶，黄剪边绿琉璃瓦，前有五间卷棚歇山顶抱厦。后有武成殿。面阔五间，单檐卷棚歇山顶。紫光阁在明武宗时为平台，后废台改为紫光阁，清朝因之。康熙帝“常于仲秋集三旗侍卫大臣校射，复于阁前阅试武进士，至今循以为例。”乾隆帝“圣武远扬，平定伊犁、回部，拓地二万余里”。乾隆二十五年（1760），乾隆帝：

> 嘉在事诸臣之绩，因葺新斯阁，图功臣自大学士忠勇公傅恒、定边将军一等武毅谋勇公户部尚书兆惠以下一百人于阁内，五十人亲为之赞，余皆命儒臣拟撰。洎四十一年两金川大功告成，复命图大学士定西将军一等诚谋英勇公阿桂、定边右副将军一等果毅继勇公户部尚书丰升额等一百人，列为前后五十功臣，御制前五十功臣赞，命儒臣拟撰后五十功臣赞，一如平定伊犁回部例。宸章巨制，后先辉映，此诚旷古未有之绩，彼麟阁云台不可以同日语者也。[6]

紫光阁后为武成殿。阁之北为时应宫，宫之东向北有门曰福华门。时应宫于雍正元年（1723）所建，前殿祀四海四渎诸龙神像，东西为钟鼓楼，正殿祀顺天佑畿时应龙神之像，后殿祀八方龙王神像，前殿恭悬雍正帝御书之额曰：“瑞泽沾和”。福华门之外即金鳌玉蝀桥。

中海的另一主要区域是位于东岸的蕉园。蕉园即芭蕉园，一名椒园，内有前明崇智殿旧址，稍南即万善门，门内为万善殿。万善殿后圆盖穹窿为千圣殿，东为迎祥馆，西为集瑞馆。万善殿之东为内监学堂。万善门向西，到水岸边有亭出水中曰水云榭。水云榭额为乾隆帝御书，中有石碣，刊有乾隆帝所题写的“太液秋风”四字，为燕山八景之一。水云榭之北有白石长桥，东西树坊楔二，东曰玉蝀，西曰金鳌，为中海与北海的分界线。

北海以白塔山为中心，琼岛上有白塔、永安寺、庆霄楼、漪澜堂、阅古楼和许多假山、隧洞、回廊、曲径等建筑物，有清乾隆帝所题燕京八景之一的“琼岛春阴”碑石和摹拟汉代建章宫设置的仙人承露铜像。北海东北岸有画舫斋、濠濮涧、镜清斋、天王殿、五龙亭、小西天等园中园和佛寺建筑；其南为屹立水滨的团城，城上葱郁的松柏丛中有一座规模宏大、造型精巧的承光殿。

承光殿俗名团殿，即元时仪天殿旧址，康熙时期重建过后，改称承光殿。周围有圆城，即今天的北海团城。承光殿后为敬跻堂，堂东为古籁堂，又东为朵云亭，堂西为余清斋。余清斋西为沁香亭，其后曰镜澜亭。圆城外，东为承光左门，西为承光右门，北为积翠堆云桥，过桥即琼华岛。

琼华岛周围计二百七十四丈，旧有广寒殿，相传为金章宗时李妃妆台遗址，元改名万寿山，又称万岁山。清顺治八年（1651）立塔建刹，称白塔寺，后易名永安寺。永安寺入门为法轮殿，殿后拾级而上，左右二亭，东曰引胜，西曰涤霭。亭后各有石，东曰昆仑，西曰岳云。涤霭亭后由甬道拾级而上，左右有方亭二，东曰云依，西曰意远，正中为正觉殿，殿后为普安殿。普安殿前东为宗镜殿，西为圣果殿，殿后石磴层跻而上，为善因殿。永安寺之西，山半有亭，又西由山麓蹑而上，为悦心殿。悦心殿后为庆霄楼，楼后有亭，曰撷秀。悦心殿之东为静憩轩。庆霄楼之西有延廊环抱，山石间筑室，其中为一房山，由房内南间石岩蟠旋而下，为蟠青室。庆霄楼之西为揖山亭。悦心殿前循山西行有石桥，为琳光殿，殿后为甘露殿。琳光殿之北延楼二十五间，左右围抱相合，为阅古楼。阅古楼匾额为清乾隆帝所书。乾隆十二年（1747），曾以内务府所藏魏晋以下名人墨迹钩摹勒石，乾隆帝钦定为三希堂法帖三十二卷。既成，嵌于石楼壁中，楼后层有额为“翠涌虹流”。(7)

阅古楼北为漪澜堂，据琼岛北麓，规制略仿金山，五楹，北向，堂后左右有过山石洞堂，内联曰：“萝径因幽偏得趣，云峰含润独超群。”又曰：“籁动风满谷，波澄月一奁。”西暖阁联曰：“四面波光动襟袖，三山烟霭护壶洲。”堂后檐额曰：“秀写蓬瀛。”从阅古楼岩墙门出，转东则为邀山亭，又东北是酣古堂，三楹，西向。倚石为洞，循洞而东，有屋三楹，前宇后楼额曰：“写妙。”石室联曰：“石缝若无路，松巢别有天。”碧照楼之左为远帆阁，北向，与碧照楼分峙。远帆阁后为道宁斋。漪澜堂之右有堂，额曰“晴栏花韵”，前有台与堂相对，堂右为紫翠房。紫翠房之东为莲华室。

从漪澜堂后石洞出，山顶有亭，为折扇形，额曰“延南薰”，其东上有亭，额曰“一壶天地”。“一壶天地”之东为环碧楼，楼前有小石平台。环碧楼上下四楹，北向，楼后接宇三楹，南向，在石壁之下者为盘岚精舍。从环碧楼绕廊而下为嵌岩室。

由白塔东下至山脚为智珠殿，后缘山径，折而北，为交翠庭。交翠庭北回廊环绕而下，为看画廊，下有石室中涵岩洞，洞内供大士像，别有小楼。洞门上石刻“真如”二字。攀缘石洞而出为古遗堂，三楹，北向。古遗堂下为见春亭，由看画廊折而东至山麓，有石碣刊御书“琼岛春阴”四字，为燕山八景之一。见春亭在琼岛春阴石碣之南，自智珠殿至此，为塔山东面之景。

北海东岸主要有濠濮涧、画舫斋、先蚕坛等。先蚕坛位于西苑北海东北隅，垣周百六十丈，南面稍西正门三楹，左右门各一，坛方四丈，高四尺，陛四出，各十级，三面皆树桑。蚕神是中国民间信奉的司蚕桑之神。先蚕坛原坛建于北京城北郊，明嘉靖十年（1531）迁西苑。康熙帝时“设蚕舍于丰泽园之左，雍正帝复建先蚕祠于北郊，嗣以北郊无浴蚕所，因议建于此”[8]，所存先蚕坛建于清乾隆七年（1742），乾隆十三年（1748）、道光十七年（1837）及同治、宣统年间均有修缮。坛东为观桑台，台前为桑园台，后为亲蚕门，入门为亲蚕殿。观桑台高一尺四寸，广一丈四尺，陛三出。亲蚕殿内额曰：“葛覃遗意”，联曰：“视履六宫基化本，授衣万国佐皇猷。”亲蚕殿后为浴蚕池，池北为后殿。

由蚕坛沿堤西北，就到了北海北岸，主要建筑为镜清斋、西天梵境等。镜清斋正门三楹，南向俯临北海，入门为荷沼沼，北为堂五楹，斋内额曰“不为物先”。镜清斋之东为抱素书屋，书屋东廊下为韵琴斋，二楹西向。镜清斋之西为画峰室，联曰：“花香鸟语无边乐，水色山光取次拈。”[9]从镜清斋沿堤西南方向，即为西天梵境，又名大西天，东临静心斋，西与大圆镜智宝殿相依，南与琼华岛隔海贯成一线。明朝时为经厂，又为西天禅林喇嘛庙。乾隆二十四年（1759 年）扩建，改名西天梵境。

北海北岸还有五龙亭，其北为阐福寺。五龙亭，即龙泽亭、澄祥亭、滋香亭、涌瑞亭、浮翠亭，建于水中。阐福寺建于乾隆十一年（1746），为太素殿旧址。清孝庄皇后死后曾在此祭奠，乾隆尊生母之愿，下令改为喇嘛庙，赐名阐福寺，其规制仿河北正定隆兴寺。

清代西苑集中体现了皇权观念，至高无上与广博宏远成为造园的指导思想，力求把各地名胜和仙山琼阁的神仙世界再现于皇家御苑，使天地万象俱容纳其中。另外，清代皇帝不仅把西苑视为游憩场所，而且把许多如听政、宴飨、骑射、阅武、凯旋庆典、召见外藩等政务活动和收藏书画、鼎彝、碑刻等文化活动也放在西苑，赋予皇家园林以新的职能，这也是与前代皇家园林所不同之处。

清代统治者吸取明朝灭亡的教训，不仅勤于政事，而且在离宫别院也多建有勤政殿，处理政务。在西苑也是如此，清初统治者“励精图治，于此引对臣工，综理机务，或宴赉王公卿士，或接见朝正外蕃，以及征帅劳旋，武科较技，例于苑内之惇叙殿、涵元殿、瀛台、紫光阁亲莅举行。龙光燕誉，哽拜扬休，冬月则陈冰嬉，习劳行赏，以简武事而修国俗云。”(10)将御园理政与燕游怡情相结合，是清代御园的重要特色。

二、南苑

南苑在“都城南二十里永定门外，元为飞放泊。明永乐时，增广其地，周垣百二十里。”(11)南苑旧址为元、明时的“下马飞放泊”和“南海子”。清军入关后，尤其是在顺治朝和康熙朝前期，由于京西的三山五园还没有形成，因此利用明代宫苑成为清廷的主要措施。清廷在明代南海子的基础上将其作为皇家御苑重新修葺，取名为“南苑”。

南苑作为清初重要宫苑，顺治皇帝经常前往南苑，有时甚至好几个月驻跸于此。例如，顺治十一年（1654）十一月至十二年九月，顺治帝长期居住于南苑。顺治十四年（1657），修建道教庙宇元灵宫，位于南苑小红门内西偏。顺治十五年（1658）重修了明代新、旧衙门提督，更其名为新衙门行宫和旧衙门行宫。此外，顺治朝还修建了德寿寺、真武庙、关帝庙、七圣庙、药王庙等。

康熙时期，康熙帝经常在南苑行围、阅兵，南苑建筑也逐渐增加。康熙十七年（1678），康熙帝建永祐庙，位于德寿寺东南二里许，门殿三层，中奉天仙碧霞元君。康熙二十四年（1685），康熙帝把南苑原来的五个门增加到九个门，在康熙三十七年（1698）时在九门基础上增加十四座角门，以便于耕种南苑的海户进出方便。康熙三十年（1691），建永慕寺，乾隆二十九年（1764）重建，位于小红门西南。康熙三十三年（1694）重修永胜桥。康熙五十二年（1713）建南红门行宫，主要用于康熙帝在检阅军队、行围狩猎之后的休息之用。作为皇家行围狩猎的重要场所，清代南苑设有专门的管理机构。康熙二十三年（1684），始设奉宸苑，苑内设郎中总尉，正四品，属奉宸苑统领，设总管，防御官看守。

雍正朝对南苑的建设不多，主要是雍正四年（1726）对南苑水系的治理。当年，雍正帝命修水利，因凉水河入运河，于是在高各庄分流南引，入凤河故道，一路挑挖，入淀河，最后泄入运河。凤河水系的整治使原来淤积不畅的情形通过新挖的河道能够直流进淀河，而且通过分流建闸控制水流大小，使得大量农田受益。雍正八年（1730）建有宁佑庙，位于晾鹰台北六里许，宁佑庙是南苑的土地庙，规模不大。雍正一朝，很少在南苑举行行围狩猎活动，只是在雍正七年（1729）进行过南苑大阅。

进入乾隆朝，国家政治稳定，经济实力增强，南苑的建设进一步增多。乾隆三年（1738），不仅重修建自明嘉靖年间的关帝庙，还在大红门内建更衣殿。与此同时，乾隆帝又下令重修了关帝庙和元灵宫。乾隆二十一年（1756）重修了乾隆二十年毁于大火的德寿寺，乾隆二十八年（1763）重修了旧衙门行宫，乾隆二十九年（1764）重修永慕寺，乾隆四十二年（1777）修筑面积达400亩的团河行宫，乾隆四十五年（1780）改建德寿寺，使其殿后加御座房三楹。乾隆五十四年（1789）的时候，乾隆帝把南苑的苑墙由土墙改成砖墙，耗银三十八万两。此外还开辟了十三座角门。乾隆四十六年（1707）在南苑内增加管理用房九十六间。此外乾隆时期在南苑还有两次治理水系的工程，第一次是在乾隆三十二年（1767），修理张家湾河并挑浚凤河；第二次是在乾隆四十二年（1777）再一次疏通南苑内凤河源流团河。同时利用挑挖团河之土建造团河行宫。南苑内的新建和重修工程从乾隆三年开始持续到乾隆四十年左右。从南苑的营建情况可以看出，南苑在乾隆朝很受青睐。另外，掌管南苑的奉宸苑官员包括郎中、员外郎、主事、委署主事、苑丞、苑副、笔帖式共30人。

乾隆朝以后，南苑就很少再有较大的建造工程。道光十九年（1839），对南苑的围墙进行兴修，“南苑围墙，前据内务府奏请今冬备料，明春兴修”。[12]咸丰十一年（1861），神机营在南苑建立，到同治时期营盘达到二十二座。光绪十六年（1890），因永定河决堤，导致多半地区毁坏受损，其中南苑围墙也被毁，苑里的珍贵物种也都不知所踪，于是户部建议维修南苑围墙等工程。[13]光绪十七年（1891）南苑围墙得以重修，但是此后的南苑日益萧条。

其实，嘉庆、道光朝以后南苑的私垦也加速了南苑的破败。南苑作为皇家狩猎场所严禁开垦。尤其是清代统治者出于维护国语骑射的政策需要，清政府禁止南苑垦种。“凡属满洲，以骑射为根本。”[14]清朝历代统治者视“围猎”“骑射”为立国之本，且自始至终维护之不遗余力。南苑作为皇家苑囿，有别于畅春园、圆明园等以“避喧听政”为主要功能的苑囿，因其承担着“讲武习勤，操练弓马”的“祖宗旧制”，而一直被历代皇帝所强调和坚守。

南苑地广，周长约一百五六十余里，除了很小一部分配给护苑的苑户、海户及庄头垦种外，“例禁开田”。以乾隆时期计算，南苑中苑户90名，每名28亩，共垦种地2520亩；庄园5所，每庄18顷，共90顷；果园5所，共用地15顷69亩；海户以最多的2200名计，每名28亩，共垦种地61600亩，计105顷64189亩，合746余顷。据清末统计南苑可垦地约有八千顷，两相对比，正常情况下，由苑户、海户、庄头所垦种的土地只相当南苑可垦地面积的10%。

嘉庆朝以后，由于内部管理懈怠及贪腐，私垦逐日增多，至道光朝因苑内牲兽锐减，道光帝曾下令将浮开地亩全部抛荒。咸丰、同治两朝先后有人奏请开垦南苑，均被朝廷依“祖宗旧制”驳回，但私垦情形日甚一日。至光绪末年，设南苑督办垦务局，全面开放垦种，“自后承地者乃接踵矣”(15)。对此，《清史稿·食货志》曰：“南苑本肄武地，例禁开田。宣宗尝谕前已开者并须荒弃，而咸、同间，嵩龄、德奎、刘有铭、铁祺先后疏陈开放，均严旨诘斥。然至光绪季年，仍赋予民，自后承地者乃接踵矣。”

南苑不同于后来的三山五园，也不同于一般的行宫。

> 苑囿之设，所以循览郊原，节宣气序。仰惟开国以来，若南苑则自世祖肇加修葺，用备搜狩，而畅春园创自圣祖，圆明园启自世宗，实为勤政敕几、劭农观稼之所。(16)

作为清代重要的皇家园囿，南苑是清廷供皇帝行围、校猎的重要苑囿，也是阅视八旗、“讲武习勤，操练弓马”之地。南苑设有马圈，牧养供奉内廷和京营使用的马匹；设有牛圈、羊圈，向内廷供应鲜乳、奶酪等乳制品；设果园，每年交纳各种桃李；又放养鹿只，供太常寺祭祀使用。光绪二十六年（1900），八国联军攻入北京，不仅火烧圆明园，还侵占南苑，各处的行宫寺庙被焚烧，苑内的珍禽异兽也被射杀，还掠走苑内珍贵物种麋鹿。八国联军犯下滔天罪行，南苑遭受了毁灭性的破坏，面对内忧外患的局势，又因国库空虚、财力匮乏，清朝政府无力再对南苑进行修补，作为皇家御苑的南苑从此一蹶不振。

第二节　京西三山五园

清军入关后，摄政王多尔衮即曾设想仿效辽金元于边外上都等城建夏日避暑之地。但由于开国之初，百废待举，且多尔衮亦于顺治八年（1651）薨逝，筑城避暑计划遂被搁置。进入康熙朝后，随着社会经济的逐渐恢复与发展，统治者开始致力于京西皇家园林的开发建设，利用西北郊山明水秀得天独厚的地望资源，先后建成多处皇家园林，世称“三山五园”。康熙十九年（1680），在对“三藩之乱”取得决定性胜利的前夕，康熙帝将被瓦剌军烧毁的明朝玉泉山故园改建成行宫，赐名“澄心园”，三十一年（1692）又改名“静明园”。康熙二十三年（1684）和二十八年（1689），康熙帝两度南巡后，在明代国戚武清侯李伟的清华园旧址上建造了畅春园，作为“避喧听政”之所，从而掀起了京西园林兴建的高潮。康熙四十八年（1709），康熙帝将前明的一片私家故园赐给了皇四子胤禛，胤禛遂依其“林皋清淑，波淀渟泓”[17]的自然条件，因山形水势布置成一座取法自然的园林，玄烨亲题园额为“圆明园”。胤禛即位后，将此赐园加以扩建作为离宫，乾隆十六年（1751），高宗弘历又在园东增建了长春园，二十四年（1759）在长春园内添建了俗称西洋楼的仿欧洲式样的宫廷建筑；又在圆明园的东南建造了绮春园（同治朝改称万春园）。乾隆十年（1745）七月，增建了香山行宫，次年三月建成，将香山“奉命改名静宜园，而碧云寺亦为御跸濒临之地”。[18]乾隆十四年（1749）冬，曾对西北郊的水系进行了一次大规模的调整治理。次年三月，将“瓮山奉命改名万寿山”，[19]金海改称昆明湖。同年在圆静寺废址兴建大报恩延寿寺，为其母孝圣皇太后翌年六十万寿祝厘，同时在万寿山南麓相继建造多处厅堂亭榭廊桥等。乾隆十六年奉旨，以万寿山行宫为清漪园。

五园之建成，历经七十寒暑，此时正值清廷的“康乾盛世”，五园将中国园林发展推向顶峰，真是“天上人间诸景备”，无与伦比。咸丰十年（1860）英法联军侵入北京，焚毁三山五园。晚清时国帑捉襟见肘，醇贤亲王奕譞动用海军经费修复清漪园，供慈禧太后颐养晚年，改名颐和园。

关于清代西郊皇家园林形成的原因，第一是皇帝避暑与环境的需要，正如雍正帝所言：“宁神受福，少屏繁喧。”来自东北的满洲统治者入关后，对北京盛夏干燥炎热的气候很不适应。紫禁城虽金碧辉煌、宏伟壮丽，但那里的环境并不宜人，春季风沙大，夏季酷热，冬季寒冷。特别是在康熙初年，紫禁城发生火灾后，为了防火和宫内安全，加高了宫墙，砍去了高大的树木，使得宫廷居住毫无山水之乐。

入关之初，多尔衮就打算在城外修建园林。顺治六年（1649）五月，摄政王多尔衮“以京城水苦，人多疾病，欲于京东神木厂创建新城移居，因估计浩繁，止之。”[20]神木厂在广渠门外二里。清政权立足未稳之际，因该项工费浩大，结果未能实行。次年（1650）七月，多尔衮提出折衷办法：“京城建都年久，地污水咸。春秋冬三季，犹可居止，至于夏月，溽暑难堪。但念京城乃历代都会之地，营建匪易，不可迁移。稽之辽金元，曾于边外上都等城为夏日避暑之地。予思若仍前代造建大城，恐靡费钱粮……今拟止建小城一座，以便往来避暑。”[21]提议在塞外修建避暑小城，塞外行宫虽然适宜避暑，但毕竟路途遥远，并不适宜皇帝的日常起居和处理政务之需。为此，在京城近郊兴建皇家园林成为亟须，而树木葱郁的燕山支脉以及玉泉山、西山诸泉使京西成为兴建皇家园林的首选。

第二，康乾时期的经济实力为大规模修建皇家园林提供了基础。西郊园林大都营建于康、雍、乾时期，而这时正值盛清国力最为强盛的时期。

康熙帝早期城外行宫尚在南苑，但从康熙十四年（1675）开始到西郊活动，并于康熙十六年（1677）修建了香山行宫，十九年（1680）修建了玉泉山行宫澄心园，后更名静明园。康熙二十六年（1687），康熙帝在李伟清华园的基础上建成畅春园，作为他常年驻跸并“避喧听政”的御园。不久又建成了畅春园的附园西花园和位于巴沟村的圣化寺行宫。为便于群臣觐见皇帝和处理政事，康熙帝将御园周围土地赐予朝廷重臣和成年皇子，从而促成了兴建京西园林的第一个高潮。康熙二十六年，皇亲国戚大学士佟国维在畅春园东侧建成佟氏园；大学士明珠在御园西侧建成自怡园；大学士索额图在御园北侧建成索戚畹园；皇兄裕亲王福全在御园东北方建成萼辉园。在康熙二十九年（1690）以后，康熙帝的九位成年皇子陆续在畅春园周围得到赐园。皇太子允礽常年住在西花园，皇长子直郡王允禔迁居好山园。康熙四十六年（1707），皇三子诚亲王允祉住在熙春园，皇四子雍亲王胤禛住在圆明园，皇九子多罗贝勒允禟住在彩霞园，等等。雍正年间，圆明园得到大规模扩建，成为继畅春园之后新的政务中心。与此同时，十三弟怡亲王允祥住进萼辉园，更名交辉园；十六弟庄亲王允禄住进熙春园，更名云锦园；为十七弟果亲王允礼在圆明园西南隅修建了赐园自得园。

乾隆年间，京西皇家园林建设达到了顶峰，“三山五园”全面完成。乾隆七（1742）至九年（1744），建成了圆明园四十景，后又有廓然大公、文渊阁等多项续建；十至十二年（1745—1747）建成长春园，后又有西洋楼、狮子林等多项续建；三十四年修建并命名绮春园（此园在嘉庆年间建成）；后又将熙春园划归圆明园，号称“圆明五园”。乾隆十至十一年（1745—1746），在香山行宫的基础上建成二十八景，赐名静宜园。十五至十八年（1750—1753），在玉泉山静明园基础上扩建成十六景，后又有妙高寺、圣缘寺、涵漪斋等续建工程。十四至十九年（1749—1754），基本建成万寿山清漪园，后又有须弥灵境、苏州街、耕织图等续建工程，到二十九年（1764）全部建成。

除此之外，还在乾隆十六年（1751）前重修和新建了长河沿岸的乐善园、倚虹堂行宫、紫竹院行宫以及万寿寺和五塔寺的行宫院。三十一至三十二年（1766—1767）在万泉庄建成了泉宗庙行宫。三十九至四十一年（1774—1776），在玉渊潭畔建成钓鱼台行宫，等等。完成这些规模宏大的皇家园林，需要倾全国物力，集无数精工巧匠，填湖堆山，种植奇花异木，集国内外名胜，还有难以计数的艺术珍品和图书文物。康雍乾三朝正值清代全盛时期，社会稳定，国力鼎盛，这是京西皇家园林得以兴建的根本基础。

第三，京西有山水之胜，水源充足，林木茂盛，环境优雅，适合造园。北京的西郊，有连绵不断的西山秀峰：玉泉山、万寿山、万泉庄、北海淀等多种地形，自流泉遍地皆是，在低洼处汇成大大小小的湖泊池沼。北京地区位于太行山和燕山山脉的交界处，地势西北高东南低，永定河自西北而来，出山后在山前堆积为冲积扇平原，北京平原由此诞生。由于大颗粒物质先堆积，冲积扇上层沙砾多、孔隙大，下层粘土多、孔隙小，水流在冲积扇顶部垂直下渗，遇到粘土层后往往变为向冲积扇外围的水平流动，到了边缘水位接近地面，便成泉水出露。明人王嘉谟在明万历十一年（1583）所撰写的《丹稜沜记》中写道：

> 元上都路制使朵里真撰文云丹稜沜尚余数行，余皆磨灭。沜虽小，然忽隐忽潴，连以数里，可舟可钓，……癸未三月，余读书海淀，与沜为邻。

又，

> 帝京西十五里为海淀，凡二，南则觞于白龙庙，又南凑于湖，北则斜邻岣嵝河，又西五里为翁山，又五里为青龙桥。河东南流，入于淀之夕阳，延而南者五里，旁与巴沟邻，曰丹稜沜，……淀循沜而西，或南或西，町胜相连，有石梁一，

是曰西沟，复潴为小溪，溪上有大磐石，有小石，瑟翠可爱，溪中倒映见西山诸峰如镜，小鱼浛浛如吹云。又南为陂者五六，汫水再潴为溪，有村一，是曰东雉，土人汲焉，始入地中，出于巴沟，自沟达于白石，以入于高粱，是为西郊自高粱合二潞是焉。[22]

正是这样山水俱佳的优美自然环境，因此早在辽代时封建帝王就选中这里建造了玉泉山行宫。到了明代，这里的自然景色吸引了更多的游人，于是一些达官贵人就占据田园营建别墅，大片土地被一块块占去。到了明万历年间，明皇亲武清侯李伟在这里大兴土木，首先建造了规模宏伟，号称“京国第一名园”的清华园。嗣后米万钟又在清华园东墙外导引湖水，辟治了幽雅秀丽的“勺园”，取“海淀一勺”的意思。明清易代之时，清华园和勺园逐渐废弃，但遗址尚存。于是，清在其基础上重建园林，开凿新的水道，将造园面积不断扩展，最终形成了“三山五园”的格局，分别是以玉泉山为依托的静明园，香山的静宜园，万寿山的清漪园及圆明园和畅春园。

一、畅春园

畅春园位于西直门外十二里的海淀。康熙二十三年（1684），康熙帝在江南巡幸归来后，利用明武清侯李伟（神宗朱翊钧的外祖父）修建的“清华园”残存的水脉山石，在其旧址上仿江南山水，兴建了畅春园。康熙帝构建畅春园时，清代的国家经济已逐步恢复，财力也日益丰裕。畅春园是康熙帝在西郊建造的第一个御园，其重要性远远高于后来的圆明园、颐和园等。

康熙二十六年（1686）二月二十二日，《圣祖实录》中第一次记载：“上移驻畅春园”。六天后，即二月二十八日，“上自畅春园回宫”。[23]这是实录中康熙帝第一次临幸畅春园的记载。园林山水总体设计由宫廷画师叶洮负责，“样式雷”雷金玉负责木作，由江南园匠张然叠山理水，同时整修万泉河水系，将河水引入园中。为防止水患，还在园西面修建了西堤（今颐和园东堤）。

从康熙帝《御制畅春园记》来看，兴建畅春园的缘起有以下几个方面：其一，政务之暇，修养身体：

临御以来，日夕万几，罔自暇逸，久积辛劬，渐以滋疾，偶缘暇时，于兹游憩，酌泉水而甘，顾而赏焉。清风徐引，烦疴乍除。

其二，怡情养性：

当夫重峦极浦，朝烟夕霏，芳萼发于四序，珍禽喧于百族。禾稼丰稔，满野铺芬。寓景无方，会心斯远。其或穲稏未实，旸雨非时。临陌以悯胼胝，开轩而察沟浍。占离毕则殷然望，咏云汉则悄然忧。宛若禹甸周原，在我户牖也。每以春秋佳日，天宇澄鲜之时，或盛夏郁蒸，炎景铄金之候，几务少暇，则祗奉颐养，游息于兹。足以迓清和而涤烦暑，寄远瞩而康慈颜。

其三，奉养皇太后：

扶舆后先，承欢爱日，有天伦之乐焉。

兴建的原则是简朴，而不是雕梁画栋的奢华。

计庸畀值，不役一夫。宫馆苑籞，足为宁神怡性之所。永惟俭德，捐泰去雕。视昔亭台丘壑林木泉石之胜，絜其广袤，十仅存夫六七。惟弥望涟漪，水势加胜耳。其轩墀爽垲以听政事，曲房邃宇以贮简编，茅屋涂茨，略无藻饰。于焉架以桥梁，济以舟楫，间以篱落，周以缭垣，如是焉而已矣。[24]

畅春园在南海淀大河庄之北，缭垣一千六十丈有余。畅春园南北长约1000米，东西宽约600米。园设门五座：大宫门、大东门、小东门、大西门、西北门。园内大致分为中路、东路和西路。

中路：自畅春园正门起，大宫门五楹，门外东西朝房各五楹，小河环绕宫门，东西两旁为角门，东西随墙门二，中为“九经三事殿”，殿后内朝房各五楹。九经三事殿，为康熙帝驻跸畅春园时临朝礼仪之所，其作用相当于清紫禁城太和殿和乾清宫一区。“九经”的意思是指三礼——“周礼”、“仪礼”、“礼记”；三传——“左传”、“公羊传”、“穀梁传”；三经——“易经”、“书经”、“诗经”。“九经三事”殿即是尊经循礼治理国事之意。宫门悬“畅春园”额，殿内联曰：“皇建有极，敛时敷锡，而康而色；乾元下济，亏盈益谦，勉始勉终。”二宫门五楹，中为“春晖堂”，五楹，东西配殿各五楹，后为垂花门，内殿五楹，为“寿萱春永”。左右配殿五楹，东西耳殿各三楹，后照殿十五楹。“寿萱春永”，即康熙时皇太后所居园中寝殿名。西耳殿内额曰：“松鹤延年”。寿萱春永联曰：“璇阁香清，露华滋蕙畹；萱阶昼永，云锦蔚荷裳。”

照殿后倒座殿三楹为“嘉荫”，两角门中为“积芳亭”，正宇为“云涯馆”。馆后渡桥，循山而北，有河池，南北立坊二，为“玉涧”、“金流”。门内为“瑞景轩”，轩后为“林香山翠”。又后为“延爽楼”，三层九楹。楼后河上为“鸢飞鱼跃亭”，稍南为“观莲所”，楼左为“式古斋”，斋后绮榭。“嘉荫”、“积芳”、“林香山翠”、“延爽楼”、“鸢飞鱼跃”、“式古斋”、“绮榭”诸额，皆康熙帝御书。“观莲所”、“云涯馆”额为乾隆帝御书。园内筑东西二堤，长各数百步。东堤曰“丁香堤”，西堤曰“兰芝堤”，都可以通向“瑞景轩”。西堤外别筑一堤曰“桃花堤”。东、西两堤之外，大小河数道，环流苑内，出西北门五空闸，达垣外，东经水磨村，趋清河。西流则由马厂北，注入圆明园。自宫门至此为畅春园中路。

东路：“云涯馆”东南角门外转北，过板桥为“剑山”，山上为“苍然亭”，下为“清远亭”，由山东转为“龙王庙”，过“清远亭”，沿堤而南，河上筑南北垣一道，中有门西向，曰“广梁门”，门内为“澹宁居”。“龙王庙”额曰：“甘霖应祷。”“澹宁居”前殿为康熙帝御门听政、选馆、引见的场所。后殿为弘历小时候的读书之处。大东门土山北，循河岸西上为“渊鉴斋”，七楹南向。斋后临河为“云容水态”，左廊后为“佩文斋”，五楹；斋后西为“葆光”，东为“兰藻斋”。“渊鉴斋”之前，水中敞宇三楹，为“藏辉阁”，阁后临河为“清籁亭”。“佩文斋”之东北向为“养愚堂”，对面正房七楹为“藏拙斋”。“渊鉴斋”东过小山口北有府君庙。府君庙神像如星君，旁殿奉吕祖像。

“兰藻斋”循东岸而北，转山后，西宇三楹为“疏峰”，循岸而西，临湖正轩五楹为“太朴”。“太朴轩”之东，有石径接东垣，即小东门。溪北为“清溪书屋”，后为“导和堂”，西穿堂门外为“昭回馆”。“清溪书屋”之西为“藻思楼”，后为“竹轩”。“导和堂”东穿堂门，即“恩佑寺”佛殿后。乾隆三十三年（1768）《御制清溪书屋诗》曰：“畅春园中是处为皇祖宴寝之所，我皇考改建恩佑寺以奉御容。乾隆癸亥，奉移于安佑宫，逮今四十余年，有司以修葺告成，敬诣瞻仰。”

恩佑寺山门建于清雍正元年（1723）。原为清初畅春园内的“清溪书屋”，康熙皇帝常宴寝于此，最后也死在这里。雍正帝为了给康熙荐福，将书屋改为“恩佑寺”。寺坐西朝东，原有正殿五楹，内奉三世佛像。正殿内奉三世佛，左奉药师佛，右奉无量寿佛。山门额曰：“敬建恩佑寺”。二层山门额曰：“龙象庄严。”正殿额曰：“心源统贯。”殿内龛额曰：“宝地昙霏。”联曰：“万有拥祥轮，净因资福；三乘参慧镜，香界超尘。”

“恩佑寺”之右为“恩慕寺”，殿宇规制与恩佑寺同。康熙帝时为太皇太后祈福，建“永慕寺”于南苑；雍正皇帝为故去的康熙皇帝荐福，建“恩佑寺”于畅春园。乾隆时皇太后长期居住于畅春园，皇太后病逝后，乾隆皇帝“昭承家法”以寄托哀思，故在“恩佑寺”侧建造了“恩慕寺”专供药师佛，作为荐福皇太后在天之灵的特殊皇家佛教寺院。正殿奉药师佛一尊，左右奉药师佛一百八尊，南配殿奉弥勒像，北配殿奉观音像，左右立石幢一，刻全部《药师经》，一勒《御制恩慕寺瞻礼诗》。山门额曰：“敬建恩慕寺。”二层山门额曰“慈云广荫”，大殿额曰“福应天人”，殿内额曰“慧雨仁风”。联曰：“慈福遍人天，祥开佛日，圣恩留法宝，妙现心灯。”如今，“恩佑寺”和“恩慕寺”遗存山门并列于北京大学对面街西，是畅春园仅存至今的两座地上建筑物。以上自“剑山”、“澹宁居”一路，至此为畅春园东路。

西路：“春晖堂”之西，出如意门，过小桥为“玩芳斋”，山后为“韵松轩”。“玩芳斋”旧名“闲邪存诚”。雍正二年（1724），弘历曾读书于此。乾隆四年，毁于火，重建此斋。二宫门外出西穿堂门为“买卖街”，南垣外为船坞门，内别宇五楹，北向。“买卖街”建于河之南岸，略仿市廛景物。船坞内停泊大小御舟，小船额曰“月波”；大者一名“吉祥舟”，一名“载月舫”。北向房额曰“西墅”，接“无逸斋”之东门。

由船坞西行不远，即为“无逸斋”，东垂花门内正宇三楹，后跨河上为“韵玉廊”，廊西为“松篁深处”，自右廊入为无逸斋门，门内正殿五楹。西廊内正宇为“对清阴”，廊西为“蕙畹芝原”。无逸斋额为康熙帝御书，康熙年间赐理密亲王居住，后来理密亲王移居西花园，遂为年幼皇子皇孙读书之所。乾隆继位后，到畅春园问皇太后安，于此传膳办事。皇太后钮祜禄氏去世后，为倚庐之所。

“无逸斋”北角门外近西垣一带，南为菜园数十亩，北则稻田数顷。“无逸斋”后循山径稍东有关帝庙，东过板桥方亭为“莲花岩”，对河为“松柏闸”，关帝庙后为“娘娘殿”，殿台方式建于水中。松柏闸河之东岸即“兰芝堤”，西堤即“桃花堤”。关帝庙额曰“忠义”。

“凝春堂”在“渊鉴斋”之西，东室三楹为“纯约堂”，其右河厅三楹为“迎旭堂”。“纯约堂”东为“招凉精舍”。河厅之西为湾转桥，桥北圆门为“憩云”。“迎旭堂”后回廊折而北为“晓烟榭”。河岸以西为“松柏室”，其左为“乐善堂”。别院有亭，为“天光云影”。松柏室后出山口临河为“红蘂亭”。自“天光云影”后廊出北小门登山，东宇为“绿窗”，山北为“回芳墅”、“红蘂亭”，东为“秀野亭”，自“回芳墅”北转山口过河，水中杰阁为“蘂珠院”。乾隆十三年（1748），《御制蘂珠院诗》序曰：“畅春苑湖中杰阁数楹，上摩清颢，下瞰澄波，皇祖题之曰蘂珠院。朕奉皇太后驻跸是苑，每问安视膳于此。信乎清都之境，不老之庭也。因成长律，敬勒壁间。”

“蘂珠院”北埠上层台为“观澜榭”，西河厅三楹，东河厅四楹，为“坐烟槎台”，榭后正宇为“蔚秀涵清”，后为“流文亭”。“蘂珠院”之西过红桥北为“集凤轩”，轩前连房九楹，中为穿堂门，门北正殿七楹。殿后稍左为“月崖”，其右有亭为“锦波”，度河桥西为“俯镜清流”。轩正殿外檐额曰“执中含龢”，内额曰“德言钦式”。由“俯镜清流”穿堂门西出循河而南，即大西门，延楼四十二楹，其外即西花园之马厂。

“集凤轩”后河桥西为闸口门，闸口北设随墙，小西门北一带构延楼，自西至东北角上下共八十有四楹。西楼为“天馥斋”，内建崇基中立坊，自东转角楼，再至东面，楼共九十有六楹。中楼为“雅玩斋”、“天馥斋”，东为“紫云堂”。“天馥斋”牌坊前额曰“日穷寥廓”，后额曰“露澄霞焕”。“紫云堂”之西过穿堂北为西北门，即苑墙外。自“玩芳斋”至此为畅春园西路，再西即为西花园。[25]

畅春园建成后，“时奉孝庄文皇后孝惠章皇后憩焉政事几务即裁决其中”。不但成为每年夏天康熙奉太后避暑的离宫，而且成为紫禁城外北京新的政务活动中心。据统计，康熙皇帝自康熙二十六年（1687）二月二十二日，首次驻跸畅春园，至六十一年（1722）十一月十三日病逝于园内寝宫，凡三十六年，每年都要去畅春园居住和处理朝政。三十六年间累计居住畅春园 257 次 3800 余天，年均驻园 7 次 107 天。最短者为 29 天，最长者为 202 天。可见畅春园在康熙朝的重要性。当康熙在畅春园时，朝廷大员和皇子往往也随行。为了给这些人提供随侍的居处，在畅春园左近地方，或修复明代遗园，或造新邸。于是清朝园林建设出现了第一个高潮。自雍正朝兴修圆明园，畅春园不再是皇帝园居听政的中心，至乾隆朝只作为皇太后奉安游赏之地，嘉庆朝逐渐闲置终至荒废。在英法联军侵略北京后，畅春园彻底全毁，只今余下恩佑、恩慕寺两座小山门艽立道侧。

二、静明园

静明园位于颐和园以西的玉泉山。玉泉山南北走向约1200米，东西最宽处约450米，主峰海拔高100米。山以泉胜，山中泉水丰沛，其中西南麓的一组泉水从石穴中涌出，水柱高达尺许，“泉出石罅间，潴而为池，广三丈许，名“玉泉池”，是金元以来的燕京八景之一——“玉泉垂虹”。

> 玉泉山以泉名。泉出石罅，潴而为池，广三丈许，水清而碧；细石流沙，绿藻紫荇，一一可辨。池东跨小石桥，水经桥下，东流入西湖，山顶有金行宫芙蓉殿故址，相传章宗尝避暑于此。(26)

芙蓉殿亦称玉泉行宫，元世祖忽必烈在玉泉山建昭化寺，明正统朝又添建上下华严寺，嘉靖二十九年（1550）被瓦剌军焚毁。华严寺有洞二：一在山腰，若鼠穴，道甚险；一在殿后，深数十武，曰“七真洞”。寺北石壁甚巉，亦有泉喷出，作裂帛声，俗称“裂帛泉”。

清康熙十九年（1680）就玉泉山进行改建，总名“澄心园”，三十一年（1692）改称“静明园”。乾隆十五年（1750）对静明园进行大规模扩建，将山麓的河湖地段全部圈入园墙之内，十八年（1753），乾隆帝亲定静明园十六景，每景以四字题名，即“廓然大公”、“芙蓉晴照”、“玉泉趵突”、“竹炉山房”、“圣音综绘”、“绣壁诗态”、“溪田课耕”、“清凉禅窟”、“采香云径”、“峡雪琴音”、“玉峰塔影”、“风篁清听”、“镜影涵虚”、“裂帛湖光”、“云外钟声”、“翠云嘉荫”；后又增十六景，以三字标题。乾隆帝《御制玉泉山杂咏十六首序》中说：

> 玉泉山盖灵境也，虽亭台点缀，时有晦明，而山水吐纳，岚霭朝暮，与造物相终始。故一时之会，前后迥异，一步之移，方向顿殊。吾安能以十六景概之。即景杂咏，复成十六首。

这十六景即“清音斋”、“华滋馆”、“冠峰亭”、“观音洞”、“赏遇楼”、“飞云嵲”、“试墨泉”、“分鉴曲”、“写琴廊”、“延绿厅”、“犁云亭”、“罗汉洞”、“如如室”、“层明宇”、“迸珠泉”和“心远阁”。

静明园正门位于玉泉山之阳，南向，五楹。“园西山势窈深，灵源浚发，奇征趵突，是为玉泉。”静明园宫门门外东西朝房各三楹，左右罩门二，前为高水湖。园内为门六，正中御制宫门额曰“静明园”。东为东宫门，为小南门，又东为小东门，园之西北为夹墙门，稍南为西宫门。其中水城关闸一，及东宫门南闸，宣泄玉泉，由高水湖东南引入金河，与昆明湖水合流为长河。

宫门内为“廓然大公”，正殿七楹，东西配殿各五楹。“廓然大公”后宇额曰“涵万象”。“廓然大公”之北临后湖，湖中为“芙蓉晴照”，檐额曰“乐景阁”，西为“虚受堂”。“虚受堂”之西，山畔有泉，为“玉泉趵突”，其上为龙王庙。“玉泉趵突”为“燕山八景”之一，旧称“玉泉垂虹”。泉上碑二，左刊“天下第一泉”五字，右刊乾隆帝《御制玉泉山天下第一泉记》，汪由敦书。石台上立碣二，左刊“玉泉趵突”四字，右勒乾隆帝上谕一通，乾隆帝御题龙王庙额曰“永泽皇畿”。乾隆十六年（1751）闰五月二十九日，奉上谕：

> 京师玉泉，灵源浚发，为德水之枢纽。畿甸众流环汇，皆从此潆注。朕历品名泉，实为天下第一。其泽流润广，惠济者博而远矣。泉上有龙神祠，已命所司鸠工崇饰，宜列之祀典。其品式一视黑龙潭。

龙王庙之南，循石径而入，为“竹垆山房”，南为“开锦斋”，后为“观音洞”，其上为“赏遇楼”。“观音洞”之南为真武庙，后为吕祖洞，旁为双关帝庙。真武庙额曰“辰居资佑”，吕祖洞额曰“鸾鹤悠然”，双关帝庙额曰“文经武纬”。

双关帝庙迤南为“圣因综绘”，其西为“写流轩”，轩后为“层明宇”，又西为“福地幽居”，后为“冠峰亭”。“福地幽居”之西梵宇为“华藏海”，又西为“绣壁诗态”。由“华藏海”循山，从东南行，俯临溪河，河水引玉泉西南流，由水城关达高水湖。“绣壁诗态”之西为“溪田课耕”，又西为“迸珠泉”。园内自垂虹桥以西，濒河皆水田。

“绣壁诗态”之北为“水月庵”，又东为城关。城关建自康熙二十年（1682），康熙帝御题额曰“函云静”。“水月庵”之北为“圣缘寺”。该寺正宇为“能仁殿”，后为“慈云殿”，左为“清贮斋”，右为“阆风斋”。“圣缘寺”之北为“仁育宫”。“仁育宫”门外建三面坊楔

（即牌楼），中曰“瞻乔门”，二层曰“岳宗门”，宫内奉东岳天齐大生仁圣帝像，额曰“苍灵赐禧”。碑二，左勒乾隆撰《东岳庙碑文》，右勒《仁育宫颂》。左曰“佑宸殿”，右曰“翊元殿”，又左为昭圣殿，右为孚仁殿，正殿后为玉宸宝殿，奉昊天至尊玉皇大天尊玄穹高上帝像。又后为泰钧楼，左为景灵殿，右为卫真殿。

“仁育宫”之北为“清凉禅窟”，后为“嘉荫堂”，东为“霞起楼”，西为“犁云亭”。“仁育宫”前迤西度桥，为园之西宫门。门外左右朝房，中为石桥，桥西即通向香山的跸路。“清凉禅窟”之北为“涵漪斋”，西为“飞淙阁”，东为“练影堂”，稍南为“挂瀑檐”。“练影堂”、“挂瀑檐”诸水源，一自香山碧云寺出，一自卧佛寺后引注，经妙喜寺导入园中，汇为湖，与玉泉合流，出水城关，一同汇入高水湖。“涵漪斋”之西夹墙门外为“妙喜寺”。寺内正殿额曰“香海同源”，后殿额曰“优昙应现”，曰“菩提普印”。自“妙喜寺”以西，为静宜园界。

“清凉禅窟”之北为“采香云径”，其南有楼曰“静怡书屋”。“采香云径”稍北，折而东，为“招鹤庭”，南为“峡雪琴音”。“峡雪琴音”内额曰“丽瞩轩”，东曰“俯青室”，北曰“罨画窗”。“峡雪琴音”迤南山巅为“玉峰塔影”，前为“香岩寺”，右为“妙高室”。玉峰塔建于峰巅，仿金山妙高峰之制。“玉峰塔影”之后，北峰上为“妙高寺”，殿后为“妙高塔”，又后为“该妙斋”。“妙高寺”前石坊额曰“灵鹫支峰”，殿内额曰“江天如是”。“崇霭轩”在“妙高峰”之西，其东为“含醇室”，后为“咏素堂”。“含经堂”在“妙高寺”东山麓，其东北临溪为“书画舫”。“书画舫”前有泉出于岩畔，汇为池，题曰“涌玉”、“宝珠”。“含经堂”南有楼为“风篁清听”，东为“如如室”，西为“近青阁”，又西稍南为“飞云崀”。“风篁清听”前有平池数亩，“涌玉”、“宝珠”诸泉自北来汇之，东南流经“五空闸”，出园东垣外，达玉河。

“风篁清听”之西，度桥而南有池，池东为“延绿厅”，池西为“漱远绿”，为“试墨泉”。又西为“镜影涵虚”，南为“分鉴曲”，又南为“写琴廊”，为“观音阁”，额曰“坚固林”。其上迤西山麓为“华严洞”，洞外佛宇额曰“香云法雨”。又上为“香严寺”。“写琴廊”迤南为“含晖堂”，后为“清音斋”，斋前为“裂帛湖光”，斋西山麓为“碧云深处”，东为“心远阁”。“裂帛湖光”当玉峰东麓，流经园东垣闸口，注玉河，汇昆明湖。

由“心远阁”折而北为“罗汉洞”，又上为“水月洞”，又西山麓为“古华严寺”，寺后为“云外钟声”，东为“伏魔洞”。“碧云深处”迤南为“翠云嘉荫”，后为“翠云堂”，东为“甄心斋”。“翠云嘉荫”之东为小南门，稍南为东宫门五楹，门外朝房左右各三楹。玉泉之水流绕“乐景阁”前后汇为湖，其流一曲西南水城关出，一曲东宫门前南闸出，同入高水湖，又自北闸会裂帛湖诸水，经小东门外，东汇于昆明湖。

静明园南宫门西南为高水湖中的“影湖楼”。东南为养水湖，俱蓄水以溉稻田。复于堤东建一空闸，泄玉泉诸水流为金河，与昆明湖同入长河。小东门外长堤石桥上建石坊二，迤东为“界湖楼“。石桥东坊额曰“湖山罨画”，曰“云霞舒卷”，西坊额曰“烟柳春佳”，曰“兰渚苹香”。桥下水北注玉河，沿河皆稻田，又北为石道，迤逦至青龙桥，即达清漪园之辇道。(27)

静明园以山水结合、寺观众多、以建筑物景点的特点别具一格。咸丰十年（1860）英法联军之役，多处建筑被毁，光绪时曾部分修复。

三、静宜园

静宜园建于香山东麓，总面积约130公顷。早在辽天显年间，香山归中丞阿勒弥私人所有，兴建佛寺。“香山寺址，辽中丞阿勒弥所舍，殿前二碑载舍宅始末，光润如玉，白质紫章，寺僧目为鹰爪石。”辽末自立为皇的耶律淳葬于香山，号永安陵。《辽史》宣宗“葬燕西香山永安陵”。“耶律淳者，世号为北辽，兴宗第四孙。保大二年，天祚入夹山，奚王和勒博、林牙耶律达什等引唐灵武故事，议立淳，即位，百官上号天锡皇帝，改保大二年为建福元年。寻病死。百官伪谥曰孝章皇帝，庙号宣宗，葬燕西香山永安陵。”金代开始对香山进行开发。大定二十六年（1186），元世宗完颜雍在香山建大永安寺并建有行宫；“大定中，诏匡构与近臣同经营香山行宫及佛舍”。“大定二十六年三月，香山寺成，幸其寺，赐名大永安寺，给田二千亩，栗七十株，钱二万贯”。明昌时增建了会景楼、祭星台，成为皇室临幸之地。金代泽州高平人李晏在《香山记》中称：“西山苍苍，上干云霄，重冈叠翠，来朝皇阙，中有道场曰香山。”金章宗在此增建会景楼、祭星台等，七次来狩猎游玩。据《金史·章宗纪》：

> 明昌四年三月，幸香山永安寺及玉泉山。承安三年七月，幸香山。八月，猎于香山。四年八月，猎于香山。五年八月，幸香山。泰和元年六月，幸香山。六年九月，幸香山。(28)

从此，香山成为历代皇家园囿。

元明时期续有营建，但在规模上都没有太大变化。元世祖即位后，曾经游幸香山永安寺，看到石壁间书有畏兀字，于是就问寺中僧人。僧人回答："国师兄子铁哥书也。"[29]元仁宗皇庆元年（1312）四月，"给钞万锭，修香山永安寺"，赐额"甘露寺"。明代正统间，遣中官以金鱼数十投入永安寺水池中。后来，太监范宏又对香山寺进行了修建，"费七十余万"。[30]《帝京景物略》又称明世宗幸寺，称赞"西山一带香山独有翠色"；明神宗则题"来青轩"之名。

清康熙时开始修缮佛殿，并建"香山宫"。"香山名胜若来青轩、洪光寺诸处及娑罗宝树，皆昔蒙圣祖仁皇帝临幸，天章肇锡，御额亲题"。[31]康熙帝常驻跸此地，其中不少诗篇描绘永安帝等名胜。高宗弘历于"乾隆癸亥（八年，1743）翠华始幸其地，乐其山之幽深。乙丑（十年，1745）命就旧日行宫基址筑垣筑室，遂成胜地"。[32]"越明年丙寅（十一年，1746）春三月而园成，非创也，盖因也"。[33]营香山"二十八经"，取名静宜园。同时，加筑了一道周长约近5公里的外垣墙，修建了宫门、朝房，增建了殿台亭阁，形成规模相当宏丽的皇家御苑。园内处处以翠取胜，树木葱茏，叠岭青铺，泉流澄碧，苔石凝苍。

园建成后，乾隆帝撰《静宜园记》。其文曰：

> 乾隆乙丑秋七月，始廓香山之郛，薙榛莽，剔瓦砾，即旧行宫之基，葺垣筑室。佛殿琳宫，参错相望，而峰头岭腹凡可以占山川之秀，供揽结之奇者，为亭，为轩，为庐，为广，为舫室，为蜗寮，自四柱以至数楹，添置若干区。越明年丙寅春三月而园成，非创也，盖因也。昔我皇祖于西山名胜古刹，无不旷览。遊观兴至，则吟赏托怀。草木为之含辉，岩谷因而增色。恐仆役侍从之臣或有所劳也，率建行宫数宇于佛殿侧。无丹雘之饰，质明而往，信宿而归，牧圉不烦。如岫云、皇姑、香山者皆是。而惟香山去圆明园十余里而近。乾隆癸亥，余始往遊而乐之。自是之后，或值几暇，辄命驾焉。盖山水之乐不能忘于怀，而左右侍御者之挥雨汗而冒风尘亦可廑也。于是乎，就皇祖之行宫，式葺式营，肯堂肯构。朴俭是崇，志则先也，动静有养，体智仁也。名曰静宜，本周子之意，或有合于先天也。殿曰勤政，朝夕是临，与群臣咨政要而筹民瘼，如圆明园也。有憩息之乐，省往来之劳，

以恤下人也。山居望远村平畴，耕者，耘者，馌者，获者，敛者，历历在目。杏花菖叶，足以验时令而备农经也。若夫岩峦之怪特，林薄之华滋，足天成而鲜人力。信乎，造物灵奥而有待于静者之自得耶！凡为景二十有八，各见于小记而系之诗。

静宜园共有二十八景：计内垣二十景，外垣八景。内垣为“勤政殿”、“丽瞩楼”、“绿云舫”、“虚朗斋”、“璎珞岩”、“翠微亭”、“青未了”、“驯鹿坡”、“蟾蜍峰”、“栖云楼”、“知乐濠”、“香山寺”、“听法松”、“来青轩”、“唳霜皋”、“香岩室”、“霞标磴”、“玉乳泉”、“绚秋林”、“雨香馆”；外垣为“晞阳阿”、“芙蓉坪”、“香雾窟”、“栖月崖”、“重翠崦”、“玉华岫”、“森玉笏”、“隔云钟”；此外岩壑室宇以名著者则有：“洗心亭”、“净凉亭”、“胜亭”、“倚吟室”、“画禅室”、“香林室”、“太虚室”、“碧峰馆”、“迟云馆”、“雨香馆”、“学古堂”、“超然堂”、“妙高堂”、“含清堂”、“正凝堂”、“旷真阁”、“来芬阁”、“清寄轩”、“妙达轩”、“泽春轩”、“延旭轩”、“旷览台”、“韵琴斋”，“怀风楼”、“鉴空楼”、“栖云楼”、“畅风楼”、“松坞云庄”、“琢情之阁”、“试泉悦性山房”、“得一书屋”、“山阳一曲精庐”、“欢喜园”、“天池”、“梯云山馆”、“融神精舍”、“云岩书屋”、“养源书屋”和“翠微山房”。

静宜园分为内垣、外垣和别垣三区。内垣位于东南部半山坡及山麓地带，包括宫廷区和香山寺、洪光寺。静宜园大宫门前为城关二，由城关入，东西各建牌楼，中架石桥，下为月河，度桥左右朝房各三楹，宫门五楹。“静宜园”额为乾隆帝御书。城关南额曰“松扉”，北额曰“萝幄”；东坊额曰“芝廛”，曰“烟壑”；西坊额曰“云衢”，曰“兰坂”。

宫门内为“勤政殿”五楹，为皇帝引见朝臣办事之所，南北配殿各五楹，殿前为月河。“勤政殿”内额曰：“与和气游”。联曰：“林月映宵衣，寮寀一堂师帝典；松风传昼漏，农桑四野绘豳图。”月河源出“碧云寺”，内注正凝堂池中，复经“致远斋”而南，由殿右岩隙喷注，流绕墀前。乾隆十一年（1746）《勤政殿诗》前序曰：“皇祖就西苑趯台之陂为瀛台以避暑，视事之所颜曰勤政。皇考圆明园视事之殿，亦以勤政名之。予既以静宜名是园，复建殿山麓，延见公卿百僚，取其自外来者近而无登陟之劳也。晨披既勤，昼接靡倦，所行之政即皇祖、皇考之政，因寓意兹名，昭继述之志，用自勖焉。”

“勤政殿”后北为“致远斋”，南向，五楹。斋西为“韵琴斋”，为“听雪轩”，东有楼为“正直和平”。“勤政殿”后西为“横秀馆”，东向。其南亭为“日夕佳”，北为“清寄轩”。“横秀馆”后建坊座，内为“丽瞩楼”，五楹，后为“多云亭”。“丽瞩楼”后南为“绿云舫”，系仿自避暑山庄内“云帆月舫”。“丽瞩楼”迤南为“虚朗斋”，斋前石渠为“流觞曲水”，南为“画禅室”，后为“学古堂”，东为“郁兰堂”，西为“伫芳楼”，又后宇为“物外超然”，其外东、西、南、北四面各设宫门。东宫门外有石路两条，南达“香山寺”，东建城关，达于“带水屏山”。“学古堂”前周廊嵌乾隆帝所撰《静宜园二十八景诗》石刻，东宫门檐额曰“涧碧溪清”。

“带水屏山”，门宇三楹，南向。西为对瀑，北为“怀风楼”，其左为“琢情之阁”，东南为“得一书屋”，西为“山阳一曲精庐”。“带水屏山”之西为“璎珞岩”，其上厅宇三楹，为“绿筠深处”。“璎珞岩”东稍南为“翠微亭”。再往东有亭为“青未了”。“青未了”迤西，岩际为“驯鹿坡”，再往西有“龙王庙”，下为双井，其上为“蟾蜍峰”。双井水东北注松坞云庄池内，入“知乐濠”，由“清音亭”过“带水屏山”，绕出园门外，是为南源之水。“蟾蜍峰”北稍东为“松坞云庄”，又东有楼，为“凭襟致爽”，后为“栖云楼”。香山寺前，石桥下方池为“知乐濠”。

香山寺在“璎珞岩”之西，前建牌楼，山门东向，南北为钟鼓楼，上为戒坛，内正殿七楹，殿后厅宇为“眼界宽”。又后六方楼三层，又后山巅楼宇上下各六楹。香山寺为金章宗会景楼故址，其正殿前石屏一，中刊《金刚经》，左《心经》，右《观音经》，屏后镌乾隆帝御笔然灯古佛、观音、普贤诸像以及赞语。殿额曰：“圆灵应现。”六方楼上层额曰：“光明莲界。”中曰：“无住法轮。”下曰：“薝卜香林。”山巅楼宇上额曰：“鹫峰云涌。”下曰：“青霞寄逸。”“寺建于金世宗大定间，依岩架壑，为殿五层，金碧辉映。自下望之，层级可数。旧名永安，亦曰甘露。予谓香山在洛中龙门，白居易取以自号，山名既同，即以山名寺，奚为不可？”(34)

香山寺正殿门外有“听法松”，山门内有“娑罗树”。香山寺北为“观音阁”，后为“海棠院”，院东为“来青轩”，西为“妙高堂”。“来青轩”内，悬康熙帝御题之额“普照乾坤”。“观音阁”上层额曰“普门圆应”，下层曰“性因妙果”。乾隆十一年（1746）乾隆帝撰《来青轩诗》序曰：“由香山寺正殿历级东行，过回廊而东，为‘来青轩’。《帝京景物略》为明神宗所题，今额已不存矣。远眺绝旷，尽挹山川之秀，故为西山最著名处，因仍其名而重为书额。圣祖御题‘普照乾坤’四大字，瞻仰之次，想见函盖一切气象。”

香山寺北有无量殿。山门额曰：“楞伽妙觉。”“来青轩”西南为“欢喜园”，东西各有牌楼。“欢喜园”西坊额曰“停霭”、“栖霞”。东坊额曰“纡青”、“延绿”。香山寺北稍西六方亭为“唳霜皋”。香山寺西北，由盘道上为洪光寺，山门东北向，内建毘卢圆殿，正殿五楹，左为太虚室，又左为香嵓室。洪光寺盘道，即所谓“十八盘”。毘卢圆殿额曰“光明三昧”，正殿后檐额曰“慈云常荫”。正殿内额曰“香嵓净域”，寺后门外坊座前额曰“蕙馨”、“芝采”。

洪光寺前盘道间敞宇三楹为“霞标磴”，往北为“玉乳泉”，泉西稍南为“绚秋林”。“绚秋林”一带岩间巨石森列，镌题曰“萝屏”、“翠云堆”、“留青”。又上为观音阁，额曰“鹦集崖”，崖旁勒“仙掌”二字，下有石临泉，镌题曰“罗汉影”。“绚秋林”北为“雨香馆”，后为“洒兰书屋”，其南为“林天石海”。

以上自“勤政殿”以“迄雨香馆”，是为内垣，共二十景。内垣凡六门，曰东南门，曰东北门，西曰约白门，西南曰如意门，西北曰中亭子门，北曰进膳门。

外垣是静宜园的高山区，面积比内垣大，大多为自然景观。“丽瞩楼”北度岭为“晞阳阿”。其北坊座一，东坊座一，西为“朝阳洞”，后为“观音阁”。北坊额曰“丹梯”、“翠幄”，东坊额曰“萝圃”、“秀岑”。“朝阳洞”深广可丈余，内祀龙神。“观音阁”额曰“净界慈云”。

“晞阳阿”北为“芙蓉坪”，楼宇三楹。其东敞宇为“静如太古”。“芙蓉坪”西南为“香雾窟”，东南北小坊座各一，东面大坊座一，正宇七楹。后为“竹垆精舍”，其北岩间有“西山晴雪”石幢，又北为“洁素履”。“香雾窟”是静宜园的最高处。东面大坊座额曰“香圃”、“琪林”，其前小坊座额曰“虹梁”、“月镜”，南曰“攒萝”、“环绮”，北曰“丹梯”、“翠甃”。“西山晴雪”为“燕山八景”之一。

“香雾窟”南稍东为“栖月崖”，厅宇三楹。其西宇为“得趣书屋”，距崖半里许，设石楼门，镌题曰“云阙”。“栖月崖”厅宇额曰“乐此山川佳”。“栖月崖”北为“重翠崦”，厅宇三楹，其下为“龙王堂”，堂下有泉。“重翠崦”东南为玉华寺，山门东向，正殿三楹。殿西南厅宇为“玉华岫”，其东为“皋涂精舍”。“玉华寺”北门内有“石洞出泉”，称“玉华泉”。正殿额曰“香嵓慧日”，“皋涂精舍”额曰“林虚桂静”。“玉华寺”西南峰石屹立，上勒乾隆帝题写得“森玉笏”。东北为“超然堂”，堂南为“旷览台”，后为“碧峰馆”。“森玉笏”东北峰上有亭，为“隔云钟”。

以上自“晞阳阿”以迄“隔云钟”，是为外垣，共八景。

别垣位于香山北麓，垣内主要建筑为“昭庙”和“正凝堂”。别垣内佛楼为“宗镜大昭之庙”，门东向，建琉璃坊楔。前殿三楹，内为白台，绕东南北三面，上下凡四层。西为“清净法智殿”，又后为红台，四周上下也是四层。“宗镜大昭之庙”亦称“昭庙”，额悬“都罡正殿”。乾隆四十五年，就鹿园地建琉璃坊，东面额曰“法源演庆”，西面额曰“慧照腾辉”，前殿额曰“众妙之门”。红台上层东额曰“大圆镜智殿”，西曰“妙观察智殿”，南曰“平等性智殿”，北曰“成所作智殿”。昭庙之北度石桥为“正凝堂”，堂北为“畅风楼”。

“正凝堂”迤北为“碧云寺”，山门东向。度桥为天王殿，复逾桥为正殿，为次层殿，后为三层殿。又后为金刚宝座塔院，院前白石坊座一。“碧云寺”正殿额曰“能仁寂照”，殿后六方亭勒乾隆帝撰《碧云寺碑文》。次层殿额曰“静演三车”，后殿檐额曰“普明妙觉”，内额曰“圣业慧因”，塔院坊座上额曰“西方极乐世界阿弥陀佛赡养道场”。塔座凡三层，上层石洞镌额曰“发阿耨多罗三藐三菩提心”，石龛额曰“灯在菩提”。由石级螺旋而上，至顶建塔，凡七，皆镂以佛像。中龛额曰“现舍利光”。乾隆《御制碧云寺碑文》曰：“西山佛寺累百，惟碧云以闳丽著称，而境亦殊胜。岩壑高下，台殿因依，竹树参差，泉流经络。学人潇洒安禅，殆无有踰于此也。”乾隆帝驻跸静宜园，“时过此寺，乐观林壑之美，而念古刹之有待于护持也。爰命重加整葺，喜其涤瑕荡秽而复为净域”。碧云寺南为罗汉堂，后为藏金阁。罗汉堂内奉五百罗汉，仿杭州净慈寺像，额曰海会应真，前宇额曰鹫光合印。碧云寺北为涵碧斋，后为云容水态，为洗心亭，又后为试泉悦性山房。涵碧斋内额曰活泼天机，试泉悦性山房檐额曰境与心远，后檐额曰澄华，是为泉水发源处。以上为静宜园之别垣。[35]

嘉庆朝在“正凝堂”前添建一座具有江南情趣的小庭园，园墙呈圆形，中心一泓碧水，沿池水建有廊庑轩榭，池西三间水榭悬有“见心斋”匾额。咸丰十年（1860）英法联军焚烧了三山五园，静宜园亦未能幸免。

四、圆明三园

圆明园位于挂甲屯之北，距畅春园里许。由圆明、长春、绮春（同治朝改称万春）三园组成，故有“圆明三园”之称。三园占地共约350公顷。康熙四十八年（1709）赐给皇四子胤禛，康熙帝题圆明园额悬大宫门。胤禛依其山形水势，布置了一座取法自然，以水体为主的园林。胤禛即位后，于雍正二年（1724）即制订对圆明园扩建的总体规划，次年扩建工程全面展开，起造殿宇，设朝署值衙，又浚池引水，培植林木，建造亭榭，作为他自己“宁神受福，少屏烦喧”的园居之所，而将畅春园作为皇太后的居处。扩建后的圆明园，面积达200公顷。至此，圆明园的规模大体略具。雍正帝在《御制圆明园记》中说：

> 圆明园在畅春苑之北，朕藩邸所居赐园也。在昔皇考圣祖仁皇帝听政余暇，游憩于丹棱沜之涘，饮泉水而甘。爰就明戚废墅，节缩其址，筑畅春园。熙春盛暑，时临幸焉。朕以扈跸，拜赐一区。林皋清淑，波淀渟泓，因高就深，傍山依水，相度地宜，构结亭榭，取天然之趣，省工役之烦。槛花堤树，不灌溉而滋荣，巢鸟池鱼，乐飞潜而自集。盖以其地形爽垲，土壤丰嘉，百汇易以蕃昌，宅居于兹安吉也。园既成，仰荷慈恩，锡以园额曰圆明。(36)

高宗弘历在做皇太子时，曾赐居圆明园内的“长春仙馆”，在“桃花坞”读书。他即帝位时，清廷建立已近百年，“海宇殷阗，八方无事”，遂凭借稳定的政治局面和富厚的财力，再次扩建了圆明园。乾隆元年（1736）十一月，曾命画院郎世宁、唐岱、孙祜、沈源、张万邦、丁观鹏等绘制圆明园全图，合题跋共八十幅，每幅绢心长二尺，阔二尺四分，檀木夹板装为上下两册。此图现藏法国巴黎博物馆。乾隆九年（1744），扩建工程告一段落，圆明园步入了全盛时期。弘历本人对园林艺术颇有见地，凡重要建筑均亲自过问，甚至直接参与规划设计。乾隆九年（1744）之后，对圆明园仍然屡有增修。弘历在位的60年中，圆明园工程几乎没有中断过一天。原有建筑稍有陈旧，立即油饰一新，弘历六下江南，更搜集了天下名胜点缀在园里。不能模仿的奇峰异石，就不惜劳费，辇运至园。王闿运《圆明园宫词》所述“移天缩地在君怀”实非过誉。又在圆明园东面营造长春园，乾隆十四年（1749）始建，十六年（1751）完工。徐树钧在《圆明园词序》中说：“大驾南巡，浏览湖山风景之胜，图画以归。若海宁安澜园、江宁瞻园、钱塘小有天园、吴县狮子林，皆仿其制增置园中。”其中除安澜园是就四宜书屋改建在圆明园外，其他如仿杭州汪氏园所建的“小有天园”、仿江宁瞻园建成的“如园”和仿苏州狮子林而建的“狮子林”，均在长春园内。长春园内共有园林建筑组群近20处，在北界，于乾隆十年（1745）动工修建了一组仿欧洲式的宫苑建筑组群，二十四年（1759）建成，这是中国皇家御苑中植入西洋建筑的首例。

圆明园东南隔墙即绮春园。绮春园起初名“交辉”，为怡贤亲王允祥赐邸，又改赐大学士傅恒，及进呈后，乾隆帝定名为“绮春园”。

> 绮春园在圆明园东，有复道相属。旧为大学士傅恒及其子大学士福康安赐园，殁后缴进，嘉庆间始加缮葺。仁宗御制绮春园三十景诗，有宣宗恭跋。先是，园西南以缭垣别界一区，名“含晖园”，庄敬和硕公主（嘉庆帝第三女）厘降时赐居于此，公主薨逝，额驸索特那木多布齐以园缴进。旧又横界一区，名“西爽村”，有“联晖楼”，为成邸（成亲王永）寓园。嘉庆间，成邸别赐园宅，西爽、含晖皆并入为一园，而规模宏远矣。[37]

同治十二年（1873）重修绮春园，改名为“万春园”。

嘉庆朝对圆明园的修缮和增建工程仍不断进行，除修缮圆明园的安澜园、舍卫城、同乐园、永日堂外，“嘉庆间，复治田一区，其屋颜曰‘省耕别墅’，为几暇课农之所”。嘉庆十九年（1814），圆明园构竹园一所。二十二年（1817）园内“接秀山房”落成。[38]

嘉庆朝以后畅春园逐渐荒废。道光初，孝和皇太后和诸太妃由畅春园移居绮春园。此时清廷国帑已是捉襟见肘，而道光帝宁愿撤去万寿山、玉泉山、香山的陈设，取消热河避暑和木兰秋狝以维持对圆明园的修。[39]道光朝仅岁修一项即费金十万两，而新建或翻修的工程尚未计算在内。

1、圆明园

圆明园园内共有门十八个，南曰大宫门，曰左右门，曰东西夹道门，曰东西如意门，曰福园门，曰西南门，曰水闸门，曰藻园门。东曰东楼门，曰铁门，曰明春门，曰随墙门，曰蘂珠宫门。西曰随墙门。正北曰北楼门。为闸三。西南为一空进水闸，东北为五空出水闸，为一空出水闸。圆明园之水发源玉泉山，由西马厂入进水闸，支流派衍，至园内“日天琳宇”、“柳浪闻莺”诸处之响水口，水势遂分，西北高而东南低，五空出水闸在明春门北，一空出水闸在蘂珠宫北，水出苑墙经长春园出七空闸，东入清河。大宫门前辇道东西皆有湖，是为前湖。

大宫门五楹，门前左右朝房各五楹，其后东为宗人府、内阁、吏部、礼部、兵部、都察院、理藩院、翰林院、詹事府、国子监、銮仪卫、东四旗各衙门直房。东夹道内为银库，又东北为南书房，东南为档案房。西为户部、刑部、工部、钦天监、内务府、光禄寺、通政司、大理寺、鸿胪寺、太常寺、太仆寺、御书处、上驷院、武备院、西四旗各衙门直房。西夹道之西南为造办处，又南为药房。大宫门内为出入贤良门五楹，门左右为直房，前跨石桥，度桥东西朝房各五楹，西南为茶膳房，再西为翻书房，东南为清茶房，为军机处。

出入贤良门是为二宫门。凡武职侍卫引见，御此门较射。左右直房为各部院臣工入直之所，东西设两罩门，各衙门奏事由东罩门递进，茶膳房太监人等由西罩门出入。门前河形如月，中驾石桥三。其水自西来，东注如意门闸口，会东园各河而出。

出入贤良门内为“正大光明殿”七楹，东西配殿各五楹，后为“寿山殿”，东为“洞明堂”。“正大光明殿”内联曰：“心天之心而宵衣旰食；乐民之乐以和性怡情。”又联曰：“通求宁观成，无远弗届；以对时育物，有那其居。”东壁悬乾隆御书《周书·无逸篇》，西壁悬《豳风图》，东为“洞明堂”。“正大光明殿”是雍正、乾隆朝的重要政治活动场所。“圣诞旬寿受贺于太和殿，常年于此殿行礼，新正曲宴宗藩，小宴廷臣、大考、考差、散馆、乡试复试率在此殿”。[40]

“正大光明殿”东为“勤政亲贤”正殿，五楹，是清帝日常视朝之处，乾隆帝经常在此披览奏章，召对臣工。“勤政殿”额曰“勤政亲贤”。后楹额曰“为君难”。联曰：“至治凛惟艰，修和九叙；大猷怀用乂，董正六官。”后楹联曰：“懋勤特喜书无逸；览胜还思赋有卷。”宝座屏风上，御书《无逸》一篇。后楹东壁陈乾隆帝撰《创业守成难易说》，梁诗正书，西壁陈《为君难跋》，于敏中书。

“勤政亲贤”之东为“飞云轩”，东有阁为“静鉴”，其北为“怀清芬”，又北为“秀木佳荫”，转后为“生秋庭”。“静鉴阁”东为“芳碧丛”，后有“保合太和”，正殿三楹。后为“富春楼”，楼东为“竹林清响”。“保合太和殿”壁悬乾隆帝书《圣训》四箴。其西暖阁亦有“勤政亲贤”额。西暖阁内额曰“丛云”、“养性”、“随安室”。“富春楼”下额曰“坐拥琳琅”、“蔚然深秀”、“无倦斋”、“清风明月”。

“正大光明”后有湖，亦称前湖。湖正北为“圆明园殿”五楹，后为“奉三无私殿”七楹，又后为“九州清宴殿”七楹。东为“天地一家春”，西为“乐安和”，又西为“清晖阁”，阁前为“露香斋”，左为“茹古堂”，为“松云楼”，右为“涵德书屋”。“圆明园殿”悬康熙帝御书“圆明园”额，联曰：“每对青山绿水会心处，一丘一壑总自天恩浩荡；常从霁月光风悦目时，一草一木莫非帝德高深。”联曰：“恤小民之依，所其无逸；稽古人之德，彰厥有常。”第二层为“奉三无私殿，”内悬乾隆帝书康熙皇帝圣训：

> 天下之治乱休咎，皆系人主之一身一心。政令之设必当远虑深谋，以防后悔，周详筹度，计及久长。不可为近名邀利之举，不可用一已偏执之见。采群言以广益，合众志以成城。始为无偏无党之道。孝者百行之原，不孝之人断不可用。义者万事之本，非义之事必不可为。孝以立身，义以制事，无是二者，虽君臣父子不能保也。

另有雍正帝圣训：

> 敬天法祖，勤政亲贤，爱民择吏，除暴安良，勿过宽柔，勿过严猛。同气至亲，实为一体，诚心友爱，休戚相关。时闻正言，日行正事，弗为小人所诱，弗为邪说所惑。圣祖所贻之宗室宜亲，国家所用之贤良宜保，自然和气致祥，绵宗社万年之庆。

额曰“清虚静泰”。联曰：“涧泉无操琴，冷然善也；风竹有声画，顾而乐之。”宝座联曰：“所无逸而居，动静适征仁智；体有常以治，照临并叶清宁。”“九州清宴殿”后额曰：“蔚然深秀。”联曰：“红篆炉烟看气直，绿苞庭竹爱心虚。”“清晖阁”北壁悬《圆明园全图》，乾隆二年命画院郎世宁、唐岱、孙佑、沈源、张万邦、丁观鹏绘。乾隆帝题写“大观”二字，并题联曰：“稽古重图书，义存无逸三宗训；勤民咨稼穑，事著豳风七月篇。”

“镂月开云”在“富春楼”之后，即“纪恩堂”，北为“御兰芬”。“镂月开云”，原名“牡丹台”，乾隆九年，易为此名。乾隆三十一年（1766），乾隆帝题额曰“纪恩堂”。“镂月开云”后有池一区，池西北方楼为“天然图画”。楼北为“朗吟阁”，又北为“竹邁楼”。东为“五福堂”五楹，堂后迤北殿五楹，为“竹深荷净”。其东南为“静知春事佳”，又东渡河为“苏堤春晓”。“竹邁楼”檐额曰：“桃花春一溪。”“五福堂”额檐额曰“莲风竹露。”联曰：“欣百物向荣，每识乾坤生意；值万几余暇，长同海宇熙春。”对楣额曰：“叶屿花潭，曰苏堤春晓。”

由“五福堂”渡河而北，山阜旋绕，内为“碧桐书院”，前宇三楹，正殿五楹，后照殿五楹。其西岩石上为“云岑亭”。

“碧桐书院”之西为“慈云普护”，前殿南临后湖三楹，为“欢喜佛场”。其北楼宇三楹，有“慈云普护”额，上奉观音大士，下祀关圣帝君，东偏为龙王殿，祀圆明园昭福龙王。“龙王殿”额曰“如祈应祷”，关帝殿额曰“昭明宇宙”。又龙王殿额曰“功宣普润”。联曰：“正中德备干符应，利济恩敷解泽流。”“慈云普护”之西临湖有楼，上下各三楹，为“上下天光”。左右各有六方亭，后为“平安院”。“上下天光”联曰：“云水澄鲜，一幅波光开罨画；烟岚杳蔼，四围山色浸分奁。”右六方亭额曰“饮和”。左六方亭额曰“奇赏”。

“上下天光”之西折而南，度桥为“杏花春馆”；西北为“春雨轩”。轩西为“杏花村”。村南为“碉壑余清”。“春雨轩”后东为“镜水斋”，西北室为“抑斋”，又西为“翠微堂”。“杏花春馆”旁峰石上刊乾隆帝《杏花春馆诗》。“春雨轩”内额曰“蕙气清阴”，后厦联曰：“生机对物观其妙；义府因心获所宁。”

“杏花春馆”之西，度碧澜桥为“坦坦荡荡”，三楹。前宇为“素心堂”，后宇为“光风霁月”。堂东北为“知鱼亭”，又东北为“萃景斋”，西北为“双佳斋”。“坦坦荡荡”联曰：“源头句咏朱夫子；池上居同白乐天。”“素心堂”内额曰“清虚静泰”。“萃景斋”石上刊乾隆帝《坦坦荡荡诗》。

“坦坦荡荡”之南为“茹古涵今”，五楹南向。其后方殿为“韶景轩”，四面各五楹。“韶景轩”前东为“茂育斋”，西为“竹香斋”，又北为“静通斋”。“韶景轩”外南檐额曰“喜接南熏”，东檐额曰“景丽东皇”，西檐额曰“翠生西岭”，北檐额曰“清风北户”。

“茹古涵今”之南为“长春仙馆”，门三楹，正殿五楹。后殿为“绿荫轩”，正殿西廊后为“丽景轩”。“长春仙馆”是乾隆帝为皇子时的居住地，继位后每逢佳辰令节，迎奉安舆，驻居于此馆。殿内联曰：“安舆欢洽宜春永；庆节诚依爱日长。”

“长春仙馆”之西为“含碧堂”，五楹。堂后为“林虚桂静”，左为“古香斋”，其东楹有阁为“抑斋”。“林虚桂静”东稍南为“墨池云”，后有殿为“随安室”。“长春仙馆”由西南门迤西为“藻园”，内为“旷然堂”，五楹。堂后为“贮清书屋”，“旷然堂”东池上为“夕佳书屋”，稍北为“镜澜榭”，东南楼为“凝眺”，为“怀新馆”，西北为“湛碧轩”，西南为“湛清华”。

“万方安和”在“杏花春馆”西北，建宇池中，形如卍字。“万方安和”南面正室额。东西内宇曰“对溪山”、“佳气迎人”，卍字中宇曰“四方宁静”，西面曰“观妙音”、“枕流漱石”、“洞天深处”，东面曰“安然”、“一炉香”、“碧溪一带”、“山水清音”，北面曰“涤尘心”、“神州三岛”、“高山流水”。又南面西厦额曰“凝神”、“静寄”，东面曰“澄观”。正中联曰：“四海升平承帝眷；万几兢业亮天工。”

“万方安和”后度桥折而东，稍北，石洞之南，为“武陵春色”。池北轩为“壶中日月长”，东为“天然佳妙”，其南厦为“洞天日月多佳景”。“武陵春色”之西为“全璧堂”，东南亭为“小隐栖迟”，堂后由山口入，东为“清秀亭”，西为“清会亭”，北为“桃花坞”。坞之西室为“清水濯缨”，又西稍北为“桃源深处”。坞东为“绾春轩”，轩东北为“品诗堂”。“武陵春色”，旧总名“桃花坞”，雍正四年乾隆帝为皇子时读书于此，颜曰“乐善堂”，后来移居“长春仙馆”。武陵春色石洞内额曰“壶中天”。

“万方安和”西南为“山高水长楼”，西向九楹，后拥连冈，前带河流，中央地势平衍，凡数顷。“山高水长”左楹横碣上刊乾隆十七年（1752）上谕。碑阴刊乾隆四十三年上谕。其地为外藩朝正、锡宴及平时侍卫较射之所，每岁灯节则陈火戏于此。乾隆帝《山高水长诗》曰：“在园之西南隅，地势平衍，构重楼数楹。每一临瞰，远岫堆鬟，近郊错绣，旷如也。为外藩朝正锡宴，陈鱼龙角抵之所，平时宿卫士于此较射。”

“山高水长”之北，度桥由山口入，为佛寺“月地云居”，殿五楹，前殿方式，四面各五楹，后楼上下各七楹。“月地云居”之东为“法源楼”，又东为“静室”，西度桥，折而北为“刘猛将军庙”。“月地云居”山门额曰：“清净地。”前殿额曰：“妙证无声”，后楼檐额曰：“莲花法藏”。

“月地云居”之后，循山径入，为“鸿慈永祜”。左右石华表各一，坊南及东西复有三坊环列，其南为月河桥。又东南为“致孚殿”，三楹西向。宫门五楹，南向为“安佑门”，门前白玉石桥三座，左右井亭各一，朝房各五楹，门内重檐正殿九楹，为“安佑宫”。殿内中龛奉康熙皇帝肖像，左龛奉雍正皇帝肖像，左右配殿各五楹，碑亭各一，燎亭各一。

“安佑宫”建自乾隆七年（1742）。“鸿慈永祜”，坊北面额曰“燕翼长诒”，前三坊南曰“羹墙忾慕”、“云日瞻依”，东曰“勲华式焕”、

“谟烈重光”，西曰“德配清宁”、“功隆作述”。殿内中龛额曰“音容俨在”，左龛额曰“陟降在兹”。“致孚殿”内刊乾隆七年乾隆帝所书雍正帝《圆明园记》，以及乾隆帝《圆明园后记》。

“鸿慈永祜”后垣西北为“紫碧山房”，前宇为“横云堂”，山房东岩洞中为“石帆室”，东南为“丰乐轩”，北为“霁华楼”，迤东为“景晖楼”。“横云堂”西池上为“澄素楼”，西北为“引溪亭”。“紫碧山房”额有二，其一悬正宇内，一悬穿堂门檐，正宇檐额曰“乐在人和”。

“鸿慈永祜”东垣外径连冈三重，度桥而东，是“汇芳书院”。内宇为“抒藻轩”，后为“涵远斋”，斋前西垣内为“翠照楼”，东垣内为“倬云楼”，又东为“眉月轩”。“倬云楼”南稍东为“随安室”，又东敞宇三楹为“问津”，过溪桥不远处有石坊，为“断桥残雪”。“倬云楼”中楹额曰“竹深荷净”。“涵远斋”内联曰：“宝案凝香，图书陈道法；仙台丽景，晴雨验耕桑。”

“汇芳书院”之南为“日天琳宇”，有中前楼、中后楼，上下各七楹，有西前楼、西后楼，上下各七楹。前后楼间穿堂各三楹，中前楼南有天桥，与楼相接连。天桥东南重檐八方者为灯亭，西前楼南为东转角楼，又西稍南为西转角楼，中前楼之东垣内八方亭为楞严坛，又东别院为瑞应宫，前为仁应殿，中为和感殿，后为晏安殿。“日天琳宇”规制仿自雍和宫后佛楼式。中前楼上奉关帝，雍正帝御书额曰“极乐世界”，乾隆帝御书额曰“赫声濯灵”。联曰：“千载丹心扶大义；两间正气护皇图。”西前楼上奉玉皇大帝，雍正帝御书额曰“一天喜色”，乾隆帝御书额曰“总持元化”。联曰：“地载无私宏橐钥；乾元资始肇纲维。”此外楼宇上下供奉诸多佛像及诸神位。瑞应宫诸殿皆祀龙神。

“日天琳宇”迤东稍南，稻田弥望，河水周环，中有田字式殿，凡四门，其东、北面皆有楼，北楼正宇为“澹泊宁静”，东为“曙光楼”。殿之东门外为“翠扶楼”，西门外别垣内宇为“多稼轩”，南向，七楹。其东临稻畦者前为“观稼轩”，后为“怡情悦目”，为“稻香亭”。又东稍北为“溪山不尽”、“兰溪隐玉”。“多稼轩”西池南为“水精域”，西偏为“静香屋”、“招鹤磴”。池后东北为“寸碧”，西北为“引胜”，正北为“互妙楼”。“澹泊宁静”，南门额曰“亦复佳”，西门额曰“得山水趣”，北廊后额曰“麦雨稻风”。“多稼轩”联曰：“风袅炉烟移昼漏；月临书幌正宵衣。”又曰：“厥惟艰哉，载芟载柞筹穑事；亦既勤止，曰旸曰雨验农时。”

“澹泊宁静”度河桥而西为“映水兰香”，西向五楹。东南为“钓鱼矶”，北为“印月池”，池北为“知耕织”，又北稍东为“濯鳞沼”，“映水兰香”西南为“贵织山堂”，祀蚕神。“映水兰香”东北为“水木明瑟”。

“水木明瑟”之北稍西为“文源阁”，上下各六楹。阁西为“柳浪闻莺”。“文源阁”乾隆三十九年（1774）建，与文华殿后之“文渊阁”、避暑山庄之“文津阁”，奉天之“文溯阁”，扬州之“文汇阁”，镇江之“文宗阁”，杭州之“文澜阁”，各藏《四库全书》一部。阁中联曰：“因溯委以会心，是处源泉来活水；即登高而游目，当前奥窔对玲峰。”屏扆联曰：“宁夸池馆消闲暇；雅喜诗书悦性灵。”檐柱联曰：“讨寻宜富波澜，浩矣无涯神智益；披揽直探星宿，挹之不尽古今涵。”阁前石为著名的玲峰石，上刊乾隆帝《御制文渊阁诗》，阁东亭内石碣刊《御制文渊阁记》。乾隆在《御制再作玲峰歌》中说：“青芝岫及此玲峰，二物均西山神产。”(41)

“水木明瑟”西北，环池带河，为“濂溪乐处”，正殿九楹。后为“云香清胜”，东垣为“芰荷深处”。折而东北为“香雪廊”，其东有楼，为“云霞舒卷”。楼北亭为临泉。“濂溪乐处”殿檐额曰“慎修思永”。联曰：“与古人相对，左图右书；偕造物者游，仰观俯察。”乾隆九年（1744）《御制濂溪乐处诗》曰：“苑中菡萏（荷花的别称）甚多，此处特盛。小殿数楹，流水周环于其下。每月凉暑夕，风爽秋初，净绿粉红，动香不已。想西湖十里野水苍茫，无此端严清丽也。左右前后皆君子，洵可永日。”

“濂溪乐处”之南为“汇万总春”之庙，正殿为“蕃育群芳”，五楹。殿东北楼为“香远益清”，楼西为“乐天和”，为“味真书屋”。又西为“池水共心月同明”，庙东沿山径出为普济桥。“汇万总春之庙”以祀花神。

“濂溪乐处”迤北对河外稻塍者为“多稼如云”，正宇五楹。前宇为“芰荷香”。正宇东稍南有室为“湛绿”。“多稼如云”东北为“鱼跃鸢飞”，四面为门，各五楹。东厢为“畅观轩”，西南为“铺翠环流”，楼南有室为“传妙”，又南出山口为“多子亭”。“铺翠环流”之北额曰“溪山”，曰“曲径泉声”与“传妙”。“鱼跃鸢飞”东门额曰“岚光曙色”，南曰“绮疏文照”，北曰“涧溜调琴”。

“鱼跃鸢飞”之东，禾畴弥望，河南北岸仿农居村市者为“北远山村”。北岸石垣西偏为“蓝野”，后为“绘雨精舍”，其西南为“水村图”。又西有楼，前后相属，前为“皆春阁”，后为“稻凉楼”，又西为“涉趣楼”，右为“湛虚书屋”。“水村图”联曰：“鱼跃鸢飞参物理；耕田凿井乐民和。”

“北远山村”东北度石桥，折而西为“湛虚翠轩”，又西为“耕云堂”，又西为“若帆之阁”。“湛虚翠轩”东数十武有关帝庙。“若帆之阁”下层曰“御风冷然”，上额曰“平临天镜”。

“北远山村”西南有室临河，西向，为“西峰秀色”。河西松峦峻峙，为“小匡庐”，后有“龙王庙”。“西峰秀色”之东为“含韵斋”，又东为“一堂和气”，又东南为“自得轩”。后垣东为“岚镜舫”，西为“花港观鱼”。乾隆帝称“西峰秀色”一带“轩爽明敞，户对西山，皇考（指雍正帝）最爱居此”。

“西峰秀色”迤东，东、西船坞各二所，北岸为“四宜书屋”五楹，即“安澜园”之正宇。东南为“葄经馆”，又南为“采芳洲”，其后为“飞睇亭”，东北为“绿帷舫”。“四宜书屋”西南为“无边风月之阁”，又西南为“涵秋堂”，北为“烟月清真楼”。楼西稍南为“远秀山房”，楼北度曲桥为“染霞楼”。此处乃仿浙江海宁陈氏安澜园之意，因以命名。乾隆帝《御制安澜园记》曰：“安澜园者，壬午幸海宁所赐陈氏隅园之名也。陈氏之园何以名御园？盖喜其结构致佳，图以归，园既成，爰数典而仍其名也。然则剏欤？曰非也。就四宜书屋左右前后略经位置，即与陈园曲折如一无二也。四宜书屋者，圆明园四十景之一，既图既咏，至于今已历二十年也。土木之工二十年斯弊，故就修葺之便，稍为更移，费不侈而一举两得也。彼以安澜赐额，则因近海塘，似与此无涉也。然帝王家天下，薄海之内均予戸庭也。况予缱念塘工，旬有报而月有图，所谓鱼鳞土备，南坍北涨诸形势，无不欲悉。安澜之愿，实无时不廑于怀也。由其亭台则思至盐官者，以筹海塘而愿其澜之安也，不宁惟是，凡长江洪河，与夫南北之济运，清黄之交汇何，一非予宵旰切切关心者？亦胥愿其澜之安也，是则予之以安澜名是园者，固非游情泉石之为，而实蒿目桑麻之计，所谓在此不在彼也。”

“四宜书屋”之东临池楼宇为“方壶胜境”，上下各五楹，南建坊座二，其北楼宇为“哕鸾殿”，又北为“琼华楼”。“哕鸾殿”东为“蕊珠宫”，宫南船坞后有龙王庙。坊座南额曰“芝田日永”、“阆苑春深”，北曰“鳯鸣珠树”、“鹿寿灵台”。“方壶胜境”楼宇上额曰“宜春”，殿曰“敬胜怠”。“哕鸾殿”楼宇上额曰“用厥中”、“有真赏在”。“琼华楼”额曰“漱芳润”。

“方壶胜境”西北为“三潭印月”，又西北度桥为“天宇空明”。

其后为“澄景堂”，堂东为“清旷楼”，西为“华照楼”。“澡身浴德”在福海西南隅，即“澄虚榭”，正宇三楹，东向。南为“含清晖”，北为“涵妙识”。折而西向为“静香馆”，又西为“解愠书屋”，西南为“旷然阁”。福海亦称东湖，周广凡数顷。“澡身浴德”联曰：“好雨知时，岑峦添远碧；熏风叶奏，殿阁有余清。”

“澡身浴德”之北，度河桥为“望瀛洲”。其北为“深柳读书堂”，堂北为“溪月松风”。“平湖秋月”在福海西北隅，正宇三楹。西为“流水音”，东北出山口临河为“花屿兰皋”。折而东南，度桥为“两峰插云”。又东南为“山水乐”，其北为“君子轩”、“藏密楼”。

“蓬岛瑶台”在福海中央，门三楹，南向。正殿七楹。殿前东为“畅襟楼”，西为“神州三岛”，东偏为“随安室”，西偏为“日日平安报好音”。由“蓬岛瑶台”东南度桥为东岛，有亭为“瀛海仙山”，西北度桥为北岛，正宇三楹。“蓬岛瑶台”，雍正时称“蓬莱洲”，乾隆时改易此名。门额曰“镜中阁”。

“接秀山房”在福海东隅，正宇三楹，西向。后稍东为“琴趣轩”，其北方楼为“寻云”，东南为“澄练楼”，楼后为“怡然书屋”。“寻云”楼稍东佛室为“安隐幢”，“接秀山房”之南为“揽翠亭”。“接秀山房”之南有敞宇，北依山，南临河，为“别有洞天”，五楹。西为“纳翠楼”，西南为“水木清华”之阁，阁西稍北为“时赏斋”。

“别有洞天”迤西为“夹镜鸣琴”，南为“聚远楼”，东为“广育宫”。前建坊座，后为“凝祥殿”。宫东为“南屏晚钟”，又东度桥为“西山入画”、“山容水态”。“夹镜鸣琴”之西为“湖山在望”、“为佳山水”、“洞里长春”。“广育宫”奉碧霞元君，殿额曰“恩光仁照”。广育宫前坊额曰“含弘光大”、“品物咸亨”。“凝祥殿”联曰：“茂育恩覃昭圣感，资生德溥配坤元。”

“涵虚朗鉴”在福海东，即“雷峰夕照”正宇。其北稍西为“惠如春”，又东北为“寻云榭”，又北为“贻兰庭”、“会心不远”，其南为“临众芳”、“云锦墅”、“菊秀松蕤”、“万景天全”。

福海西北隅“平湖秋月”之西为“廓然大公”，正宇七楹。前为“双鹤斋”，西北为“规月桥”，东北为“绮吟堂”，又北为“采芝径”，又北径岩洞而西，为“峭蒨居”。北垣门外有楼为“天真可佳”。“峭蒨居”西为“披云径”，又西亭为“启秀”，又西稍南为“韵石淙”。西北平台临池为“芰荷深处”，垣外为“影山楼”。“双鹤斋”西为“环秀山房”，西北为“临湖楼”。

“坐石临流”在“水木明瑟”东南、“澹泊宁静”之东，溪水周环，轩宇三楹，西向。“坐石临流”东南当“碧桐书院”，正东为“曲院风荷”，五楹南向。其西佛楼为“洛迦胜境”。

“曲院风荷”之南，跨池东西，桥九空，坊楔二，西为“金鳌”，东为“玉蛛”。“金鳌”西南河外室为“四围佳丽”，“玉蛛”东有亭为“饮练长虹”。又东南度桥，折而北，设城关，为“宁和镇”，其东南为东楼门。

“曲院风荷”之北为“同乐园”，前后楼各五楹，南向。其前为“清音阁”，北向。东为“永日堂”，中有南北长街。街西为“抱朴草堂”。街北度双桥为舍卫城，前树坊楔三，城南面为“多宝阁”，内为山门，正殿为“寿国寿民”，后为“仁慈殿”，又后为“普福宫”，城北为“最胜阁”。

“舍卫城”北坊额曰“花界”、“香城”，东曰“莲涌”、“金池”，西曰“昙霏”、“珠林”。“多宝阁”祀关帝，额曰“至圣大勇”，“寿国寿民”殿额曰“心月妙相”，“仁慈殿”额曰“具足圆成”，“普福宫”额曰“瑞应优昙”，“最胜阁”坊额曰“千阅持轮”、“祇林垂鬘”。“舍卫城”有殿宇、游廊326间，它与“安佑宫”、“方壶胜境”三处，是圆明园内规模最大的建筑。“舍卫城”是供奉佛像之所，康熙朝以后，凡进佛祝寿及给皇太后上寿时所送之佛像均送至此地，据传这里存放的佛像达十万尊以上。

“同乐园”西的“南北长街”，是和康熙朝畅春园内的“苏州街”及乾隆朝清漪园后的“苏州街”类似的买卖街，街上开设各种商号、店铺、陈列各种商品，一派市井景象。“洞天深处”在如意馆西稍南，前宇为诸皇子所居，名“四所”。东西二街，南北一街，前为“福园门”；四所之西为诸皇子肄业之所，前为“前垂天贶”，中为“中天景物”；东宇为“斯文在兹”，后为“后天不老”。洞天深处东北“如意馆”，是画院的画师们和工匠萃处之所。(42)

2、长春园

圆明园之东曰长春园，旧名水磨村。乾隆三十五年《御制长春园题句》：“长春非敢畅春侔（畅春园在圆明园之南皇祖所建今奉皇太后居之）”乾隆帝在“即景名园亦有由，赐号当年例仙馆”句后注：“长春仙馆为圆明园四十景之一，雍正年间赐居也，即以当年赐号名之。”在“倦勤他日拟菟裘”后注：“予有夙愿，若至乾隆六十年，寿登八十有五，彼时亦应归政，故邻圆明园之东豫修此园，为他日优游之地。虽属侈望，然果得如此，亦国家景运之隆，天下臣民之庆也。”长春园以水体为主分隔各个景区：玉玲珑与思永斋、茹园与倩园、映清斋与小有天园，形成东西对称的布局；狮子林、茹园、倩园、小有天园、鉴园五处皆为园中之园。

长春园宫门五楹，东西朝房各五楹，正殿为“澹怀堂”，后为“众乐亭”，亭后河北敞厅为“云容水态”，其西稍南为长桥。澹怀堂内额曰乐在人和。联曰：敷政协民心，好惬箕风毕雨；澄怀观物理，妙参智水仁山。

“云容水态”西北循山径入，建琉璃坊楔三，其北宫门五楹，南向，内为“含经堂”七楹，后为“淳化轩”，又后为“蕴真斋”；含经堂东为“霞翥楼”、为“渊映斋”，堂西为“梵香楼”、为“涵光室”。淳化轩内额曰：“奉三无私”。联曰：“贞石丽延廊，略存古意；淳风扇寰宇，冀遂初心。”东西廊庑壁间嵌御定淳化阁帖石刻。蕴真斋内额曰：“礼园书圃”，霞翥楼内额曰：“味腴书屋”。

“淳化轩”与“蕴真斋”是长春园中最大的一组建筑，有殿堂、游廊、值房、库房、茶膳房、长街等，总计房舍480余间。“淳化轩”以藏重刻淳化阁帖石而作，落成时，适重刻淳化阁帖，于左右廊各十二楹内，每一楹嵌六石，因以淳化名之。乾隆帝《淳化轩记》曰：

> 淳化轩何为而作也？以藏重刻淳化阁帖石而作也。盖自伏滔崆峒之铭，石虹尧碑之文，历代相传，石刻尚焉。然物有其成，必有其坏。世远年湮，真伪莫辨。则汉唐且难得其全者，无论周秦以上矣。故言帖必以赵宋为犹近，而宋帖必以淳化为最美。重刻之由，考稽之故，已见于帖前之页，册后之跋，兹不复记，记所以藏石作轩之故云。石刻既成，凡若干页，使散置之，虑其有失也，爰于长春园中含经堂之后，就旧有之回廊，每廊砌石若干页，恰得若干廊，而帖石毕砌焉。廊之中原有蕴真斋，因稍移斋于其北，即旧基而拓为轩，事起藏帖，则以帖名名之。夫淳化，宋太宗之纪年也，为人君者即不能以唐虞为师，亦当以夏甲周成为轨，所谓取法乎上仅能得其中耳。若宋太宗始终国家之间惭德多矣，吾所不取，而又有何慕于淳化而以之名轩为哉？

“澹怀堂”以西滨河水石之间为“倩园”，门西向，内为“朗润斋”，三楹，其东为“湛景楼”，又东为“菱香沜”；朗润斋西有石立于园门内，为“青莲朵”；斋东南山池间为“标胜亭”，又东南为“别有天”，西北为“韵天琴”，南角门外别院为“委婉藏”。青莲朵石原为杭州宗阳宫即南宋德寿宫旧址的芙蓉石，石旁有苔梅一株，早已枯死，只有断碑尚存，上镌刻梅石。梅为孙杕作，石为蓝瑛作。乾隆十六年（1751），乾隆帝南巡，看到此石后甚是喜欢，尝拂拭是石。地方大吏随后送至京师，乾隆帝遂命置之倩园太虚室，赐名“青莲朵”，并纪之以诗。汪由敦、梁诗正，皆有唱和之作。现青莲朵石被移置于中山公园；梅石碑则置于北京大学临湖轩旁。

“倩园”后河北岸为“思永斋”，七楹，额曰“静便趣斋”，内额曰“万横香玉”；斋北楼宇临池为“山色湖光共一楼”；斋东别院为“小有天园”，此园系仿杭州汪氏小有天园而建，面积不大而以人工叠石享名。

“思永斋”西稍南河外为“得全阁”，额曰“天心水面”，南为“宝云楼”，北为“远风楼”。斋北有圆式崇基，基上楼宇三层，为“海岳开襟”，四旁坊楔各一。“海岳开襟”之西河池外有亭为“流香渚”，亭北为“鼍画溪”。流香渚之西循山径行，即达圆明园之明春门。“海岳开襟”东北为“谐奇趣”，东为“法慧寺”，山门西向，内为四面延楼，后殿为“光明性海”，其两别院有琉璃方塔；法慧寺东为“宝相寺”，山门南向，内为“澄光阁”，又后崇基上有殿为“现大圆镜”。由宝相寺度城关而东，以南为“翠交轩”，轩下石室为“熙春洞”，北为“爱山楼”，又北为“泽兰堂”；爱山楼东北为“平畴交远风”，额曰：“平皋绿净”，南为“转湘帆”；平畴交远风之东为“丛芳榭”，后为“琴清斋”；丛芳榭之东为“狮子林”，为虹桥、为假山、为“纳景堂”、为藤架、为磴道、为“占峰亭”、为“清淑斋”、为“小香幢”、为“探真书屋”、为“延景楼”、为“云林石屋”、为“横碧轩”、为水门。“狮子林”乃仿苏州名园而建。乾隆二十七年（1762），乾隆帝南巡时游其地，因画其景，题诗装弆，并识于所携云林画卷，其后于长春园东北仿造。

“狮子林”之南为“玉玲珑馆”，正宇为“正谊明道”，五楹；北为“林光澹碧”，东为“鹤安斋”，西南为“蹈和堂”。玉玲珑馆之南为“昭旷亭”，亭东南为“映清斋”；斋东为“鉴园”，敞宇五楹西向；北为“漱琼斋”，其东为“师善堂”，鉴园之后有船坞。由鉴园北山径折而东为东宫门，楼宇上下各七楹，东向，南北朝房各三楹。其外为护河，有石桥。

“鉴园”西南为“如园”，门三楹西向，内为“敦素堂”，堂北稍东为“冠霞阁”，又东为“明漪楼”。如园乃乾隆年间仿江宁藩司署中瞻园而建。

在长春园北端，是一组仿欧洲式的宫苑区，俗称西洋楼。它包括六幢建筑物，三组大型喷泉、若干小型喷泉以及园林小品。乾隆二十五年（1760）又建成了“方外观”，此后又续建了“海晏堂”、“远瀛观”和大水法。西洋楼的构图、设计与工程监工为意大利人郎世宁、法国人蒋友仁和王致诚等外籍传教士。其主要景区有“谐奇趣”、“养雀笼”、“方外观”、“远瀛观”、“海晏堂”、“蓄水楼”、“万花阵”、“花园门”、“水法桥”、“线法山”、“方河”等。

3、万春园（绮春园）

万春园位于圆明园的东南，长春园之西南，原名绮春园，嘉庆间又将含晖园和西爽村并入，另辟一区称小南园。畅春园废弃之后，绮春园历朝一直作为奉养皇太后之所，道光朝在此奉养孝和皇太后，咸丰朝奉养康慈皇太后，以后慈禧太后重修圆明园时，也想将此园恢复，作为她的住所，改名万春园。园内有三十景：敷春堂、鉴德书屋、翠合轩、凌虚阁、协性斋、澄光榭、问月楼、我见室、蔚藻堂、蔼芳圃、镜绿亭、淙玉轩、舒卉轩、竹林院、夕霏榭、清夏斋、镜虹馆、春雨山房、含光楼（即旧时联晖楼）、涵清馆、华滋庭、苔香室、虚明镜、含淳堂、春泽斋、水心榭、四宜书屋、茗柯精舍、来薰室、般若观。

万春园大宫门在南园墙东部，门前有影壁和东西朝房。大门内度桥为二宫门，正殿为“凝晖殿”，东西配殿各五楹；正殿后为“中和堂”，再后为“集禧堂”、“天地一家春”、“蔚藻堂”和其他院落。清代的皇太后和妃嫔的主要居处就在此区域。其东南方有一双环相套的水面，西部水面有一圆形小岛，环水有岗阜和亭轩；其西南水中也有方形小岛，上建“鉴碧亭”；西边岛上建有佛寺名“正觉寺”；寺所在大岛之北，中部是以虹桥相连的湖心岛屿，名“凤麟洲”，仅通舟楫；岛之西北数洲并列，形状各异，其上各有一组或多组建筑，如“涵秋馆”、“展诗应律”、“春泽斋”、“生冬室”等；又西为“四宜书屋”，再西为西爽村的“清夏堂”等。万春园的西南隅为“小南园”，以“沉心堂”所在岛屿为中心，东北一岛环水，东部平岗回合，散置轩亭；南岸有景点房及河神庙，西部二岛：南岛上为“畅和堂”，北岛上为“绿满轩”；其西北方为“含晖楼”，楼前横列葫芦形水面，岛上建有流杯亭。

五、清漪园（颐和园）

颐和园一带早在金、元时代已被辟为风景名胜区。金天德三年（1151），海陵王完颜亮曾在此建立金山行宫，金山为西山余脉，山下湖泊称“金海”。元时，传当地有人在山上掘得一瓮。瓮为石制，瓮中“华虫雕龙不可细识”，金山遂改名瓮山，金海改名“瓮山泊”，世祖忽必烈建大都后，由著名的水利专家、科学家郭守敬督开渠道，开挖了一条通惠河，从昌平引水环西山山麓，汇玉泉诸泉集聚于瓮山泊，瓮山泊遂成为京城的蓄水库，成为大都的重要水源。瓮山泊附近大片耕地因得灌溉之利辟为水田，青山绿水宛如江南，泊因在城西而得名“西湖”或“西海”，成为都人踏青避暑之景区。明弘治七年（1494），孝宗乳母助圣夫人罗氏在瓮山南面修建圆静寺。寺因岩而构，俯视湖曲，一望渺茫。武宗又在湖滨筑“好山园别苑”，又把瓮山复名金山，湖名金海。万历十六年（1588），帝后妃嫔谒陵回銮，幸西山经西湖，事先将下游水闸住，因之“水与崖平，白波淼荡，一望十里”，而且“内侍潜系巨鱼水中，以标识之，上方一举网，紫鳞银刀泼刺波面，天颜亦为解颐”。(43)

乾隆帝在重修了静明、畅春、圆明、静宜四园之后，又在瓮山、西湖建造了最后一座皇家园林清漪园，使得京师西北郊形成了山重水复、楼馆相迭数十里的宏巨景观三山五园。乾隆十四年（1749）派人踏勘了西湖一带的水系，对西北郊的水系加以整治，借疏浚西湖之机拓展了湖面。经过疏浚，西湖水面向东扩展至原有的一条南北走向的旧堤，将浚湖土方堆于瓮山东麓，按照他自己的意愿改造了东面的山形。疏浚后的西湖，湖面向东扩展，利用畅春园西墙外的西堤，加固改造成为西湖的东堤，在湖西重新修筑了一条长堤分界湖水。同时辟出了南湖岛，堆筑了凤凰墩。在湖西玉河以南，利用原有的小河泡子开凿成一座浅湖，命名“养水湖”，同时在玉河西端凿短渠，使养水湖与西湖相通。由于“迩年开水田渐多，或虞水不足，故于玉泉山静明园外接拓一湖，俾蓄水上游以资灌注”。(44) 此湖即“高水湖”。在西湖的西北隅另开河道，沿瓮山后坡曲折弯转，作为溢洪干渠流通成为后湖，形成了山环水抱佳境。

乾隆十五年（1750）三月十三日上谕：“瓮山著称名万寿山，金海著称名昆明湖。”(45) 同年，高宗弘历在万寿山圆静寺废址兴建了一座大型佛寺，为翌年孝圣皇太后六十寿辰祝寿，命名“大报恩延寿寺”。与此同时，万寿山南麓沿湖一带的厅、堂、亭、榭、廊、桥等建筑也相继作出设计和工料估算，陆续破土动工。乾隆十六年，以万寿山行宫为清漪园。同年建立起管理机构，由朝廷颁发了印信。乾隆帝亲撰《万寿山昆明湖记》碑立于山阳，碑文只谈了治水和祝寿而未及造园。其文曰：

岁己巳，考通惠河之源而勒碑于麦庄桥。《元史》所载引白浮、瓮山诸泉云者，时皆湮没不可详。夫河渠，国家之大事也。浮漕、利涉、灌田，使涨有受而旱无虞，其在导泄有方而潴蓄不匮乎！是不宜听其淤阏泛滥而不治。因命瓮山前，芟苇茭之丛杂，浚沙泥之隘塞，汇西湖之水，都为一区。经始之时，司事者咸以为新湖之廓与深两倍于旧，踟蹰虑水之不足。及湖成而水通，则汪洋漭沆，较旧倍盛，于是又虑夏秋泛涨或有疏虞。甚哉！集事之难，可与乐成者以因循为得计，而古人良法美意，利足及民而中止不究者，皆是也。今之为闸为坝为涵洞，非所以待泛涨乎？非所以济沟塍乎？非所以启闭以时，使东南顺轨以浮漕而利涉乎？昔之城，河水不盈尺，今则三尺矣。昔之海甸无水田，今则水田日辟矣。顾予不以此矜其能而滋以惧，盖天下事必待一人积思劳虑，亲细务有弗辞，致众议有弗恤，而为之以侥幸有成焉，则其所得者必少而所失者亦多矣。此予所重慨夫集事之难也，湖既成，因赐名万寿山昆明湖，景仰放勳之迹，兼寓习武之意。得泉瓮山而易之曰万寿云者，则以今年恭逢皇太后六旬大庆，建延寿寺于山之阳故尔。寺别有记，兹特记湖之成，并《元史》所载泉源始末兴废所由云。

十年之后，于二十六年（1761）又写了一篇《御制万寿山清漪园记》：

万寿山昆明湖记作于辛未，记治水之由与山之更名及湖之始成也。万寿山清漪园成于辛巳，而今始作记者，以建置题额间或缓待而亦有所难于措辞也。夫既建园矣，既题额矣，何所难而措辞？以与我初言有所背，则不能不愧于心。有所言乃若诵吾过而终不能不言者，所谓君子之过，予虽不言，能免天下之言之乎？盖湖之成以治水，山之名以临湖，既具湖山之胜概，能无亭台之点缀？事有相因，文缘质起，而出内帑，给雇直，敦朴素，祛藻饰，一如圆明园旧制，无敢或踰焉。虽然，《圆明园后记》有云：不肯舍此重费民力建园囿矣。今之清漪园非重建乎？非食言乎？以临湖而易山名，以近山而创园囿，虽云治水，谁其信之？然而畅春以奉东朝，圆明以恒莅政，清漪静明，一水可通，以为敕几清暇散志澄怀之所，萧何所谓无令后世有以加者，意在斯乎！意在斯乎！及忆司马光之言，则又爽然自失。园虽成，过辰而往，逮午而返，未尝度宵，犹初志也，或亦有以谅予矣。(46)

记中提到他曾在《圆明园后记》中强调不再费民力而建园囿，但最后清漪园还是建成了，因而对此“难于措辞”，因“与我初言有所背，则不能无愧于心”，但是“既具湖山之胜概，能无亭台之点缀”？

修建清漪园用了十五年时间，内务府共销算工程用银四百四十八万二千八百五十一两九钱五分三厘。这项规模浩大的工程始终由乾隆皇帝亲自主持，内务府样式房担任设计，总体布局继承了中国传统造园艺术特色，形成了一座以优美的湖光山色和金碧辉煌的宫殿、寺庙、庭院、戏楼、城关以及各具特色的小园林、村舍、市肆、桥梁、单体景点建筑和辅助建筑，毫不牵强地融为一体的大型皇家园林，将中国古典园林建筑艺术推向了顶峰。自然景观冠于西北郊诸园之上，乾隆皇帝欣喜异常，留下了许多题词佳句，游娱园中，散心澄怀。昆明湖水域辽阔，高宗弘历效法汉武帝在长安昆明池训练水军的故事，从乾隆十六年（1751）始，即命健锐营兵弁在昆明湖定期举行水操，调福建水师官员担任教习。在建园的同时，在万寿山广植松柏，沿湖堤岸大量增种柳树。西堤上更间以桃树和桑树，湖中则养植荷花，西堤以西水域尤盛。

清漪园建于万寿山之麓，在圆明园西二里许，前为昆明湖。宫门五楹，东向，门外南北朝房，驾两石梁，下为溪河，左右罩门内有内朝房，亦南北向，内为勤政殿七楹。勤政殿内额曰海涵春育。联曰：念切者丰年为瑞，贤臣为宝；心游乎道，德之渊，仁义之林。又联曰：义制事，礼制心，检身若不及；德懋官，功懋赏，立政惟其人。中刊御制座右铭。

勤政殿后北达怡春堂，西为玉澜堂，北为宜芸馆，馆之西为乐寿堂。乐寿堂前有大石如屏，恭鐫御题青芝岫三字，东曰玉英，西曰莲秀。门楣上刊御制乐寿堂诗，前轩御题额曰水木自亲。乾隆帝《御制青芝岫诗》序曰：“米万钟《大石记》云，房山有石，长三丈，广七尺，色青而润，欲致之勺园，仅达良乡，工力竭而止。今其石仍在，命移置万寿山之乐寿堂，名之曰青芝岫，而系以诗。”(47)

乐寿堂后折而西为方池，池北为乐安和。乐安和之西长廊相接，直达石丈亭。乐安和西北为养云轩，轩后为飡秀亭，西为无尽意轩，又西稍北为圆朗斋。飡秀亭后石壁上勒乾隆帝御题“燕台大观”四字。

无尽意轩之西为慈福楼。慈福楼内额曰大自在，楼后崇台上石幢勒“万寿山昆明湖”六字，后刊乾隆帝《御制昆明湖记》。

慈福楼西为大报恩延寿寺，前为天王殿，为钟鼓楼，内为大雄宝殿，后为多宝殿，为佛香阁，又后为智慧海。大报恩延寿寺内额曰度世慈缘，曰作大吉祥，曰真如，曰妙觉，曰华海慈云。殿前碑亭勒御制大报恩延寿寺记，殿后碑亭东勒金刚经，西勒华严经。

大报恩延寿寺之西为罗汉堂田字式。罗汉堂为门三，南曰华严真谛，东曰生欢喜心，西曰法界清微。堂内分甲乙十道，塑阿罗汉五百尊，东门内曰祇树园，曰狮子窟，曰须夜摩洞；转而南为阿迦桥；稍南曰阿楼那崖，曰徙多桥，桥上曰弥楼，曰摩偷地，曰砥柱，曰摩诃窝；上曰兜率陀崖，曰功德池，曰旃檀林；再上曰须弥顶，曰善现城，曰金田，曰陀螺峰，曰鸡园，曰鹿苑；中为室罗筏雷音殿，北曰耆阇崛；旁曰舍利塔，曰蜂台，曰毗诃罗桥；南曰露山，曰香岩；西曰信度桥；诸额皆御书。堂之东有亭，卧碣上勒御制五百罗汉记，文详见御制文初集。

罗汉堂后为宝云阁。宝云阁范铜为宇，额曰大光明藏。宝云阁西为邵窝，为云松巢，又西为澄辉阁，阁东南有三层楼，楼西为听鹂馆。三层楼上御书额曰山色湖光共一楼。听鹂馆西为石丈亭，为石舫。石舫之北有楼为延清赏，西为旷观斋，又西为水周堂。自此以北建城关，额曰宿云，檐曰贝阙，上有楼，奉关圣。御书额曰浩然正气，循城关以北，折而西，是为园之西门。

怡春堂后城关迤北为惠山园。惠山园规制仿寄畅园，建万寿山之东麓。有乾隆帝《御制惠山园八景诗》。惠山园门西向，门内池数亩，池东为载时堂，其北为墨妙轩。墨妙轩内贮三希堂续摹石刻，廊壁间嵌墨妙轩法帖诸石。园池之西为就云楼，稍南为澹碧斋，池南折而东为水乐亭，为知鱼桥。就云楼之东为寻诗径，径侧为涵光洞，迤北为霁清轩，轩后有石峡，其北即园之东北门。

惠山园西为云绘轩，轩东为延绿轩，后廊有楼，为随安室。云绘轩又西为花承阁。花承阁之左为多宝琉璃塔。下有石碑勒御制多宝佛塔颂，阁西北度桥为城关楼，又西折而北为园之北楼门。北楼门在万寿山之北，门外东西朝房，内为直房。其南为长桥，桥南佛寺。三面立坊楔，内为须弥灵境，后为香严宗印之阁，阁东为善现寺，西为云会寺。须弥灵境坊额中曰慈福，曰慧因，东曰旃林，曰莲界，西曰梵天，曰宝地。

云会寺北为构虚轩，又北为绘芳堂。构虚轩西南为清可轩，又西为味间斋，斋北为绮望轩。清可轩石壁间御题曰集翠，曰诗态，曰烟霞润色，曰方外游，曰苍崖半入云涛堆。绘芳堂北隔河为嘉荫轩。万寿山后溪河亦发源于玉泉，自玉河东流，经柳桥曲折东注。其出水分为三，一由东北门西垣下闸口出，一由东垣下闸口出，并归圆明园西垣外河；一由惠山园南流出垣下闸，为宫门前河，又南流由东堤外河，会马厂诸水，入圆明园内昆明湖东西为长堤，西堤之外为西湖，其西南为养水湖。

昆明湖东堤之北为文昌阁，其南为廓如亭，亭西为长桥，又南为绣漪桥。文昌阁御题额曰为章于天，曰穆清资始。长桥南额曰修蝀凌波，北曰灵鼍偃月。廓如亭之北为昆仑石。其旁范铜为牛，背镌御制金牛铭。廓如亭西度长桥为广润祠，祠西为鉴远堂，东北为望蟾阁。绣漪桥北湖中圆岛，上为凤凰墩。西堤之北为柳桥，为桑苎桥，中为玉带桥，稍南为镜桥，为练桥，再南为界湖桥，桥之北为景明楼。

景明楼西南湖中为藻鉴堂，堂西湖岸为畅观堂。畅观堂西北湖中圆城，为门四，其上为治镜阁。圆城四门，南额曰豳风图画，北曰蓬岛烟霞，东曰秀引湖光，西曰清含泉韵。其中复为重城，四门额曰南华秋水，曰北苑春山，曰晖朗东瀛，曰爽凝西岭。阁制凡三层，下曰仰观俯察，中曰得沧洲趣，上悬治镜阁额。治镜阁北湖岸为延赏斋，西为蚕神庙，北为织染局，其后为水村居。延赏斋在玉带桥之西，前为玉河斋，左右廊壁嵌耕织图石刻。河北立石勒耕织图三字。蚕神庙每年九月间织染局专司祈祀，又清明日于水村居设祀，织染局内前为织局，后为络丝局，北为染局，西为蚕户房，环植以桑。又西隔玉河皆稻田，河水自此西接玉泉为静明园界。

嘉庆、道光两朝，清漪园的规模和格局未变，只有极个别建筑物的增减和易名，如嘉庆朝改惠山园为谐趣园，增建了涵远堂；拆除了南湖岛上的望蟾阁，改建为涵虚堂。道光朝因宫中公主多于皇子而拆毁凤凰墩上的会波楼及其配殿。

咸丰十年（1860）十月，英法联军烧毁了三山及圆明园，“九月初七日（10月20日）万寿山始焚”，清漪园内遍遭焚掠，而以前山中段、后山中段和东段、宫廷区、南湖岛最为严重。辛酉“祺祥政变”后，穆宗载淳冲龄嗣位，两宫皇太后“垂帘听政”，年号“同治”。同治十二年（1873）春，载淳亲政。是年八月，为了翌年慈禧四十寿辰，遂以颐养两宫皇太后为名，命内务府修治圆明园。由于建材不足，曾拆卸清漪园中残存的部分建筑物，以其旧料充作重建圆明园殿宇之用。十三年（1874）七月末，终因国帑空虚，廷臣反对和朝野舆论的压力而停工。当年十二月（1875年1月），同治帝崩逝于养心殿，由醇亲王奕譞之第二子载湉即位，年号光绪。由于载湉年方四岁，太后再次“垂帘”，慈禧又处心积虑准备修复清漪园，作为她园居的离宫。此时的清王朝已是民穷财尽，想要恢复几乎成为废墟的清漪园实非易事。光绪十一年（1885）九月，在慈禧的授意下，清廷设立了海军衙门，由醇亲王奕譞总理海军事务，李鸿章为会办。李鸿章答应每年从海军经费中拨出一半作为修清漪园之用。次年（1886）八月，以恢复水操，并在耕织图、水村居址筹建昆明湖水操内学堂为名，秘密开始了建园工程。十二月十五日，水操内学堂举行了开学典礼。同日，在大报恩延寿寺旧址上新建的排云殿和德辉殿举行了贡梁仪式。光绪十四年二月初一日（1888年3月13日），慈禧太后以光绪帝的名义发布上谕，正式公开了清漪园工程，并将清漪园改名颐和园。光绪二十年（1894），甲午海战中清廷惨败，民怨沸腾，国库更形枯竭，慈禧不得不于次年在裁撤海军衙门的同时停止了园工。10年间，只是修复了前山、前湖和谐趣园等处，基本上按清漪园原貌重建，个别地方有所改变，将大报恩延寿寺改建为排云殿建筑群，乐寿堂改建成慈禧的寝宫，增建了德和园戏楼，加筑了昆明湖东西南三面的围墙，清漪园的耕织图被划出了园墙之外。至于后山、后湖及西湖部分依然是残垣断壁，荒台废基。光绪二十六年（1900）庚子之役，颐和园又遭八国联军的摧残破坏。二十九年（1903），慈禧又将前山部分再次修复，并新建了清华轩、知春亭、自在庄。有些石雕饰物是从畅春园移来的，如含新殿前的剑石、排云殿前的排衙石等；小有天园也是将劫后残存的圆明园、畅春园拆卸来的材料修建的。

辛亥革命后，颐和园结束了作为皇家园林的历史。依照《优待清室条例》的规定，颐和园仍为清室所有。1914年作为溥仪的私产售票开放。1924年溥仪被逐出宫，由北洋政府接管，改为公园，但此后的二十多年间，园林荒芜，建筑失修，景象一片荒凉。

六、西花园、圣化寺与泉宗庙

西花园建于清康熙年间，东接畅春园，是乾隆少时“侍清宴之所”。乾隆在位期间，皇太后久居畅春园，他每于“问安视膳之暇”，必趋西花园休憩、听政。因此，西花园是清朝最重要的皇家园林之一。园内河湖密布，主要建筑群有讨源书屋、承露轩、东书房、永宁寺、虎城、马厂、阅武楼以及皇子居住的南所、东所、中所和西所。

西花园在畅春园西，南垣为进水闸，水北流，注于马厂诸渠。西花园与畅春园接。乾隆帝到畅春园向皇太后问安之便，“率诣是园听政”。西花园河北正殿五楹，为讨源书屋。左室五楹，右为配宇，再后敞宇三楹，为观德处。讨源书屋额为康熙帝御书。左室额曰松响舜弦弹，配宇额曰千峰出翠微。正殿内悬乾隆帝《御制讨源书屋记》：

> 畅春园之西有屋数楹，临清溪，面层山，树木蓊蔚，既静以深。溪之藻匪蒲伊荷，山之禽匪哓伊歌。额之楣曰讨源，则我皇祖摛天文而垂擘窠也。昔予小子日侍清宴之所，今以问安视膳之暇，亦每憩此，咨政抡材。肯构继志之衷，久而弗敢懈。盖尝深维讨源之义，岂以其据浑浑之泉府，似窈窈之洞天，骚人寓意所为武陵桃源之比也哉！

园西南门内为承露轩，后厦为就松室，东有龙王庙。西北有门，即西花园之大北门。畅春园西北门内正宇五楹，后室三楹，旧称为东书房。其右为永宁寺，寺内正殿三楹，配殿各三楹，后殿五楹，内供十六罗汉。寺门外为崇台，台后为船坞。永宁寺正殿额曰调御丈夫，圣祖御书。又额曰智光普照。联曰：宝幢时护曼陀雨；金界常函般若珠。永宁寺西为虎城，稍西为马厩，再西为阅武楼。阅武楼额曰诘戎扬烈。联曰：辑宁我邦家，以时讲武；懋戒尔众士，于兹课功。又联曰：讲武惟期征有福；居安每念式无愆。

西花园之前有荷池，沿池分四所，为皇子所居。南所门三楹，二门内正殿五楹，东廊门内正室九楹，西廊门内正室五楹。南所之东为东所，门三楹，门内正殿五楹，西廊门内正室二层，再西正室七楹。由东所而西为中所，门三楹，门内正殿五楹，东廊门内正室三楹，东为垂花门，正室二层，各三楹，西廊门内正室二层，各三楹。南所之西为西所，门三楹，门内正殿五楹，西廊门内正宇二层。畅春园宫门之南有菱池，俗称菱角泡子者，相传即丹棱沜水。其源自万泉庄北流而来，旧说多讹。御制《万泉庄记》为厘正之。沿堤而南，则迖圣化寺、泉宗庙。

出小西厂之南门二里许为圣化寺，北门门内西为河渠，东为稻田，前临大河。山门三楹，对河为高台，大殿五楹，二门内三皇殿五楹，西角门内为观音阁，东角门龙王殿三楹，后星君殿三楹。圣化寺大殿额曰香界连云，观音阁额曰海潮月印。圣化寺内檐额曰能仁妙觉。联曰：三藏密微超色相；十分安稳得津梁。圣化寺山门外左右建桥，由东闸桥度河迤西为北所。宫门三楹，正殿五楹，西院正殿三楹，左为虚静斋，临河为欣稼亭。北所正殿额曰青翠霄汉，西院正宇额曰和风霁月中。宫门内额曰怡庭柯。

自北所东桥转西，重檐宫门内正殿三楹，为含淳堂。殿后重檐佛楼一楹，其右临池正宇五楹，佛楼后正宇六楹，为得真斋。其西为带岀亭，东为幂翠轩，轩东为仙楹佛楼，东宇为湛凝斋，左为敷嘉室。仙楹之东为襟岚书屋，稍南循廊而西为瞩岩楼，又南敞宇曰泉石且娱心。含淳堂联曰：水镜湛阶前，近含清景；松云生栋里，上契淳风。湛凝斋联曰：波影湛空明，檐楹澄照；林光凝碧净，几席含清。圣化寺北门有行殿二所，东距行殿二里许为东门，门内为永宁观。(48)

泉宗庙在畅春园南，乾隆三十一年（1766）建，以祀龙神，其地俗称万泉庄。有涌泉数十处汇流迤而东北达于清河。泉宗庙缭垣三百九十四丈，庙南为池，左右立坊二，庙门三楹，榜曰泉宗庙。庙内为涵泽门三楹，正殿三楹，左右为配殿，后为枢光阁，上下五楹，左右配殿各五楹。泉宗庙东西亭苑两所，门内碑亭二，西亭勒《御制泉宗庙记》，碑阴勒丁亥御制诗，东亭勒丁亥乙未御制诗。庙前东坊额曰禹甸原隰，曰既清且平。外联曰：疏浚会其归，万原统一；品题随所托，实总循名。内联曰：循玉岫明湖，于焉映带；导西勾东雉，因之委输。西坊额曰豳风画图，曰乃疆乃理。外联曰露刿亚鳞塍，溉从谷口；云浆分乳窦，溯得源头。内联曰夏木霭东菑，烟中飞鹭；春渠萦北渚，云际疏龙。正殿额曰普润殿，殿内供龙神像，额曰灵源广济。联曰溯委仰凭依，万殊有本；浚川资利用，六府惟修。龛联曰：千顷沃丰穰，神贻之福；万源资挹注，水得其宗。枢光阁内供真武像，阁下供龙王龙母神像，额曰涵元溥利。

东所内院中南宇三楹，稍南为曙观楼，上下六楹。楼西山后敞室三楹，东北为挹源书屋。右有六方亭，南为观澜亭，亭北为扇淳室，东为向绿轩三楹，北为主善堂。堂西为秀举楼，上下八楹，右有正厅三楹。主善堂北为湛虚楼，上下各三楹。秀举楼下御书联曰：诸峰秀起标高朗；一室包涵悦静深。

枢光阁右廊而西正厅五楹曰依绿轩，轩南为辉渊榭，东接乐清馆三楹。榭之南建石坊二，驾以石桥，桥外稍东方亭曰津逮亭。乐清馆之南为碑亭，西南敞厅三楹曰爱景庭，后为集远堂三楹，乐清馆之西正宇三楹，再西为苑之西罩门。乐清馆之南碑亭内勒《御制万泉庄记》，碑阴勒御制诗。辉渊榭南二坊，东坊额曰源随地涌，曰汇川印月，西坊额曰景自天成，曰引派涵星。依绿轩额曰澄照含虚。联曰：一桁青来，楣端皴画稿；千畦绿绕，陇畔订农经。乐清馆联曰：触目无非远尘俗；会心皆可入研覃。又曰：云霞流丽东西映；天水空明上下鲜。西书房联曰：萝径因幽偏得趣，云峰含润独超群。集远堂联曰：苕霅溪山吴苑画；潇湘烟雨楚天云。

泉宗庙是一座以泉水取胜的皇家寺庙园林。乾隆帝《泉宗庙记》曰：

> 万泉庄之记，记泉之源委，泉宗庙之记，记神所凭依。或曰：泉之数以万而神之祠惟一，其以一贯万之旨乎？曰：然。又曰：知一以贯万，则玉泉山天下第一泉不既有祠乎？其亦可以概之矣，而又为是若殿宇若像设者，不已多乎？曰：否。奚以然？然乎然。奚以否？否乎否。于是申其义而诏之曰：天一之精流而为水，四渎四海一水而已。综而括之，其神惟一，散而分之，各有所司。非特此也，一黄河而神之祠不啻数百十，此谓之非合且不可，而谓之是分，又岂得乎？故泉之所在神斯在焉，则吾之构殿宇而严像设之意其亦如此而已矣。且玉泉之水自西山诸泉伏流而来，其义已见于向记。兹万泉之地实近长河之东堤，其伏流隐脉至此而一蓄一现，于是乎泛滥演漾，溉町塍而资挹注，仍一玉泉之功用也。则以河渎神祠例之，实亦不见其异，而又何必言同哉？祠之后为杰阁，奉北极以镇之，盖亦取乎元武主水之义，而所以崇肸蠁祈昭佑，永灌注之利，无旱暵之虞，重农兴穑，则吾之意实在斯乎，实在斯乎！

又，乾隆《万泉庄记》中说：

> 夫人皆知此为万泉庄，而泉之源又实在此，此不可不正其名而核其实也。因命所司建泉宗庙于此地，若大沙、小沙、巴沟皆立碣以志之，而庙之内东西为池沼亭台若干所，其淙泉处亦皆与之名而志之，碣凡二十有八。庙之外喷出于稻町柳岸，如盂浆、蹄涔者，盖不可胜记。

泉宗庙内外涌泉之处，乾隆帝各赐嘉名，立石以志。其在庙门之外者凡三：南曰大沙泉。小沙泉，北曰沸泉。庙内东所厅宇对岸曰滮泉，曰屑金泉。曙观楼后曰冰壶泉、锦澜泉、规泉。山后度红桥曰露华泉、鉴空泉、印月泉。观澜亭畔曰藕泉、跃鱼泉、松风泉。扇淳室后为晴碧泉、白榆泉。向绿轩畔曰桃花泉。主善堂之西曰琴脉泉。秀举楼之右曰杏泉、澹泉。再南曰浏泉。枢光阁东配殿南为洗钵泉，西所依绿轩右曰浣花泉，辉渊榭之南曰漱石泉，桥畔曰乳花泉、漪竹泉、柳泉、枫泉、云津泉。乐清馆之南方池曰月泉，西曰贯珠泉。凡二十有八。[49]

七、三山五园与样式雷

“三山五园”的建设与清代一个著名建筑世家的心血和智慧是分不开的，这个家族就是样式雷。第一代样式雷是雷发达，字明所，生于万历四十七年（1619），卒于清康熙三十二年（1694），祖籍江西永修。雷发达曾祖在明末迁居江苏金陵，清康熙二十二年（1683）雷发达和堂弟雷发宣应募来到北京，参加皇宫的修建工程，发达以其精湛的卓越的技术才能，得到康熙帝的赏赐，并获得了官职。70岁退休，死后葬于江宁。流传在京郊关于雷家最有名的故事，就是雷发达在康熙年间修建三大殿的太和殿上梁之时，康熙亲临行礼、大梁举起，榫卯高悬而落不下，工部官员惊慌失措，赶快派雷发达穿上能见皇帝的官服，腰里别着斧子，迅速爬到柱上，干净利落的几斧，榫卯合拢，此时皇帝行礼的大乐还没有奏完。礼成，康熙帝甚是高兴，赐授雷发达为工部营造所长班。这便是后人所说：“上有鲁班，下有长班，紫薇照命，金殿封官”的缘由。

奠定样式雷家族地位的是第二代雷金玉，字良生，生于顺治十六年（1659），卒于雍正七年（1729），以监生考授州同，继父在工部营造所任长班之职，投充内务府包衣旗。康熙年时逢营造畅春园，金玉供役圆明园楠木作样式房掌案，即皇家建筑总设计师。雷金玉在71岁时去世，他的几位妻妾和儿子都随灵柩一起回到南京，只有最末一位小妾张夫人带着出生才几个月的儿子雷声澂（1729—1792）留在北京。这位有心计的妇人不希望丈夫刚刚开创的事业就这么夭折，她抱着儿子到工部哭诉。工部被张夫人说服，终于同意雷声澂成年后，样式房掌案职位再由他担任。

乾隆年间，皇帝为了给皇太后祝寿，修建清漪园，命雷氏第三代传人雷声澂负责修建，并要求在园子里体现“福、禄、寿”三个字。据说，雷氏一家正在为设计形状发愁时，一位老者突然造访。好客的雷家邀请老者住了一宿，当老者次日离开时，从兜里拿出一个寿桃，放在了桌子上。这时候，突然有只蝙蝠恰好落在寿桃旁边，在桌子周围上下飞翔，这样一个不经意的举动，引起了雷廷昌的思考。雷声澂一拍脑门，回屋铺开图纸，写下“桃山水泊，仙蝠捧寿”八个字。他设计了一个人工湖，将这个人工湖挖成一个寿桃的形状，在平地上看不出它的全貌，但从万寿山望下去，呈现在眼前的就是一个大寿桃。而十七孔桥连着的湖中小岛则设计成龟状，十七孔桥就是龟颈，寓意长寿。至于“福”字，雷声澂将万寿山佛香阁两侧的建筑设计成蝙蝠两翼的形状，整体看来成了一只蝙蝠，蝠同“福”，寓意多福。

雷声澂的三个儿子雷家玮、雷家玺、雷家瑞成年时正逢乾隆和嘉庆年间，是“工役繁兴之世”，这就为三兄弟施展才华提供了广阔空间。大修圆明园、绮春园、长春园，三兄弟通力合作，三园中的大部分景点都是他们经手设计和建造的。其中雷家玺表现尤为突出，他曾主持设计了乾隆八旬万寿庆典从圆明园到皇宫的沿路数百处景点，包括亭台殿阁、假山石洞、万寿经棚、宝塔牌楼、西洋楼房等。直到慈禧太后重修颐和园时，第七代传人雷廷昌也是工程主持人。

样式雷为世人留下的最宝贵财产不仅有他们的建筑，还有稀世珍宝——图样。仅在国家图书馆，就珍藏着样式雷的两万多张建筑图样。这些图样对研究清朝历史、建筑文化发展脉络有巨大的作用，同时也代表了中国古代建筑设计的巨大成就。样式雷画出的图纸什么类型的都有，比如投影图、正立面、侧立面、旋转图等，最难得的是陵墓的宝顶，它呈不规则的空间形体，样式雷画出等高线图，这在当时是非常高水平的。在修建惠陵的过程中，因为工程反复比较多，样式雷也留下了最为详尽的图纸，工程的每一个细节，每一个木结构的尺寸，在牌楼、碑亭下面打多少桩，全记载下来。为了及时向朝廷反映工程进度，样式雷还画了“现场活计图”，即施工现场的进展图。从这批图样中，可以清楚看到陵寝从选地到基础开挖，再到基础施工，然后修地宫、修地面、安柱子直到最后做瓦的过程，体现了样式雷在建筑程序技术上的独到性。在样式雷留下的图样中，有一部分是烫样。它是用纸张、秫秸和木头加工制作成的模型图。因为最后用特制的小型烙铁将模型熨烫而成，因此被称为烫样。烫样给后人了解当时的科学技术、工艺制作和文化艺术都提供了重要帮助。

注释：

(1)(2)(10)《钦定日下旧闻考》卷二十一，《国朝宫室十三·西苑一》，北京古籍出版社 1983 年版。

(3)(4)(5)《钦定日下旧闻考》卷二十三，《国朝宫室十五·西苑三》。

(6)《钦定日下旧闻考》卷二十四，《国朝宫室十六·西苑四》。

（7）《钦定日下旧闻考》卷二十六，《国朝宫室十八·西苑六》。

（8）（9）《钦定日下旧闻考》卷二十八，《国朝宫室二十·西苑八》。

（11）（清）吴长元辑：《宸垣识略》卷十一，北京古籍出版社 1983 年版，第 215 页。

（12）《清宣宗实录》卷三百二十四，道光十九年七月乙巳。

（13）《清德宗实录》卷二百九十五，光绪十七年三月。

（14）《清世宗实录》卷五十一，雍正四年十二月辛亥。

（15）《清史稿》卷一百二十，《志九十五·食货一》，第 13 册，中华书局 1977 年版，第 3494 页。

（16）《钦定日下旧闻考》卷七十四，《国朝宫苑·南苑一》。

（17）《钦定日下旧闻考》卷八十《国朝宫苑·圆明园》。

（18）（19）《钦定日下旧闻考》卷一百一十《郊垧西十一》。

（20）《清世祖实录》卷四十四。

（21）《清世祖实录》卷四十九。

（22）引自《钦定日下旧闻考》卷七十九《国朝宫苑·泉宗庙》。

（23）《清圣祖实录》卷一百二十九。

（24）（25）《钦定日下旧闻考》卷七十六《国朝宫宛·畅春园》。

（26）《长安客话》，引自《钦定日下旧闻考》卷八十五《国朝宫苑·静明园》。

（27）《钦定日下旧闻考》卷八十五《国朝宫宛·静明园》。

（28）引自《钦定日下旧闻考》卷八十七《国朝宫苑·静宜园》。

（29）《新元史》卷 199？列传第九十六《铁哥传》。

（30）《帝京景物略》，引自《钦定日下旧闻考》卷八十七《国朝宫苑·静宜园》。

（31）《钦定日下旧闻考》卷八十六《国朝宫苑·静宜园》。

（32）（37）（38）（清）吴振域：《养吉斋丛录》卷十八，中华书局 2005 年版。

（33）乾隆：《御制静宜园记》，引自《钦定日下旧闻考》卷八十六《国朝宫苑·静宜园》。

（34）乾隆十一年《御制香山寺诗》，引自《钦定日下旧闻考》卷八十六《国朝宫苑·静宜园》。

（35）《钦定日下旧闻考》卷八十六、八十七《国朝宫苑·静宜园》。

（36）《钦定日下旧闻考》卷八十《国朝宫苑·圆明园》。

（39）《道光御制诗文集》卷五《重修圆明园三殿记》。

（40）（清）吴振域：《养吉斋丛录》，卷三十八。

（41）《钦定日下旧闻考》卷八十一《国朝宫苑·圆明园》。

（42）《钦定日下旧闻考》卷八十二《国朝宫苑·圆明园》。

（43）（明）蒋一葵：《长安客话》卷三《西湖》，北京古籍出版社 1982 年版。

（44）乾隆二十四年《御制影湖楼诗序》，引自《日下旧闻考》卷八十五《国朝宫苑·静明园》。

(45)《清高宗实录》卷三百六十。

(46) 乾隆:《圆明园后记》,引自《钦定日下旧闻考》卷八十四《国朝宫苑·清漪园》。

(47) 乾隆:《御制青芝岫诗》,引自《钦定日下旧闻考》卷八十四《国朝宫苑·清漪园》。

(48)《钦定日下旧闻考》卷七十八《国朝宫宛·西花园、圣化寺》。

(49)《钦定日下旧闻考》卷七十九《国朝宫苑·泉宗庙》。

第六章　清代北京地区的园林（下）

清代北京地区，伴随着专供帝王休息享乐的皇家园林的鼎盛，其他园林发展也达到最高峰。这些园林包括宗室王公贵族的王公府园、满族达官贵族的私家宅园、汉族官僚文人士大夫的私家庭园、客籍京师谋利谋仕的士商群体的会馆园林、宗教性质的坛庙寺观园林、宗室王公贵族的园寝园林以及公共游娱园林。

第一节　王公府园

王公府园是北京私家园林的一种特殊类型。清入关前已分封诸王，至皇太极时，计分封 11 人为王，其中，努尔哈赤诸子代善为礼亲王、多尔衮为睿亲王、多铎为豫亲王、阿济格为武英郡王、阿巴泰为饶余郡王，皇太极之子豪格为肃亲王，代善长子岳托为成亲王、代善第三子萨哈廉为颖亲王、贝勒褚英第三子尼堪为敬谨庄亲王，努尔哈赤三弟舒尔哈齐为庄亲王，舒尔哈齐第六子济尔哈朗为郑亲王。清廷定鼎北京后，对“诸王不赐土，而其封号但予嘉名，不加郡国。”[1]皇子宗亲分封为王，不外出就藩，于京城赐建府邸而居，由是，京师王公府第荟萃。

康乾盛世时期，是清代北京王公府园大量兴建与发展鼎盛阶段，最盛时达一百五十处之多。其原因有二，一是乾隆以前历朝子孙繁盛，支脉庞大。[2]二是康雍乾三代，是清朝发展最为辉煌时期，也是中国封建社会发展臻于鼎盛时期。

众多王府主要分布于内城闾巷之间。顺治元年五月，清军占领北京，十月，福临即帝位，颁诏天下，建都北京。实行“旗、民分城居住”政策，内城（东城区和西城区）驻防八旗卫戍官兵及家眷，汉民和其他少数民族悉数迁居外城（崇文区、宣武区）。八旗制度与封爵制度紧密结合，宗室王公贵族分居于各旗中，成拱卫皇帝之势，内城形成了一个社会地位特殊的宗室社会。

京师王府以清初八大铁帽子王府为盛。这些铁帽王们在清朝开国及入关统一时浴血奋战，战功显赫，功勋卓绝，以军功而得世袭罔替的永久封爵，王府异常宏阔。西单北大木仓胡同有济尔哈朗的郑亲王府，原系明初姚广孝赐第，王府花园名惠园；缎库胡同有太祖第十四子、清初摄政王多尔衮府邸。崇德元年多尔衮晋睿亲王。进京后，选东华门大街南侧普度寺一带的明南宫为王府。顺治八年，多尔衮去世并夺爵，王府改建为普度寺。十四年，其嗣子多尔博封贝勒，在石大人胡同建贝勒府。乾隆四十三年复睿亲王爵位，其后裔嗣袭，以贝勒府为睿亲王新府；东单三条胡同有太祖努尔哈赤第十五子多铎的豫亲王府。多铎秉性刚毅，能征善战，封豫亲王。其第二子多尼袭亲王爵后改赐号为信，府亦改为信亲王府。顺治九年，受多尔衮牵连，多铎被追降为郡王，多尼降为信郡王。乾隆四十三年追叙多铎开国殊勋，复豫亲王爵，信郡王修龄改号为豫亲王，信郡王府亦改称豫亲王府；大酱房胡同有努尔哈赤第二子代善后裔的府邸礼亲王府。崇德元年代善封和硕礼亲王。顺治十六年代善孙杰书袭礼亲王爵，改号为康亲王，故亦称康王府。乾隆四十三年复礼王封号，又改称礼王府；正义路东侧有皇太极长子豪格的肃亲王府。崇德元年豪格以功封肃亲王。太宗死后，与多尔衮争位，失势。顺治五年削爵囚禁而死。顺治帝亲政后复肃王爵。此后，豪格子孙皆以显亲王袭封，乾隆四十三年复肃亲王号，世袭罔替，肃王府仍称显亲王府；西四北太平仓胡同路北有皇太极第五子硕塞的庄亲王府。顺治元年硕塞封承泽郡王。八年以功晋为亲王。十二年硕塞长子博果铎袭亲王，改号庄亲王，承泽亲王府易名庄亲王府；西城锦什仿街东侧有代善第三子颖毅亲王萨哈林次子勒克德浑的顺承郡王府。顺治五年晋封顺承郡王。至光绪七年，王府已传十世十五；西城石驸马大街（今新文化街）有代善长子克勤郡王岳托府邸。其后裔罗科铎改号平郡王，又称平郡王府。

除开国八大铁帽王外，清代北京尚有四位铁帽子王府邸。他们或与皇帝关系殊密而受封，属于恩封，世袭罔替，若获罪夺爵，则以其旁支袭爵。雍正时期有怡贤亲王允祥府邸。允祥，康熙第十三子，雍正即位时封怡亲王，府邸在王府井大街路东煤渣胡同。雍正八年允祥卒，旧府邸改建贤良寺，奉令在朝阳门内大街路北建新府。至第六代怡亲王载垣时两受顾命。辛酉政变后，载垣被革爵赐死，府第收官，降王爵为不入八分辅国公。同治三年复亲王爵，改以宁良郡王弘晈四世孙镇国公载敦袭怡亲王，仍居宁郡王府，为新怡亲王府。原老怡亲王府后来成为孚王府。

同光朝，又出现了世袭罔替的恭亲王奕䜣、醇亲王奕譞与庆亲王奕劻三位世袭罔替铁帽子王府。醇亲王府在西城太平湖东里，原为大学士明珠府第，乾隆五十四年封其十一子永瑆为成亲王，将明珠府赐永瑆，随即按王府规制改建。传至毓橚时，转赐光绪帝父醇亲王奕譞。因光绪帝生于此府，成为潜邸，光绪继位后醇王迁出，在后海北沿建新王府，原太平湖王府称南府，新府称北府；庆亲王奕劻府邸在定阜大街，光绪十年晋封庆郡王后，按王府规制改建，始称王府；恭王府，位于前海西街 17 号，什刹海西侧，为恭亲王奕䜣府邸，[3] 前身为大学士和珅宅第。嘉庆四年和珅被赐死，宅第籍没入官，赐予乾隆第十七子庆郡王永璘为庆王府。咸丰二年，咸丰帝转赐给弟恭亲王奕䜣，改称恭王府。

这些铁帽子王府内部，园林景观宏阔壮丽。以恭王府为例，府中建筑氛围府邸和花园两部分。府邸占地 46. 5 亩，分中、东、西三路。府门两重，南向，大门面阔三间，二门面阔五间。门内中路中轴线上建筑有正殿“银安殿”及东西配殿，后殿名“嘉乐堂”。东路建筑为奕䜣起居处，前院正厅名“多福轩”，后院正厅名“乐道堂”。西路前院正厅名“葆光室”，后院正厅名“锡晋斋”。后出五间抱厦高踞月台之上，建筑内外檐形制仿故宫“乐寿堂”，旧名“庆颐堂”，有东西配房各五间。“葆光室”与“锡晋斋”间有一垂花门，上悬“天香庭院”匾。垂花门南有竹圃，北有两株西府海棠。府邸院落最后有一两层后罩楼环抱，东西长 160 米，房四十余间，东名“瞻霁楼”，西名“宝约楼”。楼中间偏西一间下层是过道门，是一座西洋式汉白玉雕花拱券门，南面题“静含太古”，北面题“秀挹恒春”，门上花岗石刻有“榆关”二字。过此门即王府后花园的园门。花园，又名“萃锦园”，占地 38. 6 亩，[4] 分中、东、西三路。东、西各有一山，东为“垂青樾”，西曰“萃云岭”，皆以云片石叠成。花园主体建筑在中轴线上。入园门正面耸立一柱形太湖石，高五米余，顶刻“独乐峰”，又名“福来峰”、“飞来石”。石后为一蝙蝠形小水池，名“蝠池”，有“海渡鹤桥”，过桥为正厅“安善堂”，视野开阔，山水相映。堂前有东配房“明道堂”，西配房名“棣华轩”。过“安善堂”有一排堂阁小屋名“韵花”。过此为主山“滴翠岩”，山上有三间敞厅名“绿天小隐”，轩前有“邀月台”；山下有洞曰“秘云洞”，康熙“福”字碑即在洞中。中路最后一组建筑为正厅“养云精舍”，面阔五间，硬山卷棚顶，前后各出三间歇山顶抱厦，左右各有三间折曲形耳房，其瓦顶形式在与正厅相接处为硬山式，折曲处为庑殿式，两端则为歇山式，平面恰似一只展翅的蝙蝠，取福字谐音而名“蝠厅”。花园中路的重要景物，均呈拱揖之势朝向“福”字碑，形成中轴线上蝠池、福字碑、蝠厅三重以“福”字为主题的独特园林景观；花园东路正门为垂花门，门外右前方有一座流杯亭，名“沁秋亭”，仿古人“曲水流觞”之意，清雅别致。院内翠竹遮映，南侧三间东房名“香雪坞”，其后为主体建筑大戏楼，面积685平方米，分为看戏厅、戏台、扮戏房三部分；西路正门即榆关，榆关内有“秋水山房”、“妙香亭”、“益智斋”等。再北有一方形水池，池中心有敞轩三间，名“诗画舫”，又称“湖心亭”，亦称“观鱼台”，无桥相通，需乘船而至，以饮宴、观赏、垂钓。池西岸有“凌倒影”，南岸有“浣云居”，北岸有轩馆五间名“花月玲珑”、“海棠轩”。池北有五间两卷正厅，名“澄怀撷秀”，三间东耳房，名“韬华馆”。花园另有曲径通幽、雨香岑、吟香醉月、踨蔬圃、樵香径等景观。恭王府花园集西洋建筑和我国古典园林风格于一体，“建筑数量多且造型丰富，假山分青石山、湖石山和土山三类，各具姿态；园中设有大小水池以及曲水流觞等景致，花木也极为繁盛，是现存北京私家园林中保存最好、水平最高的一个实例。”(5)

铁帽子王外的其他宗室封爵，从亲王、郡王、贝勒、贝子以下共十四等，爵位每世递降一等，无爵者为闲散宗室。清代，北京城内亲王、郡王、贝勒、贝子府邸众多，如：光禄寺及东华门大街有太祖第十二子英亲王阿济格府邸；东长安街台基厂头条有太祖第七子饶余亲王阿巴泰府邸、世祖第二子裕亲王福全府邸、圣祖第八子廉亲王允禩府邸；缸瓦市有礼亲王代善第七子巽亲王满达海府邸；雍和宫大街有雍亲王府；平安里西大街有圣祖第十七子果亲王允礼府邸；东长安街有圣祖第七子淳亲王允祐府邸（其裔孙奕梁时降袭，俗称梁公府）；东直门内羊管胡同有圣祖第十二子履亲王允裪府邸；铁狮子胡同（今张自忠路）有世宗第五子和亲王弘昼府邸（府邸东部原有圣祖第九子贝子允禟府邸，雍正四年允禟幽禁而死。十一年，弘昼封和亲王，赐第允禟府），胡同西部为世祖第五子恭亲王常颖府邸（即老恭王府。清末，其后裔镇国公承熙居此，亦称承公府）；太平湖东街有高宗第五子荣亲王永琪府邸；烧酒胡同有圣祖第五子恒亲王允祺与仁宗第三子惇亲王绵恺府邸（后宣宗第五子奕誴袭绵恺王爵，又俗称五爷府）；西长安街路北、府右街以西有高宗第八子仪亲王永璇府邸；灯市口西街有圣祖第二十四子诚亲王允祕府邸、惠亲王绵愉府邸、荣寿公主府；朝阳门内北小街有孚郡王奕譓与慎郡王允禧府邸，等等。这些王府恢弘壮丽，景观怡人，如雍亲王府，是两位皇帝的“龙潜福地”，五进大殿，千余间殿宇，黄瓦红墙，宛若紫禁城皇宫。

亲王以下的郡王府数量亦多，西直门大街有承泽亲王硕塞二子博翁果诺的惠郡王府与圣祖长子允禔雍直郡王府，西直门内南草厂胡同有圣祖第十四子胤禵恂郡王府，西直门内北大安胡同有泰郡王弘明府，西四羊肉胡同有代善四子瓦克达谦郡王府，东单北极阁有宁郡王府，柳荫街有圣祖第十五子愉郡王允禑府、钟郡王奕詥府，安定门内大街方家胡同有高宗第三子循郡王永璋府，霞公府街有肃亲王豪格五子猛娥的温郡王府等等。

郡王府以下为贝勒、贝子府。南门仓胡同有圣祖第二十二子贝勒允祜府，王府仓胡同有圣祖二十子贝勒允祎府、西单北大街有醇亲王奕譞六子载洵贝勒府（载洵出继给瑞郡王奕志为嗣，袭贝勒），柳荫街有涛贝勒府、棍贝子府等。棍贝子府园，在西海南岸，明代镜园旧址，原为诚亲王允祉新府。雍正十年允祉卒后，七子弘暻继为府主，八年封贝子，故又称固山贝子弘暻府。弘暻之后府主分别是永珊（弘暻三子）、绵策（永珊三子）。嘉庆三年绵策嗣子奕果袭不入八分辅国公，改迁别所，此府改赐仁宗四女庄静固伦公主为府，称四公主府。光绪六年，庄静重孙棍布扎贝袭贝子爵，成为末代府主，俗称棍贝子府。棍贝子府园主体建筑在西路，东部以花园为主，园中有亭台楼阁，古树参天，山石点缀。园内有一湖，湖中有一小岛，湖水引自积水潭。清制，积水潭水为御用，非经特许，不得擅引，弘暻享受殊恩，“从北墙外直接引西海之水入园，从北至南形成一条宽阔的长河；建筑数量不多，基本沿水岸布置，彼此呼应；河东西两侧堆有土山，山上密植高大的树木，在城市内部营造出一片郊野山林胜景。”(6)

清代，京城西北郊海淀一带，也建有不少王公贝勒园林，如礼王园、圆明园、澄怀园、蔚秀园、承泽园、朗润园、近春园、淑春园、熙春园、一亩园、翰林花园、自得园、自怡园等。礼王花园，在海淀苏州街，距圆明园二里之遥，海淀军机处近在咫尺，是清太祖次子礼亲王代善后裔所建。(7)花园占地约五十亩，有一条南北中轴线，其厅堂轩廊格局以对称为特点，分前中后三区，前区建有主厅，中区为玉兰院，遍植玉兰、牡丹，后区为三座三合院，是亲王及内眷的居所。园中还广建楼台、亭榭、小桥、流水，各院落堆山叠石，在自然空间叠置大面积各种不同形式的假山，把园中各个景区相隔，花木扶疏，穿插多变，特别是叠石，数量极多，且以青石为主，构成山峰、石洞、丘冈等不同景色，具有雄健奇丽之风。园中建筑造型丰富，名贵花木繁盛，有京西名园之誉。[8]

承泽园，在西郊海淀挂甲屯南，南近畅春园，东临蔚秀园，前身为大臣英和别业“依绿园”，始建于雍正三年，后赐予果亲王允礼。道光年间赐予皇八女寿恩公主。光绪中叶又赐予庆亲王奕劻。该园占地2万平方米，经改造、扩建，引万泉河水入园，营造出二条长河横贯东西的独特水景，把全园分隔为院落、洲屿、空地等不同段落，同时又拥有一条南北轴线，显示出贵族府园严谨庄重的特点。[9]

熙春园，圣祖第三子诚亲王胤祉赐园，建于康熙四十六年，因在圆明园东，又称东园。建筑分三部分，前所有尊行斋、涵春书屋、环碧堂、藻德居、花韵选，中所有主善斋、松鹤山房，后所有嘉董斋、临漪榭，建筑雅致，景色优美。据《清圣祖实录》，康熙帝曾十九次到该园进宴，并御题“制节谨度”、“竹轩”、“谦受益”、“主善斋”、“熙春匾”。雍正八年五月允祉削爵，禁于景山永安亭，该园收归内务府。乾隆三十二年改建为御园。道光二年又一分为二，西半部赐给皇三弟敦亲王绵恺，后赐给皇四子奕詝，名春泽园，后更名近春园；东北部赐给皇四弟瑞亲王绵忻，名涵德园，后复名熙春园。绵忻无子，以皇五子奕誴为嗣，俗称小五爷园。咸丰二年，咸丰帝为五弟奕誴亲书匾额并改名清华园。园中有礼部侍郎殷兆镛“槛外山光历春夏秋冬，万千变化都非凡境；窗中云影任东西南北，去来澹荡洵是仙居”联，足见该园乃“非凡境”，有“仙居”之美。

清代北京王公府园建筑，作为特殊的人物群体和文化群体居住的建筑群体，从规模、质量、气派和数量远胜前朝，具有如下的特点：

一是等级建制差别很大。王府中有明旧宅府库而稍事整修改建者，如西城太平仓改为庄王府，西城草厂改为果王府、慎郡王府等；有占用民居新建者，如雍亲王府、简亲王府、和亲王府、康亲王府等，至乾隆年间城内王府达四十余处。无论新旧，王府建筑作为仅次于皇宫的建筑群组，往往带有皇家建筑特点，设主轴线，分成几路。主轴线上依次建有府门、正殿、翼楼、神殿、后罩楼、花园、家庙等，以正殿为中心，其门、殿、楼、寝等，严格按照府制的规定建造，不得逾制，因此，王府主轴线上的建筑亦是区分亲王府和郡王府的主要标志；这些王府在兴建过程中，将老北京四合院与古典园林建筑结合起来，同时，又要遵循严格的亲王、世子、郡王、贝子、公府及公侯等的等级礼制，其背后的核心是皇权思想。

二是王府多建有附园，称王府花园，按照不同品级，建制亦不相同，如亲王府、郡王府、贝勒府各有定制。但无论等级如何，皆有一些皇家御园的气派，如环境优美、弘阔富丽、气势雄伟等。许多王府花园本属于赐园，和御园一样由内务府主持设计施工，有些直接从御园中划拨而来，因此，在构园方法上受皇家苑囿的仪典隆重气氛的影响，在某种程度上带有御园特点。

三是崇尚富贵气息浓厚。一些园林花卉尤重视牡丹、芍药来体现富贵，也有通过建筑装饰、山水形态和匾额题名来强调“祈福”之义，有些王公府园拥有皇帝、太后所赐的匾额、楹联，带有较重的荣宠性质。最典型的是恭王府园，其中有山石名“福来峰”，水池名“蝠河”，后厅为“蝠厅”，均以蝙蝠形状隐喻“福”字，其假山中还藏有康熙帝御书的“福”字碑，堂榭建筑中的“福寿”装饰更是多不胜数，堪称“万福园”。

四是标榜门第的心理强烈。清代京师王公大臣以满人为主体，这一阶层主要靠世爵祖荫平稳进入仕途，生活中重视传统、讲究派头，保守、重门第，等级观念强烈。这些文化特色在王公府园中常体现为以深宅大院、密林巨木、楼堂高峻来显示门第。

五是追求“富丽弘敞”同时，特别推崇传统文化。很多府园主人虽为满族人，却有很高的汉文化修养。由于康乾盛世持续了一百多年，社会稳定，四境安宁，经济繁荣，清皇室汉文化典籍也开始了系统学习。宫廷内外专设宗学、觉罗学，供本族子弟读书，聘请名儒教授，代代相承，爱新觉罗家族涌现出大量诗人、作家、书法家、文学家等。康雍乾三朝诸皇子，多能诗善画。如第三子允祉，善书法，善诗，有《课余稿》。第十七子允礼有《春和堂诗集》、《静远斋诗集》、《奉使纪行诗》、《雪窗杂咏》等。又安和亲王岳乐第十八子蕴端，初名岳端，字兼山，又字正子，号玉池生，别号红兰室主人，又称长白十八郎、东风居士。岳乐是阿巴泰第四子，袭封安郡王，后晋安亲王，母赫舍里氏，索尼之女，舅父索额图是康熙亲政初期权臣。康熙十三年岳乐挂定远平寇大将军印，率军入湘、粤、赣参加平定三藩战争，十九年底奉召凯旋。后因索额图一派在政治角逐中失败，岳乐失去康熙帝崇信，免去议政王和掌管宗人府职。岳端十五岁封勤郡王，岳乐死后，降为贝子。三十七年失爵及佐领官衔，从王公贵人变为闲散宗室。岳端在诗歌、绘画、音乐、戏曲诸方面造诣相当高，有诗集《玉池生稿》；其兄玛尔浑著有《敦和堂诗》，其弟吴尔占为丹青能手，其姐六郡主诗画兼工，诗人姜宸英曾在其“梅花”画幅上题诗，故有“康熙间宗室文风以安邸为盛”之誉（昭梿《啸亭杂录》）；如诚亲王允祕第二子弘旿，字卓亭，号恕斋，一号醉迂，别号瑶华道人，又号一如居士，“诗画皆有重名于世。其画取法倪、黄，为一代正宗，画家至今推之。”乾隆五十七年诏阮元、铁保等人游万寿寺，写《七松图扇》等。家富藏书，藏书楼名“静寄轩”，著有《恕斋集》等。(10) 雍正第六子果亲王弘瞻，别号经畬道人，雍正六年晋果亲王。乾隆三年过继给果亲王允礼，袭果亲王爵。其人雅好藏书，所藏书与怡亲王府明善堂相当。又酷好诗词，以沈德潜为师，工真书，所作楹帖厚重端凝。又如，允礽六子弘曣，别号思敬之人，又号石琴道人，雍正六年封辅国公，喜诗文，功书法，能指画。宗室子弟的工诗善书画与文化修养，使得王府的主人具有了文人的色彩，对王府园林建设起到极大作用。

六是具有恬静清雅的气息。如郑献亲王济尔哈朗六世孙，辅国将军长恒子、奉国将军书诚，字实之，号樗仙，“性慷慨，不欲婴世俗情。年四十，即讬疾去官。邸有余隙地，尽种蔬果，手执畚镈，从事习劳以为乐”，(11) 著有《静虚堂集》。又如乾隆第十一子成亲王永瑆，号镜泉，因皇太后赐陆机《平复帖》，又别号诒晋斋主人。乾隆五十四年封成亲王。自幼酷爱书法，得窥内府所藏，而自藏又甚富。其“诗文精洁，书法遒劲，为海内所共推”，名重一时，“士大夫得片纸只字，重若珍宝”。(12) 与刘墉、翁方纲、铁保并称清中期四大书家。永瑆府园中有恩波亭、诒晋斋等建筑，充溢着清雅之气。

七是体现平稳享乐及推崇“幽野自然”旨趣。如北极阁三条胡同西端宁郡王府（即小怡亲王府），主人弘晈（1713—1764）是怡贤亲王允祥第四子，字镜斋，号东园，自号秋明主人，镜斋主人，室名春晖堂。弘晈在雍正八年封多罗宁郡王，其郡王府分为中、东、西三路，中路为主要殿堂所在，东路有四进院子，为王府眷属生活起居区，西路由五进院落组成。弘晈有广交善结、养花赋诗的文人风致。因酷爱菊花，遂于南方购菊花数百名品，在王府东部空地试种、嫁接，培育成曲粉、柘枝黄、檀香毬、粉蝴蝶、紫薇郎、红丝玉、银凤羽、赤瑛盘、灯下黄、蜜荷、松子菊、青心玉、绿衣黄裳、紫龙须、姑射肌、靓装西子、绣芙蓉、大金轮、紫袍金带、青莲、含烟铺锦、银鹤氅、粉装、紫罗襦、水精毬、紫金盘、杨妃晚装、檀香盘、曲紫、解环绦、雪莲台、珊瑚枝、紫茸、一粒毬、玉毫光、银捻线、天孙锦、玉连环、锦心绣口、白鲛绡、海红莲、粉鹤翎、金捻线、粉针、金膏水碧、琥珀莲、紫霞觞、白凤、六郎面、七宝盘、嬴师管、金凤羽、国色天香、金针、玉玲珑、粉翠、落红万点、软枝桃红、金丝莲、金剪绒、福橘红、杏花颐、黄玉琮、紫装、金海棠、银牡丹、金芙蓉、佛手黄、白玉缠光、朝阳素、粉捻线、雨兰红、金丝楼、鹭鸶管、截肪玉、玉芙蓉、粉心莲、御爱黄、紫针、旨藕、海献金毬、松针、碧桃红、粉菉竹、海云红、紫荷衣、虎皮莲、二乔、波斯帽、紫缨、赤脂瓣、栗留黄、珊瑚雪、银绣球、绿荷衣、朱砂盘、紫翠莲、蜡盘、锦边莲、追金琢玉等百种菊名，并著《菊谱》。有评价谓：

> 京中向无洋菊，篱边所插黄紫数种，皆薄瓣粗叶，毫无风趣。宁恪王弘皎为怡贤王次子（中国档案馆藏小玉牒作第四子），好与士大夫交，因得南中佳种，以蒿接茎，枝叶茂盛，反有胜于本植。分神品、逸品、幽品、雅品诸名目，凡名类数百种，初无重复者。每当秋塍雨后，五色纷披，王或载酒荒畦，与诸名士酬唱，不减靖节东篱趣也。(13)

八是兼具南北园林特点。作为皇亲国戚的府邸园林，受气候及规制影响，在叠山用石上多为北方产的青石和北太湖石，形体浑厚、充实、刚劲，植物配置上是常绿与落叶树种，园林建筑带有厚重、朴实、刚健之美。同时也吸收江南园林构造手法，通过各种巧妙供景，叠山理水，花木配置，建筑技巧等，将传统士大夫对自然山水的追求融入了带有皇家色彩、门第森严、富贵气息浓厚的王府建筑中，江南园林的柔情与北方园林的刚健有机融合，散发出幽静、自然的韵味。如郑亲王府的惠园：

> 引池垒石，饶有幽致，相传是园为国初李笠翁手笔。园后为雏凤楼，楼前有一池水甚清冽，碧梧垂柳掩映于新花老树之间，其后即内宫门也。嘉庆己未三月，主人尝招法时帆祭酒、王铁夫国博与余同游，楼后有瀑布一条，高丈余，其声琅然，尤妙。(14)

九是王府园林成为满汉士大夫交游、沟通满汉民族文化的重要空间。很多皇室宗亲与汉族士大夫交往频繁，如仁宗第三子惇亲王绵恺：

> 耿介成性。府门之内，俭如寒素。出门则肩舆一乘，不复从骑。朝归惟事杯勺，然喜折节与寒素游。……盖王邸延

师，敬礼出士大夫上。如红兰主人、问亭将军、怡贤王皆以好士闻。履邸之于阎百诗，果邸之于方望溪，慎邸之于李眉山、郑板桥；礼邸之于姚姬传为尤著。[15]

康熙第二十一子允禧，字谦斋，雍正八年二月封贝子，寻晋贝勒，十三年封慎郡王，自署紫琼道人。他能诗善赋，工画，禀性淳厚，贵为郡王，但生活俭朴，礼贤下士，好学不倦，“多延四方博学端悫之士，日相摩切”。[16]乾隆六年，郑板桥第三次入京候补官缺，受到允禧的礼诚款待，并请郑板桥为诗集作跋，郑板桥赞其“胸中无一点富贵气，故笔下无一点尘埃气”。

清代王公府园，承载着诸多人生变局与历史变迁。如清代唯一一座不在京城内的王府，是圣祖第二子允礽的理亲王府，在昌平郑家庄，始建于康熙帝二废允礽时，允礽晚年和次子弘晳居此。乾隆四年，弘晳谋逆案发，革爵黜宗室，改名四十六，圈禁景山东果园，此府被拆除。理亲王爵改由允礽第十子弘为承袭，弘为四传后由允礽第七子弘晀后裔承袭，北新桥三条王大人胡同成为第二座理王府，规模小且建筑局促；如淑春园，乾隆四十九年和珅出任文华殿大学士后御赐而来。因乾隆帝常在圆明园临朝听政，和珅亦常居此园，以备随时召见。和珅（1750—1799），字致斋，钮祜禄氏，正红旗满洲人，乾隆三十七年袭父三等轻车都尉职，四十年从三等侍卫擢用为乾清门御前侍卫，兼副都统。后历官户部右侍郎、军机大臣兼内务府大臣、国史馆副总裁并抬入正黄旗、吏部侍郎兼步军统领、崇文门税务总督、御前大臣上学习行走、户部尚书、御前大臣兼督统、正白旗领侍卫内大臣、议政王大臣、四库全书正总裁、理藩院尚书、兵部尚书和管理户部三库及方略馆总裁、经筵讲官、充任《钦定日下旧闻考》总裁、国史馆正总裁、文渊阁提举阁事、理藩院尚书、协办大学士、户部、吏部、刑部、户部尚书、殿试读卷官、教习庶吉士、翰林院学士、正黄旗领侍卫内大臣、镶黄旗满洲都统，授文华殿大学士，由一等男而三等忠襄伯而一等嘉勇公。因和孝固伦十公主下嫁长子丰绅殷德而成为皇亲国戚，深得乾隆帝宠信，俸禄优厚，赏赐优渥，不时赏赐宅园，凡乾隆帝行宫附近，几乎都有和珅的别墅花园。和珅获赐淑春园后，效仿御园的景观设计，在园东部挖出一块广阔的湖泊，湖中心仿效福海的蓬岛瑶台修建了山石岛屿和亭台楼阁，又在湖南岸仿效福海广育宫修建了花神庙，湖四周仿效御园的夹镜鸣琴、三潭印月、平湖秋月等修建了相应景点。园东南角建造钟楼一座，内置一巨大自鸣钟。湖心岛东岸，仿福海东南隅别有洞天的石舫，建造一座雕石画舫，共有亭台 64 座，房屋 1003 间，游廊楼亭 357 处。工成，改名为“十笏园”。嘉庆四年乾隆帝驾崩，嘉庆列和珅二十六罪状，第十三款即“所盖楠木房屋，潜移逾制，隔断式样仿照宁寿宫制度，其园寓点缀与圆明园蓬岛瑶台无异，不知是何肺肠”。和珅获罪，淑春园籍没并被分成两部分，西半园仍归和珅子丰绅殷德和乾隆十公主和孝公主。十五年，丰绅殷德病逝。十九年，和孝公主将府园交归内务府；东半园赐予乾隆十一子成亲王永瑆。二十四年永瑆缘事罢官，道光三年去世，府园收归内务府。六年，淑春园赐予睿亲王多尔衮十二代孙仁寿，并改称睿王园，因“睿”字满语为“墨尔根”，当地人称“墨尔根园”。园中花卉品种繁多，尤以荷花最著。咸丰十年英法联军火烧圆明园，墨尔根园被毁严重，石舫上建筑无存，仅余基座。同治年间，拆走该园建筑材料，搬走太湖石，用来重修圆明园，园中和珅时代旧物所剩无几。民国初年，售予军阀陈树藩并改名肄勤农园，后被燕京大学购为校址。淑春园的变迁令人感慨，嘉庆年间诗人斌良《抱冲斋诗集·游故相园感想题》中说：

铜铺尘羃径苔侵，策马荒园寄慨深。
爱蓄名花歌玉树，曾移奇石等黄金。
缤纷珂繖驰中禁，壮丽楼台拟上林。
犹胜荒地秀蒲牌，滃烟废绿远阳沉。

嘉、道间潘德舆亦在《养一斋词·水调歌头·游海淀和相旧园》中述园中胜景并感慨说：

一径四山合，上相旧园亭，绕山十二三里，烟草为谁清。昔日花堆锦绣，今日龛余香火，忏悔付园丁。绿野一弹指，宾客久飘零。坏墙下是绮阁，是云屏，朱楼半卸，晓钟催不起娉婷。谁弄扁舟一笛，斗把卅余年外，绮梦总吹醒。悟彻人间世，渔唱合长听。[17]

清末，北京王府园林受西洋风尚影响，有在原厅堂基址上修建洋楼或安设西式设施者。如醇贤亲王奕譞第七子载涛的涛贝勒府园，在什刹海，以建筑和假山取胜，叠石富有特色，花木繁多，楼堂轩亭及游廊建筑沿周边布置，内部空间疏朗，并形成严谨的轴线关系。此园在整体布局、建筑装饰修以及水池喷泉等方面借鉴欧洲园林的手法，并充分与中国传统的园林风格融合在一起，成为清末北京私家园林受到洋风影响的重要实例。[18]又如载振贝子花园，在什刹海，占地广阔，格局灵活，有连绵的青石假山和两个曲折的水池，通过“弓”字形的游廊串连厅堂亭榭等建筑，还在敞轩中安装大镜子以倒映什刹海的风光，表现出独特的景象。园北墙内临水构筑了一座二层洋楼，不但宜于观景，也反映出园主的崇洋心理。[19]

王府是清朝政治制度的一个重要组成部分，故王府园林会随着王府主人地位盛衰而出现被转赐、籍没归官、改成御园等情况。但王府衰落的根本原因则在于社会的变迁。乾隆朝后，盛世下落。鸦片战争爆发，西方殖民主义入侵，天朝危机重重，急速衰落，再也无力兴建王府。嘉道以后，转赐或分割原王府分赐的情况增多。咸丰年间，清廷内外交困，内有太平天国运动，从咸丰元年持续到同治三年，对清王朝社会秩序及皇子宗室贵族造成了极大冲击与震撼；而咸丰六年至十年的第二次鸦片战争更给中国社会带来巨大灾难，清廷连既有的王府亦难以保全。以肃王府为例，法国曾要求将其作为使馆，经恭亲王奕䜣交涉而改在纯公府建使馆。1860 年 10 月英法联军入京，圆明园并西郊王府诸园大半焚烧。如鸣鹤园，原为乾隆帝赐给宠臣和珅私园，东部为起居待客之所，西部为游宴之地，园中有池，池中有岛，环以流水，掩以修竹，临池湖石参差。嘉庆年间东部改赐庄静公主，称镜春园，西部赐给皇五子惠亲王绵愉，仍称鸣鹤园，俗称老五爷园。英法联军火烧圆明园后，鸣鹤园渐废。

光绪二十六年，义和团运动兴起。五月，义和团入京包围东交民巷外国使馆区，引发八国联军占领北京，烧杀抢掠，许多王府被侵占、焚毁。如肃亲王府，1900 年 6 月 24 日，肃亲王善耆携家人与慈禧皇太后逃往西安，王府为驻京外国人员和中国教徒强占并修筑工事。次年善耆回京时，王府已被联军烧毁，只存垣墙。《辛丑条约》签订，东交民巷使馆区扩大，肃王府沦为日本使馆。善耆改在北新桥南船板胡同内原道光年间大学士兼四川总督宝兴宅第上新建王府，规模仅几个大四合院，有房二百多间，有寝室、书房和花园，但花园最北侧另建一二层小楼，内有法式客厅，摆放着钢琴、洋床，安设了吊灯、发电设备、自来水，打破了原有王府的规制。

从咸丰朝始，爱新觉罗家族人口不繁，咸丰只有一子同治，同治帝无子，过继的光绪无子，过继的溥仪无子，三朝无子，皇帝本支人口锐减，以前人才辈出，位居要津，“内襄政本，外领师干”，[20]有补于国家的盛况不复。1911年辛亥革命爆发，1912年清帝逊位，清朝灭亡，王府赖以存在的政治经济基础不复，养尊处优、享有特权的宗室王公们，惯于大讲排场与攀比阔气，却无一技之长，无所事事，最后坐吃山空、入不敷出，王府纷纷败落。很多王府后人变卖府邸来维持生计，王府被分割成多个院落，被不断拆改、添建，部分沦为居民大杂院，除极少数王府外，多数王府原貌尽失，甚至残毁殆尽。万般繁华，皆成一梦，清代北京王府“经历了由辉煌而衰落的过程。从随龙入关建王府开始，至辛亥革命，她的辉煌史达二百六十多年。但她的败落时间却只有短短的30年左右。”(21)

第二节　满族达官私家宅园

清代北京，满汉分城而居，满、蒙、汉军八旗按旗分方位居于内城，故北京内城满族官僚大宅随处可见，其“房式异于外城。外城式近南方，庭宇湫隘。内城则院落宽阔，屋宇高宏。门或三间，或一间，巍峨华焕。二门以内，必有听事，听事后又有三门，始至上房。听事上房之巨者，至如殿宇。大房东西必有套房，名曰耳房。左右有东西厢，必三间，亦有耳房，名曰盝顶。或有从二门以内，即回廊相接，直至上房，其式全仿府第为之。内城诸宅，多明代勋戚之旧。而本朝世家大族，又互相仿效，所以屋宇日华。”(22)这些大宅或来自前明勋戚之旧，或在式样上全仿王公府第，彼此又互相效仿，院落宽阔、屋宇高宏、大门巍峨华焕，四合院内有多个院子连接组合，有堂屋、客厅、书房、寝室、庙宇、花园等，所谓“重门东向，朱楼环绕，外墙高照，内宇宏深”。(23)

例如，康熙朝重臣、权臣纳兰明珠府邸，在风景秀丽的什刹海后海。纳兰明珠，字端范，纳喇氏，满洲正黄旗人，历任侍卫、銮仪卫治仪正、内务府郎中、内务府总管、弘文院学士、刑部尚书、兵部尚书、文华殿大学士、加太子太傅，又晋太子太师，“掌仪天下之政”，权倾朝野。明珠府建于康熙年间，门前水天相映、碧波涟漪，堤岸杨柳轻扬，园内有“濠梁乐趣”（前厅）、“畅襟斋”（后厅）、“听鹂轩”（侧厅）、“观花室”（东厅）、“恩波亭”、“扇亭”、“听雨屋”等建筑，曲径、回廊、楼堂、亭榭、湖水、绿树、花香，清幽雅致。池畔有园亭，池水清澈，名“渌水亭”，取流水清澈、澹泊、涵远之意，明珠长子纳兰性德常与京城士人在此宴饮雅集、吟诗作赋、研读经史、著书立说。纳兰性德（1655—1658），原名成德，字容若，号楞伽山人。幼好学，经史百家无所不窥，尤好填词。康熙十五年进士，授乾清门三等侍卫，后迁至一等，随扈出巡南北。康熙二十四年患急病去世，年仅31岁，葬于海淀区上庄皂甲屯。著有《渌水亭杂识》。渌水亭是个雅致之地，纳兰性德《渌水亭》诗云：

> 野色湖光两不分，碧云万顷变黄云。
> 分明一幅江村画，着个闲亭挂夕曛。

他常与朱彝尊、陈维崧、顾贞观、姜宸英、严绳孙等人雅集、吟诗作赋，并仿王羲之《兰亭集序》与李白《春夜宴桃李园序》，撰写了《渌水亭宴集诗序》，以骈文描述了渌水塘、亭胜景及雅集盛事说：

> 予家，象近魁三，天临尺五。墙依绣堞，云影周遭。门俯银塘，烟波滉漾。蛟潭雾尽，晴分太液池光。鹤渚秋清，翠写景山峰色。云兴霞蔚，芙蓉映碧叶田田。雁宿凫栖，秔稻动香风冉冉。设有乘槎使至，还同河汉之皋。傥闻鼓枻歌来，便是沧浪之澳。若使坐对亭前渌水，俱生泛宅之思。闲观槛外清涟，自动浮家之想。何况仆本恨人，我心匪石者乎。间尝纵览芸编，每叹石家庭树，不见珊瑚；赵氏楼台，难寻玳瑁。又疑此地田栽白璧，何以人称击筑之乡；台起黄金，奚为尽说悲歌之地。偶听玉泉呜咽，非无旧日之声；时看妆阁凄凉，不似当年之色。此浮生若梦，昔贤于以兴怀；胜地不常，曩哲因而增感。王将军兰亭修禊，悲陈迹于俯仰，今古同情；李供奉琼宴坐花，慨过客之光阴，后先一辙。但逢有酒开尊，何须北海。偶遇良辰雅集，即是西园矣。且今日芝兰满座，客尽凌云；竹叶飞觞，才皆梦雨。当为刻烛，请各赋诗。宁拘五字七言，不论长篇短制；无取铺张学海，所期抒写性情云尔。[24]

纳兰性德虽是权贵之子，但他志洁行芳，律己甚严，淡薄荣利，不以贵公子自居，也无民族偏见，并渐染汉人风习，追求汉族士子的生活情趣，热衷于举办文酒诗会，营造文化交流氛围，增进与汉族士子的相互了解和理解，增进彼此友谊。他曾因营救因科场案而流放到宁古塔23年之久的吴兆骞生还回乡而誉满朝野，赢得汉族士子的交口称赞，对其“不以贵游相待”，真诚结交，身边逐渐形成了一个交游圈子，对康熙朝笼络汉族文人士大夫，消除民族隔阂，开启文治盛世有着重要意义。

又如法式善宅第“小西涯”，在李公桥西壖下第一家。[25]法式善(1752—1813)，字开文，号时帆，别号梧门、陶庐、小西涯居士，蒙古乌尔济氏，隶内务府正黄旗，乾隆四十五年中进士，榜名运昌，中式时，御赐改今名。历任检讨、国子监司业、侍读学士，后大考降员外郎，经阿桂荐补左庶子。乾隆五十三年，自丰盛胡同移居净业湖畔原明文渊阁大学士李东阳（号西涯）旧居，名之为小西涯，以别于李东阳旧居，在此居住近十二年。宅第不大，但“有溪桥花木之胜”：

> 门对波光，修梧翠竹，饶有湖山之趣。家藏万卷，多世所罕见者。好吟小诗，入韦、柳之室，颇多逸趣。家筑诗龛三间，凡所投赠诗句，皆悬龛中，以志盍簪之谊。任司成时，惟以奖拔后进为务。同汪瑟庵先生选《成均课士录》，其取售者率一时知名之士，海内遂为圭臬。[26]

所居在“厚载门北，背城面市，一亩之宫，有诗龛及梧门书屋。室中收藏万卷，间以法书名画，外则移竹数百竿，寒声疏影，翛然如在岩谷间。经师文士，一艺悠长，莫不被其容接。为诗质而不癯，清而能绮。故问字求诗者，往往满堂满室。”王昶《湖海诗传》称其“自登仕版，即以研求文献，宏奖风流为事”。《寄蜗残赘》云：“祭酒文誉卓著，尤好奖掖后进。坛坫之盛，几与随园埒，而品望则过之云。”[27]所构诗龛及梧门书屋，“法书名画盈栋几，得海内名流咏赠，即投诗龛中。主盟坛坫三十年，论者谓接迹西涯无愧色”。[28]洪亮吉在《法式善祭酒存素诗序》中说，“一代之兴，必有硕德伟望，起于辇毂之下。官侍从，历陟通显，周知国家掌故，诗文外复能著书满家，以润饰鸿业，歌咏太平，如唐杜岐公佑、明李少师东阳者，庶几其人焉!”法式善即其一，他在“二十外即通籍，官翰林，回翔禁近者及三十年，所为诗文，三馆士皆竞录之以为楷式。先生又爱才如命，见善若不及，所居净明湖外，距黄瓦墙仅数武，宾客过从外，即键户著书。”[29]这段带有钦佩色彩的文字，反映了地近黄瓦红墙、金扉朱楹、巍峨壮观之重重宫阙的满族官僚宅第园林，在融合满汉文化、点缀盛世上的重要作用。

半亩园，在东城黄米胡同，原为清初贾汉复宅园。贾汉复，字胶侯，号静庵，山西曲沃安吉人。明末为淮安副将，顺治二年归清，隶正蓝旗汉军。历任佐领、都察院理事官掌京畿道、工部右侍郎、左侍郎、巡抚河南、云骑尉加兵部尚书衔，顺治十六年加太子太保。其园乃李渔所葺，“垒石成山，引水作沼，平台曲室，奥如旷如”，古雅富丽，书卷气息浓厚。该园易主后，渐见荒落。乾隆初经修整改为会馆和戏园。道光初年，为河道总督完颜麟庆所得，大为改葺，其名遂著。[30]该园东部为住宅，西部为园林，有池、亭、桥、楼、廊、榭、轩、馆、室诸景点染其间，极具江南之雅媚：

> 正堂名曰云荫，其旁轩曰拜石，廊曰曝画，阁曰近光，斋曰退思，亭曰赏春，室曰凝香。此外有琅嬛妙境、海棠吟社、玲珑池馆、潇湘小影、云容石态、唵秀山房。诸额均请师友书之。

云荫堂悬麟庆撰“源溯长白，幸相承七叶金貂，哪敢问清风明月；居邻紫禁，好位置廿年琴鹤，愿常依舜日尧天”联。麟庆又在扬州购得乾隆十三年状元梁国治（字阶平，浙江会稽人）所撰“文酒聚三楹，晤对间，今今古古；烟霞藏十笏，卧游边，水水山山”楹帖，因“句奇而法，与园景合”，并悬与云荫堂。半亩园最高处是近光阁，在云荫堂旁，建在平台上，以其可望紫禁城大内、门楼、琼岛、白塔、景山寿皇殿并中峰顶万春、观妙、辑芳、周赏、富览等五亭，故名。楼上有麟庆所集唐人诗句“万井楼台疑绣画，五云宫阙见蓬莱”楹帖。近光阁南有台，名琴台，台下凸出一块顺山石，石有洞，有松生石洞上，传系李渔手植。东有亭，曰留客处，过亭为小桥，北即石洞。入石洞再转，为退思斋，“后倚石山，有洞可出。前三楹面北，内一楹独拓东牖，夏借石气而凉，冬得晨光则暖。”麟庆家居养疴时，“自夏徂秋，每坐此读《名山志》，以当卧游，读《水经注》，以资博览。”下面这幅夜读场景，令人想往：

> 八月夜篝灯展卷，忽闻有声自西南来，心为之动。起视中庭，凉月初弦，玉绳低耿。回顾童子垂头而睡，与欧阳子赋境宛合。伫立移时，夜气渐重。仍闭户挑灯再读。

当读到诸葛亮汉诸葛武侯诫子书“非淡泊无以明志，非宁静无以致远”句时，麟庆心生感悟，遂撰“随遇而安，好领略半盏新茶，一炉宿火；会心不远，最难忘别来旧雨，经过名山”楹帖，以表心境。退思斋对过有偃月门，院有海棠三，西轩为海棠吟社，麟庆自书“逸兴遄飞任他风风雨雨，春光如许招来燕燕莺莺”楹帖。近光阁旁又有曝画廊，每年农历六月初六在此晒画。

半亩园以石取胜，“缘出李笠翁手，故名。顾西山石青，质薄多片，其擂砢黄而有致者，出其永宁山，今封禁。园中所存，尚康熙间物。余命崇石添觅佳石，购得一虎双笋，颇具形似，终鲜皱瘦透之品。迺集旧存灵璧、英德、太湖、锦州诸盆玩，并滇黔朱砂水银铜铅各矿石，罗列一轩，而嵌窗几，以文石架叠石经石刻，壁悬石笛石箫。轩前后凡六楹，后三楹，一贮砚，一贮图章，一镌米元章（米芾）《洞天一品石论》于板壁。前三楹一木假石高九尺，质系泡素，洞窍玲珑。一星石，围四尺，上勒晋卞忠贞公壶诗，成哲亲王（永瑆）诒晋斋跋。色黑而黝，古光可鑑。一大理石屏，高七尺，九峰嶙峋，旁镌阮云台先生点苍山作，屏即先生所赠也。又插牌一，天然云山，云中一月，影圆而白，山头有亭，四柱分明，承以檀座，座镌吴匏庵、姜西溟跋，谓为山高月小然是矣，而未尽亭之妙。盖因缘在我，故画仙特绘见亭耳，因名曰见亭石。照袍笏拜之，遂颜轩曰拜石，并题楹帖云曰：湖上笠翁，端推妙手，江头米老（米芾），应是知音。”江苏进士张祥河进京入觐时曾来园小坐，赠诗二首，从中可见半亩园之胜景。一曰：“天然小筑在城阛，猿鸟胜欢赤兔还。旧迹留题仍半亩，恩光入望有三山。云霞霁景藤萝外，丝竹清音水石间。自昔风流容啸傲，惜公能得几时闲。”一曰：“黄尘九陌拂鞭行，一入松关眼忽明。欹笠肯为前径导，倚阑应待好诗成。洞天品贵奇峰出，阿阁巢深小凤鸣。”

半亩园最后处“垒石为山，顶建小亭，其南横板作桥，下通人行。西仿琅嬛山势，开石洞二，后轩三楹，颇爽垲”，名“琅嬛妙境”，有麟庆自集“万卷藏书宜子弟，一家终日在楼台”楹帖，统计：“藏八万五千余卷，盖萃六七世之收藏，数十年所贻赠而后得此，亦云富有。院前植书带草，铁树红蕉俱文品。喜示两儿诗曰：

> 琅嬛古福地，梦到惟张华。藏书千万卷，便是神仙家。
> 牙籤而金轴，邺架辉云霞。守户以二犬，石洞相周遮。
> 今我欲效之，毋乃愿太奢。小园营半亩，古帙积五车。
> 坐拥欣自娱，种竹还栽花。遗金戒满籝，习俗祛浮华。
> 区区抱经心，慎守休矜夸。[31]

从半亩园最高处眺望，“宫阙参差，若隐若现”，荣宠之余，亦多戒惧，麟庆之诗即体现此种心境。当年，半亩园：

纯以结构曲折，铺陈古雅见长，富丽而有书卷气，故不易得。每处专陈一物，如永保尊彝之室专弃鼎彝；琅环妙境专藏书；退思斋专收古琴；拜石轩专陈怪石，供大理石屏，有极精者。端砚、印章累累，甚至楹联亦磨石为之。佛寮所供亦唐铜魏石。正室为云荫堂，中设流云槎，为康对山物，乃木根天然，卧榻宽长皆及丈，俨然一朵紫云垂地。左方有赵寒山草篆'流云'二字，思翁、眉公皆有题字。此物本在康山，阮文达以赠见亭先生者，信鸿宝也。云荫堂南，大池盈亩，池中水亭，双桥通之，是名流波华馆。又有近光楼、曝画廊、先月榭、知止轩、水木清华之馆、伽蓝瓶室诸名。

麟庆故去已近六十年，而“完颜氏门庭日盛，此园亦堂构日新。满洲旧族，簪笏相承，无如完颜氏之盛且远者。”(32)富丽而有书卷气，是对半亩园风格的最好形容：富丽，体现了京官宅园的主要风尚；书卷气，表明完颜氏族已完全融入传统文化中；园中匾联则体现了京师园林重游乐功能而又不忘忠君尽职的京官文化特点，与传统文人园林标榜清高风雅和高逸遁世有所不同。

可园，在鼓楼南帽儿胡同，是大学士文煜的宅第花园。文煜（？—1884）费莫氏，字星岩，满洲正蓝旗人，由官学生授太常寺库使，累迁刑部郎中、直隶霸昌道、四川按察使、江宁布政使、直隶布政使、直隶总督、正蓝旗汉军都统、福州将军兼署闽浙总督、内大臣、镶白旗汉军都统、左都御史、刑部尚书、协办大学士、总管内务府大臣，拜武英殿大学士，卒赠太子少保，谥文达。其宅邸正房明间有“风雨最难佳客至，湖山端赖主人贤”联，颇显主人品格。房东边与游廊相连，游廊依山势由高渐低直抵后园。园很小，内有太湖石、假山、亭、阁、池、榭、桥、洞、竹林、槐荫、花香，极为幽静，可供闲情小钓、游玩休憩，所以取了一个充溢着文人雅意与江南气息的名字——“可园”。

清末，北京内城私家宅园中有“台榭富丽，尚有水石之趣”之评者，当属东城区金鱼胡同路北的那桐府花园，其宅园亦称那家花园，正式名称为“怡园”。那桐，字琴轩，姓叶赫那拉，内务府满洲镶黄旗人，历任户部主事、鸿胪寺卿、内阁学士、总理各国事务衙门大臣、理藩院侍郎、户部尚书、外务部尚书兼步军统领、军机处大臣兼署直隶总督、拜体仁阁大学士、皇族内阁协理大臣、直隶总督等要职，宦运通达、职高位显，人称那中堂、那相国。光绪十二年，那桐迁居此地，先后三次扩建，至二十八年工成，宣统年间又逐渐扩充而成横向并联七跨大院落，鼎盛时房屋有三百多间，几乎占了半条胡同。怡园在东两路大院，约建于光绪三十四年那桐任大学士之后。主体建筑分为东西两部分，西部是与住宅部分的过渡，东部大院为花园主体。院中有一座五间大厅，名乐真堂，堂中设有室内戏台，是那家举办各种庆典、堂会之所。花园中心采用挖池、堆山、叠石、植树等手法以获得山林情趣，并运用曲廊、叠落廊变化建筑物高程等方法来组织空间使宅园观赏点不断转换产生丰富多彩的景象，形成碧纱橱、味兰斋、澄清榭、水涯香界双松精舍、圆妙亭、吟秋馆、翠籁亭、筛月轩等景观建筑，院中遍植竹林、垂柳、松树、紫藤、梨、海棠、丁香、荷花、牡丹、芍药等，景致疏朗，并打破了北京私家园林最常见的一正两厢格局和中轴对称观念，布局非常灵活；建筑造型丰富，装饰华丽；其叠山和理水方法富有情趣，具有一定的代表性。(33)

清代，北京西北郊海淀一带也建有不少满族官僚贵族宅园。如自怡园，是康熙朝武英殿大学士明珠的别业，又称明珠相国园，建于康熙二十六年，在畅春园西二里处，其建园地址、年代、功能及与畅春园关系至为紧要。(34)畅春园约建成于康熙二十六年以前，是康熙帝在明武清侯李伟清华园废址上兴建的一座御园，作为避喧听政、怡神养性之所。康熙帝一年中多居园中，为朝臣议事之便，便将御苑周围土地分赐诸位王公大臣，各营别业。自怡园紧邻御园，明珠次子揆叙长住于此，其《益戒堂自订诗集》卷三《园居杂兴四首》有：

若为邻近苑，便已似深山。

卷四《新秋园居岁怀六首》之一有：

休沐时多暇，朝参路不遥。

卷五《春日园居二首》之一有：

却望宸居瞻日近，遥听天乐入云长。

卷六《早春园居书事八首》之一有：

灯火千门盛，郊园近紫宸。

《夏日园居杂兴八首》之一有：

上苑葱茏御气通，趋朝路接野桥东。

曾做过揆叙馆题的汤右曾多次游宿自怡园，在《四月十二日宿恺功都宪别墅月中放棹遍游诸胜》有：

忽牵野兴到江湖，沿月扁舟入画图。
几曲波光连太液，千枝灯影散蓬壶。

自怡园内河湖水源来自流往太液池的玉泉水中“分得”，查慎行《敬业堂诗集》卷八《相国明公新筑别业于海淀傍既度地矣邀余同游诗以纪之》有“曲水御沟通”句，御沟即御河、玉河，即“自裂帛湖东南流入丹棱沜”之溪流，查慎行弟查嗣瑮《查浦诗钞》卷九《自怡园看荷二首》之一有“分得玉泉千斛水，赐来太液一奁花”句，揆叙《次韵和他山先生题园居诗八首》其二为“波分太液泻如洪，锦石嵯峨上碧空”，太液池水即玉泉水，属皇室专用水源，足见明珠宅园地位之高。(35)

这样近于帝王宸居、上林御苑的位置，为明珠、揆叙等与朝中汉族士大夫的交游提供了便利。如查慎行（1650—1727），初名查嗣琏，字夏重，后更名慎行，字诲余，号他山，又号查田，晚年署号初白庵主人，浙江海宁人，其人“少受学黄宗羲。于经邃于易。性喜作诗，游览所至，辄有吟咏，名闻禁中”。(36)从康熙二十五年冬到二十七年春，受聘为揆叙馆师，居自怡园。后入翰林院，“七年供奉入乾清，三载编纂在武英”，入直畅春园退直后即回自怡园，写有《大雨下直至自怡园》诸诗，如康熙三十二年冬《大风出西直门至自怡园恺功方拥炉读史》诗有“十里欲迷城北路，一鞭重渡苑西桥”，描述了扬鞭驱马，冒着风沙、飞雪和严寒，出西直门直奔海淀，跨过畅春园西侧喽岣河上小桥，进入自怡园园门后，见恺功（即揆叙）在暖室中拥炉读史之情景。康熙五十二年，63 岁的查慎行因病乞归获准，南归前又至自怡园，应明珠之命写了《自怡园记》，又应弟子揆叙之请为园中 21 景题署了新名，即筼筜坞、双竹廊、桐华书屋、苍雪斋、巢山亭、荷塘、北湖、隙光亭、因旷州、邀月榭、芦港、柳沜、芡汊、含漪堂、钓鱼台、双遂堂、南桥、红药栏、静镜居、朱藤迳、野航，并逐一题写五言绝句，成《自怡园二十一咏》（收在《敬书堂诗集》），如《芡汊》曰：

芡是吾乡实，充盘忆水羞。羡君池汉上，两处种鸡头。

《巢山亭》云：

小亭压山巅，远势欲飞起。上栖千片云，下映一湖水。

自怡园为清初盛世时期满汉士大夫交流雅集、彼此熔融提供了一个良好空间，从查慎行《自怡园记》可以窥见，[37]从揆叙自怡园送别查慎行时所作“从今裂帛湖（康熙年间诗人称西湖、昆明湖为裂帛湖）边月，长照离人白发生”诗亦可感受。雍正二年追发揆叙（揆叙卒于康熙五十六年）罪状，自怡园被籍没。乾隆年间，其址并入长春园东部。园随人没，其盛衰皆因政治，此亦清代京师权贵宅园的写照。

清代京师内城或西郊风景区满族达官显贵宅第园林众多，以清初至康乾盛世为鼎盛。嘉道以后，随着近代社会所遭遇的内忧外患的增强，满族达官显贵宅第园林亦大不如昔。这里还要提及的是，清末慈禧太后当政，政局诡谲多变，内廷太监颇受慈禧太后所倚重，李莲英即其一。李莲英（1847—1911），直隶河间府大城县李家庄人，历经咸丰、同治、光绪、宣统四朝，由小太监迁升为大总管，成为慈禧太后的心腹。他先后在海淀镇建有三处宅园，一在原海淀镇军机处胡同最北，为三进院落的四合院布局。一在海淀西大街的碓房居，北部为生活区，南部为花园与菜园。一在碓房居东南的彩和坊24号院，又称东院，大门坐东朝西，分东西二路，西路为住宅，东路为花园，院内有假山、翠竹、亭榭等。内廷宠监李莲英在海淀的多处宅园，折射出晚清慈禧太后当政的历史背景与政治格局。

第三节　汉族文人士大夫私家庭园

清代京师汉族文人士大夫的私家庭园多集中在外城，主要是宣南一带。顺治五年实行“满汉分城居住”，汉官、商、民悉迁外城居住。这种分民族居住政策与科举制度结合，使今宣武门、崇文门外一带成为汉族朝官、京官、学者、士人、举子、商贾集聚、生活和交往的中心，[38]对北京私家园林产生重要影响。

清代京师外城一带居住着众多文化精英群体，有明末大儒如孙承泽、龚鼎孳、钱谦益、吴梅村、冯溥等；有博学鸿词如彭孙遹、毛奇龄、陈维崧、朱彝尊、严绳孙、姜宸英、米汉雯、乔莱、施闰章、汤斌、田雯等50人，俱授翰林侍读、侍讲、编修、检讨等职，入明史馆，形成一场博学鸿儒的京师风会，形成一个鸿儒诗人群体，或燕游雅集，酬酢赠答，或陪侍经筵，奉和应制；有名扬一时的理学大臣如李光地、熊赐履、朱轼、张英、张廷玉、蒋廷锡、嵇璜、陈廷敬、王熙、汤斌、徐元梦等；[39]有仕宦显达的乾嘉汉学领袖如纪昀、钱大昕、朱筠、王昶、毕沅、赵翼、程晋芳、戴震、阮元等；有帝师，如朱珪、杜受田、李鸿藻、翁同龢；有状元宰相，如傅以渐、于敏中、梁国治、王杰、戴衢亨等。[40]这些风流人豪的宅园是清代京师一道美丽的人文风景。《骨董琐记》作者邓之诚记载了65位名士在南城的住址，除3人住正阳门外杨梅竹街及珠市口等一带外，62人都先后集中在宣南的狭长地区。有些胡同，名士们毗邻而居。如清初王士桢住保安寺街，和邵长蘅门户相对，而陆冰修又与邵为一墙之隔。[41]

这些汉族名士显宦，身在朝堂，品秩高，地位高，权力大，能接触皇帝，行为端谨，重名声，廪俸优厚，生活优裕，远非致仕官宦或山野隐士可比，亦远非地方官员可比，因此“使得北京私家园林必然带有某种京官气质”。[42]其府宅亦往往如满族王公贵族与达官显宦一样，高屋华宇，讲求礼制，结构深邃，体现出主人的志向、见识、气量、审美观及品格；其名园别业中虽有花园以为日常游豫之地，但布局上常表现出端庄严谨、疏阔明朗的风格，显示出一定的庙堂气象；有些庭园恭悬御赐匾额如王氏怡园“席宠堂”赐额及梁诗正宅园“清勤堂”赐匾以彰显所受殊宠及品行风范，自身亦以题名或楹联着意强调忠君尽职勤政清廉的理念，彰显着明显的道德倾向。

如怡园，在横街南半截胡同，原为明权相严嵩别墅“七间楼”。康熙二十五年，礼部尚书王崇简和大学士王熙父子在此建宅邸，取名怡园。王崇简，宛平人，崇祯十六年进士。入清后，经顺天府学政曹溶举荐，补选庶吉士，入翰林院授检讨，累迁侍讲、侍读、国子监祭酒、詹事府少詹事、国史院学士、吏部左侍郎、礼部尚书，加太子太保。其长子王熙，字子撰，号慕斋，顺治四年进士，精通满汉双文，官至保和殿大学士兼礼部尚书，加太子太傅。父子二人并为清廷所倚重，其怡园“地跨（外城）西、北二城”，东起米市胡同，西至南横街南半截胡同，占去南半截胡同、北半截胡同、南横街大半，极宏敞富丽。该园出自造园家张然之手，[43]池塘、亭榭、假山、曲桥，水石之妙，宛若天然。园中有圣祖御赐席宠堂、耆老硕德、曲江风度匾额，彰显着主人身份之贵重；王熙常与顾炎武、吴伟业、龚鼎孳、孙承泽、毛奇龄、米汉雯、王铎等宾朋觞咏，诸名家诗充栋，如毛奇龄《怡园诗》

咏怡园胜景曰：

山庄清沐驻骖騑，曲径通接出巷南。
才到射堂门启处，门纱映出一山蓝。
青溪百折洑流低，不见桃花路已迷。
欲向岩前寻旧迹，渔舟尚往洞门西。
赤阑斜度暗杉关，树底吹笙鹤自还。
行过摘星岩畔坐，红亭高出碧云间。
小雨初过景倍清，山堂设馔午烟晴。
绿腰唱罢弹俱歇，满耳惟闻流水声。
草花续树晚犹生，石栈连云断复行。
怪道午桥风景别，一花一石手经营。
平门近市亘修廊，西北高楼傍粉墙。
桂槛下临光德里，柳丝低拂永丰坊。[44]

又如万柳塘，在广渠门内迤南，夕照寺旁，为康熙年间文华殿大学士、益都相国冯溥别业。冯溥"仿廉孟子万柳堂遗制，既建育婴会于夕照寺旁，买隙地种柳万株，亦名万柳堂"。[45]康熙十七年开博学鸿词科，毛奇龄"征车赴京时，益都相公大开阁，请召诸门下士，共集于城东之万柳堂，即席为赋，时作者三十人"。

冯溥以毛奇龄《万柳塘赋》为篇压卷。毛氏《万柳堂赋》有序曰：

（万柳堂）其地在京师崇文门外，原隰数顷，污莱深广，中有积水，渟潆流潦，既鲜园廛，而又不宜于粱稻，于是用饔钱买为坻场，垣之堅之，又偃而潴之，而封其所出之土以为山，岩陁坱曲，被以杂卉，构堂五楹，文瑎碧砌，芄兰薜茝，蔹蔓于地，其外则长林弥望，皆种杨柳，重行叠列，不止万树，因名之曰万柳堂。岁时假沐于其中，自王公卿士下逮编户、马医、佣隶，并得游燕居处，不禁不拒，一若义堂之公人者。

毛奇龄诗记万柳堂修禊情形曰：

曲江修禊已三年，胜饮无如柳下偏。

地旷尽教油幔接，溪回不碍羽觞传。
沿堤草向春深发，夹路花从雨后妍。
陪得蓬山旧仙侣，到来满座尽云烟。

陈维崧有《万柳堂修禊唱和诗序》曰：“三月三日，水面丽人；一觞一咏，林边名士。”陈廷敬有《重阳宴集诗》记万柳堂诗酒盛会。朱彝尊作《万柳堂记》说，冯溥：

度隙地三十亩，为园京城东南隅。聚土以为山，不必帖以石也。捎沟以为池，不必甃以砖也。短垣以缭之，骑者可望，即其中境转而益深。园无杂树，迤逦上下皆柳，故其堂曰万柳之堂。今文华殿大学士益都冯公取元野云廉公燕游旧地以名之也。古大臣秉国政，往往治园囿于都下，盖身任天下之重，则虑无不周，虑周则劳，劳则宜有以逸之，缓其心，葆其力，以应事机之无穷，非仅资游览燕嬉之适而已。方元之初，廉公定陇蜀还，进拜中书平章政事，赐宅一区，暇同卢、赵诸君子出郊置酒。所谓万柳堂者，故老相传，在今丰台左右。当其引酣赋诗，命歌者进骤雨新荷之曲，风流儒雅，百世之下，犹想见之。今公弼谐盛际，谋谟内赞，坐致太平，其勋业与廉公等。然廉公宣抚陇蜀荆南，威望着于方隅，而公泽洽天下；廉公在廷日少，公自翰苑登政府，立朝且三十年；廉公畏讥忧谗，而公一德孚于上下，所遇之隆有过于昔贤者。要之，勤学好士，孜孜恒若不及，则异代同揆，宜其旷世有契于心也。彝尊客山东时，道经临朐，观乎熏冶之源，清泉、白沙、沦涟，侧坎之下，丛竹百万。询之，则公之别业。循阶以登，径之翳者当辟，石之载土者当剔，亭之圮者当葺。公辍（临朐冶源的别业）而不治，顾专力于是，则以冶源公所独乐，而京师与天下人同其乐也。入其门，门者勿禁；升其堂，堂焉者勿问，庶几物我俱忘者与？堂成后，适四方人士应召至京师。公倾心下交，贫者为致馆，病者馈以药，丧者赙以金。一时抒情述德，咸歌诗颂公难老，又虑公舍斯堂而请归里也，争赋咏公前，期公乐之而不去。

朱彝尊这段话颇能反映清初北京汉族士大夫园林特有的社会文化内涵，即心系天下与旷澹之怀。

康熙四十一年，万柳堂归仓场侍郎石文桂（康熙十五年进士）：

> 有御书楼，恭悬圣祖御笔额曰“简廉堂”。联曰：“隔岸数间斗室，临河一叶扁舟。”又有御书石刻数方嵌于壁间。石氏建大悲阁、大殿、关帝殿、弥勒殿，舍僧住持，圣祖御书“拈花禅寺”额赐僧德元，今恭悬大悲阁上。(46)

万柳堂变成拈花寺，仍是文人墨客雅集之地。乾隆十七年，诗人李锴招诗人修禊寺中，(47)宁邸秋明主人（即和硕怡亲王胤祥四子多罗宁郡王弘晈，好养菊，所著《菊谱》为李楷所校）听闻，“携酒肴歌吹来会，凡二十有二人，咸有赋咏。燕郊春事，朱邸谦光，诗虎酒龙，分张旗鼓，洵升平之嘉话，骚雅之清游也。余入都，曾一叩寺门，孱僧扪虱，古佛卧阶，万树垂杨，无复一丝青翠。回车不觉唏叹曰：‘康、乾二朝士大夫，真神仙中人。’”(48)

雍正年间，刘大槐曾三次入京游万柳塘，所见当初景致不再，感叹人世间富贵的荣耀，与万柳堂园一样，总是随着时间有升有降，记曰：

> 临朐相国冯公，其在廷时无可訾亦无可称，而有园在都城之东南隅。其广三十亩，无杂树，随地势之高下，尽植以柳，而榜其堂曰‘万柳之堂’。短墙之外，骑行者可望而见。其中径曲而深，因其洼以为池，而累其土以成山，池旁皆蒹葭，云水萧疏可爱。雍正之初，予始至京师，则好游者咸为予言此地之胜。一至，犹稍有亭榭。再至，则向之飞梁架于水上者，今攲卧于水中矣。三至，则凡其所植柳，斩焉无一株之存。人世富贵之光荣，其与时升降，盖略与此园等。(49)

这种感叹也从另一侧面反映出社会变迁对私家园林的影响。

京师南城更多的汉族文人雅士庭园，与住宅相联，面积不大，构园往往追求素雅精巧，平中求趣，拙间取华，灵活飘逸，要能居、能游、能观、能思，追求一种“胸藏丘壑，城市不异山林，兴寄烟霞，阎浮有如蓬岛”的意境。这些文人雅士们在其住地，布设山石、花木、亭阁、廊榭、流水，题联赋诗，藏书蓑画，并大都取一个风雅的斋号。据《古董琐记全编》、《藤阴杂记》等资料，宣武门左有龚鼎孳（号芝麓）尚书的香严斋，“海内文人延致门下，岁暮，各赠炭资”。宣武门右有陈邦彦的春晖堂，“屋有藤花。文简公丙午自粤还朝，见花盛放，赋诗。今屋归全浙会馆，藤花尚盛”。[50]

海波寺街有金之俊、龚鼎孳的“古藤书屋”。金之骏降清，历任兵部侍郎、太子少保、太子太保、太子太师、太子太傅，卒谥文通，其京宅宣武门外海波寺街。康熙初年，御史何元英寓此，改名“丹台书屋”，后朱彝尊接住。朱彝尊，字锡鬯，号竹垞，浙江秀水人，康熙初年来京，十八年博学鸿词，以翰林院编修《明史》。二十三年，因携带小吏进宫抄书被人弹劾降级，自禁垣移居海波寺街。其间，遍访遗老，搜集轶事，埋首书丛，从一千六百余种古籍中选辑有关北京的史料，定名《日下旧闻》。余暇，则与王士祯、梁佩兰、汤右曾等在紫藤花下醉歌。诗人蒋景祁有《集竹垞太史古藤书屋分赋·惜黄花》词曰：“露明秋树，烟寒蔬圃。御堤边，正萧萧柳梢堪数。散发玉堂仙，遁迹金门侣。招好友，四围芳俎。帘衣风舞，蛩声夜语。落苹花，又疏疏六街凉雨。此别会何时，美景谁留取？最恼煞、丽谯催去。”同赋者黄庭、姜遴、陈枋、蒋运昌。朱彝尊后移居槐市斜街（上斜街），古藤书屋由章翔接住，赵吉士《饮于中翰章云汉翔古藤书屋》诗曰：

一曲新翻出酒楼，春来六日趁人留。
豸台共指红灯拥，蚕陌群酣白粥流。
坐啸三休丛桂老，居停五易古藤留。
自嗤旧物坚牢甚，欢宴吟传四十秋。[51]

芥子园，在韩家潭中段路北，为清初著名文学家、戏曲理论家、造园家李渔李笠翁居京时所建。[52]李渔，字笠翁，浙江钱塘人。入京后成为贾汉复幕僚，并建芥子园和半亩园。“芥子园”命名“取内典小如芥子”意，共有房屋 34 间，游廊 15 间，结构精巧，树石交错，曲径深幽，清雅别致。乾隆初，芥子园易主杭世骏（号堇浦），乾隆十年售予番禺人卫廷璞（号筠园），不久即改为广州会馆，馆内有楹联曰：“近依辇毂光仪，雅集定多蓬莱客。话到乡园奉为，选词应谱荔枝香。”咸丰年间，吏部郎中番禺人沈锡晋（号笔香）曾寓居会馆，其时韩家潭一带为青楼集中地，而沈依然保持高洁之心。清末民初，吏部主事南海人梁志文（号伯尹）曾寓居会馆并加修葺。

宣武门斜街之南有乔莱“一峰草堂”[53]及顾嗣立“小秀野堂”。顾嗣立，字侠君，号闾丘，江苏长洲人，博学有才名，喜藏书，尤工诗，耽吟咏，性豪于饮，有“酒帝”之称。家有“秀野草堂”，取苏东坡

“花竹秀而野”得名，五架三间，傍花映竹。康熙三十五年二月，顾嗣立入都，寓宣武门壕上（上斜街），“背郭环流，杂莳花药”，查嗣瑮（查浦）颜之曰“小秀野”。又请鸿胪寺卿禹之鼎画《小秀野图》，并《自题小秀野四绝并序》。顾嗣立又“漫赋四绝”，结果“诗传辇下，一时属而和者百余人”。顾嗣立将和诗编为《小秀野唱和诗》，[54]王原祁为之作《秀野草堂图》。顾氏在京广为结纳，“作逢十之集”，与名士“往来邸舍”，“文酒留连无虚日”，小秀野之名“亦遂传于都下”。[55]

魏染胡同，查慎行曾迁居于此，因“西邻枣树垂实”而名为“枣东书屋”，与张大受、缪湘芷于此饯饮。又有“饲鹤轩”，相传为吴伟业故宅，后祝德麟、曹锡宝、汤右曾皆曾寓此。魏染胡同迤南有大宅，是乾隆元年状元金德瑛（号桧门）宅第，宅内有“一经斋”。[56]

正阳门、宣武门二门间有陆锡熊“绿雨楼”。陆锡熊（1734—1792），字健男，号耳山，江苏上海人，明陆深之后，乾隆二十六年进士。以文学受知高宗，献赋行在，赐内阁中书，累迁刑部郎中，授翰林院侍读、左副都御史，初奉命编《通鉴辑览》，继与纪昀同司《四库全书》总纂官，又编《契丹国志》等，后往盛京详校文溯阁书籍，卒于任。绿雨楼东曰素轩，北曰澹室，中为书窟，藏有嘉靖所赐宫扇，曾邀程晋芳、阮葵生、曹仁虎、吴省钦诸人联句。[57]

虎坊桥路东，珠市口西大街贾家胡同以西延旺庙（阎王庙谐音）街有岳飞21世孙岳钟琪（字东美，号容斋，历仕康雍乾三朝，征战建功，乾隆赐号“威信”）宅第，后为纪晓岚“阅微草堂”。纪昀（1724—1805），字晓岚，一字春帆，晚号石云，道号观弈道人，河北献县人，乾隆十九年进士，历任编修、山西学政、侍读学士、日讲起居注官、詹事府詹事、内阁学士兼礼部侍郎、兵部侍郎、都察院左都御史、礼部尚书、兵部尚书、协办大学士，加太子太保，卒谥文达。乾隆三十八年开四库全书馆，主持撰成《四库全书总目》200卷，“北方之士，罕以博雅见称于世者，惟晓岚宗伯无书不读，博览一时。所著《四库全书总目》，总汇三千年间典籍，持论简而明，修词澹而雅，人争服之”。[58]

李铁拐斜街（铁树斜街）有朱筠的“椒花吟舫”。朱筠（1729—1781），字竹君，号笥河，大兴人。幼与弟朱珪受教于大学士朱轼。乾隆十九年进士，历任翰林院编修、福建、安徽学政。乾隆三十八年开四库全书馆，奏请诏求史书遗籍。朱筠“提倡风雅，振拔单寒，虽后生小子一善行及诗文可喜者，为人称道不绝口，饥者食之，寒者衣之，有广厦千间之概，是以天下才人学士从之者如归市”。[59]又广招天下名士入幕，四方学者如陆锡熊、程晋芳、任大椿、戴震、邵晋涵、章学诚、洪亮吉、黄景仁、武亿等，皆其所取士。自安徽学政罢归后，“燕闲无事，且日坐椒花吟舫，朋友门生，及四方问字之士踵接于门，阍者不能尽通，听其自入，宾位不足，常有循栏坐者，先生笑语酬酢，竟日无倦容”。“先生暮年宾客转盛，入其门者皆交密，然亦劳矣”。[60]

乾隆三十六年，朱筠任安徽学政，椒花吟舫由程晋芳借住。程晋芳（1718—1784），字鱼门，号蕺园，安徽歙县人，世代治盐于淮，家境殷富，喜欢儒学，酷好收藏，有“桂宧室”藏书，曾“罄其赀购书五万卷，招致多闻博学之士，与共讨论。海内之略识字、能握笔者，俱走下风，如龙鱼之趋大壑”。[61]又“胜喜泛施，有求必应。己囊已竭，乞诸其邻，久之，道负山积”，家道中落；弃商从文，又屡试不售。乾隆二十七年三月，乾隆南巡，程晋芳献赋，作《江汉朝宗赋》四章，拔置第一，赐举人，授内阁中书。三十六年中进士，改授吏部主事，迁员外郎，与礼部尚书程景伊、侍郎袁守侗三人皆白须，人称“吏部三髯先生”。三十八年四库馆开，为总目协勘官，协助纪昀勘定《四库全书总目》，所献书被著录者达十多种，收入存目者一百数十种。书成，改翰林院编修，以部曹改翰林，传为佳话。[62]四十四年，与洪亮吉、黄景仁、蒋士铨、翁方纲在宣南共结“都门诗社”，宴集酬和。在京师初寓一经斋，又居韩家潭，后移居米市胡同。因不善生计，所藏散失，入住椒花吟舫时，只剩东井砚、圣教序、元人画达摩像三件古物，遂起室名为“三长物斋”，并作《三长物斋记》。四十八年，因贫病交迫，入陕西毕沅幕下。次年，客死关中，京师士人感慨“自竹君先生死，士无谈处；鱼门先生死，士无走处。”[63]

梁家园有李调元的“看云楼”。梁家园在十间房南，明时都人梁氏建，亭榭花木，极一时之盛。其地洼下，园内水域面积很大，王士祯昔日曾与宋琬诸君于此泛舟，有《过梁家园忆昔游》诗：“此地足烟水，当年几溯游。”[64]湖边绿柳成荫，湖面荷花荡漾，王鸿绪有“半顷湖光摇画艇，一帘香气扑新荷”及“林间绿酒常浮月，座上清歌迥遏云”句（《宋荔裳招饮梁家园》）。梁园引凉水河从城南经潘家河沿入园，园中“积水到门，颜其堂曰半山房，后有疑野亭、朝爽楼，前对西山，后绕清波，极亭台花木之胜。池之南北，旗亭歌榭不断，游人泛舟，竟尽忘返，赋诗者甚多”。[65]

烂漫胡同名士庭园亦多。有汤右曾旧居接叶亭，汤氏曾咏斋中草木至五十二首，足见景致之佳。雍正时张鹏翮曾居之，赋《小集牛字韵》八首。乾隆元年，鸿博征士来京，杭世骏、周长发（号兰坡）、申匆珊常集于此。乾隆二年，侍郎沈廷芳寓居，与吴应蘖招同人宴集。后为查礼、祝德麟、吴裕德寓居。接叶亭对门有大宅，是王顼龄的旧第“锡寿堂”。[66]胡同内还有嵇璜、陈用光、史贻直的宅邸。[67]

杨梅竹斜街有梁诗正的赐第“清勤堂”，有御赐匾额。梁诗正（1697—1763），字养仲，号芗林，浙江钱塘人，雍正八年进士。历任翰林院编修、侍讲学士、南书房行走、侍读学士、户部侍郎、户部、兵部、刑部、吏部、工部尚书、翰林院掌院学士、协办大学士，东阁大学士，加太子少师、太子太傅，卒谥文庄。兼领内阁、吏部、翰林院、上书房、南书房数年，为京僚极清要之地，立朝谨密，清廉自守，署所居为“味初斋”，以示不忘初衷。[68]据《藤阴杂记》卷五记载，清勤堂前藤花，汪由敦、严遂成有诗。又据吴庆坻《蕉廊脞录》“藤花”条，清勤堂后改旅店，名蕴和店，“中有藤花厅，藤花尚茂，车过时尚能见之”。[69]

外郎营有王际华“宝言堂”、“梦舫室”。王际华（1717—1776），字秋瑞，号白斋，浙江钱塘人，乾隆十年探花，历官翰林院编修、侍读学士、上书房行走、詹事、日讲起居注官、内阁学士、工、刑、兵、户、吏诸侍郎、礼部、户部尚书、武英殿总裁官，加太子少傅，卒赠太子太保，谥文庄。在京初居韩家潭，后寓外郎营的徐本（字立人，浙江钱塘人，尚书徐潮子，康熙五十七年进士，改庶吉士，授编修）宅，以父文山先生所著《宝言堂家戒》而名正堂曰“宝言堂”，又因梦忆西溪而名书室曰“梦舫”。其宅有戏台，每年七月二十五生辰张乐设宴，邀同年及门生看戏，其戏台楹联可见昔年盛景：

十七夕彩满蟾宫，赓隔夜霓裳旧曲；廿五载班联鹓序，萃当年蓉镜群仙。（己丑岁）

寿宇覃禧，借缑山鹤舞余筹，更谱瑶笙谐风吹；晚香励节，集蓬岛鹓班旧侣，重翻霓羽侑鸾觞。（庚寅岁）

乾隆二十八年赐第西城护国寺原张廷玉府第，转售为全浙公产。[70]

绳匠胡同北有雍正大学士陈元龙宅，有圣祖御书“爱日堂”额，西有园亭，通北半截胡同。南横东街路南有毛奇龄的“四屏园”，[71]毛氏在虎坊桥另有“众春园”，曾会鸿博同年于此，各赋一诗。[72]保安寺前有王士祯、陈维崧宅第，陈维崧常与吴伟业、龚鼎孳、姜宸英、王士祯等交往，尤与朱彝尊近密，曾合刊《朱陈村词》。横街有程景伊的

“绿云书屋”。[73]铁门胡同有施闰章的“寄云楼”，永光寺西街有田雯的“方壶斋”、徐倬的“野航”。田雯在粉房琉璃街另有“古欢堂”，其《古欢堂诗话》云：“先至其处，督奴子搬家具。闷坐久，作诗题壁，有‘墙角残立山姜花’之句。俄而渔洋至，见而和之。遍传都下，和者百人。”[74]

总体而言，清初至乾隆年间，是北京汉族官僚士大夫私家庭园发展最为鼎盛时期。一些名宦名士的名园如李渔芥子园、冯溥万柳堂、朱彝尊古藤书屋、王熙怡园、赵吉士寄园等，集一时之盛，既体现了皇权中心的京官文化的特性，同时，也不乏江南园林追求自然野趣的特点，宅园取名具有浓厚的古雅气息和尚俭之风，如半亩园、寸园，极言园林之小巧，而古藤书屋、阅微草堂则着意于澹泊，其寓意即如名臣张廷玉所言：“小筑园亭以为游观偃息之所，亦古贤达之所不废，但须先有限制，勿存侈心。”[75]而更多的中下层京官与文人雅士的小园：

> 艺花以邀蝶，垒石以邀云，栽松以邀风，植柳以邀蝉，贮水以邀萍，筑台以邀月，藏书以邀友。[76]

极尽可能地创造出多方胜景与咫尺山林，将江南园林古朴、自然、含蓄、淡泊、高远、雅致的文人特质展现于辇毂之下，并形成为京师南城的士大夫文化传统，延续了二百余年。

第四节　会馆园林

北京历史上是一个典型的移民城市，历次朝代更迭都会带来大量移民，使城市规模迅速扩大。明永乐十三年，将科举考试会试、殿试移往北京，当年各省举子来京会试人数达五六千人。[77]进京后举目无亲，食宿难以解决，于是，各地已中进士而在京入仕的官宦联合巨商、士绅力量，购地建房以解决同乡来京应试举子的难题，士人会馆应运而生，嘉庆二年《新置盂县氆氇行六字号公局碑》载：“京师为四方士民辐辏之地，凡公车北上与谒选者，类皆建会馆以资憩息。”同时，京师作为帝王都会所在，“富祚隆庇于京师，万商云集于帝阙”，王公贵戚、达官显胄侈靡之习颇深，渐染成俗。为满足其消费需求，四方财货与山海珍藏，毕聚于辇毂之下，使得燕都百货充溢，宝藏丰盈，服御鲜华，器用精巧，宫室壮丽，一派繁盛。因都人“一切工商胥吏肥润职业，悉付外省客民”，[78]形成京师四方之人鳞集，“仕者、商者、贾者、艺者熙熙攘攘望国门而至止，如江河之朝宗焉”局面（《高安会馆记》）。来自各地的工商业者，为帝王宫廷、王公贵族、达官显宦、文人士子、平民百姓提供各色服务，谋利于京城，成为京师移民群体的重要部分。[79]为把每个商人的牟利行为组合成同行业或同乡的牟利行为，排除本行业内部竞争，抵制牙行欺压和权贵盘剥，同时为从事转运贸易的商人提供驻足、存货、聚会、议事场所及服务，工商会馆、行业会馆应运而生。

这种情况在清代京师得到了延续。京师作为王都所在，作为全国政治、文化、经济中心，聚集了宫廷、皇族、勋戚、官员、士人、工匠、艺人、庶民，依然是五方所聚，商贾云集，华洋荟萃，百货充溢，繁华鼎盛。为巩固政权，清廷将大量旗人及其所属户口迁居京师及近畿，顺治五年，又实行“旗民分城居住”，“凡汉官及商民人等，尽徙南城居住”，汉官汉民纷纷迁至外城并建宅园。而经济中心亦由钟鼓楼、积水潭转移到正阳门为中心的前三门一带，“正阳门外珠市口左右计二、三里，皆殷商巨贾，列肆开廛，凡金绮珠玉以及食物，如山积。酒榭歌楼，欢呼酣饮，恒日暮不休，京师之最繁华处也”。[80]至康熙、雍正、乾隆时期，外城前门、崇文、宣武一带成为文人试子、达官显宦、富商巨贾、艺人、手工业者荟萃之区，人口也从清初的14万多增长到清末的31万多，[81]形成了“乔寓京都”的各省人士的特殊区域空间，字号商铺云集，炉房银号林立，戏园剧院栉比，餐饮旅店鳞次，而星罗棋布其间的会馆建筑，则是一道最为亮丽的风景线。据载，“数十年来，各省争建会馆，甚至大县亦建以馆，以至外城房屋地基，价值腾贵”。[82]“京师为天下首善地，货行会馆之多，不啻什倍于天下各外省。且正阳、崇文、宣武门外，货行会馆之多，又不啻什百倍于京师各门外”。[83]其数量“或省设一所，或府设一所，或县设一所，大都视各地京官之多寡贫富而建设之，大小凡四百余所”。[84]至清末，北京仍有会馆392处，[85]近密地分布于密集的街巷胡同里，形成珠市口大街、樱桃斜街、铁树斜街、延寿寺街、杨梅竹斜街、大外廊营等会馆街。

这些会馆建筑，承载着“乔寓京都”的谋仕、谋利、谋生群体的梦想与人生，供异地乡人在京食宿、娱乐、祭祀、养葬等，多设有戏楼、神殿、正厅、客厅、祠堂、魁星楼、花园等，呈现小而全、整而备的独特风貌。其中华丽者，多由达官显宦、文人名士舍宅第、名园为馆，或富商巨贾捐资购买民房官宅而建，建筑风格上呈现园林化的特色。

会馆中很多楹联、馆诗，或出自官绅，或出自文人雅士、名人墨客，风格不同，意趣各异，皆与会馆的活动、人事、事物密切相连。以北京延邵会馆为例，是福建延平、邵武二郡纸商在京集资建成的商业会馆，建于乾隆四年，崇祀妈祖。馆内正殿为颇具规模的天后殿，“殿炳日星，廊绚虹蜺，后宇前台，左馆外舍，环以琼垣，金碧交错，瞬哉焕矣”。[86]而殿内悬“海邦仰圣”匾，则为福建漳浦人蔡新所题。蔡新，字次明，号葛山，福建漳浦人，乾隆元年进士，选庶吉士，授翰林院编修，累官迁刑、工部侍郎、工部尚书兼管国子监事务、礼部尚书兼《四库全书》馆正总裁、协办大学士、上书房师傅、拜文华殿大学士兼吏部尚书。其人处事谨严，深得乾隆信任，获御赐手书“武库耆英”、红绒结顶冠服、“黄扉宿彦”匾以及嘉庆帝御书“绿野恒春”匾，其子本俊御赐内阁中书。蔡新作为盛世宰辅为这一商人会馆所题匾额，体现了会馆中信仰文化与古典园林文化背景下士商之间的交融。

神殿，是会馆园林景观的一部分，供奉神农、三皇、真武大帝、协天大帝、菩萨尊神、关圣帝君、文昌帝君、火德真君、奎宿星君、玄坛老爷、增福财神、酒仙尊神、酱祖醋姑、葛梅仙翁、邱祖、鲁班、天后、马上老爷诸尊神，是京师各移民群体共同崇祀的对象。每逢神诞、年节、喜庆日或月之朔望，同乡欢聚，祭神祀祖、聚餐演戏，热闹非凡。

从会馆园林角度而言，清前期北京会馆中，由京官大宅捐建而成者居多，宏阔富丽，且文化与园林色彩浓厚。如板章胡同的安溪会馆，由理学名臣李光地舍宅而来。李光地（1642—1718），字晋卿，号厚庵，安溪湖头人，康熙九年进士，入翰林，累官至文渊阁大学士兼吏部尚书，人称安溪先生、安溪李相国。卒谥文贞，雍正元年赠太子太傅，十年入祀贤良祠。李光地多次获得御赐匾额，如康熙帝御赐“夙志澄清”、“夹辅高风”额、雍正帝御赐“清虚恬简”、“昌时柱石”匾，并赐第西珠市口。康熙五十四年，李光地将板章胡同内私宅一隅让于乡人，作安溪会馆。又如福建新馆，由福州螺洲人陈若霖尚书舍宅而来。[87]陈若霖（1759—1832），字宗觐，号望坡，乾隆五十二年进士，历云南、广东、河南、浙江巡抚，道光时官至刑部尚书，是清流健将、溥仪帝师陈宝琛的曾祖。会馆内雕梁画栋、花木葱茏，宏阔而幽静，有北京四合院的独特气质。又如宣武门外海波寺街的顺德会馆，原为朱彝尊故宅“古藤书屋”，其后百余年来数易其主，成为顺德会馆，“内有古藤二株，数百年物也。古根蟠坞，柔杆萦棚，每当春杪花开，嫩紫蒸霞，新清浥露。夏泽绿叶青葱，满荫庭院，浓阴纳爽，翠影飘凉，犹想见前贤之清芬也”。[88]

又如绳匠（又名丞相）胡同的休宁会馆，由徐乾学的碧山堂改建而成。碧山堂，原为明相严嵩别墅听雨楼旧址。据《天咫偶闻》：周于礼（书法名家，字立崖，云南嶍峨人）“所居听雨楼，在绳匠胡同，为严介溪（严嵩之字）别墅。国初，徐健庵尚书居之，继归于溧阳史文靖公。其后分为数区，毕秋帆（毕沅）得之，为宴会觞咏之地。秋帆出为观察，遂归大理。按：今此居尚存，历为要津所据，诚宣南第一大宅”。[89]又据《骨董琐记》，“嶍峨周立崖于礼，立崖好法书，藏弆颇富……今楼不可考，或曰听雨楼在北半截，其南即吴兴会馆楼之余屋也。健庵所居碧山堂即休宁会馆”。[90]又据《宸垣识略》：“怡园在横街西七间楼，康熙中大学士王熙别业……七间楼在横街南半截胡同，即怡园也，相传为严分宜别墅。其北半截胡同有听雨楼，则东楼别业，今归查氏。”[91]又据《清稗类钞》记载，“京师北半截胡同潼川会馆南院有石山，曲折有致，昔与绳匠胡同（后名丞相）毗连，为明严嵩父子别墅，北名听雨楼，世蕃所居，南名七间楼，嵩所居也。康熙间，相国王熙就七间楼遗址构怡园，中饶花木池台之胜，其听雨楼遗址则归查氏，诸名士文酒流连无虚日。不及百年，池塘平，高台摧，地则析为民居，鞠为茂草，仅余荒石数堆，供人家点缀，潼川会馆之石山即东楼故物也”。[92]又据近人于景枚《都市丛考》：“丞相胡同，又名绳匠胡同，在骡马市大街南，有严分宜之赐第，故名。毗连半截胡同。中有一宅，先为海昌查小山（查有圻）所居，后归姚银台（姚祖同）租住。宅内听雨楼，即东楼赏鉴书画处也。曲槛长廊，宏梁巨础，规模轩敞，罕有其伦。堂之东隅，地有巨窖，甃为青砖，扃以石户，严关铁牡，启之，深邃不可测，盖藏珍异之所也。”[93]综上材料可见，严嵩府邸纵跨南半截胡同和北半截胡同：南半部名七间楼，在南半截胡同，由严嵩居住；北半部名听雨楼，在北半截胡同，由严嵩子严世蕃居住。占地广阔，规模宏伟，建筑考究，号称“宣南第一大宅”，到清初仍为达官名流宅第首选：南部七间楼归大学士王熙父子，改为怡园；北部听雨楼为徐乾学所据，并改名碧山堂。昔日，碧山堂富丽宏阔，“其南其北，昔为秦文恭师、姜度香司寇、刘司农宅，当日自合而为一宅，故能容满堂珠履。渔洋假归，门人黄叔琳、李先复、胡闰饯于碧山堂”。[94]徐乾学，江苏昆山人，顾炎武外甥，康熙九年探花，与胞弟秉义（康熙十二年探花）、元文（康熙十六年状元）皆官贵文名，人称“昆山三徐”。历官翰林院编修、日讲起居注官、《明史》总裁官、侍讲学士、内阁学士、左都御史、刑部尚书。他喜延揽宾客，结交士人，家富藏书，“负望海内，而勤于造进，笃于人物，一时庶几之流，奔走辐辏如不及，山林遗逸之劳，俾至如归……后生之才隽者，延誉荐引无虚日……以故京师邸第，客至恒满不能容，侈就别院以居之，登公之门者甚众”。[95]徐乾学常在碧山堂宴请同馆诸公如王士祯、朱彝尊、阎若璩、万斯同、陈其年等，查慎行更是常客，有《饮徐尚书碧山堂花下》诗。徐乾学住地，继归溧阳史贻直。史贻直，字儆弦，号铁崖，江苏溧阳人，康熙三十九年进士，授检讨，历任云南主考、广东督学、赞善、庶子、讲读学士。雍正元年起历任内阁学士、吏部侍郎、福建总督、两江总督、左都御史、陕西巡抚、户部、兵部尚书。乾隆朝历任湖广总督、工、刑、兵、吏诸部尚书、直隶总督、协办大学士、文渊阁大学士。乾隆二十五年，以贻直成进士六十年，御赐诗称为“人瑞”。卒赠太保，谥文靖。[96]史贻直后，碧山堂屡易其主，且分为数区，一归毕沅所得，仍名听雨楼，为燕会觞咏之地。毕沅，字纕蘅，亦字秋帆，号弇山，江苏太仓人。雍正八年中举，以文才出众被选授内阁中书，充军机处章京，寓居烂缦胡同，与汤右曾接叶亭毗邻。乾隆二十五年中状元，授翰林院修撰，后迁左庶子，转侍读。二十九年迁居听雨楼。毕沅后，听雨楼归云南嶍峨人周于礼。周于礼，字绥远，号立崖，一号亦园，乾隆十六年进士，选庶吉士，授翰林院编修，历官江南道监察御史、鸿胪寺少卿、通政司参议、太常寺、大理寺、光禄寺少卿，累充顺天乡试同考官，其人性明敏，持大体，工诗文，精鉴赏，好书法，所居听雨楼，藏彝颇富。从前述“徐乾学所居碧山堂即休宁会馆”记载上看，碧山堂一区应归汪由敦所得。汪由敦，字师茗，号谨堂，安徽休宁人。入浙江巡抚徐元梦幕，元梦升工部尚书，由敦以国子监生随之入都。雍正二年中进士，授翰林院授编修，任明史纂修官，累迁内阁学士、内阁学士、侍读学士、工部尚书、协办大学士、吏部尚书、军机大臣、入值上书房，加太子少师兼刑部尚书，充顺天乡试正考官，加太子太傅。他处事恭谨，“入承旨，耳受心识，出即传写，不遗一字”，深得宠信。卒，御驾临丧，追赠太子太师，谥文端。居京三十年，先寓椿树三条胡同，以所藏王羲之《快雪时晴》帖颜斋，曰“时晴斋”，后赐第东城。乾隆十七年秋，倡议集资购碧山堂建休宁会馆，并撰碑记志其事。[97]由碧山堂改建的休宁会馆，以屋宇轩敞、匾额最多、出状元最多而被誉作京师会馆之最。

清代北京，由商人或手工业者捐资兴建的商人会馆或行业会馆众多，因为“京师商贾云集，贸易药材者，亦水路舟车，辐辏而至。奈人杂五方，莫相统摄。欲使之萃涣合离，非立会馆不为功”。[98]这些会馆与各省经济发展相适应，有的会馆规模宏阔，设备完善，园林建筑与景观颇多，如设有神殿、戏楼、正厅、客厅、左右厢房、庭园、假山、楼阁等，多呈现地方建筑风格和园林色彩，在为流寓京师的各地乡人提供衣食住宿娱乐祭祀生养死葬的功能，同时在追求经济利益的同时，亦为敦厚乡谊、保持乡人仁恕之风、保全信义而不断努力，并力图扩大社会影响，改善社会地位，融入京师社会与文化。这种努力也得到朝廷本籍士绅的认可和支持，京师名士、名宦纷纷为会馆题写匾额，这在京师商业或行业会馆中具有普遍性，反映了商业群体对士人的依赖，也体现了士商交融和谐：

> 京师为人文荟萃之地，商贾辐辏之区，不设公所，则观光贸易者，行旅甫至，不免有宿栈假馆之繁，即仕宦坐商，欲会同而联乡谊，亦未免参商卯酉矣，此会馆之设所由来也。……每逢朔望，凡我同乡，共集于此，以祀诸神，而叙桑梓。即士子赴都者，亦以寓馆为乐。[99]

晚清，京师会馆建筑风格上渐呈园林发展趋向的同时，政治属性亦不断增强，主要体现在地方集团势力的崛起对会馆建筑的影响上。以坐落在正阳与宣武之间的安徽会馆为例，原为清初孙承泽的别业孙公园旧址。孙承泽，字耳北，号北海，顺天大兴人。明崇祯四年进士，官刑科给事中。李自成占领北京，归顺大顺政权，任四川防御使。清朝定鼎北京，顺治元年起任刑科给事中、都给事中、太常寺少卿、吏部左侍郎，加太子太保、都察院左都御史衔。顺治十一年，退居宣武门外西琉璃厂，为宣南大宅，占了大半条街，府前后街名皆以孙公园为名，为孙公园前街、孙公园后街。内有研山堂、万卷楼14间、碧玲珑、戏台等建筑，因府内有大花园，故人称“孙公园”。[100]同治五年，皖籍京官吴连桂等75人联络倡议，为联系乡谊，设立京师安徽会馆。此倡议得到时任湖广总督李鸿章的支持。李鸿章与兄李瀚章领衔联请淮军将领、皖籍官绅共154人捐银33350两，洋钱318元购得后孙公园。其时，此地仍然是“地势衍旷，水木明瑟，池馆为宜”。从同治八年二月始“廓而新之”，至十年八月，会馆落成，共耗银28000两，占地9000多平方米，馆舍219间半，李鸿章并亲撰碑记。会馆分中院、东院和西院三大套院及一花园，套院屋宇轩敞，宏丽壮阔：

> 中正室奉祠闵、朱二子（神楼），岁时展祀。前则杰阁飞甍（当指奎光阁），嶕峣耸擢，为征歌张宴之所。又前曰文聚堂（按：专门悬挂写有皖籍中试者姓名的匾额），宏伟壮丽，东偏若思敬堂、藤间吟屋，宽闲深靓，可以觞宾。其后曰龙光燕誉者，则以待外吏之朝觐税驾者也。迤北有园广数亩，叠石为山，捎沟为池，花竹扶疏，嘉树延荫，亭馆廊榭，位置妥帖。凡馆之中，屋数百楹，庖湢悉备。（《新建安徽会馆记》）[101]

除了文聚堂、神楼思敬堂、藤间吟屋外，尚有前后檐明廊、戏台、议事厅、碧玲珑馆等馆舍建筑，雕梁画栋，富丽堂皇，高阁飞檐，气宇轩昂；花园中有夹道簇亭、仙苑、云烟收放亭、龙光燕誉亭、叠翠亭、子山亭、假山、池水等园林建筑，回阑清池，竹石垂杨，为京师之冠，李鸿章亲题会馆联：

> 依然平地楼台，往事无忘宣榭警；
> 犹值来朝车马，清时喜赋柏梁篇。

会馆有戏楼蜚声京城，与湖广会馆、正乙祠、阳平会馆并称京师“四大戏楼”，戏台两边悬有李鸿章题“安庐凤颍徽宁池太，滁和广六泗，八府五州，良士于于来日下；金石丝竹匏土革木，宫商角徵羽，五音八律，新声袅袅入云中”及何廷谦题“冠盖萃江淮，尽东南宾主之欢，禊社筵开，古谊犹存乡饮酒；楼台演歌舞，极丝竹管弦之盛，梨园美具，世情且看戏登场”楹联。[102]每逢年节、喜庆日、月之朔望或神诞之日，在会馆戏楼酬神演戏。富有园林之美的安徽会馆成为徽籍京官名流在京栖止、祀神、交往、欢歌、宴饮、聚议活动的重要政治场所，李鸿章等频繁集会，并接待外国使臣，标志着晚清淮系集团政治势力的崛起。

又如河南会馆，位于宣外上斜街路南 36 号和路北 27 号（旧门牌 13 号），路南称嵩云草堂，路北称中州乡祠，乃明万历年间河南新郑人、大学士高拱购地而建，康熙十年前后，河南睢州人、工部尚书汤斌最后修建完成，汤斌并与在京服官的河南仪封人张伯行及登封人耿介等在中州乡祠对面“招提祠”旧址建起一座大厅，名“洛社”，院中植海棠十余株，得名“海棠院”，河南籍名流雅士在此创立“海棠诗社”，吟咏酬唱。“洛社”南有大厅名“听涛山馆”与“池北精舍”，二者间植有丁香数株，故称“丁香院”。再南为“月牙池”，池南分建“嵩云亭”和“听雨楼”水榭。咸丰十一年，河南武陟人、户部侍郎毛树棠又在洛社东邻购得“朝庆寺”废址地基二亩，建嵩云草堂，成为河南在京最大省级会馆。同治十二年，兵部尚书毛昶煦、漕运总督袁保恒（袁世凯从叔）等人筹资在会馆内修建了“精忠祠”和“报国堂”，奉祀岳飞，祠堂东、西两侧有重檐画廊。至此，包括中州乡祠、洛社、池北精舍、月牙池、听涛山馆、精忠祠、报国堂等大小厅堂斋舍约一百五十余间的建筑的河南会馆，从北至后河沿，南至达智桥，规模宏大，总称为嵩云草堂。据现存五塔寺石刻艺术博物馆的《重修中州乡祠并建嵩云草堂记》载，“乡祠墀前植有笋二，汤文正公旧物也，石之长能寻丈，非有奇礓灵璧环伟殊异之观，而其名特著日下”，旧时“四方人士过银湾（宣武门外护城河）旧墅，往往停车祠前，叩门问汤文正公石笋所在，摩挲瞻仰，以一见为幸”。嵩云草堂成为河南各府州县举子来京应试居住及在京豫籍显宦巨贾宴集之所，并与清末政治关系密切，如光绪二十年后成为维新人士聚会议事之所，如光绪二十一年公车上书时各省举子集会、签名以及强学会和保国会的活动场所，袁世凯进京时曾居于嵩云草堂内，并在嵩云草堂创建河南公立京豫学堂。

可以说，京师会馆的园林色彩愈浓厚，会馆的建筑就愈加富丽弘阔，会馆所承载的政治和经济力量亦愈加雄厚，因为“园林化建筑为会馆创造了陶冶乡人性情的良好场所，为会馆文化的世俗化开辟了一条心的途径。这些会馆建筑规模的大小与创建者、管理者及客籍同乡官员多少、情趣爱好都直接相关”。由于会馆是汇聚众力、集思集智的产物，因此，“它往往可以把当时人们心目中一般建筑的理想形态化为现实，因而多在客居地一般性的商民署衙建筑群落中，脱颖而出，形成鹤立鸡群的态势。不同地域的会馆以各自不同的建筑风格、建筑材料、建筑设置争奇斗艳，成为移民区域的一大文化景观。明清时期，林立于京师与商业城市、交通要冲之地的会馆建筑群落，虽有样式之别、群落院进多少大小之异，但如果从建筑文化学角度来考察审视的话，它不仅是会众群体的聚集、议事、生活、供奉、祭祀、娱乐、义冢空间，而且还是官绅、商人、移民、举子群体共创的会馆文化载体，是会馆文化向客居地及周边地域进行文化传播、传承、传感的中介物和媒介质。同时，作为特定历史时代所用涌现和产生的会馆文化的标示、标记物，它是本籍文化的物化语言，并向其所在客居地展示自身地域文化精神、风格和风尚的最佳渠道和炫耀宣传手段。正因为如此，会馆建筑群落存在的本身，客观上为客居地都市城镇增添了一道独特、亮丽、颇具个性的风景线。”[103]

第五节　坛庙寺观园林

清代北京，是全国的宗教文化中心，在京师城区纵横交错的街巷胡同、近郊的名山园林以及远郊的州县乡田野上，分布着众多的坛庙寺观，其数量难以确计。乾隆时所绘京城全图共标出内外城寺庙1207处，许道龄编《北平庙宇通检》20世纪30年代京城内外包括内城六区、外城五区和东南西北近郊区共有庙宇948座，1928年北平寺庙普查共登记寺庙1631个。[104]但这并非全市寺庙的总量，有学者认为1928年北平市传统儒道佛寺庙的实际数量至少应有1696座。[105]据此，清代的数目应更多，用“圣城”一词，最能贴切地表现北京“庙系天下”的特征。

清代北京，以天坛、地坛、日坛、月坛、社稷坛、太庙、文庙、历代帝王庙等代表国家正祀的祭祀建筑群，位列国家祭祀大典，其建筑多金碧辉煌，装饰瑰丽独特，园林景观以大面积古松柏林为主，营造出庄重肃敬、敬畏神圣的宗教氛围，异于其他佛教道教诸寺庙。

清代北京汉传佛教寺庙众多，如广济寺、鹫峰寺、天宁寺、法源寺、报国寺、广济寺、广化寺、万寿兴隆寺、拈花寺、保安寺、圣安寺、崇效寺、觉生寺（大钟寺）、大慧寺、大佛寺、大觉寺、潭柘寺、戒台寺、碧云寺等，是北京汉传佛教与中国传统建筑与园林文化的完美融合。

清代，为了巩固边疆，利用宗教来维系多民族之间的关系，尤其尊崇藏传佛教，至乾隆时期达到顶峰，北京成为全国喇嘛教之中心，清人无名氏《燕京杂记》云：“京城内外以及郊坰、边地僧寺约千余所，半是前明太监所建，览其碑碣，或以为退后香火，或以为代君后资冥福，观此可知胜朝宠任宦官之过。今内城诸寺多改住喇嘛，而喇嘛之居，穷奢极侈，踰于汉僧之兰若。”[106]京城内外有喇嘛教寺庙近百座，其中有不少具有园林特色，如隆福寺、护国寺、妙应寺（白塔寺）、雍和宫、慈度寺（前黑寺）、梵香寺、慈佑寺、功德寺、殊像寺、普宁寺、福佑寺、永安寺、广成寺、宝相寺、实胜寺、方圆寺、广善寺等。

清代北京的道教宫观建筑，不胜枚举，著者如东岳庙、[107]白云观、三界伏魔庵、药王庙、吕祖阁、玉皇阁、太阳宫、太平蟠桃宫、城隍庙，碧霞元君庙。这些道教宫观有着众多民间信仰神灵，体现了世俗与神圣结合的寺庙园林色彩。

清代北京，在皇权中心环绕着七座天主堂，即西四西什库教堂（北堂），西单北堂、西直门西堂，王府井东堂，宣武门东大街天主教南堂、救主堂，前门东大街东交民巷圣米厄尔堂、崇文门内大街亚斯立堂，融汇了中西建筑与园林风格。

清代北京，有敕赐伊斯兰教“四大官寺”，即安定门内二条清真寺、广安门内牛街礼拜寺、东四清真寺、锦什坊街清真普寿寺。此外，另有三里河清真永寿寺、清真法源寺、双栅栏清真寺、回子营清真寺、寿刘胡同清真女寺、杨威胡同清真礼拜寺等，是回族建筑风格的宗教园林建筑。

有学者从园林史视角将明清时期北京寺庙园林分成三种类型，一是寺庙庭园，即以寺庙建筑为主，于寺庙各进院落中，或植以树木花卉，或引清泉水溪，或为池，或叠以山石，或筑以亭台廊榭，使寺庙建筑与庭园组成要素融为一体，如法源寺；二是寺庙附属园林，即于寺庙外专辟园林，以园林为主，辅以建筑小品，构成山水园林意境，如白云观后院云集山房周围庭院，卧佛寺的西院，潭柘寺戒坛院等；三是山林寺庙，即寺庙坐落于风景幽美的山林之中，利用山岩、洞穴、溪涧、深潭、清泉、奇石、丛林、古树等自然景貌要素，通过亭、廊、桥、坊、堂、阁、佛塔、经幢、山门、院墙、摩崖造像、碑石题刻等的组合、点缀，创造出富有天然情趣、带有或浓或淡宗教意味的园林景观，寺庙与山水、森林的自然环境融为一体，寺庙成为风景的组成部分，为宗教与自然风景的结合，如潭柘山之潭柘寺、上方山之上方寺；石经山之云居寺，马鞍山之戒台寺；香山之香山寺、碧云寺；寿安山之卧佛寺；青龙桥西北之宝藏寺；翠微、平坡、卢师三山环抱之八大处，磨石口翠微山之法海寺；旸台山（与西山相连，远望如卧狮，亦称狮山）之大觉寺；画眉山黑龙潭之龙王庙及妙峰山之碧霞元君庙等。[108]

如白云观，后有亭园一区，全园中心为中院的“云集山房”，建于石台基上，独具一格。山房后为土山，四周有参天古木，于山顶可望西郊群山，天宁寺塔亦在望中：

篮舆携伴惬幽怀，古寺寒钟景色佳。
开阁青山方满座，入门红药已翻阶。
清谈未厌王□茗，枯坐真同苏晋斋。

会向射堂看秉烛，知君不惜酒如淮。
浮图宝铎半空闻，仙观还看榜白云。
霜树绀园鸦自集，岩花丹灶鹤依群。
碑镌仁寿留千载，跸驻崆峒记数君。
行乐只应凭眺遍，未妨徙倚到斜曛。[109]

山房对面有戒台，两侧有长廊与东西跨院连接。西院有角楼，院内假山为太湖石，仿蓬莱仙境。西院有假山，山下一洞，额为“小有洞天”，洞旁有石阶上山，山上有“峰回路转”石褐，山顶有亭，供游人憩息。东院亦有石山，有亭并有巨石矗立，石上镌“岳云文秀”，仿佛山林洞府。

如法源寺（悯忠寺），始建于唐贞观十九年，僖宗中和二年毁于火，昭宗景福元年重建，辽世宗天禄四年遭火灾，穆宗应历五年重建，道宗清宁三年北京大地震，寺毁，相继下诏修复，咸雍六年改称大悯忠寺。元末明初，寺毁于兵燹，仅存遗址。明正统二年重修并改名崇福寺。清顺治、康熙、雍正年间均有大规模整修和增建，雍正十二年改名法源寺。法源寺有“唐松交宋柏，葱郁作长春”（清人刘少珊诗）；有枝干婆娑，荫覆半院的数百年之银杏，有“朵朵红丝贯，茎茎碎玉攒”的文冠果树（《法源寺八咏》罗聘诗）。法源寺花事极盛，有“花之寺”之誉，都人来此赏花，“寺南不合花几树，闹春冠盖屯如蜂，遽令禅窟变尘巷，晓钟未打车隆隆”（乾隆四十四年春黄景仁《恼花篇时寓法源寺》诗）。[110]最引人者当属海棠，有“悯忠寺里花千树，只有游人看海棠”之咏。[111]庄严亭等处的牡丹开时，颇为吸引人；僧院中“牡丹殊盛，高三尺余，青桐二株过屋檐”。[112]钟鼓楼、念佛台、斋堂别院、方丈前院等处的数百株白丁香、紫丁香等盛开之际香气浓郁，香闻数里，引得文人来此举行丁香大会，有“都下名花盛海棠，同时作伴有丁香”之咏。[113]法源寺的菊花亦颇负盛名，乾隆年间已有菊圃，至嘉道年间，已有“悯忠寺里菊花开，招惹游人得得来”及“高楼曲榭望峻嶒，赏菊西园秋兴增”之咏。[114]据载，每年四月八日，悯忠寺举行放生大会，“豪商妇女、显官妻妾，凝妆艳服，蜂屯蚁集。轻薄少年，如作狭邪之游，车击毂，人摩肩。寺僧守门，进者索钱二百，否则拒之。于是，品绿题红，舄交履错，遗珠落翠，粉荡脂流，招提兰若，竟似溱洧濮上矣。”[115]

清代北京山林寺庙风景最佳，主要种植银杏、松、桧、柏、槐、榆、枫之属，衬托庙宇之古远幽深。特别是西山，经过康乾时期的大规模开发，天然植被与寺庙相映成趣。如戒台寺千佛阁前有“古松四株，翠枝穿结，覆盖一院”，[116]并有活动松，其“老干稜稜挺百尺，缘何枝摇本身随？咄哉谁为挈其领，牵动万丝因一丝”。[117]如潭柘寺，东有回龙、虎踞、捧日、紫翠诸峰，西有莲花、架月、象王诸峰，北有集云、瑛珞二峰，寺与宝珠峰居中，故有“九龙戏珠”之称。寺踞此形胜倚山而建，分中西东三路，中轴线上为主体建筑，有牌楼、山门、天王殿、大雄宝殿、三圣殿和斋堂遗址，最高处为毗卢阁。两侧有大伙房、钟鼓楼、集贤堂、穆圣堂等配殿，西路有西南斋、楞严坛遗址，戒台高处为观音殿，两侧有祖师殿、龙王殿、大悲坛、写经室等，东路为亭园区，有延清阁、石泉斋、方丈院、舍利塔，两侧有地藏殿、圆通殿、猗玕亭（流杯亭）及清帝后的行宫万岁宫、太后宫等，有古木茂竹、名贵花木点缀其间，古朴雅典。寺前有金至清各时期之和尚塔数十座。寺中松、柏、银杏等参天古树，枝叶繁茂、浓荫匝地，名贵繁多，与苍翠群山互应，增加了庄严肃穆的宗教气氛，可谓“庙在万山中，九峰环抱，中有流泉，蜿蜒门外而没。有银杏树者，俗曰帝王树，高十余丈，阔数十围，实千百年物也。其余玉兰修竹、松柏菩提等，亦皆数百年物，诚胜境也。”[118]虽然距京师八十余里，每年三月初一日至十五日，开庙半月，香火甚繁。

如十方普觉寺，位于寿安山南麓、香山东侧，始建于唐贞观年间，原名兜率寺，又名寿安寺，有贞观年造檀木雕成卧佛像一尊。元英宗至治元年春，扩建寿安寺，并冶铜50万斤铸成一尊释迦牟尼佛涅槃铜像，因寺内供奉着两尊卧佛，俗称卧佛寺。元文宗至顺二年正月，改名昭孝寺，又称洪庆寺。明正统八年重建后改称寿安禅寺。成化十八年改称永安寺，后宣德、正统、成化、嘉靖、万历朝又屡加修缮。清雍正十二年重修，并赐名十方普觉寺。乾隆年间大修，改香檀卧佛之殿为三世佛殿，新建西路行宫院与琉璃牌坊。卧佛寺依山势而建，原以塔为山门，清代，山门旧塔无存，复建“智光重朗”牌坊。过牌坊沿坡石甬道，上行至四柱七楼彩色琉璃牌坊，正面题“同参密藏”，背面题“具足精严”，皆乾隆御笔。入寺，有三路建筑，中路有功德池、钟鼓楼、山门殿、四大天王殿、三世佛殿、卧佛殿、藏经楼，两侧有达摩殿及悉多太子殿等配殿。天王殿前有古蜡梅一丛，传说植于唐贞观年间，曾枯萎，后又发新芽，且长势茂盛，人称“二度梅”。三世佛殿悬雍正御笔“双林邃境”木匾，门两侧有乾隆御题“翠竹黄花禅林空色相，宝幢珠珞梵宇妙庄严”楹联，曾供唐代香檀木卧佛。三世佛殿供三世佛，两厢有泥塑彩绘十八罗汉，其东面最南端一尊为乾隆帝的罗汉塑像，戴帽穿靴，身着双龙戏珠袍。佛殿两侧各有娑罗树一株，传为建寺时从印度移来，枝干参天。殿前另有海松、海桧各一，高大壮观。卧佛殿门额前檐悬慈禧御题“性月恒明”匾，两侧有“发菩提心印诸法如意，现寿者相度一切众生”楹联，殿内正面墙上悬乾隆帝御书“得大自在”匾，内供铜铸卧佛像，侧卧于座榻上，长5.3米，重54吨，头西足东，双目微合，右掌托头，左手平放腿上，神情安详，体态均匀，衣褶流畅。卧佛身后环立十二尊大弟子塑像，即“十二圆觉”像。卧佛旁有展柜，内置清代几个皇帝所供奉巨鞋若干双。东路六进院落为僧舍，有大斋堂、大禅堂、霁用轩、清凉馆、祖师院等建筑；西路为行宫院，雍正、乾隆所修，有5重院落3座行宫。从远处眺望卧佛寺，殿宇轩昂，水石奇秀，竹树交荫，被雍正帝誉为“入山第一胜境”、“西山兰若之冠”。秋季，寿安山黄叶铺地，明亮绚丽，文人称之为“黄叶寺”，康熙朝官至礼部左侍郎的严我斯在《游祖氏园》诗中即有“更寻黄叶寺，几眺白云秋”之句。乾隆元年，郑板桥第二次进京参加礼部会试，中进士。在京闲居期间，与卧佛寺住持青崖和尚交往唱和，并作《寄青崖和尚》诗描绘卧佛寺秀丽风光：

山中卧佛何时起，寺里樱花此日红。
骤雨忽添崖下水，泉声都作晚来风。

卧佛寺西北行约五百米有溪涧，两旁遍植樱桃树，得名樱桃沟，山峦峻秀，溪水淙淙，樱桃、杏桃、迎春、海棠、牡丹、芍药等依时节次第开放，幽静而烂漫。溪涧旁有放生池、万松亭、白鹿岩、退谷亭、石桧书巢、水流云在、烟霞窟、元宝石等胜景，别具天地。

如大觉寺，[119]在北安河乡徐各庄村旸台山南麓，建于辽，初称清水院，元代改称灵泉寺。明宣德三年扩修并更今名。明末，寺毁。康熙五十九年，雍亲王特加修葺，增建四宜堂、领要亭等，并推荐迦陵性音任住持。乾隆十二年重修并赐建迦陵舍利塔。大觉寺坐西朝东，背有峰峦叠嶂、苍郁林莽，前有沃野平畴，或竹林果树，或畦陌连畴，有“翠微城外境，峰壑画图成”、“禾黍连远村，勃然生意新”意境。共分四个区域，中路六进院落有影壁、山门、左右二碑亭、功德池、钟鼓楼、弥勒殿、大雄宝殿、无量寿佛殿、大悲坛等建筑。功德池南北两端各有一石刻龙首，水自龙口吐出，称“功德水兽”。池上架有石桥，左右植红白莲花，人行桥上如处花丛中，乾隆诗称：“一水无分别，莲开两色奇，右白而左红，是谁与分移?”又诗称：“石桥似虎溪，菡萏摇涟沦，一一莲花上，疑有天女伦”。功德池东北侧，有株五百余年古柏，树干中空心部寄生百年白蛇葡萄一株，粗壮的藤条缠绕着古柏，形成“蛇藤绕柏”奇观。弥勒殿额曰圆证妙果。正殿额曰无去来处。无量寿佛殿额曰动静等观，殿前有一株千年银杏，枝繁叶茂，乾隆有诗赞曰：

古柯不记数人围，叶茂孙枝绿荫肥，
世外沧桑阅如幻，开山大定记依稀。

大悲坛额曰“最上法门”，坛后有高一米余的辽代古碑，上刻“旸台山清水院藏经记”碑文，是一珍贵古迹。北路为僧房，原有斋堂，堂前有一大理石雕水池，纹理细腻，夹有乳白、浅紫及黑色花纹，池沿镌“碧韵清”三字，古朴质雅。南路为雍正、乾隆所建行宫，有戒坛、四宜堂、憩云轩、积香厨等建筑。四宜堂为雍正命名，取意“四宜春夏秋冬景，了识色空生灭源”，并书“寄情霞表”额。乾隆又题写“清泉绕砌琴三叠，翠筱含风管六鸣”与“暗窦明亭相掩映，天花涧水自婆娑”二联。堂前原有两株玉兰，为乾隆时自四川移来，春日盛开，引得文人墨客前来赏花吟咏，“古寺兰香”声名远扬。玉兰树旁有一巨柏，自根部上一米处，分成两大枝干，两干夹缝中寄生一株小叶鼠李，称“鼠李寄柏”，蔚为奇观。憩云轩亦为雍正命名，取“我憩云亦憩”之意，轩内有乾隆题“涧响清琴”额，有“风定松篁流远韵，雨晴岩壑展新图”及“泉声秋雨细，山色古屏高”联。这些御书匾额与楹联，带有浓厚的皇家色彩及园林意趣。大觉寺后为附属园亭区，地势居高，银杏、松柏、槲、栎、栾等古树茂密蔽日，环境清幽。依山叠石，顺阶而上，有亭翼然，名“领要亭”，乾隆帝有“笠亭栖嶕峣，如鸟翥翼然。层峰屏峙后，流泉布瀑前，山水之趣此领要，付与山僧阅小年”诗咏之。园中矗立着覆钵式迦陵禅师（性音和尚）舍利塔，建于雍正六年，高 12 米，左右有一松树和柏树，枝条伸向白塔，将白塔盘绕抱住，左拥右护，形成“松柏抱塔”奇观。塔后有龙王堂，堂前有龙潭，泉水自龙首喷出，注入潭中，称“灵泉”，乾隆诗形容其“天半涌天池，淙泉吐龙口，其源远莫知，郁葱叠冈蔽。不溢复不涸，白是灵明守”，又赞其“不溢亦不涸，澈底石粼粼，时复见泳游，故知非凡鳞”。据庆麟记载，泉水来自寺外，“垣外双泉，穴墙址入，环楼左右，汇于塘，沈碧泠然，于牣鱼跃。其高者东泉，经蔬圃入香积厨而下，西泉经领要亭，因山势三叠作飞瀑，随风锵堕，由憩云轩双渠绕霤而下，同会寺门前方池中。”庆麟曾与友人游大觉寺，并夜宿憩云轩，“拂竹床，设籐枕，卧听泉声，淙淙琤琤，愈喧愈寂，梦游华胥，榼然世外。少醒，觉蝉躁逾静，鸟鸣亦幽，辗转间又入黑甜乡。梦回，啜香茗，思十余年来，值伏秋汛，每闻水声，心怦怦动，安得如今日听水酣卧耶!”[120]

如南法海寺，[121]在模式口大街东北约两公里的翠微山南麓，建于明正统四年，八年寺成，英宗取《无量寿经》“深谛善念，诸佛法海”，赐额“法海禅寺”，寓意佛法广大难测，譬之以海。弘治十七年重修，正德元年竣工，成为京师名刹，“金碧交辉，楼阁掩映，光彩夺目”（正德十年《重修法海禅寺记》）。康熙二十一年重修。法海寺有远山门，建在一里远的山下，临近模式口大街。入远山门，沿曲径北行至一三岔口处，见一座单孔小拱桥，长 5 米、宽 3 米，形似罗锅，人称罗锅桥，桥拱两侧对称长着四棵苍翠古柏，根系深扎在小石桥石缝中，人称四柏一孔桥。入寺第一进院落有山门、天王殿，山门前有四棵古柏，躬身虬枝，人称四大天王柏。天王殿中原有明绘壁画及佛像，殿前原有钟鼓二楼，东侧有礼部尚书胡濙撰《敕赐法海禅寺碑记》，西侧有吏部尚书王直撰《法海禅寺记》。第二进院内有大雄宝殿，有三世佛及十八罗汉、大黑天及明代太监李彤供养像。大殿顶部穹窿形天花由 231 块方格组成，每一方格内均绘毗卢遮那佛曼荼罗。天花中央有三个曼荼罗藻井，分置于三世佛顶部，中央藻井顶部绘有毗卢遮那佛曼陀罗，东边藻井绘药师佛曼陀罗，西边藻井制阿弥陀佛曼陀罗。正殿后门（殿北）东西墙壁绘有帝释梵天“礼佛护法图”二幅，东壁为天神和部属共十九身，由西向东分别为梵天与侍从、持国天、增长天、大自在天和天女、功德天及侍从、日天、摩利支天、地天和侍从、韦驮天、龙王和龙妖。西壁为天神及部属共十七身，由东至西分别为帝释和天女、多闻天、广目天、菩提树天及天女、辩才天、月天、鬼子母及其爱子、散脂大将、密迹金刚、阎摩天和侍从；殿中三世佛龛背屏正面绘有祥云图三幅，每幅宽 4.5 米，高 4.5 米，总面积 60.75 平方米，祥云满绘。背面绘有三大士图三幅，中观音，右文殊、左普贤，周围伴有善财童子、韦陀、供养佛、驯狮、驯象、贤人及鹦鹉鸟、清泉、绿竹和牡丹等，其中以水月观音像最为传神，高四米余，运用叠晕烘染和沥粉堆金等多种技法，神情端庄慈祥，身披纱罗，花纹精细，薄如蝉翼，飘然欲动；十八罗汉身后的东西山墙上对称绘有“十方佛赴会图”二幅，上部均绘有一飞天、四菩萨、五方佛、六观音共十六身，中下部有祥云、花卉、山泉、草、木动物等衬托。全殿壁画共十幅，共绘人物77个，或说法，或坐禅，或膜拜，或徐行，或飞舞，帝王器宇轩昂，妇女仪容丰满、天王、金刚和力士勇猛威武，姿态各异，神情不一，惟妙惟肖，服饰装束华美鲜艳，线条流畅飘逸，既庄严肃穆，又清新明净、和谐明快，如入佛国仙境，展现出明代绘画之最高水平。宝殿东侧有正统四年立《佛顶尊胜陀罗尼幢》，幢身八角形，高152厘米，一面刻幢序，余七面刻梵文或梵、汉对照之《陀罗尼真言》。宝殿西侧有《三宝施食幢》，幢身八角形，一面刻幢序，余七面刻三宝施食文。宝殿前月台两侧各有白皮松一株，相传明代建寺时所植，树干鳞片斑驳，挺拔伟岸，郁郁葱葱，雄峙左右，犹如两条银龙，护卫着大雄宝殿，人称白龙松。宝殿外有青铜佛钟一口，高1.75米，重1068公斤，钟钮蒲牢爪下有菩提叶，上铸佛母、天王、菩萨名讳，其下环绕钟顶铸有一圈梵文咒偈，钟腰下刻助缘人姓名。月台西侧有祖师殿，东侧有伽蓝殿。第三进院为药师殿，左右分列方丈房、选佛场及僧房、廊庑、厨库。第四进院为藏经阁，正统十年英宗钦赐法海寺《大藏经》后增建，阁前立《御颁法海寺大藏经圣旨碑》。寺外西南有李童碑，北侧有《楞严经幢》，幢身八角形，一面刻幢序，余七面刻《楞严陀罗尼神咒》。寺东墙外曾有塔林，有僧录司左觉义兼大功德禅寺住持嵩严寿禅师塔铭碑、谕祭碑。南法海寺群山环抱，景色宜人，成为清代北京山林寺庙之典范。

清代北京的寺庙园林，数不胜数，园林景观秀美艳丽，历史与文化积累悠久厚重，宗教氛围静谧幽深，其匾额等多带有皇家色彩，为北京园林增添了无尽色彩。

第六节　园寝园林

清代帝王陵寝皆在京外，(122)北京地区多是宗室王公贵族的陵寝所在。(123)

这些宗室诸王，或效力疆场，骁勇善战；或摄政创制，独擅威权；或大义灭亲，雄才让德；或涵养高深，才情出众，而受到封赏，形成严格的宗室封爵制度。与此制度密切相关，宗室诸王之园寝、坟茔规制皆有详尽的等级规定。(124)同时，清廷对宗室诸王的裁抑亦很残酷。这一切影响着宗室王公园寝的命运。

如白石桥郑王坟，是清初铁帽子王之一的郑献亲王济尔哈朗园寝。济尔哈朗是显祖第三子庄亲王舒尔哈齐第六子。舒尔哈齐，随太祖起兵，初封贝勒，以军功赐号达尔汉巴图鲁。后太祖集权，舒尔哈齐两子被杀，本人两年后幽死，所领黑旗分出一半归代善为红旗，原黑旗改蓝旗，由次子阿敏继承。后金建立前后，四旗变八旗，阿敏成为镶蓝旗旗主。太宗即位，阿敏桀骜不驯，十年后幽死，六弟济尔哈朗领镶蓝旗旗主。济尔哈朗，生于万历二十七年十月初二日，母五继福晋乌拉那拉氏，被太祖养于宫中，初封贝勒。崇德元年以军功晋郑亲王。八年八月与多尔衮一起辅政。顺治元年十月加封信义辅政叔王。四年二月以府第逾制，罢辅政。五年三月，因不举发大臣谋立肃亲王豪格，降郡王，闰四月复还亲王，九月授定远大将军，率师下湖广。七年得胜师还。十二月，摄政王多尔衮去世。次年二月，与诸王奏削睿亲王爵，议多尔衮罪。九年二月加封叔和硕郑亲王。十年五月追封舒尔哈齐为和硕亲王，谥曰庄。十二年五月初八日寅时薨，谥曰献。乾隆四十三年配享太庙。济尔哈朗身为显祖后裔，行辈崇高，在宗室诸王中血统最久，谱系庞大，支脉繁多，传10世17王，在京有六块园寝。

济尔哈朗有十子。第一子世子富尔敦，天聪七年五月十三日生，顺治八年四月二十日卒，谥曰悫厚。三子勒度，崇德元年九月二十九日生，顺治八年闰二月封授多罗敏郡王，十二年十二月十九日卒，谥曰简。济尔哈朗、富尔敦、勒度同葬于白石桥郑王园寝，占地二百亩，有四座院落，有宫门、碑楼、享殿、大宝顶等建筑，有驮龙碑，红黄柏、松、白果等名贵树木。

济尔哈朗第二子济度，天聪七年六月二十四日子时生，顺治八年闰二月封多罗简郡王，九月封世子，同年十月擢议政。十二年十一月授定远大将军，出师福建与郑成功作战。十四年三月师还，五月改袭简亲王。十七年七月初一日卒，谥曰简纯。其墓在勒度墓东，墙圈与父济尔哈朗墓相通，有碑楼、宫门、享殿，但无宝顶。

济度有五子，第三子和硕简惠亲王德塞，顺治十一年十月初一日生，母嫡福晋科尔沁博尔济吉特氏。十八年二月袭简亲王。康熙九年三月二十二日卒，无嗣。九月，兄喇布（勒度第二子）袭简亲王。喇布，顺治十一年八月初九日生，母庶福晋杭氏，康熙二十年十月十二日卒。二十二年缘事追削王爵，四月，弟雅布袭简修亲王。雅布（勒度第五子），顺治十五年六月初六日生，母庶福晋杭氏。康熙二十九年，噶尔丹深入乌珠穆沁地，随安北大将军恭亲王常宁往征之，既而罢行，诏赴抚远大将军裕亲王福全军前参赞军务。八月，击败噶尔丹于乌兰布通，噶尔丹遁，未穷追。十一月，未经请旨率兵擅回哈吗尔岭内，革王爵。康熙四十年八月扈驾巡幸塞外，九月十七日卒。其墓园在右安门外，占地二顷多，建有宫门、红墙、享殿、月台、宝顶。

宫门外有碑楼一座，有丈高红砖墙，月台上有大宝顶，园内外遍植松柏。

雅布有十五子。长子雅尔江阿，康熙十六年八月初三日生，母嫡福晋西林觉罗氏。三十六年十二月封世子。四十一年正月袭和硕简亲王。雍正四年二月以饮酒废事夺爵，十年十月二十九日卒，由弟神保住（雅布十四子）袭爵。神保住，康熙三十五年九月二十九日生，母侧福晋郭氏。雍正四年三月袭和硕简亲王。乾隆十三年九月因眼疾和虐待兄女夺爵。二十四年闰六月二十九日卒，葬于广安门外湾子村。

神保住后，郑亲王爵转由舒尔哈齐第八子、济尔哈朗胞弟贝勒费扬武曾孙德沛袭封。德沛，康熙二十七年五月二十六日生，母嫡福晋富察氏。雍正十三年五月封授镇国将军。八月授兵部左侍郎。乾隆年间历任古北口提督、甘肃巡抚、湖广、闽浙、两江总督、吏部右侍郎兼管国子监祭酒事、教习庶吉士、左侍郎、尚书。十三年九月袭神保住和硕简亲王爵。十七年六月十八日未时薨，谥曰仪。德沛屡任封疆，操守廉洁，一介不取，所在“务立书院，聚徒讲学”，“不名一钱”，时人以其字“济斋”而誉之“德济斋夫子”，人称“儒王”。[125]其园寝在右安门外雅布墓园西二百余米，建有宫门、红墙、享殿、月台、宝顶、碑楼、驮龙碑。德沛的曾祖父费扬武、祖父贝子付喇塔、父贝子福存并追封简亲王，付喇塔葬于门头沟坡头村。

德沛之后，郑亲王爵转回济尔哈朗后裔，由济尔哈朗第四子巴尔堪之孙、辅国公巴塞第十子不入八分辅国公奇通阿袭封。奇通阿，康熙四十年十月二十六日生，母嫡福晋乌苏氏，乾隆十七年十月，袭封和硕简勤亲王，并追封巴尔堪、巴赛为简亲王。二十八年六月二十三日卒，第一子丰讷亨袭封简亲王。丰讷亨，雍正元年正月初九日生，母嫡福晋舒穆禄氏，四十年十二月十一日卒，第二子积哈纳袭封。积哈纳，乾隆二十三年二月十三日生，母侧福晋完颜氏。四十一年五月袭封和硕简亲王。四十三年正月，特令现袭简亲王仍复号为郑亲王。四十九年五月初三日卒，第一子乌尔恭阿袭爵。乌尔恭阿，乾隆四十三年六月十七日生，母庶福晋郑氏，五十九年二月袭封和硕郑亲王。道光二十六年二月二十五日卒，第三子端华袭和硕郑亲王爵。端华，嘉庆十二年十月初十日生，母侧福晋瑚佳氏。道咸年间历任内阁学士兼礼部侍郎衔、镶黄旗汉军副都统、銮仪卫銮仪使、正黄旗护军统领、兵部右侍郎、正蓝旗满洲副都统、镶白旗护军统领、左翼监督、户部右侍郎、右翼总兵、御前侍卫上行走、户部左侍郎、左翼总兵、镶黄旗统领、内大臣、镶蓝旗汉军都统、总理行营事务大臣、御前大臣、正黄旗汉军都统、镶白旗满洲都统、镶红旗总族长、步军统领、阅兵大臣、管晏大臣、镶白旗蒙古都统、宗人府右宗正、正蓝旗满洲都统、崇文门正监督、玉牒馆正总裁，管理镶黄旗汉军新营房、健锐营、向导处、钱法堂、三库、宗人府银库、钦天监、銮仪卫、万年吉地事务。道光二十六年闰五月袭和硕郑亲王。咸丰十一年十月文宗薨，与异母弟肃顺等八人受遗诏为赞襄政务王大臣，共理朝政。辛酉政变后，慈禧杀肃顺，赐端华自尽。巴尔堪位下诸王爵者葬于五路居郑王坟。

端华后，郑亲王爵转由奇通阿第四子经纳亨曾孙承志袭爵。承志，道光二十三年九月十五日子时生，母媵妾郑氏。同治三年九月袭郑亲王，父西朗阿、祖父伊丰额、曾祖经纳亨同时追封为郑亲王。十年八月，以令护卫殴杀主事夺爵。光绪八年十一月二十四日申时卒。经纳亨位下王爵葬于昌平仙人洞前蓝旗王坟地，在十三陵大红门内，风景秀丽。

承志夺爵后，郑亲王爵转由丰讷亨曾孙、原奉恩将军嵩德嗣子、正红旗满洲副都统庆至袭封。庆至，嘉庆二十四年十二月廿九日巳时生，积哈纳第二子爱仁之第四子，母媵妾刘氏。道光十七年十月过继与族叔松德为嗣。同治十年八月，袭和硕郑顺亲王，父松德、祖父伊弥扬阿、曾祖丰讷亨同时追封为和硕郑亲王。光绪四年二月十六日辰时薨。第二子凯泰袭爵为和硕郑恪亲王。凯泰，同治十年七月初八日申时生，母媵妾江氏。光绪四年七月袭和硕郑恪亲王。二十六年闰八月初八日戌时卒。子昭煦袭爵为和硕郑亲王。昭煦，光绪二十六年十月初六日戌时生。母嫡福晋富察氏。二十八年九月，袭王爵，成为末代郑亲王。

从郑亲王一系传承及园寝可见，清代世袭罔替的铁帽子王园寝，规模宏大，有宫门、碑楼、享殿、大宝顶等建筑，有虎皮石圈墙、驮龙碑，多植红黄柏、白果、松等名贵树木，肃穆森严。且王坟不止一处，选址多在近郊风景风水绝佳处。

素武亲王豪格一脉在京有园寝多处。广渠门外东南三里许架松村有豪格、显懿亲王富寿、温良郡王猛峨、显谨亲王衍璜、肃忠亲王善耆园寝，俗称老坟、大王坟、二王坟、新坟、花园。豪格墓地有围墙，门内立驼龙碑。享殿前有巨松六株，“松本粗皆数围，苍劲古老。其树身曲折，枝干纵横，穿插下垂，多作龙蛇翻舞之状。因其上既蔽日横云，下使游人俯首，故以朱柱支之，始得是名”。[126]据道光年间麟庆记载，架松仍然“蟠若游龙。其左第一株凤梢翠耸，虬枝夭矫，荫广盈亩。向藉朱柱撑撑，枚数已得九十有七，真奇观也”。[127]衍璜，肃武亲王豪格曾孙、显密亲王丹臻第六子、第四代肃王，康熙四十一年袭显亲王，乾隆三十六年卒，历事康、雍、乾盛世，与恒亲王崇志、大学士刘统勋、协办大学士官保等九人并列文职九老。其园寝占地七千平方米，有宫门、垣墙、碑楼、朝房、享殿、宝顶等建筑，蔚为壮观。衍璜园寝周围有子华连、华瑞及华龄墓。衍璜父丹臻园寝在门头沟陇驾庄，背山面河，风景如画。丹臻弟肃亲王拜察礼与肃亲王蕴著葬丰台成寿寺。此外，朝阳十八里店有肃亲王永锡园寝（父成信为衍璜兄），道口村有肃亲王静敏园寝，万子营有肃亲王华丰园寝，陈家村有肃亲王隆懃园寝，王四营乡有永锡长子敬敏园寝。

睿亲王多尔衮一脉在京有多块园寝。多尔衮，努尔哈赤第十四子，万历四十年十月廿五日寅时生，母大妃乌拉那拉氏。初封贝勒，崇德元年晋亲王，八年八月，世祖继位，辅政。顺治元年四月，以奉命大将军入燕京，十月迎世祖入关即位，封叔父摄政王，五年，改号皇父摄政王。七年十二月初九日戌时薨，尊懋德修道广业定功安民立政诚敬义皇帝，庙号成宗。八年，以越制诸罪废谥、庙号，追夺王爵，黜宗室。乾隆四十三年复和硕睿亲王，谥曰忠。其园寝在东直门外新中街，人称九王坟，占地三百多亩，规模宏大；其嗣子多尔博（多铎第五子）及其第二子苏尔发葬朝阳熏皮厂村，称二贝勒坟；第六代睿亲王、多尔博玄孙如松葬广渠门外马圈，称儒王坟，有牌楼、宫门、享殿、宝顶，墙外遍植松柏；西山五里坨睿王坟葬淳颖、仁寿。朝阳单店有醉公坟，葬多尔衮嗣曾孙塞勒，其人“性爽伉，嗜糟醨，日夜不醒，虽朝会，酒气犹醺然，人呼为醉公”。[128]梆子井村有睿王坟，葬瑞恩、德长、魁斌、中铨。

朝阳区尚有众多王坟，如大北窑有豫亲王多铎、多尼两代园寝；建国门外有努尔哈赤第十二子阿济格的八王坟，占地一顷多，临通惠河、郎家园；九龙山东侧有裕亲王后裔魁章园寝；东大桥有顺治第五子恭亲王常宁园寝。

北京西郊风景秀丽，王爷坟众多。海淀半壁店有果郡王园寝，沙窝村有永璇长子仪郡王绵志一脉园寝；西郊田村有康熙第十子敦郡王允䄉的十王坟；北安河乡北有道光帝第九子孚郡王奕譓之墓（又称九王坟）。妙高峰有道光第七子醇亲王奕𫍽之墓（又称七王坟）。西城复兴门外木樨地、西郊田村北、隆恩寺有饶余郡王阿巴泰家族园寝，俗称祖太王坟，有五道牌楼，第一块正面镌“鹫峰胜地”，背刻“鹿苑丛林”，乃风水吉地，风景绝佳。

石景山福田村南有嘉庆第四子和硕瑞怀亲王绵忻园寝瑞王坟，面积约四千平方米，墓地建有牌楼、神桥、碑亭、享殿、东西朝房、宝顶等，殿堂俨然。园内植有马尾松、白皮松等，繁茂成荫，环境清秀。

丰台王佐镇侯家峪村东有承泽亲王硕塞第二子博翁果诺园寝；大灰厂村有乾隆第五子荣亲王永琪一脉的园寝；王佐村有道光帝长子奕纬园寝。

房山琉璃河董家林附近有淳慎郡王弘暻园寝。上万村有克勤郡王岳托诸子孙坟。[129]长沟乡西甘池村有礼亲王代善第三子颖亲王萨哈麟园寝，藏有11位顺承郡王，岳各庄乡二龙岗亦有顺承郡王锡宝、子顺承恪郡王熙良、长孙东裴英阿坟。[130]坨里乡大南峪有奕绘贝勒园寝，风景最佳。奕绘，荣亲王永琪孙、荣恪郡王绵亿世子，母王佳福晋。嘉庆四年正月十六日生，聪明天纵，十二岁能诗，以笃好风雅，博览群籍，诗文词章名世。初号妙莲居士，又号幻园居士、观古斋主人，中年始号太素道人。奕绘邸中文风昌盛，与王引之、阮元、潘世恩等名儒硕学交游。道光十五年闰六月，自请解去正白旗汉军都统、武英殿事务、镶红旗总族长，欲于泉石林木间消闲岁月。他亲手绘制大南峪诸馆阁房屋法式，命侍卫鄂克陀携家人驻大南峪督建，栽花、植树、辟圃、养牲，建成杨树关、第一桥、山堂、霏云馆、清风阁、牛羊砦、菜圃、红叶庵、大槐宫、东坡小石城十景。嘉庆十八年七月初七日卒，改大南峪为园寝。园寝内古树新植合计六百余株，松、柏、榆、槐、椿、樗、楸、杏、桃、柿、栗、梨、胡桃、银杏、黑枣、合欢、白杨、海棠、玉兰、木瓜悉备，春则野花吐秀，夏泽溪水潺潺，秋则半山红叶，冬则苍松积雪，四时各有景致。磁家务村北有太宗皇太极第五子硕塞一脉的园寝。硕塞，顺治八年封和硕承泽亲王，其子博果铎改为庄亲王。乾隆四十三年获世袭罔替。庄亲王园寝背靠馒头山中的五座山，有前陵、后陵、西陵、西小衙门、小新陵、松树圈、姑娘坟、大立峪八处园寝，葬有除末代庄亲王溥绪外的13位庄亲王，圈内有松树千余棵，圈外栽有柿树、核桃树，气势雄伟，风景绝佳。

昌平黄土南店有废太子、理密亲王允礽第二子弘皙、第三子弘晋园寝；秦城西有乾隆第四子履郡王永珹的四王子坟；半壁店村有乾隆第八子仪亲王永璇园寝；雪山村有乾隆第十一子成亲王永瑆园寝；兴隆口村有永瑆长孙成郡王载锐园寝；白羊城村有乾隆第十七子庆僖亲王永璘、庆良郡王绵慜、庆密亲王奕劻园寝；棉山有嘉庆第三子惇恪亲王绵恺园寝；葫芦河村有道光第八子钟郡王奕詥园寝；崔村乡麻峪村有道光第六子恭亲王奕䜣墓，俗称六爷坟，有宫门、石牌坊、石券桥、碑楼、光绪谕祭驮龙碑、享殿、三座宝顶，规模宏大，风景秀丽。

顺义庄子营村西有和硕和勤亲王永璧墓。永璧，和恭亲王弘昼第二子，雍正十一年六月十三日生，母嫡福晋吴扎库氏，天赋聪敏，礼法娴熟，深得高宗喜爱。乾隆三十五年十月袭封和硕和亲王。三十七年三月初二日卒。其园寝占地近五十亩，有宫门、享殿、月台、宝顶、碑亭等建筑，碑楼内立乾隆三十七年四月谕祭碑一方，地宫系金井玉葬，顶部五层砖券之上砌有宝顶，宝顶和后墙间种有白皮松，东西墙外有杨树和槐树，肃穆森严。永璧墓西有其四子和郡王绵循墓，又西有绵循第三子贝勒奕亨墓。光绪二十四年闰三月，镇国公溥廉卒，亦葬于庄子营，仅土坟一座，规模迥异。

密云西田各庄镇署地村东有雍正第五子和恭亲王弘昼园寝，占地九千多平方米，地宫上建三个大宝顶，墓前有碑、殿、亭、桥等多组建筑；不老屯镇杨各庄村南有乾隆第一子定安亲王永璜、第三子循郡王永璋和第五子荣纯亲王永琪园寝，当地人称“太子陵”。永璜，雍正六年五月二十八日生，母为哲悯皇贵妃富察氏，乾隆十五年三月十五日卒，次日追封和硕定亲王。其园寝占地一万多平方米，宝顶前建有隆恩殿、陵门、神道、神功碑、玉石桥等，陵墙围绕，遍植松柏。[131]穆家峪镇羊山村北有永璜第二子定恭亲王绵恩园寝。绵恩在乾嘉朝颇受重用。乾隆四十一年袭定郡王，五十八年十二月晋定亲王。道光二年六月初一日辰时薨。其墓地占地百余亩，仅古树即有五千余棵，葱郁肃穆。

平谷东樊各庄乡峪口村有康熙第三子诚郡王允祉、贝子弘璟、镇国公永珊、永珊第三子绵策、不入八分辅国公奕果的园寝，位置相对偏僻。

纵观清代北京皇子宗室园寝，周围环境各异，多在风光秀丽处；多遍植名贵古树，肃穆森严；多严格遵守规制。但亦有例外者，从中可见清廷对宗室王公的封赏与裁抑。[132]如乾隆第二子永琏，乾隆三年十去世，年仅九岁，因其为皇后所生，“聪明贵重，气宇不凡”，虽未册立，已赐为皇太子，卒谥端慧。端慧皇太子园寝“琉璃花门一座，广一丈八尺四寸，纵八尺，檐高一丈二尺。前正中飨殿一座，广六丈五尺四寸，纵三丈四尺，檐高一丈四尺。两庑各五间，广四丈八尺，纵二丈四尺五寸，檐高一丈三尺五寸。东有燎炉一座，广九尺三寸，纵六尺六寸，高七尺。南有大门三，广五丈一尺，纵二丈二尺，檐高一丈一尺五寸。门外设守护班房，东西厢各三间，广三丈六尺七寸，纵二丈一尺七寸，檐高一丈二寸。围墙周长一百三十丈二尺，高一丈一尺。”清廷每年遣官祭祀。而同为皇子的乾隆第十二子永璂，则待遇迥异。永瑆生于乾隆十七年四月二十五日，母继皇后乌喇纳喇氏，与乾隆关系不睦而受冷落。乾隆三十年第四次南巡时，她在宫中愤而断发，欲出家为尼，乾隆大怒，夺其封号，打入冷宫，次年七月卒。受母牵连，永瑆生前未获封爵。乾隆四十一年正月二十八日卒，亦未得追封，丧仪反被减等，与乾隆追封长子永璜为定亲王、三子永璋为循郡王、五子永琪死前封荣亲王恩典大异。直至嘉庆四年正月乾隆帝驾崩，三月才被追封为贝勒。

晚清，宗室诸王园寝最具王者之尊者乃道光第七子醇亲王奕譞园寝，俗称七王坟，在北安河西北十余里的妙高峰古香道旁，曾是唐代法云寺旧址，金章宗“西山八院”之一的香水院。园寝建于同治七年，光绪二十六年工成。依山势而设，由低到高，层层有序，有“琉璃花门一座，广一丈四尺，纵五尺二寸，檐高九尺八寸。东西卡子墙各长五丈三尺，高八尺。正中飨殿一座，五间，广五丈三尺，纵二丈七尺，檐高一丈一尺五寸。飨殿前抱厦三间，广三丈三尺，纵一丈五尺，檐高一丈一尺。北面燎炉一座，广九尺三寸，纵六尺五寸，檐高八尺六寸。大门一座，三间，广三丈四尺，纵一丈六尺，檐高一丈。门外设守护班房，南北厢各三间，广二丈八尺，纵一丈六尺，檐高八尺五寸。围墙周长七十一丈九尺四寸，高八尺。黄色琉璃碑亭一座，四面各显三间，广二丈，纵、高一丈三尺八寸。碑高九尺，广四尺，龙首高四尺五寸，龟趺高称之。碑文内恭书皇帝御名”。老北京有很多关于这座王坟的传说，如七王坟院内有株百年白果树，即银杏树，别名公孙树，是佛门圣树。“百日维新”后，帝党与后党形同水火，王爷坟上生长白果树被附会成“白”上“王”下为“皇”，联想到帝王树之说，慈禧颇为忧心，令李莲英率内务府工匠趁夜砍伐，据说树砍倒后从根部不时往外流血（实乃树干中空，内有山蛇盘踞，砍树伤蛇而有血流出），吓坏了李莲英等，以为惊动了神灵。这个神乎其神的传说反映出醇亲王一脉的显赫：出了光绪、宣统两代皇帝。而事实上，奕譞却常处于慈禧的猜忌和抑制中，故其府邸有退省斋、思谦堂，其墓地北阳宅名退潜别墅，以寄意悠闲。从妙高峰上远眺，七王坟遍植白皮松，葱翠茂密；四周峰峦起伏，田野宽阔；退潜别墅内祠堂、享殿、厅廊、花园等构思精巧，极具园林建筑之美。

从清代北京宗室王公的园寝，可以看出宗室王公地位的高低与盛衰变迁，以及皇权的尊严与严酷。从纵向上看，清前期北京宗室王公园寝规模宏大，数量众多；其后由于近代历史及社会变迁，由盛兴渐趋衰落。随着清王朝灭亡，很多宗室王公园寝被兵匪盗掘、风雨侵蚀和人为破坏而残破不堪，成为历史遗迹。

第七节 公共游娱园林

顾名思义，公共游娱园林具有游览性、娱乐性、公共性。

清代北京，私园提供文人士大夫雅集宴游的风气浓厚。时文人士大夫多翰詹词臣，例属闲曹，得暇则遍访各家园林，优游观赏，园林宴集，行文酒之会，觞咏酬唱，怡情养性，将江南诗文风会的极盛状况在京师园林中延续和展现开来，成为文人士大夫潇洒世俗之外的清雅文化生活模式与社交常态。这些庭园中的诗文之会，以康乾盛世为最盛。这些风会人物，多为翰苑词臣、天子近臣、翰詹清要，以其天赋奇情、博学鸿词、才学名节、风流文采、字画文学、经学史学而名重一时，点缀着皇朝的文治武功，或在寺庙园林、或在庭园中交游、宴会觞咏、放意诗酒，使京师园林具有了"风雅"、"儒雅"、"雅致"、"博雅"之气韵及繁艳的文人气息，并延续传承下去，成为京师文化传统与独特的人文景观，为天下士人遐往，"当日风流哉，集茶烟相望，令人艳想"。(133)

清代，三海等处皆为禁地，"夏日，南人好水嬉者，东则东便门外之二闸（即通惠闸），赴通州之河道也。河流如带，破艇三五，篙人裸体，赤日中撑舟，殊无佳景。北则德胜门之积水潭。南则彰仪门之南河泡，高柳长槐，稍有江乡风景。城中则争趋于什刹海，荷田数顷，水鸟翔集，堤北有会贤堂，为宴集之所，凭栏散暑，消受荷风，士流乐之"。(134)城北什刹海、后海、积水潭一带风景幽美，是京城游人集聚之区：

自地安门以西，皆水局也。东南为什刹海，又西为后海。过德胜门而西，为积水潭，实一水也，元人谓之"海子"。然都人士游踪，多集于什刹海，以其去市最近，故裙屐争趋。长夏夕阴，火伞初敛。柳荫水曲，团扇风前。几席纵横，茶瓜狼藉。玻璃十顷，卷浪溶溶。菡萏一枝，飘香冉冉。想唐代曲江，不过如是。昔有好事者于北岸开望苏楼酒肆，肴馔皆仿南烹，点心尤精。小楼二楹，面对湖水。新荷当户，高柳摇窗。二三知己，命酒呼茶，一任人便，大有西湖楼外楼风致。余至湖上必过之，乃以富豪所不喜，竟至闭门。未几为山左人所赁，改建连楼。云窗雾阁，烹鲜击肥，全是市井一派，而车马盈门矣。若后海则较前海为幽僻，人迹罕至，水势亦宽。树木丛杂，坡陀蜿蜒。两岸多古寺，多名园，多骚人遗迹。诒晋斋居其北，诗龛在其西，虾菜亭、杨柳湾、李公桥、什刹海皆萃此地。湖上看山，亦此地最畅。昔翁覃溪先生曾集二十四诗人于湖上酒楼，每月有诗会。一时群羡为神仙中人，如法石帆、何兰士、顾南雅、王惕夫、张南山、宋芝山诸人皆与。[135]

什刹海：

荷花最盛。每至六月，士女云集，然皆在前海之北岸。他处虽有荷花，无人玩赏也。盖德胜桥以西者谓之积水潭，又谓之净业湖，南有高庙、北有汇通祠者，是也。德胜桥以东，昔成亲王府、今醇亲王府前者，谓之后海，即所谓什刹海者是也。三座桥以东、响闸迤左者，谓之前海，即所谓莲花泡子者是也。今之游者但谓之什刹海焉。凡花开时，北岸一带风景最佳：绿柳垂丝，红衣腻粉，花光人面，掩映迷离，直不知人之为人，花之为花矣。谨按，《日下旧闻考》：积水潭净业湖一带，古名海子。园亭极多，有莲花社、虾菜亭、镜园、漫园、杨园、定园诸胜，今皆析为民居矣。[136]

可见，京师很多私家园亭，后多析为民居，什刹海一带转化为庶民游娱胜地。

相比之下，城南公共游娱之地较多。如金鱼池，在崇文门外西南，天坛之北，又称鱼藻池：

（南药王庙）西为金鱼池，育养朱鱼，以供市易。都人入夏，结棚列肆，狂歌轰饮于池沼之上。旧传有瑶池殿，今不可寻矣。居人界池为塘，植柳覆之，岁种金鱼以为业。池阴一带，园亭甚多，南抵天坛，芦苇蒹葭，一碧万顷。[137]

清初，有端午游赏之举，留下诗篇无数，从中可见昔日胜景，如：王鸿绪（号横云）有“花底张云幔，风光满碧汀。一杯同洛禊，曲水即兰亭”之句。王士祯有：“记来剧饮暮春天，络马青丝白玉鞭。却倚回廊望珠箔，吴歌赵舞为君妍。”[138]

天坛道院，牡丹、桃花等四时开放，吸引士大夫前来，留下诗篇无数，如：

> 碧落清虚人罕到，香林诘屈马偏谙。
> 玉壶酒贮芳春思，石鼎诗联永夜谈。
> 共说元都添绝艳，不须崇敬访名蓝。（胡会恩《道院看牡丹》）
> 尺五天边春昼晴，同游南陌麴尘生。
> 客来弥勒龛中坐，诗向桃花潭上成。（冯廷魁《神乐观送同年之官》）
> 风蝉吟不尽，返影下林丘。（鲍西冈《坐树下》）[139]

陶然亭，在黑窑厂南慈悲庵内，始建于辽，康熙二年重修。庵“西面有陂池，多水草，极望清幽，无一点尘埃气，恍置身于山溪沼沚间”，工部郎中监督厂事江藻“坐而乐之，时时往游焉”。康熙三十四年，在庵内西偏构一小轩，取白居易“一醉一陶然”之句，认为“余虽不饮酒，然来此亦复有心醉者，遂颜曰陶然”。[140]陶然亭“坐对西山，莲花亭亭，阴晴万态。亭之下菰蒲十顷，新水浅绿，凉风拂之，坐卧皆爽”，有“软红尘中清凉世界”之誉，[141]自来题咏众多，“宣南士夫宴游屡集，宇内无有不知此亭者。其荒率之致，外城不及万柳堂；渺弥之势，内城不及积水潭，徒以地近宣南，举趾可及，故吟啸遂多耳。”[142]春秋佳日，宴会无虚，楹联、题咏及诗人唱和颇多，查慎行《游陶然亭》诗形容：

> 望远村东缓辔游，忽从饮马得清流。
> 黄尘乌帽抽身晚，白露苍葭洗眼秋。
> 风偃万梢铺井底，日斜双鹭起城头。
> 谁怜一派萧萧意，我是江南不系舟。

陶然亭宴集话别，即席赋诗，成为传统，吴省钦、吴省兰、曹仁虎、程晋芳、阮葵生、赵文哲、陆锡熊等曾集陶然作展重阳会，送董潮假归海盐，联句五十韵。各省公车至京，场后同乡亦在此宴集。《藤阴杂记》作者戴璐曾在陶然亭设宴，孙人龙、严源焘、吴岩等在座，饮酒论文，不醉不归，此举四十余年不废。[143]同治初年，政局相对平稳，“南方底平，肃（顺）党伏诛，朝士乃不敢妄谈时政，竞尚文辞，诗文各树一帜，以潘伯寅（潘祖荫）、翁瓶叟（同治、光绪两朝帝师、状元宰相翁同龢）为主盟前辈”。[144]这时的文人诗酒之会，很是公开且活跃。据载：

> 同、光间，某科会试场后，潘文勤公祖荫、张文襄公之洞大集公车名士，宴于京师陶然亭。所约为午刻。先旬日，折柬招之，经学、史学、小学、金石学、舆地学、历算学、骈散文、诗词，就其人之所长，各列一单，州分部居，不相溷也。凡百余人，如期而至，或品茗谈艺，或联吟对弈，无不兴高采烈。[145]

清末，内忧外患交迫，陶然亭文人雅集盛况不复。

黑窑厂，国初宴游之地，春秋登高诗充栋。龚鼎孳曾招汪苕文、王士祯、李湘北、陈其年为董玉虬饯行，以秦州杂诗分韵。“城南隙地，最多古园。国初尚存封氏园、刺梅园、王氏怡园、徐氏碧山堂、赵氏寄园、某氏众春园，皆昔日名流燕赏，骚客盘桓之所。”[146]刺梅园：

> 士大夫休沐余暇，往往携壶榼，班坐古松树下，觞咏间作。谭舍人吉璁佐郡延安，同官于此祖饯，联句五十韵。

朱竹垞《同何侍御元英钦松下》诗：

> 禁烟高柳遍龙潭，未得同游只自惭。
> 小春风携最好，又骑骢马到城南。

又《刺梅园饯陆进》诗：

> 刺梅园里青松树，笑我重来竟白头。

孙松坪致弥诗：

> 好觅南邻朱检讨，典衣还醉刺梅园。[147]

丰台草桥，在右安门外十里，“众水所归。种水田者资以为利。土近泉宜花，居人以莳花为业。有莲花池，香闻数里。牡丹芍药，栽如稻麻。”[148]京都花木之盛，“惟丰台芍药甲于天下。……京师丰台，于四月间连畦接畛，倚担市者日万余茎。游览之人，轮毂相望……土近泉宜花，居人以种花为业。冬则蕴火暄之，十月中牡丹已进御矣。”[149]明天启年间，在草桥以北中顶村建碧霞元君庙，俗称中顶。清代，每年六月初一日有庙市，“市中花木甚繁，灿如列锦，南城士女多往观焉。”[150]六月初一这天，“各行铺户攒聚香会，于右安门外中顶进香，回集祖家庄回香亭，一路河池赏莲，箫鼓歌，喧呼竟日。”[151]芍药花事吸引了仕宦文人、平民百姓甚至皇帝的兴致，汤右曾有《丰台看芍药》诗二首咏曰：

晓色葱茏金障开，殿春花事数丰台。
天公雨露园公力，等是批红判白来。

又：

休嗟狼藉市门前，绕郭栽花望畛连。
当日洛阳全盛日，一支姚魏直万钱。

宋至有同名诗描写道：

昨日慈仁买花归，插满铜瓶香彻夜。
今日丰台赏花来，铺茵更坐芳丛下。
溥溥朝露犹未晞，东风吹过珠还泻。
珊瑚成堆玉作盘，殷红腻白纷低亚。
晴郊士女如云屯，野老孤亭容我借。
南国美人怅望遥，赋手空怀鲍与谢。
适情无事张华筵，白酒黄鸡供村舍。
帽侧狂歌惊四邻，醉来欲啖昆仑蔗。
长安贵游尽奢豪，杂沓欢呶犹梦怕。

朱彝尊有《王书招同人宴集丰台药圃》诗曰：

上苑寻幽少，东山载酒行。发函初病起，出郭始心清。
元老风流独，群贤少长并。甘从布衣饮，真得古人情。

又曰：

山田围辋水，左右出丰台。是日孤亭坐，繁花四面开。蚁浮倾更满，蝶舞去翻来。

王鸿绪有《宛平太傅别业看芍药》诗：

凤城南陌敞云庄，红药翻阶绕径芳。
独殿三春矜绝丽，竞分五色炫新妆。

又：

重枝累叶荫云根，雨露偏滋独乐园。
自是黄腰登宰辅，那随青草号王孙。
春来士女千群出，香入衣裾数日存。

唐孙华有《宛平公招同丰台园中观芍药》诗：

芳园十里笋舆便，醉露欹红正斗妍。
百和香吹花似海，千巡杯送酒如泉。

赏花同时，间有诸多逸事，如毛奇龄与丰台卖花女的故事。该女姓张名阿钱，“目有曼光”，“明慧能诗”，陈维崧为其取名“曼殊”，被毛纳为小妾。后患“奇疾”，病剧，作《留视图》，梁清标相国题云：

百朵云光绾髻斜，焚香小坐澹铅华。
画图展向春风里，好护丰台第一花。(152)

曼殊逝后，毛奇龄作别志，并录同馆汪懋麟、汪楫、赵执信诸人哀挽之作，词多婉丽。

草桥有祖园，为祖氏园亭，“一泓清池，茅檐数椽，水木明瑟，地颇雅洁，又名‘小有余芳’，春夏间，多为游人宴赏。”(153)嘉庆六年被水冲圮，后被明保（满洲正红旗人，漕督嘉谟之子，和坤继母之堂弟）购得，力为构葺，修缮未终，而明保遽卒，殊为可惜。该园盛时，曲水环绕花圃，水石林亭，擅一时之胜，游草桥、丰台者，往往过焉，如下诗作再现了其胜景，如：

曾随胜侣到云庄，绿柳参天夹道长。
坐树黄鹂迎客语，窥鱼白鹤爱溪凉。
幽岩樽酒宜晴日，小阁蒲荷恍故乡。（王鸿绪《夏日同人祖园宴集》）
依然春草樊川路，并马来过覆盎门。
记得城南天尺五，绿芜红药水边村。（王士祯《过祖氏园亭》）
春光偏向客中催，选胜城南并马来。
多少闲愁消欲尽，路旁茅屋绛桃开。（宋荦《游祖园》）
出郭不数里，名园傍水涯。芦花围野岸，杨柳几人家。
小阁临池迥，疏篱抱径斜。到来幽兴极，竟日许停车。
泯泯濠梁上，萧萧落叶天。柳歌鱼拨刺，荷碎鹭联拳。
曲水萦花圃，晴云下渚田。小山遗胜在，临眺几流连（去园里许有九莲寺）。
更寻黄叶寺，几眺白云秋。径曲双桥隐，门开一般幽。
残碑频系马，过客倦登楼。叹息前朝事，西风芦荻洲。（康熙朝礼部左侍郎严我斯《游祖氏园》）

另有陈廷敬《重游祖氏园》、胡会恩《祖园观荷至万泉寺》、王式丹《城南褚氏园亭宴集》诸诗。[154]

京师四时之景物中，与人们活动关联最多的是寺庙，换言之，寺庙面向广大的香客、游人，既是香火之地，也是群众观赏游乐之地，成为一种公共娱乐与游览空间，比如：

京师正月朔日后，游白塔寺。望，西苑旃檀寺看跳喇嘛、打莽式、打秋千……十九日，集邱长春庙，谓之燕九。二三月，高梁桥踏青，万柳堂听莺，弄筌篌，涿州岳庙进香迎驾。四月，西山看李花，海棠院看海棠，丰台看芍药，煮豆子结缘，送春赛会。五月，游金鱼池，中顶进香，药王庙进香。……七月中元夜，街市放焰口，点蒿子香，燃荷叶灯。八月中秋夜，踏月买兔儿王。九月登高，花儿市访菊……。[155]

京城内外，寺、庙、庵、宫、观、堂、庙、祠等遍布，在城内和郊区形成若干以寺庙为中心的各阶层公共游娱胜地。有些寺庙本身并不具有园林特色，但周围环境为名胜所在、或有湖水溪流（如积水潭、什刹海、泡子河、高梁河一带），或以花木闻名（如丰台草桥一带），地近市区，风景怡人，颇吸引香客游人。著称者如灵佑宫、太阳宫、东岳庙、精忠庙、药王庙、白云观、慈仁寺、悯忠寺（法源寺）、净业寺、千佛寺、大隆福寺、韦公寺、长椿寺、白塔寺、法云寺等。[156]

如灵佑宫，查慎行有《凤城新年词》："才了歌场便买灯，三条五剧一层层。东华旧市名空在，灵佑宫前另结棚。"陈维崧有《同人集灵佑宫会饮》诗。陈廷敬有《至日陪祀同王阮亭灵佑宫早起》诗。又如精忠庙，在金鱼池西，祀岳忠武，"自灵佑宫灯市罢后，庙设烟火，人竞往观"。[157]如盆儿胡同的玉皇阁，严我斯有《登玉皇阁》诗：

> 城西杰阁俯晴空，极目凭阑兴不穷。
> 双阙烟生缥缈外，万山青在有无中。
> 题诗旧日苔痕碧，著屐重来柿叶红。
> 双阙生缥缈外，万山青在有无中。
> 题诗旧日苔痕碧，著屐重来柿叶红。
> 莫惜登高佳节过，好携尊酒送飞鸿。[158]

如蟠桃宫，在东便门内：

> 河桥之南，曰太平宫，内奉金母列仙，岁之三月朔至初三日，都人治酌呼从，联镳飞鞚，游览于此。长堤纵马，飞花箭洒绿杨坡；夹岸联觞，醉酒人眠芳草地。[159]

如东岳庙：

> 朝阳门外二里许，延佑中建庙，以祀东岳天齐仁圣帝。……岁之三月朔至廿八日设庙，为帝庆诞辰。都人陈鼓乐旌旗，结彩亭乘舆，导驾出游，观者塞路。进香赛愿者络绎不绝。南城右安门内横街之东，亦有庙祀，两庑为十地阎君之殿。凡有向涿鹿山进香者，预期致祭于此，名曰发信。各庙游人了香愿毕，于长松密柳之下取醉而归。[160]

如白云观：

都日人至正月十九日，致酹祠下，为燕九节。车马喧阗，游人络绎。或轻裘缓带簇雕鞍，较射锦城濠畔；或凤管鸾箫敲玉版，高歌紫陌村头。已而夕阳在山，人影散乱，归许多烂醉之神仙矣。(161)

如碧霞元君庙，京师香会最胜：

庙祀极多，而著名者七：一在西直门外高梁桥，曰天仙庙，俗传四月八日神降，倾城妇女往乞灵佑；一在左安门外弘仁桥；一在东直门外，曰东顶；一在长春闸西，曰西顶；一在永定门外，曰南顶；一在安定门外，曰北顶；一在右安门外草桥，曰中顶。又有涿州北关、怀柔县之丫髻山，俱为行宫祠祀。……每岁之四月朔至十八日，为元君诞辰。男女奔趋，香会络绎，素称最胜。惟南顶于五月朔始开庙，至十八日。都人献戏进供，悬灯赛愿，朝拜恐后。(162)

又如慈仁寺，歌咏诗作不胜枚举，透过诗中人、物、景、事、诗、文，可见其景致，如潘耒：

一窗幡影看烧笋，满院松阴听弈棋。
多少龙山泥饮客，篮舆风味有谁知。

查慎行：

高林鸣枯风，院静如泼水。时有杖藜僧，下阶拾槐子。

王鸿绪：

慈仁寺里海榴红，却与江南色相同。
移向小庭闲伫立，绛唇微语曲栏风。

高珩：

一月招提到几回，长松百丈羽幢开。
市人熟识应含笑，又向东廊看画来。

慈仁寺内有大毗卢阁：

> 高三十六级，长廊四周，城市郊原，历历可睹。仰瞻宫阙，如傍云霄；俯眺西山，俨入襟袖。殿前双松，时已称数百年物。东一株高四丈余，偃盖三层，涛声满天；西一株仅二丈余，低枝横荫数亩，鳞皴爪攫，以数十红架承之。阮亭作《双松歌》，又言其下可置数十席。又有海棠院，海棠干数围，亦元时物。阁后有窑变观音，高尺许，宝冠绿帔，相极慈悲。珠龛宝座，装饰精严，游人瞻玩，辄不能去。曹溶有《九日登高》诗：
>
> 相怜皂帽俯长松，斜日蓬蒿古殿钟。层阁萧条飞燕雀，满城苍翠落芙蓉。宋琬有《慈仁寺看海棠作》：
>
> 维摩室外沙棠树，疑是散花天女移。妖靥最怜终半放，快游不必定前期。蝶衣乱舞轻风下，莺语流连夕照时。查嗣栗有绝句曰：十三松下小回旋，杰阁毗卢尺五天。笑指卢沟桥上影，人随车马蚁衔连。(163)

又如长椿寺，明孝定太后建，寺中供奉太后像及九莲菩萨画像，为清初文人雅士宴集之地。徐嘉炎有《展田妃像》诗。潘耒有《和重九益都公集长椿寺》诗：

> 才陪秋禊过山堂，又赴离筵到竹房。
> 随地黄花皆栗里，有人皂帽忆鲈乡。
> 笼纱句入禅心妙，煨芋身贪佛日长。
> 容得逍遥称大隐，侏儒不用笑东方。

胡南苕《雨后过长椿寺夜集》诗曰：

> 花宫过骤雨，暑月似凉秋。积水空无际，遥天翠欲流。
> 星花穿树动，人语隔池幽。永夕抒清啸，忘机一唱酬。

朱彝尊《送梁药亭佩兰长椿寺联句》记与姜宸英、梁佩兰、陆嘉淑、魏坤、张云章、陈叔毅、朱载震、汤右曾、查慎行、俞兆曾诸人雅集，同声唱和。毛奇龄有《陪益都夫子长椿寺观剧》诗谓：

春色融融起化城，楝花风发坐来清。
当轩一奏开元乐，满院如闻上苑莺。

龚鼎孳爱妾顾媚（横波夫人）在寺旁建座妙光阁，陈廷敬、汤右曾等名士在此登高觞咏，冯溥有《九日登阁》，陈维崧有《重阳登高》、《戊申九日登长椿寺妙光阁》，张大受有《妙光阁看丁香花用昌黎出游诗韵》，潘耒有《和重九益都公集长椿寺》，徐嘉炎有《陪合肥夫子招集妙光阁度曲看花》二律，查慎行有《步入一茎庵登妙光阁》诗曰：

偶然联客袂，随意叩禅关。门径忽新改，居僧出未还。
一尖城上塔，几点树头山。此处宜看雪，危梯约再攀。

妙光阁后有九莲阁，王渔洋有《与郑山公登九莲阁》诗述曰：

凭栏试聘望，远近一寒林。不见西山色，苍茫云外深。(164)

到寺庙赏花是清代京师人一大乐趣。清代寺庙园林种花极为兴盛，如"功德寺种花地二十亩，丰台种花地六十亩，凡宫廷陈设花卉，由丰台、功德寺二处园头交。"(165)其他"都门花事，以极乐寺之海棠，枣花寺之牡丹，丰台之芍药，什刹海之荷花，宝藏寺之桂花，天宁寺之菊花为最盛。春秋佳日，挈榼携宾，游骑不绝于道也。"(166)有很多游天宁寺诗作，如：

篮舆携伴惬幽怀，古寺寒钟景色佳。
开阁青山方满座，入门红药已翻阶。
……
会向射堂看秉烛，知君不惜酒如淮。（徐憺园《游天宁寺至白云观》）

又：

槛外开皇塔，三千六百铃。天风吹不定，一夜枕函听。
砌咽寒虫语，窗摇独树形。故人眠未稳，吟傍佛前灯。
（朱彝尊《天宁寺大风和徐处士韵》）

又：

千载隋皇塔，嵯峨俯旧京。相轮云外见，珠网日边明。
净土还朝暮，沧田几变更。（王士祯《天宁寺观浮图诗》）

尚有朱彝尊《寓天宁寺》、查嗣栗《塔灯》、尤侗《再游天宁寺》诸诗。[(167)]崇效寺，在柳湖村西：

旧是城南联句处，满天诗色碧云高。（吴士玉诗）

朱彝尊有《过寺诗》云：

白花秋细细，红枣晚攒攒。更上荒台望，遥山五髻盘。

宋荦有《秋日同人游圣安、崇效二寺》诗：

柳湖古寺市南头，芳草闲房处处幽。
岁月已同游伴改，依然文宴此中留。

王式丹诗：

尚书清兴属萧晨，野寺烟光洽主宾。
莫讶门前驻车马，官场自有爱闲人。

缪沅诗：

停云回忆殿西头，种树参天翠色幽。

郭元釪诗：

圣安寺是尚书寺，不让佳名擅枣花（王渔洋改崇效为枣花寺）。

宋至诗：

忆陪蚕尾老尚书，枣剥空庭月上初。
草色依然僧磬冷，梦回忽复十年余。

吴雯《崇效寺雪坞上人种竹》诗：

崇效窗前竹几竿，移来依旧碧檀栾。
敲风忽醒三生梦，过雨真添五月寒。

陈廷敬有《崇效寺看枣花书雪坞诗后》、《枣林寺门遇袁杜少》诗。王士祯有《甲戌五月望日，宋山言至邀过崇效寺，访雪坞法师看枣花同赋》、《雪中怀拙庵》诗。田雯有《坐雪坞三语轩茶话》诗。阮葵生在《法时帆学士旧藏诗册跋》中记三十年前，从庙市购一诗册，皆己未博学鸿词翰林赋送邱象随洗马回淮南之作，有彭孙遹、陆棻、徐嘉炎、庞垲、袁佑、冯勖、乔莱、李铠八人同游崇效寺看梅之作（羡门、石林二公不与），足见前辈之惊才绝艳与风流倜傥，让人倍觉“百年前风会人物，宛乎可想”。[168]

清代，“三山五园”建成后，长河成了清代帝王前往颐和园的水路，数百年来，长河沿线的古河道，保留了大量的寺庙园林，如广通寺、极乐寺、五塔寺、大慧寺、白石桥、紫竹院行宫、延庆寺、广源闸与龙王庙、西顶庙等。西山山麓沿线寺庙亦多，妙峰、弘教、圣感、潭柘、悬应、西域、戒坛、香山、碧云、法海、卧佛、大觉、普照、莲花、秀峰、龙泉寺、上方诸寺及响塘庙、金仙庵、黄普院等，皆为寺庙园林名胜。这些古刹多耸立于山巅，给人以至高无上、梵宇独尊、人间天上之感，既富有宗教气氛，又为名山增添园林异彩；或隐于群山环抱中，需经峰回路转后才可见洞天。清代有“京都山水佳境，半归寺观，而以碧云香界潭柘为尤胜”之评，[169]“游览之地，如西山妙峰弘教、圣感、潭柘、悬应、西域、戒坛，香山碧云、法海、卧佛等寺，极称名胜。岁之四月，都人结伴联镳，攒聚香会而往游焉”。[170]或访胜寻幽，或探春消夏，或赏秋踏雪，四季游人络绎。

北法海寺，在万安山（西山从香山往南到八大处、与平原接壤的第一道山体）全称“万安山法海寺”，又称“凤凰山法海寺”，元代为宏教寺（清初朱彝尊《西山宏教寺题壁》认为西山宏教寺是明正德间中贵晏忠所造），亦作弘教寺，寺内有弘教禅林刻石，故又称宏教禅林。顺治十七年夏赐修，改为法海、法华两寺。雍正、乾隆年间屡次修缮、扩建，成为“山中第一大寺”。有三进院落。第一进院落中路有两通康熙五年立二石碑，左为《敕赐万安山法海禅寺十方碑记》，右为刑部尚书龚鼎孳撰《御赐法海禅寺碑记》。碑后是弥勒佛殿，有乾隆帝御书“德水香林”匾额及“法雨霏空七净；慧珠照海启三明”楹联。弥勒佛殿后是钟楼和鼓楼。第二层院落有大悲殿，正殿前御书“筏通彼岸”额及“山色溪声真实义；天光云影去来身”楹联；后殿恭悬圣祖御书“法门通慧”额、乾隆御书“十地圆通”额及“华海灵源分一滴；金轮妙谛演三乘”楹联。殿左右有御制石碑各一，左碑阳刻顺治帝为慧枢和尚御书的“敬佛”二字，并有御书、痴道人题刻，碑阴刻“西天东土历代佛祖之图”；右碑为“奉旨示禁碑”，碑阳刻“严禁伐林放牧”诏书，碑阴刻“万古流芳”及“敕赐万安山法海禅寺界址：东至山门塔，南至龙泉岭，西至主山顶，北至香山岭”。最后一层院落分左右两路，右为方丈院，有精舍五楹，有乾隆御书“悟色香空”额及“妙谛远空华海藏，勤修长护福田根”楹联。法海寺建筑雄伟，依傍山势，“有石桥鱼池，前有流泉亭，有乔松怪石，佛像清古，为山中第一”，[171]是京城文人墨客访古探幽、题咏尽兴佳处。乾隆元年，“扬州八怪”之一的郑板桥第二次进京中进士后曾到此拜访仁公上人，“宾主吟声合，幽窗夜火燃。风铃如欲语，树鹤不成眠。”并作《法海寺访仁公》诗曰：

> 昔年曾此摘苹婆，石径攲危挽绿萝。
> 金碧顿成新法界，惜地荒朴转无多。
> 参差楼殿密遮山，鸦雀无声树影闲。
> 门外秋风敲落叶，错疑人叩紫金环。
> 树满空山叶满廊，袈裟吹透北风凉。
> 不知多少秋滋味，卷起湘帘照夕阳。

注释：

（1）（清）赵尔等：《清史稿》卷二一五《列传》二《诸王一》。

（2）清代自太祖至德宗计有皇子 115 人（含储君及承继子、兼祧子），其中太祖系有 16 人（褚英、代善、阿拜、汤古代、莽古尔泰、塔拜、阿巴泰、皇太极、巴布泰、德格类、巴布海、阿济格、赖慕布、多尔衮、多铎、费扬果），太宗系 11 人（豪格、洛格、洛博会、叶布舒、硕塞、高塞、常舒、第八子、福临、韬塞、博穆博果尔），世祖系 8 人（牛钮、福全、玄烨、荣亲王、常颖、奇授、隆禧、永幹），圣祖系 24 人（允禔、允礽、允祉、允禛、允祺、允祚、允祐、允禩、允禟、允禨、允禌、允祹、允祥、允禵、允禑、允禄、允礼、允祄、允禝、允祎、允祜、允祁、允祕，早殇未序齿者承瑞、承祜、承庆、赛音察浑、长华、长生、万黼、允禶、允禐、允禨、允禝），世宗系有 10 人（弘晖、弘昀、弘时、弘历、弘昼、弘瞻、弘昐及未序齿者福宜、福沛），高宗系有 17 人（永璜、永琏、永璋、永城、永琪、永瑢、永璇、第九子、第十子、永瑆、永璂、永璟、永琰、第十六子、永璘），仁宗系有 5 人（穆郡王、旻宁、绵恺、绵忻、绵愉），宣宗系有 9 人（奕纬、奕纲、奕继、奕䜣、奕琮、奕䜣、奕譞、奕詥、奕譓），文宗系 3 人（载淳、悯郡王、载湉）、穆宗系德宗系 1 人（溥仪）。

（3）恭亲王奕䜣，道光帝第六子。1860 年英法联军进攻北京，咸丰帝逃往承德避暑山庄，命奕䜣为议和大臣，留京与英法联军谈判。此后，奕䜣掌管“总理各国事务衙门”，负责洋务外交。“辛酉政变”中助慈禧除掉肃顺等顾命八大臣被封为议政王，后任军机大臣，开启了同治朝“二元政治”格局。同治四年慈禧以“信任亲戚，内廷召对时有不检”为由罢议政王。十三年又以“召对失仪”为由，降为郡王。光绪十年中法战争时，以“不欲轻言战”为由罢职，令“家居养疾”。二十年中日战争爆发，被重召回朝。

（4）李治亭主编：《爱新觉罗家族全书》第五册《家法礼仪》，吉林人民出版社 1997 年版，第 214 页。

（5）贾珺：《北京恭王府花园新探》，《中国园林》2009 年第 8 期。

（6）贾珺：《北京西城棍贝子府园》，《中国园林》2010 年第 1 期。

（7）汤羽扬、贾珺：《海淀乐家花园》，《古建园林技术》2002 年第 1 期。

（8）贾珺：《北京西郊礼王园再探》，《中国园林》2008 年第 2 期。

（9）贾珺：《北京西郊承泽园》，《中国园林》2008 年第 4 期。

（10）（15）（32）（清）震钧：《天咫偶闻》卷三《东城》，北京古籍出版社 1982 年版，第 66、63—64 页。

（11）（清）赵尔巽等：《清史稿》卷四八四《列传》二七一《文苑》一。

（12）（清）昭梿：《啸亭杂录》卷二“成王书法”，中华书局 1980 年版，第 46 页。

（13）（清）昭梿：《啸亭杂录》卷九“宁王养菊”，第 266 页。

（14）（清）钱泳：《履园丛话》卷二十《园林》，中华书局 1979 年版，第 520 页。

（16）（清）铁保辑：《熙朝雅颂集》，辽宁大学出版社 1992 年版。

（17）参阅并转引自：冯佐哲：《和珅与北京》，《中华文史网 · 清史研究 · 专题研究 · 政治》。

（18）贾珺：《北京西城涛贝勒府园》，《中国园林》2008 年第 5 期。

（19）贾珺：《北京后海振贝子花园》，《中国园林》2007 年第 6 期。

（20）（清）赵尔巽等：《清史稿》卷二一五《列传》2《诸王一》。

（21）北京市地方志编纂委员会办公室：《北京市地情资料网》，燕都风物之王府寻踪。

（22）（清）震钧：《天咫偶闻》卷十《琐记》，北京古籍出版社 1982 年版，第

212—213 页。

（23）转引自刘凤云：《清代北京文人官僚的居家观念与时尚》，《北京社会科学》2004 年第 2 期。

（24）（清）纳兰性德：《通志堂集》卷五，上海古籍出版社 1979 年版，第 196—197 页；卷 13，第 510—512 页。

（25）什刹海西北侧曾有明文渊阁大学士李东阳和大太监李广宅邸。李广因出行方便，在月牙河上（今羊房胡同东口与后海南沿间）建一座石拱桥，人称“李广桥”，或“李公桥”、“黎广桥”。李广桥一带风景秀丽，“明湖滉漾，大似江南水国，每过其地，辄令人起秋风莼鲈之思。有龙庆堂，水槛回廊，轩窗四敞，盛夏人其中，一望芰荷芦荻间，与凫鹭鸥鹭上下浮沉，熏风滕凉，心清香妙，恍如置身海上三神山。明时金鳌玉蛛，深禁籞，诸臣得承恩直西苑赏花钓鱼者，诩为希世之荣。圣朝与民同乐，西海子许游人来往，紫宸美富，咸得瞻仰。庆龙堂近依禁城，水木明瑟，别有林泉野趣，亦必不可少此境界也。嘉庆间有小有天园，今无之矣”。——（清）杨懋建：《京尘杂录》卷四《梦华琐簿》。

（26）（清）昭梿：《啸亭杂录》卷九“诗龛”条，中华书局 1980 年版，第 275—276 页。

（27）（135）（清）震钧：《天咫偶闻》卷四《北城》，第 87—88、85—86 页。

（28）（清）赵尔巽等：《清史稿》卷四八五《列传》二七二《文苑》二。

（29）（清）洪亮吉：《更生斋文集》卷三，民国四部备要本。

（30）麟庆，字伯余，号见亭，满洲镶黄旗人，金世宗后裔，嘉庆十四年进士。道光间官江南河道总督十年，后以河决革职，旋再起，官四品京堂。其人宦迹大江南北，所至山水名胜由幕僚汪春泉、陈朗斋等为记并作图，成《鸿雪因缘图记》。

（31）（清）麟庆：《鸿雪因缘图记》第三集之半亩营园、近光伫月、退思夜读、拜石拜石、琅嬛藏书，道光二十九年刻本。

（33）有关那家花园参见贾珺：《台榭富丽水石含趣——记清末京城名园那家花园》，《中国园林》2002 年第 4 期。

（34）储兆文：《中国园林史》第七章《中国古典园林的集大成期（元明清）之清代园林》，东方出版中心 2008 年版。关于清代园林的概况、发展阶段、特点等是本文写作的重要参考。

（35）参阅张宝章：《何处自怡园?》，《圆明园遗址公园圆明园研究》第 16 期、《昔时自怡园到底在何处?》，《精解纳兰词百科》。

（36）康熙三十二年，举乡试。其后圣祖东巡，以大学士陈廷敬荐，诏诣行在赋诗。又诏随入都，直南书房。寻赐进士出身，选庶吉士，授编修。康熙帝幸南苑，捕鱼赐近臣，命赋诗。慎行有句云：“笠檐蓑袂平生梦，臣本烟波一钓徒。”不久宫监便以“烟波钓徒查翰林”传呼之。充武英殿书局校勘，乞病还。因弟查嗣庭得罪，“阖门就逮。世宗识其端谨，特许于归田里，而弟嗣瑮谪遣关西，卒于戍所。”——（清）赵尔巽等：《清史稿》卷四八四《列传》二七一《文苑》一。

（37）《自怡园记》曰：“……今者海宇荡平，国家清晏，时和而年丰，含生之伦，靡不各遂所欲。公于斯时乃得从容逸豫，时奉宸游。……回思十年前，公方枋国，庙堂之上，旰食宵衣，以削除寇乱为务。洎乎小腆就平，而公亦旋解机务矣。岂非先忧后乐，各有其时？而台池鸟兽之乐，传所称‘与民偕乐，故能独乐’者与！余田野布衣，生长山陬水澨，屡获从公游，承命而为记，既以贺兹地之遭，且俾世人知公获享林泉之乐者，由于手佐太平也。”——聂世美选注：《查慎行选集·自怡园记》，上海古籍出版社 1998 年版。

（38）清代，亦有少数汉族大员在内城获赐宅邸。昭梿《啸亭续录》卷一“赐宅”条记载：“定制，汉员皆侨寓南城外，地势湫隘，凡赁屋时，皆高其值，京官咸以为苦。又聚集一方，人情諈诿，势所不免。列圣咸知其弊，故汉阁臣多有赐第内城者，如张文和赐第护国寺胡同，蒋文肃赐第李公桥，裘文达赐第石虎胡同，刘文定赐第阜成门大街，刘文正赐第东四牌楼，汪文端赐第汪家胡同，梁文定赐第拜斗殿，董太保赐第新街口。皆一时之荣遇也。”如西城李广桥左有雍正年间重臣蒋廷锡、蒋溥父子赐第。蒋廷锡，字扬孙，号南沙，江苏常熟人，康熙四十二年进士，雍正年间曾任礼部侍郎、户部尚书、文华殿大学士、太子太傅等职，卒谥文肃。其长子蒋溥，字质甫，号恒轩，雍正八年进士，改庶吉士，入南书房，历任翰林院编修、侍讲、左春坊庶子和侍讲学士、内阁学士、吏部侍郎兼刑部侍郎、湖南巡抚、吏部侍郎，军机处行走、户部尚书，礼部尚书、协办大学士、东阁大学士兼户部尚书，充会试总裁。据朱一新《京师坊巷志稿》卷上“内城北城·李广桥”，蒋氏父子赐第有御赐“秀写蓬壶”额，“堂室宏丽，廊房曲折，有平台更爽垲。高柳碧梧，环列墙垣，春时桃李盛放，每置酒延客裳咏。”

（39）（清）昭梿：《啸亭杂录》卷十“本朝理学大臣”条，中华书局 1980 年版，第 318 页。

（40）（清）昭梿：《啸亭杂录》卷二“本朝状元宰相”，第 32 页。

（41）（清）戴璐：《藤阴杂记》卷九，上海古籍出版社 1985 年版，第 105 页。

（42）贾珺：《北京私家园林社会文化内涵探析》，《建筑学报》2008 年第 1 期。

（43）江南华亭造园家张涟、张然父子“通山水，能以意叠石为假山，……巧夺化工。其为园，则李工部之横云，卢观察之预园，王奉常之乐郊，吴吏部之竹亭，为最有名。涟既死，子然继之，游京师，如瀛台、玉泉、畅春苑，皆其所布置。”——（清）阮葵生：《茶余客话》卷九“张涟父子善垒假山”条，中华书局上海编辑所 1958 年版，第 234 页。

（44）（清）吴长元：《宸垣识略》卷十《外城二》，北京古籍出版社 1983 年版，第 204 页。

（45）元时丰台有万柳堂，与此地异。徐珂《清稗类钞》第 1 册《园林类》“京都两万柳堂”记曰：“元廉希宪万柳堂，在广渠门内东南隅，地本拈花寺，康熙中，更建大悲、弥勒二殿，昔日之莲塘花屿，渺不可寻。国初，开博学鸿词科，海内应徵之士，尚就其地为文酒之宴，后则台榭荆榛，衣冠凌替，徒存一万柳堂旧名而已。益都冯文毅公溥尝於崇文门外购隙地，建万柳堂，始创时，募人植柳堤上，凡植数株者即可称地主。李笠翁句云：‘只恨堤宽柳尚稀，募人植此栖黄鹂。但种一株培寸土，便称业主管芳菲。此令一下植者众，芳塍渐觉青无缝。十万纤腰细有情，三千粉黛浑无用。’盖纪实也。”中华书局1984年版，第197页。

(46)（清）于敏中：《钦定日下旧闻考》卷五六《城市》，北京古籍出版社1983年版，第911页；（清）吴长元：《宸垣识略》卷九《外城一》，第171页。

(47) 李锴，字铁君，又字眉山，号鹰青山人，又号幽求子、焦明子，辽东铁岭人，隶汉军正黄旗。娶大学士索额图之女。致力经史，尤工诗词。后隐居天津蓟县西北盘山，以布衣终老，与戴亨（号遂堂）、陈景元（号石闾）并称“辽东三老”。

(48)（清）陈康祺：《郎潜纪闻初笔》卷八“拈花禅寺”，中华书局1984年版，第181页。

(49)（清）刘大櫆：《游万柳堂记》，《海峰文集》卷五，清刊本。

(50)(51)(56)（清）戴璐：《藤阴杂记》卷九《北城上》，上海古籍出版社1985年版，第100、101—102、110—111页。

(52) 李渔所著《一家言》，对造园原理有不少发挥。道光年间麟庆在《鸿雪因缘图记》第3集《半亩营园》中忆曰：“当国初鼎盛时，王侯邸第连云，竟侈缔造，争延翁为座上客，以叠石名于时。”

(53)(163)（清）戴璐：《藤阴杂记》卷七《西城上》，第75、80—81页。

(54)《秀野草堂诗集》卷七，道光廿八年刻本

(55) 顾氏所居，多为名士雅集之地。如康熙四十四年再应召入都，入怡园之四朝诗馆，与林佶、缪湘芷等“为文酒之会，饮如长鲸，酒酣耳热，狂歌间作，见者谓为风流人豪。”与京师名士诗酒之会，笔墨之事，友朋之聚，殆无虚日。四十六年移寓宣南“春树草堂”。四十七年五月，举“消夏诗会”，王式丹、查慎行、查嗣瑮、陈鹏年等16人参加，有《草堂月下分韵诗》，自谓“京华风韵，赖以不坠，实自余始也。”五十一年中进士，入翰林，迁居教场四条胡同，请同年林佶题写“晚翠”，将友人诗酒唱和结集为《晚翠阁唱和诗》。——戴璐：《藤阴杂记》卷八《西城下》，第99页。

(57) 戴璐：《藤阴杂记》卷九《中城南城》，第59页。

(58)（清）昭梿：《啸亭杂录》卷十“纪晓岚”条，第353页。

(59)（清）江藩：《国朝汉学师承记》卷四，中华书局1983年版，第68页。

(60)（清）姚鼐：《惜抱轩文集》卷十，上海古籍出版社1992年版。

(61)（清）昭梿：《啸亭杂录》卷九“程鱼门”条，第295页。

(62)（清）翁方纲撰：《翰林院编修程晋芳墓志铭》，钱仪吉编：《清代碑传全集》，上海古籍出版社1987年版。

(63)（清）徐书受：《翰林院编修程鱼门先生母表》，（清）李桓：《国朝耆献类徵初编》卷一三〇《词臣》十六。

(64)（清）吴长元：《宸垣识略》卷十《外城二》，第185页。

(65)（清）朱一新：《京师坊巷志稿》卷下引《茶余客话》，北京古籍出版社1982年版，第247页。

(66)(164)（清）戴璐：《藤阴杂记》卷八《西城下》，第96—97、87—91页。

（67）（清）缪荃孙等：《光绪顺天府志·坊巷》，北京古籍出版 1987 年版，第 410 页。

（68）（清）陈康祺：《郎潜纪闻三笔》“梁文庄感激恩遇”、“梁文庄无愧清秩”条。——该书卷十一，第 638—639 页。徐珂《清稗类钞·恩遇类》亦记“梁文庄墨渍袍袖”、“梁文庄素衣入直”佳话。——该书，第 291—292 页。

（69）（清）吴庆坻：《蕉廊脞录》卷二“藤花”条，中华书局 1990 年版，第 67 页。

（70）（72）（73）（74）（142）（143）（清）戴璐：《藤阴杂记》卷十《北城下》，第 116、113、115、112、120—121、118 页。

（71）（94）（清）戴璐：《藤阴杂记》卷九《北城上》，第 110、106 页。

（75）（清）张廷玉：《澄怀园语》卷二，光绪间刊本。

（76）张潮，字山来、心斋，号仲子，安徽歙县人，生于顺治八年。少能文，与陈维嵩等名士诗文往来，言论诙谐，处世潇洒，交友不拘。不喜八股，苦读不第，后补官翰林院孔目，著有《幽梦影》等。

（77）明清二代先后在北京举行考试 201 科，取中进士 51624 人。每次考试期间，各地举子纷纷涌入京师。

（78）（明）王士性：《广志绎》卷二“两都”，中华书局 1981 年版，第 29 页。

（79）此段论述参见王茹芹：《京商论》，中国经济出版社 2008 年版，第 45—70 页。

（80）（清）余蛟：《梦厂杂著》卷二《春明丛说》卷下“正阳门记灾”条，上海古籍出版 1988 年版，第 25 页。

（81）韩光辉：《北京历史人口地理》，北京大学出版社 1996 年版，第 17 页。

（82）（清）汪启淑：《水曹清暇录》卷十“会馆”，北京古籍出版社 1997 年版，第 156 页。

（83）道光十八年《颜料行会馆碑记》，李华：《明清以来北京工商会馆碑刻选编》，文物出版社 1980 年版，第 7 页。

（84）徐珂：《清稗类钞》第 1 册《宫苑类》“会馆”，中华书局 1984 年版，第 185 页。

（85）李华：《明清以来北京工商会馆碑刻选编》，第 20 页。

（86）李华：《明清以来北京工商会馆碑刻选编》，《延邵纸商会馆碑文》。

（87）明万历年间，福建省在京即有福州会馆与福清会馆，在虎坊桥南下洼子，由福清人、礼部尚书、太子太保、文渊阁大学士、吏部尚书叶向高将官邸一分为二舍为二会馆。至道光十二年，福建老馆变得人众地窄，陈若霖辞官告归时遂“舍宅为馆”。——李景铭：《闽中会馆记》卷首《陈登懈序》。

（88）（115）（清）无名氏：《燕京杂记》，北京古籍出版社 1986 年版，第 118、124 页。

（89）（112）（清）震钧：《天咫偶闻》卷七《外城西》，第 176、159 页。

（90）邓之诚：《骨董琐记全编》卷四，北京三联书店 1955 年版，第 102 页。

（91）（清）吴长元：《宸垣识略》卷十《外城二》，第 204 页。

（92）徐珂：《清稗类钞》第1册《园林类》“怡园”条，第196页。

（93）转引自：裴效维：《吴趼人生于分宜故第考》，《徐州师范大学学报（哲学社会科学版）》，2006年第1期。该文对本段写作提供了诸多资料线索与启迪。

（95）韩菼：《有怀堂文稿》卷十八《资政大夫经筵讲官刑部尚书徐公乾学行状》，康熙四十二年刻本。

（96）在京另居烂漫胡同路东，有“广仁堂”额，人称烂漫胡同“四胜迹”之一。

（97）汪由敦：《休宁县会馆碑文》。碑文立于乾隆十八年。——北京市档案馆编：《北京市会馆档案史料》，第1327页。

（98）嘉庆二十二年《重建药行会馆碑记》，李华：《明清以来北京工商会馆碑刻选编》，第94页。

（99）民国三年《重修浮山会馆碑》，李华：《明清以来北京工商会馆碑刻选编》，第98—102页。

（100）（清）戴璐：《藤阴杂记》卷十《北城下》，第115页。孙公园旧址在晚清分别建成了安徽会馆、锡金会馆、泉郡会馆、台州会馆等，足见当年之盛。

（101）杜春和：《李鸿章与安徽会馆》，《安徽史学》1995年第1期。

（102）北京市档案馆编：《北京市会馆档案史料》，第1403页。

（103）王光英：《中国会馆志》，方志出版社2002年版，第327、348页。

（104）北京市档案馆编：《北京寺庙历史资料》，中国档案出版社1997年版。

（105）习五一：《解析近代北京寺庙的类型结构——兼与施博尔教授商榷》，《世界宗教研究》，2006年第1期。

（106）（清）无名氏：《燕京杂记》，第124页。

（107）至1928年，北京东岳庙供奉的东岳大帝、碧霞元君、关帝、文昌帝君、孔子、药王、岳夫子、真武玉皇等位泥胎神像尚有1272尊。

（108）参阅孙敏贞：《明清时期北京寺庙园林的几种类型》，《北京林业大学学报》1992年第4期、《北京明清时期寺庙园林的发展及其特点》，《北京林业大学学报》1991年增刊。

（109）徐乾学：《白云观诗》，吴长元：《宸垣识略》卷十三《郊坰二》，第269页。

（110）（清）黄景仁：《两当轩集》卷十五《恼花篇·时寓法源寺》，上海古籍出版社1983年版，第377页。

（111）（清）张安保：《京华杂诗》，孙殿起、雷梦水：《北京风俗杂咏》，北京古籍出版社1982年版，第45页。

（113）（清）方元鹍：《都门杂咏》，孙殿起、雷梦水：《北京风俗杂》，北京古籍出版社1982年版，第38页。

（114）（清）杨静亭：《都门杂咏·法源寺》，路工：《清代北京竹枝词》，北京古籍出版社1982年版，第74页。

（116）（117）（清）于敏中等：《日下旧闻考》卷一〇五《郊坰》，第1739、1741页。

（118）（清）富察敦崇：《燕京岁时记》，北京古籍出版社 1981 年版，第 59 页。

（119）关于大觉寺，参阅孙敏贞：《明清时期北京寺庙园林的几种类型》，《北京林业大学学报》，1992 年第 4 期。雍正、乾隆诸题诗俱见：（清）于敏中等：《钦定日下旧闻考》卷 106《郊坰》，第 1764—1767 页。

（120）（清）麟庆：《鸿雪因缘图记》第 3 集"大觉卧游"，道光二十九年刻本。

（121）参阅李路珂等编著：《北京古建筑地图·法海寺》（中），清华大学出版社 2011 年版，第 450—455 页；刘燕主编：《法海寺壁画·序》，香港一画出版社 2008 年版，第 1—2 页；维基百科"法海寺"条。

（122）清入关后诸帝陵有两处，一在河北遵化马兰峪，有帝陵 5 座（世祖孝陵、圣祖景陵、高宗裕陵、文宗定陵、穆宗惠陵）及慈禧、慈安等后陵 4 座、妃园 5 座、公主陵 1 座，称"清东陵"；一在河北易县梁格庄西永宁山下，有帝陵 4 座（世宗泰陵、仁宗昌陵、宣宗慕陵、德宗崇陵）及后陵 3 座、公主、王公、妃子园寝 7 座，称"清西陵"。追封清统一前诸帝之陵，一在辽宁新宾县，称永陵，一在沈阳，称福陵、昭陵。

（123）参阅宋大川：《清代园寝制度研究》（上下册），文物出版社 2007 年版、徐广源：《大清皇陵秘史》（学苑出版社 2010 年版）。冯其利：《清代王爷府》（紫禁城出版社 1996 年版）对清代亲王以下至贝子的所有宗室封爵成员生平和墓葬进行了详细调查考证列表，是本文写作的重要资料参考。

（124）顺治十年题准，"亲王给造坟工价银五千两，世子四千两，郡王三千两，贝勒二千两，贝子一千两。镇国公五百两，辅国公同。又议准，亲王至辅国公碑身均高九尺，用交龙首龟趺。亲王碑广三尺八寸七分，首高四尺五寸，趺称之。世子、郡王碑广三尺八寸，首高三尺九寸，趺高四尺三寸。贝勒碑广三尺七寸三分，首高三尺六寸，趺高四尺一寸。贝子碑广三尺六寸六分，首高三尺四寸，趺高四尺。镇国公碑广三尺六寸三分，首高三尺三寸，趺高三尺九寸。辅国公同。又题准，亲王给碑价银三千两，世子两千五百两，郡王二千两，贝勒千两，贝子七百两，镇国公四百五十两，辅国公同。……"道光二十四年，"定亲王茔制，飨堂五间。亲王世子至辅国公皆三间。亲王、亲王世子、郡王门三。贝勒以下门一。亲王绘五彩饰以金，覆以级琉璃瓦。亲王世子、郡王，只绘五彩，皆覆以绿琉璃瓦。贝勒以下施朱不绘，用筒瓦。亲王坟园周百丈，亲王世子、郡王八十丈，贝勒、贝子七十丈，镇国公、辅国公六十丈。镇国、辅国将军三十五丈，奉国、奉恩将军均三十丈"。——《钦定大清会典事例》卷 949《工部》。

（125）（清）昭梿：《啸亭杂录》卷二"德济斋夫子"，第 37 页。徐珂《清稗类钞》第 1 册《园林类》"德济斋建园亭于京师"条记曰："德济斋袭简亲王爵时，邸库储银数万两，王见之，谓长史曰：'此祸根也，不可不急消之，无贻祸于后人。'因散给族人若干两，余以建造别墅。故郑邸园亭最胜，皆王所建也。"——该书，第 197 页。

（126）冯其利：《清代王爷府》转引《北平旅行指南·北京东郊·架松》，第

92 页。

（127）（清）麟庆：《鸿雪因缘图记》第 3 集《架松卜吉》，道光二十九年刻本。

（128）其人遇大事多直鲠，“康熙戊戌，理王以罪黜，东宫虚位，圣祖命诸臣集议，时廉王觊觎大器，揆叙、王鸿绪左右之。塞愤怒，起于坐，大声曰：‘惟立雍亲王，苍生始蒙其福。’众慑然。后世宗即位，召见，责之曰：‘当日汝言，几危朕躬，然忠鲠可嘉也。’塞免冠谢曰：‘臣一时愚直，自不能遏抑耳’”。——（清）昭梿：《啸亭杂录》卷二“醉公”条，第 37 页。

（129）克勤郡王始封于礼烈亲王代善长子和硕成亲王岳托，崇德四年追封为多罗克勤郡王，其子罗洛浑改为衍僖郡王，孙罗科铎改为平郡王，后有平郡王讷尔福、克勤良郡王讷尔苏、克勤郡王福彭、克勤郡王庆明、克勤郡王庆恒（纳尔苏孙）、克勤庄郡王雅朗阿、克勤郡王恒谨、克勤简郡王尚格、克勤恪郡王承硕、克勤敏郡王庆惠、克勤诚郡王晋祺、克勤顺郡王崧杰、克勤郡王晏森。第六代克勤郡王雅郎阿园寝在怀柔桥梓镇。雅郎阿生于雍正十一年，逝于乾隆五十九年，其园寝北倚军都山山麓，西南距峪口村约五百米，为砖、石条、三合土混合砌筑的单室墓，规模较小。

（130）代善之孙、颖毅亲王萨哈璘之子勒克德浑，顺治五年封多罗顺承郡王，世袭罔替，其后有顺承恭惠郡王勒克德浑、顺承郡王勒尔锦、勒尔贝、延奇、充保、穆布巴、顺承忠郡王诺罗布、顺承郡王锡保、顺承恪郡王熙良、顺承恭郡王泰斐英阿、顺承慎郡王恒昌、顺承简郡王伦柱、顺承勤郡王春山、顺承敏郡王庆恩、顺承质郡王讷勒赫、顺承郡王文葵。

（131）1958 年修密云水库时文物部门从园寝中发掘出金、银、珠宝、玉器等千余件文物。

（132）清代亲王园寝规模最大者属怡亲王允祥，在河北涞水县水东村，距清西陵 60 华里。据《钦定大清会典事例》，其亲王园寝规制为享堂五间，大门三间，绘五彩，饰以金，覆绿琉璃瓦，坟园周百丈，立碑，用龙首龟趺。雍正八年五月初四午刻，允祥病逝，享年 45 岁。雍正帝谕令大学士专议怡亲王茔制，认为“宜用享堂七间。享堂之外，中门三间，内围墙一百丈。中门之内，建焚帛亭，祭器亭。中门之外，建神厨五间，神库三间。东西厢及宰牲房各三间。碑亭一座，其外为大门三间。周围墙二百九十丈。大门外设奉祀房二十间，石牌坊一，擎天柱二，神道碑一。”（《清世宗实录》）据此，胤祥园寝比一般亲王园寝多建神道碑一通（帝陵规制）、火焰牌坊一座（合计牌坊两座）、华表一对（帝陵规制）、石桥三座（合计五孔拱桥，属帝陵规制）、围墙内外两道（惟孝庄文皇后的昭西陵有）、焚帛亭、祭器亭各一座、神厨、神库、宰牲亭（惟帝后及乾隆端慧皇太子园寝建此）、奉祀房 20 间、园寝围墙总长（内墙 100 丈，外墙 290 丈，是亲王园寝规制近 4 倍）、从墓穴到神道碑序列长达 3 华里左右，占地面积广达六百余亩（亲王园寝绝无仅有）。从允祥园寝规模之大、规制之高可见其生前所受帝王之荣宠，在北京的亲王园寝中，规制无人能越。

（133）（清）李慈铭：《越缦堂辛巳日记》。

（134）夏仁虎：《旧京琐记》卷八《城厢》，北京古籍出版社 1986 年版，第92 页。

（136）（清）富察敦崇：《燕京岁时记》“十刹海”，第 73 页。

（137）（清）潘荣陛：《帝京岁时纪胜》，第 19 页。

（138）（清）震钧：《天咫偶闻》卷六《外城东》，第 134 页。

（139）（157）（清）戴璐：《藤阴杂记》卷五《中城南城》，第 61、62、66 页。

（140）（清）于敏中：《钦定日下旧闻考》卷六一《城市》，第 1001 页。

（141）陈宗蕃：《燕都丛考》引《顺天府志》语，北京古籍出版社 1991 年版，第 667 页。

（142）（清）震钧：《天咫偶闻》卷七《外城西》，第 158 页。

（144）刘成禺：《世载堂杂忆》，中华书局 1960 年版，第 87—89 页。

（145）徐珂：《清稗类钞》第十三册《饮食类》“潘张大宴公车名士”条。

（146）（清）震钧：《天咫偶闻》卷七《外城西》，第 159 页。

（148）（清）吴长元：《宸垣识略》卷十三《郊坰二》，第 269 页。

（149）（清）潘荣陛：《帝京岁时纪胜》“丰台芍药”，第 20 页。

（150）（清）富察敦崇：《燕京岁时记》“中顶”，第 72 页。

（151）（170）（清）潘荣陛：《帝京岁时纪胜》，第 19 页。

（152）（154）（清）戴璐：《藤阴杂记》卷十一《郊坰上》，第 129、130 页。

（153）（清）昭梿：《啸亭杂录》卷九“京师园亭”条，第 295 页。

（155）（清）陈康祺：《郎潜纪闻初笔》卷十二“京师四时之景物”条，第 253 页。

（156）参阅舒时光、吴承忠：《清代北京游览型寺庙的空间分布特征及其成因》，《北京社会科学》2011 年第 4 期。

（159）（清）潘荣陛：《帝京岁时纪胜》“蟠桃宫”，第 17 页。

（160）（清）潘荣陛：《帝京岁时纪胜》“东岳庙”，第 17 页。

（161）（清）潘荣陛：《帝京岁时纪胜》“燕九”，第 12 页。

（162）（清）潘荣陛：《帝京岁时纪胜》“天仙庙”，第 18—19 页。

（165）（清）吴振域：《养吉斋丛录》卷十九，中华书局 2005 年版，第 251 页。

（166）（清）陈康祺：《郎潜纪闻初笔》卷十二“都门花事”，第 258 页。

（167）（清）吴长元：《宸垣识略》卷十三《郊坰二》，第 264 页；戴璐：《藤阴杂记》卷十二《郊坰下》，第 133—134 页。

（168）阮葵生：《法时帆学士旧藏诗册跋》，戴璐：《藤阴杂记》卷八《西城下》，第 96 页。

（169）（清）麟庆：《鸿雪因缘图记》第 1 集《潭柘寻秋》，道光二十九年刻本。

（171）（清）吴长元：《宸坦识略》卷十五《郊坰四》，第 311 页。

第七章 民国时期北京现代公园的兴起

19 世纪中期，西方殖民势力开始进入部分中国沿海口岸城市，他们依据中外条约划出租界，建设“城中之城”，随之传入的是欧美的物质文明、生活方式、价值理念、审美情趣等多个方面，中国传统的城市结构与社会生活都发生了相应变化。在租界之中，殖民者开启了中国城市最初的市政建设进程，现代公园就是其中的新生事物之一。

现代公园是西方工业文明与资本主义共和政体的产物，最初起源于工业革命时期的欧洲，由于人口增加、污染加剧，尤其是与工业革命伴随的周期性工作制度的确立，休闲观念逐渐兴起，具有娱乐、教育或保持自然风光等功能的公园开始在一些都市兴建。关于“公园”这一概念何时在中国出现，对近代北京城市建设历史深有研究的史明正认为：“公园这一概念是于 20 世纪初期首次引入中国的。公园一词似乎是在这一时期新增进汉语词汇中的，20 世纪前的文化典籍中不存在这个词，这表明它诞生自国外。之所以将 public park 直译为‘公园’，是因为公园不同于‘花园’和‘园林’。公园意味着公众所有，大家皆可享用，而花园和园林则蕴涵着它是皇家或私人财产。”(1)李德英通过比较详细的考证指出，早在南北朝时期，“公园”这个词汇就已经在《魏书》、《北史》中出现过，但与近代意义上作为 Public park 的“公园”并非具有相同的含义，它主要指古代官家园林，或者说是皇家园林、园地而已，这些园林或是皇家的猎苑，或为王公大臣休闲的行宫、乡村别墅，是供皇族或特权阶层娱乐生活和庄园生活的一片土地，是与封建等级和特权紧密联系在一起的，是权势、地位和财富的象征之一。现代意义上的公园强调“公共性”，强调作为城市公共空间和绿地系统的重要组成部分。[2]

中国现代城市公园是城市社会变迁的产物，也是中西文化碰撞、交融的产物。一般认为，中国最早的现代意义上的公园出现于19世纪60年代的上海租界。1868年8月，英美租界工部局在上海苏州河与黄浦江交界处的滩地建成“外滩公园”，占地面积近30亩，园内有大草坪、挺拔的乔木、连片的灌木和花坛，路边还安置了供游人憩息的座椅，布局开敞的空间建构与公园的功能定位与中国传统园林有着本质区别。此后，上海租界内陆续兴建了另外一些公园，而且逐渐影响至华界。19世纪后期，国内一些其他城市也开始出现公园。民国建立之后，随着市政运动的发展，创办公园成为各地市政建设的重要内容。

现代公园在中国的出现与政治制度变革、经济形态转变息息相关，是城市发展与市政建设的必然结果，是城市新兴阶层追求现代生活方式与政治表达的必然要求，是政府治理理念更新在城市空间中的重要反映，现代公园兴起的背后映射出的是近代中国城市变迁历史的丰富内容。

第一节　从封闭到开放：民国初年北京传统园林的近代转化

政治制度的变革为北京传统园林的性质转化、皇家园林的对外开放提供了基本的前提，城市的发展与市民生活方式的变化对开放性公园的建设提出了要求，政府的官方推动成为现代公园兴起的必备条件。

作为长期的封建帝都，皇家园林与坛庙一直占据着北京园林体系的绝对主流，众多园林只为皇家与官方服务，政治功能的属性非常突出。在清代，紫禁城内有御花园，皇城内有西苑三海（北海、中海和南海），清廷还在北京城西北开辟了三山五园，这些园林完全封闭，是皇室专属的休闲娱乐空间，与平民的活动空间严格区隔。除此之外，北京城还有社稷坛、太庙、先农坛、天坛、地坛等专供帝王举行祭祖和宗教活动的政治空间，几乎与普通民众的日常生活完全绝缘。

在现代意义上的公园出现之前，对于北京城市的居民而言，具备公共游览功能的园林虽然存在，但比较匮乏。什刹海位于皇城内三海北侧，是内城为数不多的开放性园林之一，被喻为具有西湖春、秦淮夏、洞庭秋美景的京华胜地，尤其在夏季堤柳成荫，其中以荷花会最为著名。清末的什刹海已是茶棚满座，戏馆林立，各式商贩云集之地，“王公贵人，远方游客，消夏携尊，咸集于此，五六月间，门外马车盛极一时”。[3]光顾这里的游客既有王公贵族、高官显贵，也有城市平民。

不过，什刹海地区面积狭小，情形复杂，并非纯粹意义上的传统园林。

相对而言，城郊可供平民游览的园林更多，如城南的陶然亭、城西的西山等地。陶然亭在城南永定门附近，地势高亢、视野开阔，周围亭台楼阁布列，芦苇青葱，一望无际。清康熙时期，工部郎中江藻在元代慈悲庵古庙里盖了三间西厅房，取名“陶然亭”。《燕京岁时记》记：“时至五月，则搭凉篷，设菜肆，为游人登眺之所。”清代以来，因其地近会馆林立的宣南地区，各地来京赶考的学子文人多在此聚集，畅舒胸怀，饮酒赋诗，陶然亭逐渐成为在京工作、旅居的文人的必游之地。不过，陶然亭位置较偏，交通不便，设施也并不齐全，尤其对于多数普通市民而言，并非游览观光的胜地。西北郊的西山地区虽然景色秀丽，但也因同样原因，从未吸引过数量很多的游客。

19 世纪末 20 世纪初，在地方政府与一些士绅的推动下，一些城市开始修建面向普通市民开放的公共园林，“公园”的名称也在这一时期逐渐普及。此后，在中央及地方政府的倡导与推动下，各地公园数量迅速增加。

与沿海城市相比，清代后期的北京在城市建设方面相对滞后。与上海、天津等地租界对市政建设的推动相比，北京虽无租界，但近代市政建设同样发端于东交民巷使馆区。1861 年签订的《北京条约》规定外国公使可以长期留居京城，此后，俄、美、德、比、西、意、奥、日、荷等国陆续在此设立公使馆，东交民巷使馆区初具雏形。庚子事变之后，使馆区在原有基础之上扩大了面积，划定了统一馆界。1901 年《辛丑条约》规定，使馆区界内自设警察和管理人员，不仅中国人民不能居住，就是中国的军警也不能穿行，形成“国中之国”。使馆区的出现不但重新划分了北京城的内部空间，并且对北京近代城市建设与社会发展的影响不可低估。西洋建筑群开始成规模出现，形成了一个集使馆、教堂、银行、官邸、俱乐部为一体的欧式风格街区，马路、街灯、排水系统等市政设施的建设确立了独特的城市景观。东交民巷使馆区作为一个实体，已成为展示西方工业生产水平和物质文明的窗口。京师越来越多的人，上至达官显贵，下至商贾大户开始接受和效法东交民巷的文明成果，古老的帝都开始向近代城市迈步。

庚子事变时期，皇室逃离首都、外国军队控制了北京，此时的北京也迈出了走向建立市政体制的实验性的一步。庚子事变之后，清政府开始实施“新政”，落实到北京方面，加速了城市建设进程。一直到清朝覆灭之前，北京局势相对稳定，铁路、电报、电话、邮政、有轨电车等城市基础设施开始在使馆区外出现，大批移民涌入，北京人口明显增加，对于作为都市文明重要特征的现代公园有了更加实际的需求。各地公园的建立也为北京建立公园起到了示范效应，而一些留学生和出国游历的人对西方公园的介绍和讨论也为北京兴建公园提供了舆论支持。

1905年天津《大公报》刊发《中国京城宜创造公园说》，批评政府“年来建一离宫，修一衙署，动辄靡费数十万以至数百万金，宁独于区区公园之经费而靳之”，建议在京城建造公园：“国中之偏隅小邑，犹可缓造公园，至于皇城帝都之内则万不可不造公园。何则？皇城帝都者，万国衣冠之所荟萃其间，市廛繁密，车马殷阗，空气少而炭气多，无公园宜疏泄之，则不适于卫生，而疾病易起，是以各国京城地方皆有公园，且不第有一处之公园。今中国之北京，市肆之盛、民居之稠与泰西各国等，而街衢之不洁，人畜之污秽，则尤非各国京城可以举似于此。而不设公园，其何以造福于臣民而媲美于各国哉？”[4]

清政府方面也开始出现了倡议的声音。1906年，出洋考察归来的戴鸿慈、端方等人奏请清廷，把“公园”列为政府应该兴建的四大公共文化设施之一：“各国导民善法，拟请次第举办，曰图书馆，曰博物馆，曰万牲园，曰公园”，恳请“先就京师首善之区，次第筹办，为天下倡”，这为北京兴建公园提供了官方的政治支持。[5]

几乎与此同时，北京市政公益会议陈升等人曾呈请开办什刹海为公园：“伏念京师为首善之区，士绅辐辏，商贾骈阗，每逢胜游冠盖相望，而地鲜园林之胜，事有雅俗之殊，若不提倡经营，不独失上国之观瞻，且恐治列邦之讪笑”，因而希望“拟由商家筹办招集股份银二十万两，于地安门外什刹海地方自银锭桥沿岸至激水滩一带为止，修垫马路，砌起围墙，建设北京公园一座”，“并拟于园中多建美术馆、图书馆、博物院、劝场等，广于游览之中兼得观摩之益，有裨新学新政良非浅鲜。”[6]政府与地方士绅共同推进了清末北京的公园建设，1908年，荒废已久的三贝子花园被改作“万牲园”（作为农事试验场的一部分，今北京动物园），向公众开放。不过，万牲园并非纯粹现代意义上的公园，从戴鸿慈、端方等人的奏折中也可看出，二者是被加以区分的。

这一时期的讨论中，公园不仅具有多种益处，更是作为现代文明的象征被认知的。而京师作为“帝王之家”，竟然没有一座公园，这在美国传教士、中国“万国改良会”会长丁义华看来是非常奇怪的。他在《大公报》上连载文章，列举了应该在京城设立公园的理由：“住城市的，房屋稠密，空气混浊，人每日困在斗室之内，以至身体发软，精神疲乏，容易受病生灾”，设立公共花园，可以“洗刷人胸中的浊闷，增长人活泼的精神”。至于北京，作为一国之都，应为各省领袖，“如马路、自来水、电灯等事，都已应有皆有”，唯独缺少公园，“若能再立了这公共花园，为各行省作个榜样，北京城倡之在先，各省城效之在后，中国必另有一番精神，于一切筹备立宪，自治进行上，定然大加速率”。丁义华论证了公园对于卫生、民智、民德都有极大益处，并建议在北京的东南西北各修建一个公园。(7)

另外，设立公园可以使人们远离不良娱乐，可以改良风俗。当时的内城巡警总厅也认为“近来京师地方习尚侈靡，风俗浮薄，青年子弟闲居无事，不过娱情声色之好，征逐酒食之场，往往溺志慆心，逾闲荡检，皆缘都城以内未有名胜之区，足以陶适其性灵，寄托其兴会，而束缚之余转致放泆乎礼法之外，苟有公园，则藏修之暇，资以游息，观览之际，饷以见闻”。(8)不过，随着王朝的解体，北京第一座现代公园的出现已经是民国之后的事情了。

民国建立之后，随着市政运动的发展，各地主管城市行政的机构开始建立，创办公园成为各地城市尤其是一些大城市建设的重要内容。北京保留了首都的身份，在中华民国内务总长朱启钤的组织下，1914年成立了京都市政公所，这是近代北京管理制度方面重要的体制性变革之一，直接加速了北京的市政建设进度，在城市交通、排水系统、供电系统、通讯设施等方面都取得了一定进展。

京都市政公所建立之后，公园建设迅速被提上议事日程。同年，由其主办的《市政通告》第2期设有“公园论”专辑指出，“大凡一个大都市，人口总是有增无减，人口既多，公园乃成为一种不可缺少的物品，并不是专为美观，实在是为都市生活不容不要的”。该文对近现代意义的“公园”概念进行介绍：“‘公园’二字，普通解作公家花园，其实并非花园，因为中国旧日的花园，是一种奢侈的建筑品，可以看作是不急之物。除是富贵人家，真有闲钱，真有开心，可以讲究到此，若是普通人连衣食住都顾不上，岂能还讲究什么盖花园子？……公园通例，并不要画栋雕梁，亭台楼阁，怎么样的踵事增华；也不要春鸟秋虫，千红万紫，怎么样的赏心悦目。只要找一块清净宽敞的所在，开辟出来，再能有天然的丘壑，多年的林木，加以人工设备，专在有益人群的事讲求讲求。只要有了公园以后，市民的精神日渐活泼，市民的身体日渐健康，便算达到目的了。……所以公园之对于都市，决非花园之对于私人可比。简直说罢，是市民衣食住之外，一件不可缺的要素”。(9)对于国都北京而言，对公园的需求确实急迫，不仅因为市民缺少可供休闲的场所，而且对于刚刚成立的京师市政公所而言，一个现代意义上的公园也是其城市建设事业上的标志性事件。

在公园地点的选择上，京都市政公所将目标瞄准曾经的皇家坛庙与苑囿。在朱启钤向袁世凯申论的理由中如此表述：

> 窃为古代建筑及时宜与保存，胜迹留遗因物可以观感，是以文教之邦，于内国名区必交相崇饰，侈为国光，熙皞同游，兼资考镜。泰西各国，如罗马古迹，瑞士名山，林泉多姿自登临，寺塔或传于图画，类皆池艺无禁，履綦萃至，规定酬金，饰诸令甲，缮治无烦于国帑，见闻弥益于旅行。我国建邦最古，名迹尤多。山川胜概，每存圣哲之遗迹，宫阙钜观，实号神明之宅。望古遥集，先民是程。兴其严樵苏之禁，积习相仍；何如纵台沼之观，与民同乐？所有京畿名胜，如天坛、文庙、国子监、黄寺、雍和宫、北海、景山、颐和园、玉泉山、汤山、历代山陵等处，或极工程之雄丽，或矜器艺之流传，或以致其信仰，凡外人之觇来游与夫都人士乡风怀幕者，罔不及其闲暇，冀得览观。故名虽禁地，不乏游人，具有空文，实无限制。若竟拘牵自囿，殊非政体之宜。及今启闭以时，倘亦群情所附，亟应详定规条。申明约束，以昭整肃而遂观瞻。本部履与外交部暨顺天府会同核议办法，兹经订定《京畿游览场所章程》十条，拟于前列各场所中择一、二处先行开放，其余酌量情形，再与各主管机关陆续协商办理。(10)

北京作为几朝古都，皇家园林、坛庙众多，民初多是将这些场所改建成为面向大众开放的公共园林。

> 公园之置，民国为盛。清之苑囿皆禁地也。二百余年，难免刍荛，皆不能往。南苑之垦，管苑大吏皆得重处。清末稍宽社农诸坛。民国既新，概令开放，博物开院，故宫游览，亦以时铚夷，考其时，亦公园也。(11)

以社稷坛、景山、北海等地为例，由于地处市中心、交通便捷，基础设施完善，改造成本低，最重要的是由于帝制的废除，曾经的皇家御苑收归民国政府管理，为它们的开放奠定了基本条件，将这些地方改建为普通民众能够进入游览的公共空间，暗含了社会的总体发展潮流。袁世凯批准了他的建议。此后，几座现代意义上的公园开始在北京出现，“都人联袂来游，极一时之盛”。《旧都文物略》记载：

> 自帝制倾覆，废皇徙居，旧日之三海、颐和诸园，均已次第开放。而社稷坛，自民初即经政府整理，点缀风景，改为公园，为旧都士民唯一走集之所。春花秋月，佳兴与同，甚盛事也。兹述苑园囿，首中山公园，次中南海，次北海，次景山，次颐和园，次玉泉山静明园，次南苑。凡昔日帝后游幸场所，今咸为市民宴乐之地。(12)

在官方与地方士绅的共同推动下，昔日封闭的帝王宫苑、寺观坛庙相继开放成为服务大众的现代公园，过去只有皇帝、贵族享用的园林风景，如今变成了市民大众游憩的公共空间，曾经的皇家禁地，平民百姓亦得观览，这一历史性的转变，改变了北京传统的空间结构与城市布局，深刻影响了市民的思想观念与社会文化生活，是民国北京城市发展进程中的重要标志性事件。

第二节　北京近代公园的兴建

1、农事试验场

北京公园的雏形始于清末新政改革时期。北京城西北角的西直门外有一处皇家园林，因属于满族亲王三贝子，亦称“三贝子花园”。因距离北京中心地区过远，建成后大部分时间里一直比较荒凉，后与邻近的乐善园一起用作清廷开办的农事试验场用地。1907 年 6 月，出访德国的南洋大臣兼两江总督端方归国时带回一批购买的外国动物，包括美洲狮、老虎、斑马、野牛、花豹、大象、袋鼠、羚羊、塘鹅、鸵羊、鸵鸟等，呈送慈禧太后。慈禧将这些动物饲养在“三贝子花园”内，命名为“万牲园”。1907 年 7 月，万牲园开始售票，对外开放，向公众展示上述动物，这是中国历史上第一家动物园。

1908 年 6 月，农事试验场扩大开放面积，作为一个整体正式面向公众，“其中之构造则有植物园、动物园、博物馆、蚕桑馆，分门别类布置完全，其中对待游人则有茶园、咖啡馆、各式游船、四轮椅、二人轿、人力车，任人雇用”。(13)游人通过购票进园游览、观赏。作为一个新生事物，农事试验场内绿荫夹道，景色秀丽，服务设施齐全，又富有珍奇异兽、奇花异草，开放之后迅速吸引了京城居民，虽然不具“公园”之名，但已有“公园”之实，意义早已超越了“试验场”的范围，当时英国《泰晤士报》驻北京的一位记者观察到：“最引人注目的是新开放的万牲园，每天男女参观者络绎不绝。这纯粹是中国人自己办的公园，所有的市民都为之自豪。这些是过去十年来工作的成就。对于了解就北京的人来说，这是一项令人称赞和大有希望的成就。”(14)

此后几年，农事试验场不断扩建，规模日广，成为北京一个重要的新兴娱乐去处，清末竹枝词描绘：

> 全球生产萃来繁，动物精神植物蕃。饮食舟车无不备，游人争看万牲园。(15)

1917年中华图书馆编辑部编纂的《北京指南》描述万牲园：“珍禽猛兽异卉奇葩无不具备，夏日荷花尤胜，场内之建筑则有前清行宫之设备，西洋式楼房，东洋式木屋，更有豳风堂、观稼轩、万字式楼为憩息品茶之所，游是园陆行则有肩舆人力车，水行则有各式船只，宴饮则有中外各饭庄番菜馆，都中第一胜景也”。(16)20世纪30年代北平市政府编辑出版的《旧都文物略》言及：“此园特以风景之优，设备之富，又以地处城郊，不僻不嚣，空气既佳，交通尤便。故来游者，于实地研究动植物及观摩农事外，咸爱其景物，视为游息之乐园焉。”(17)

农事试验场的开放是清末新政的成果，是民国后大规模公园建设的前奏，它采取售票制度向市民开放，已经具有“公共性”这一显著特征。

关于农事试验场乐善公园沿革组织及办理情形

农事试验场距西直门外约二里许，俗呼三贝子花园、万牲园，现改称为天然博物院。农事试验场系乐善园旧址，清之御园，光绪末始重修。全场面积约十顷余，风景绝佳，楼台与花草点缀，尤为精巧。清隆裕、慈禧太后每赴颐和园避暑时必入园游览，故畅观楼内而有御用之物。该园名万牲者，盖所饲动物甚夥，备游人参观，如狮、虎、豹、狼、熊、猿、猴、象、鹿、鸵鸟、五腿牛、孔雀、各种鸟类达数百种，尚有动物植物标本堂，改称为国立北平大学研究院动物学研究所植物学标本室，植物园、果园、豳风堂、挹翠亭、松风萝月亭、鬯春堂。园之西南动物标本室前有西洋式楼一座，名为陆克堂。陆系法生物学家，殁于故都，中央研究院建楼以纪念之。(18)

2、中央公园

1914年10月10日是民国政府的国庆日，在时任内务总长兼任京都市政公所督办的朱启钤的主持推动下，北京城内第一座现代意义上的公园——中央公园正式向民众开放了。

中央公园由社稷坛改造而成。社稷坛位于紫禁城外西南方，天安门与端门之右，为明清两代帝王祭祀社（土神）和稷（谷神）的处所，始建于明永乐十九年（1421）。该地原址为辽金时代兴国寺旧址，明永乐在北京修建紫禁城时，建筑了社稷坛。社稷坛核心为一个方形土坛，四周砌白石阶，各四级，其最上一层方台铺筑有黄、青、红、黑、白五色土，正中为黄色，象征“普天之下，莫非王土”之意。坛的四周砌筑有红色围墙，墙上覆盖着四种不同颜色的琉璃瓦，四面各有一门。坛的北面是拜殿（又称祭殿）和戟门，各为五楹，上覆黄琉璃瓦，其外垣亦为红色，南为三门，东、西、北各为一门。在垣墙内外的庭院中，还筑有神库、神厨、宰牲亭、奉祀署等建筑设施。

民国建立之后，社稷坛一度荒废。1913年3月，清隆裕皇太后去世，社稷坛作为临时停灵允许群众参拜，时任交通总长的朱启钤负责指挥事宜，得以巡察坛内情况，呈现在他面前的景象是：“古柏参天，废置既逾期年，遍地榛莽，间种苜蓿，以饲羊豕。其西南部分则为坛户饲养牛羊及他种畜类，渤溲凌杂，尤为荒秽不堪。”(19)

1914年京师市政公所成立，朱启钤兼任公所督办，创办公园成为市政公所城市建设的重要内容，“辟坛为公园之议”遂得到落实，社稷坛成为首选之地，主要原因在于其“地址恢阔，殿宇崔嵬，且接近国门，后临御河，处内外城之中央，交通便利”。(20)

社稷坛和皇家其他坛庙一样，分内坛外坛两重，改造为中央公园的过程中主要是对外坛进行了改造。在改建过程中，朱启钤指示利用天安门两侧已经损毁而拆下的千步廊木料建园，并将原有的社稷坛、祭殿、庖厨等保护下来，作为景观单元组织到公园中。同时，朱启钤对于内坛格局及古建筑均完整地保存，对明初筑坛时栽植的多棵古柏，特别是坛南部辽金古刹所遗的几棵古柏，朱启钤一一记录树围尺寸并妥善保护。朱启钤还改善中央公园周边交通环境，由于当时天安门内禁止通行，1914年秋冬，在坛南垣天安门西侧开通园门（今中山公园南门），并修筑一条石渣路到南坛门门口，方便游人出入。

公园创立初期，政府无财力提供，经费短缺，鉴于“国库支绌，不遑兼顾”，因此经费交由“京都市民暨旅居绅商共同筹办”，“并由公所委托该绅民组织董事会经营管理”。1914年秋，段祺瑞、朱启钤、汤化龙等60余人发起筹办公园的募捐，启事发布近半年，募来4万余元，其中个人捐款以徐世昌、张勋、黎元洪和朱启钤为最多，每人捐款在1000元至1500元间。董事会由此产生，负责园内诸项事务，朱启钤被推为董事长。

中央公园开放之日，时值国庆，社会各界参观热情高涨，“男女游园者数以万计，蹴瓦砾，披荆榛，妇子嘻嘻，笑言哑哑，往来蹀躞柏林丛莽中。与今日之道路修整，亭榭间出，茶寮肆分列路旁俾游人憩息，得以自由，朴野纷华，景象各别。然彼时游人初睹宫阙之胜，祀事之隆，吊古感时，自另具一种肃穆心理”。[21] 11月，《市政通告》发表《社稷坛公园预备之过去与未来》，声明开放公园之目的在于“使有了公园之后，市民的精神，日见活泼，市民的身体，日见健康”。[22]

1915年6月，京都市政公所成立“中央公园管理局”。管理局的权力机构“董事会”由政府外的士绅、商人组成，直接管理公园的日常运作，财政上也力求自主。根据组织章程，北京居民或暂居人口只要每年捐赠50元大洋便可以成为中央公园管理局董事会的一名成员。法人捐赠限额至少500元。捐款人士主要是当时的政、商界要人及与政府有关系的社会名流。这些社会人士和民营银行家承担了公园财政的大部分比例，对公园进行了成功的管理。朱启钤组织中央公园管理董事会，通过募捐解决建设和维护中央公园的经费，1928年由新成立的北平市政府接管，由政府派员及董事推举委员30人共同组织管理委员会，承办园中一切事务。后来，朱启钤在《中央公园建置记》中详述了中央公园的兴建背景与改造过程：

> 民国肇兴，与天下更始。中央政府既于西苑辟新华门，为敷政令之地。两阙三殿，观光阗溢，而皇城宅中，宫墙障塞。乃开通南、北长街，南、北池子，为东、西两长衢。禁御既除，熙攘弥便，遂不得不亟营公园，为都人士女游息之所。社稷坛位于端门右侧，地望清华，景物钜丽。乃于民国三年十月十日，开放为公园。以经营之事，委诸董事会。园规则取于清严，偕乐不谬于风雅。因地当九衢之中，名曰中央公园。设园门于天安门之右，绮交脉注，绾毂四达。架长桥于西北隅，俯瞰太液，直趋西华门。俾游三海及古物陈列所者，跬步可达。西拓缭垣，收织女桥御河于园内，南流东注，迤逦以出皇城。撤西南垣，引渠为池，累土为山，花坞

水榭，映带左右，有水木明瑟之胜。更划端门外西庑旧朝房八楹，略事修葺，增建厅事，榜曰公园董事会，为董事治事之所。设行健会于外坛东门内驰道之南，为公共讲习体育之地。移建吏部习礼亭，与内坛南门相值。东有来今雨轩及投壶亭，西有绘影楼、春明楼、上林春诸胜。复建东西长廊以避暑雨。迁圆明园所遗兰亭刻石，及青云片、青莲朵、寒芝、绘月诸湖石，分置于林间水次，以供玩赏。其比岁市民所增筑如“公理战胜”坊、药言亭、喷水池之属，更不遑枚举矣……启钤于民国三、四年间长内部，从政余暇，与僚友经始斯园，园中庶事决于董事会公议。凡百兴作，及经常财用，由董事蠲集，不足则取给于游资及租息、官署所补助者盖鲜。岁月骎骎已逾十稔，董事会诸君砻石以待，仅述缘起及斯坛故实，以谂将来，后之览者，庶有所考镜也。[23]

中央公园自建成之后，由于各种因素的累积，一直是北京城中最具代表性的、人气最高的公园，“开放以来游人如织，古柏参天，比列井井。牡丹丁香并为茂林。坛前五色土，隐约可辨。环以长廊，附以尘肆，无叫嚣之习，适休沐之余。京师人士，或早或晚，鲜不至者，允为盛集矣”。[24]“嗣后先农坛公园、北海公园等继之，而终不如中央公园之地位适中，故游人亦甲于他处。春夏之交，百花怒放，牡丹芍药，锦绣城堆。每当夕阳初下，微风扇凉，品茗赌棋，四座俱满。而钗光鬓影，逐队成群，尤使游人意消”。[25]在1936年出版的《北平一顾》中，作者魏兆铭称赞中央公园和北海公园是北京“最好玩的地方”，中央公园“灵雅素淡”，游客“络绎不绝”，处处“表现着太平天下的升平快乐气象”。[26]尤其是每年国庆之日，到中央公园游玩已成为众多市民的选择，正如歌谣所言：

小孩子，你莫急，今天就是国庆日。插上花朵换上装，大家齐到社稷坛。[27]

3、城南公园（先农坛）

先农坛是明清两代帝王祭祀神农、亲耕藉田和观耕的地方，始建于明永乐十八年（1420），沿用明初旧都南京礼仪规制，将先农、山川、太岁等自然界神灵共同组成一处坛庙建筑群。清代后期，祭祀制度逐渐弛废，先农坛内逐渐荒凉。民国建立之后，政府内务部成立礼俗司，统一管理清廷移交的皇家坛庙，坛庙管理所即设在先农坛神仓。

1913年1月1日，民国建立一周年，古物保护所决定将天坛、先农坛暂行开放10天。在向市民发布的通告中说："查城南一带，向以繁盛著称，惜所有名胜处所，或辟在郊原，或囿于寺观，既无广大规模，复乏天然风景……惟先农坛内，地势宏阔，殿宇崔巍，老树蓊郁，杂花缤纷。其松柏之最古中，欧美各帮殆不多，靓询天然景物之大观，改建公园之上选也。兹为都人士公共游乐计，特开发该处为公园。""是日各处一律开放，不售入场券，凡我国男女，吾界及外邦人士届时均可随意入内游览"。[28]内务部、外交部与京师市政公所还联合发行"介绍券"，供在京外国人持之入坛。此次活动为京师皇家坛庙禁地对外开放之先河。

1915年6月17日是农历的端午节，内务部发布公告，宣布先农坛辟为"市民公园"，售票开放。1917年，"经市政公所请拨外坛北半部作城南公园"，1918年"又以一坛不便设两公园，请将先农公园归并城南公园。"1920年，"经内务部将城南公园收回，改设先农坛事务所"。1922年，"将外坛北半部空地出售与人民建筑，并将北半部坛墙拆去，先农内坛至今仍以先农坛古迹名义售票准人游览"。[29]城南公园是北京的第二座现代公园，地处南城，票价低廉，开放后一度"观者如堵"。园内辟有鹿囿、花圃、书画社、球场、茶社、书报社、电影院等游乐设施。对于生活在城南的人们来说，这里是一个方便的去处。

1917年，商人卜荷泉等人在先农坛的东墙外建造水心亭商场（游乐场）。水心亭为木结构，玻璃窗，四周皆可以远眺。商场东北有茶社，兼营西餐。1918年5月，议员彭秀康在先农坛组建城南游艺园。园内有京剧场、旱冰场、保龄球场、台球场、电影院、杂耍场、魔术场，还有演木偶戏和现代戏的小场子各一个。游艺园开放后，生意异常兴隆，是北京最吸引人的商业性游乐园之一。当时的《市政通告》介绍了关于先农坛改造为公园的许多历史细节：

> 公园之设，与市民精神身体都有密切关系。这种道理，本通告已经说过多次。言论所及，即有事实随之，故此社稷坛之中央公园早已着手经营。数月以来，各处布置得渐臻完美，一般市民非常表示欢迎，可见京都市民之对于公园，并不是漠然置之。惟认真讲起来，京都市内，面积如此之大，人口如此之多，仅仅一处中央公园，实在不足供市民之需要。因为中央公园设在前门里头，仅便于内城一带居民，而于南

城外头，有城墙阻隔，终觉不便。要据户口调查起来，外城居民较内城格外稠密，红尘十丈，很难找一处藏休息游的地方。平常日子只有个陶然亭可以登临，此外就得等着各处庙会，借以遣兴。其实那些地方全不能尽合公园性质，所以那些高雅的市民，每逢春夏天气，因城市无可游览，往往到西山一带扩一扩胸襟，吸些新鲜空气。等而下之，也要三个一群，五个一伙，往郊外野茶馆里吃吃茶，看看野景，聊以自娱。此等情形，实在因为城里头没有适当公园，才逼出来的。按说南城南部地方，空旷的很多，何以不能设一两处公园，使南城外市民，也稍享一点幸福。怎奈细一考究，东边万柳堂故址，若打算回复原状，不但费手续，而且交通上也不便利；西边黑龙潭一带，地方窄小，也不够公园之用；此外空地，又多被义地占了去，荒冢累累，打算改建公园，殊觉困难。所以这外城公园的问题，研究了多少日期，最后才想出一个最简便的法子，择定一处相宜的地势，就是就先农坛开放，作为南城外的公园。该处当年本是禁地而极合乎公园之用：第一、土脉干净；第二、地势宽绰；第三、有的是亭台殿阁；第四、有的是古木奇花。有这现成好地方开放出来作为公园，这真是有钱也办不到的。不必说中国，就在世界各国里，也怕找不出这么几处好地方。如今既然没坛庙祭祀的关系，市民大可以得点便宜，故此由内务部拟定办法，派员经营起来。从此以后，这京都市上，与社稷坛中央公园以外，又添了第二处公园了。(30)

先农坛开放成公园之后对周边环境产生了重大影响，由于坛区内引入了公园、游艺园和市场，又由于坛北示范性“香厂新市区”的兴建，以及东部天桥市场的兴起，先农坛地区保持了几百年的肃穆风貌在短短的时间内就有了很大的改变，新兴的商业气氛与市井气息成为这一地区的重要标志。先农坛与天桥、永定门等地距离不远。对于普通市民尤其是底层市民而言，天桥地区在当时的北京最为热闹，“一年到头逛天桥的人往来不断”。“到了夏景天，永定门外有跑车跑马的惯习，天桥一带的游人更是格外多。每当下午，必有许多游人在西坛根休息纳凉。……请问那些逛天桥逛永定门的人，能不喜出望外吗？”由于空间地理位置以及先农坛本身的特点（如票价低廉），城南公园成为一座典型的平民公园。1930 年代，先农坛地区开始修建公共体育场。

4、天坛公园

天坛是明清帝王祭天祈谷的场所，始建于明朝永乐十八年(1420)，殿宇华美，古木苍翠，是北京最具园林之胜的一座坛庙，在京华名胜中堪称翘楚。明清时期，天坛属皇家禁地，平民不得进入。民国建立之后，天坛停止祭祀，地位骤然跌落。清皇室将原供奉在天坛的祖先神牌全部撤走，移入太庙，祈年殿及斋宫等处殿堂关闭，随后移交给民国政府内务部礼俗司掌管，但此时礼俗司无暇顾及，无法派驻管理人员，更谈不上订立管理办法，天坛一度沦为林场、跑马场、战场，虽没正式对外开放，但私人进园游览的情况越来越普遍，而各界在坛中集会亦多，尤以每年春季，学界运动会最为热闹。

1913 年，为纪念民国建立一周年，天坛自 1 月 1 日至 10 日向社会开放，“天坛门首，但见一片黑压压的人山人海，好像千佛头一般，人是直个点的往里灌。……这一开放，把荒凉的坛地变成无限繁华。这几天游人日盛，不止北京一方面，连天津、保定府、通州之人来逛的也不在少数”。[31]此次开放虽仅 10 日，但一度荒凉之地出现繁华，京城普通百姓可以一睹昔日皇家禁苑风貌，在民国北京城市建设史中是一个重要的节点。

1914 年，外务部礼俗司曾允许外国人持外交部专门的“介绍券”可以进入坛内参观，并作了相应规定。1917 年 6 月，内务部就天坛辟为公园一案提出调查报告，对坛内树木进行调查，给所有树木挂牌编号，并测绘了天坛全图。总统黎元洪还率各部长官，在天坛斋宫河畔植树，倡导绿化。不过，同年张勋复辟之时，其所带军队曾在天坛驻兵。战争结束之后，内务部成立天坛办事处，负责筹办公园事宜。1918 年 1 月 1 日，在民国政府内务部主持下，天坛被辟为公园，“任人购票游览”，正式对外开放，“天坛为历朝祀天之所，建筑闳丽，树木幽茂，实为都会胜迹之冠。外人参观向由外交部给予执照，而本国人士罕有游涉。今者内务部特将天坛内重事修葺，平垫马路，以期引人入胜。订于阳历新年一号，将斋宫皇穹宇祈年殿一律开放，任人购票游览。并拍照名胜处所，制成邮片赠送游客。观光之士、考古之儒，行见连骑叠迹于其间矣”。[32]

在此后的近 30 年间，天坛由于地势开阔，在战乱频发的时代多次成为军队驻扎之地，曾经的皇家坛庙变为军营。抗战期间，日军曾占据神乐署等处。解放战争期间，国民党军队曾在园内修筑军事工事，对林木造成了巨大破坏。

5、海王村公园（海王邨公园）

海王村公园也称“海王邨公园”，位于今和平门外，辽代为南京城东边燕下乡海王村。元、明、清三代都在此设置琉璃窑厂，亦称琉璃厂。自清中期以来，琉璃厂一带书肆遍布，同时，经营古玩古董、珠宝、字画和笔墨纸砚的店铺相继出现，逐渐成为学者文人醉心向往之地。

琉璃厂地区不仅吸引了全国各地的学者文人，对于京师百姓而言，春节期间在琉璃厂中部地区厂甸举办的庙会也是不可不去的去处。大约从18世纪晚期开始，作为春节庆祝活动一部分的厂甸庙会每次长达半个月，成为北京城里最喜庆的地方，“百货云集，车马喧阗，游人杂沓，途为之塞”。[33]除了发挥琉璃厂地区日常的文化街的功能之外，庙会也有各种各样现场表演、地方小吃、儿童玩具等。春节期间琉璃厂的灯市最为出名，灯火之盛，亦为京师之冠。张江裁《北平岁时志二则》描述：

> 琉璃厂甸，自元日至十五日，百货云集，万灯齐上，图书充栋，珍玩填街。香车宝马所驱，岁不乏秦楼楚馆之辈；商贾仕宦，群焉趋之。火神庙，土地祠，各极其胜。而初六日起，游者始众；庙祠棚贩，亦必自是日始陈列焉。彝鼎珠玑，足使目为之眩。而书籍画绘之缩聚，近年则略有播迁。书以海王村公园西邻为胜，画移和平门之外稍南地区。公园以内，则食品居众，小型玩具亦伙，此与吕祖祠前，皆童稚争骛之所也。公园之背，多货风筝；其面则豌豆、豆汁诸摊盘踞，山楂圈套、大糖葫芦各贩，且徘徊求购焉。[34]

但琉璃厂地区距离内城较远，除庙会期间最为热闹外，平时少有人问津。

海王村公园就是在厂甸庙会的基础上形成的。“京都市政公所于民国六年（1917）就琉璃厂厂甸空地创建海王邨公园，设事务所，分管理、庶务二课。置主任一人，事务员数人，管理全所事务。并于园之东西两旁建平房五十余间，招集各商设肆营业其间，以便游人之选购。是年冬，全工告竣，即于七年（1918 年）元旦实行开放”。每年春节期间照常在本地举办庙会。1924 年正阳门至宣武门之间新开辟了和平门，逛厂甸更为方便。1928 年，北平市政府成立，接收了海王村公园，

“每届新年庆祝，仍循前例开放十日，为提倡国历起见，免予征捐。且历届春暖之际。即春节开放十数日，招商设摊，以供游览而维商贩”。[35]不过，1928 年国都南迁之后，北平经济也陷入萧条，厂甸庙会虽然每年照例举办，但逐渐衰落已无复昔之盛况矣：[36]

> 琉璃厂厂甸系海王邨旧址，为北京夏正士女游观之地，惟是车马纷沓，摊肆纵横，十丈红尘，击摩凌杂，殊匪足以昭秩序也。经前京部市政公所于整理之中绚习俗之意，遂于民国五年有设立海王邨公园之议，就原有地基缭以围墙，两旁建筑商铺，借示规模。广场之中，辟治路径，每值岁首，自元旦至元宵节，订定开放规则，仍准照旧设立临时商市，以存俗尚；其平时则惟置山石，建筑喷水池，栽种花草，借于市廛之内得观林泉之趣。大楼一座，为旧时工艺局基址，复为商品陈列所，工艺商货次第排比，藉示提倡振兴之意。[37]

《北平旅行指南》介绍了 20 世纪 30 年代中期海王村公园的日常情形：

> 在琉璃厂中间，为明清时琉璃厂厂甸旧址。考海王村之称，由来甚久。乾隆三年，该地窑户发现一古墓，有碑志载辽御史李内贞葬于京东燕下乡海王村，是琉璃厂在辽时即名海王村。且考元时之都城，尚在北平之西，则海王村适在元城东门之外，为一村落，与墓志所载京东燕下乡海王村一语，正相符合。不过在明时城池东移，海王村被圈于城内，其名因之淹没，遂以琉璃窑之故，而名琉璃厂厂甸。自清初罢禁灯市后，厂甸遂为春正游览之地。窑门外百货竟陈，商肆错列，图书字画更为大宗。迤东之火神庙更为古玩商之荟萃处。门东之吕祖祠香火甚盛。清末曾在先农坛坛墙外香厂一带辟荒设肆。拟迁厂甸春市于此，迄未果行。未几香厂临时市场又行荒废，春正市场仍以厂甸为首屈。至民国后开辟马路，拆弃窑厂。后在该处建设海王村公园，叠石为山，蓄水为池。但因地址狭小，游人甚稀，不久遂亦废止。今遗址虽存，而公园之意义全失，园中北楼现为财政局稽征所占据。但每届岁首，由初一至十五日止设临时市场半月，自海王村起，北至和平门，南至臧家桥，商肆罗列，画棚栉比，车马喧阗，游人摩肩，为北平春市之冠。数年前政府提倡阳历，禁用阴

历，而春正之市场遂改于阳历岁首。但因习俗难改，游人甚少，因徇商人之请，复有旧历岁首仍举行春节临时市场。其中商品除古玩玉器、图书字画之外，则以儿童之玩具、食品为大宗。尤以糖葫芦、气球、风车、空竹及玻璃制之扑扑蹦为应时之玩具，倘逾此半月间则卖者绝少。(38)

6、和平公园（太庙）

太庙位于紫禁城外东南，与社稷坛形成对称，是明清两代皇帝专用于祭祀祖先的礼制建筑群，始建于明永乐十八年（1420），嘉靖十四年（1535）改合祀为分祀，设九座庙分别供奉历代祖先，后遭雷火焚毁，于嘉靖二十四年（1535）重建。至清代，历经顺治、乾隆、嘉庆三朝的修缮，形成现有格局，宏伟壮观。

整个建筑的中心，是三座雄伟的大殿，其中以前殿最大，共十一楹，重檐垂脊，中殿、后殿各为九楹，殿的两旁都有庑殿，前殿两庑各为十五楹，中殿与后殿两房各为五楹。前殿三层石基前是宽阔的庭院，往南出戟门又是一个大院落，院里有石梁五桥，桥下是金水河（又称玉带河），桥北有井亭二，桥南东为神库，西为神厨。殿的红色围墙四周，由茂密的柏树林环绕，围墙辟庙门，其西南与东南方还有奉祀署、宰牲亭、治牲房等建筑。太庙街门，南临长安街，西与端门东庑相连，西北门与胭左门相对。

自明代以来，在这座建筑广阔，殿宇高大的庙里，除举行登基、大婚等庆典活动，才有封建帝王来此祭祀祖先外，平时冷冷清清，只有少数守护庙宇的官员差役等在这里驻守。

1912 年清帝逊位之后，由于太庙的特殊地位，根据《清室善后优待条例》，“宗庙陵寝永远奉祀，民国政府派兵保护”。这里供奉着他的历代祖先，依然归爱新觉罗家族所有，只是不再关乎国家政权，逊清皇室不能再在太庙举行祭祖活动。1924 年 11 月溥仪被驱出宫之后，太庙永远结束了作为皇家祭祀的历史，按《清室善后委员会组织条例》的规定，太庙由清室善后委员会接管，变为公产，改为和平公园，向普通市民开放。

1925 年 10 月以后，归属新成立的故宫博物院管理。张作霖进驻北京之后，太庙于 1927 年 8 月改由安国军大元帅府内务部坛庙管理处管理。1928 年 10 月第二次北伐结束，安国军大元帅府倒台，故宫博物院由南京国民政府接管。根据南京国民政府公布的《故宫博物院组织法》的规定，太庙又由故宫博物院收回管理。经过一段时间的准备，1930

年太庙作为故宫博物院分院对外开放。同时，院图书馆在太庙开辟了阅览室，对外提供院藏图书的阅览。1935 年 5 月，太庙改称故宫博物院太庙事务所，原图书馆的阅览室，改称故宫博物院图书馆太庙分馆。在此前后，为保障对外开放，故宫博物院还进行了太庙庭院环境的整理，房屋、殿宇、井亭、河墙等建筑的维修，增建图书分馆办公用房，堆垫土山、修筑道路等项工程。

此后，经过“七七事变”，北平沦陷和抗战胜利后国民党政府复员接管，太庙一直由故宫博物院管理。1948 年底新中国成立前夕，太庙曾被国民党军队占用。1949 年北平和平解放后，太庙又由故宫博物院收回，并于当年 3 月恢复开放。太庙自故宫博物院接收管理，并辟为公园对外开放供观众游览以来，其名称一直未变，殿宇中的供桌、祭器等设施也多未变动。建国之后，太庙被辟为“北京市劳动人民文化宫”。

7、北海公园

辽太宗耶律德光元年（938），辽将当时的幽州城定为陪都，称为“南京”（即燕京），自此开始对其进行大规模的建设，尤其对城东北郊湖泊风景区（今北海一带）开辟创建。此时，北海地区被称为“瑶屿行宫”。金代，在此基础之上，建成“太宁宫”，其范围包括今北海、中海地区，宫四周有城垣，宫内园林布局采用古典皇家园林“一池三山”的规制，三山即琼华岛（今北海琼岛）、圆坻（今团城）和南面岛屿（位于今中海），都是用疏浚湖泊的泥土堆筑的。琼华岛是太宁宫内重要的建置和景区，岛上建有多处宫殿。为北海雏形。

太宁宫在金代先后改名为寿安宫、万宁宫。蒙古太祖十八年（1223），成吉思汗铁木真将万宁宫琼花岛赏赐给道士邱处机，琼花岛一度成为道院。中统元年（1260）忽必烈驻桦于万宁宫琼花岛，并对琼花岛进行了大规模的扩建与修葺。此后历经明、清两代，不断增修，至乾隆时期，北海的规模和景观可以说盛况空前。

自乾隆朝经过大规模地扩建兴建北海后，嘉庆、道光、咸丰、同治各朝均没有较大的修建工程。庚子年间，英法军队进驻北海，苑内建筑与陈设分别遭到联军的破坏和掠夺。次年，八国联军撤出西苑北海，慈禧回京后，对北海内遭联军破坏的建筑进行了修葺。其中主要有蚕坛、善因殿、永安寺前值房、阳泽门内值房以及小铁路等。此后，直到清朝覆灭这个阶段，清廷再无力营葺西苑北海。

清帝退位之后，根据协议，1913 年 1 月 29 日，清皇室将三海房舍移交北洋政府。3 月，袁世凯将总统府迁入中南海，北海由于地段稍嫌偏远，由总统府护卫部队进驻。自此，北海房舍由军队所有，“水产所入，略充公府之用，殆视为公府所有焉”。据《北海公园景物略》记，北海驻军“先为拱卫军，毅军继之，后则公府各卫队，而拱卫军改编之消防队，始终驻守。……原驻军部队不知爱护，益加摧残，数年驻军屡更，毁坏之迹，益不堪问”，苑内已呈“破壁断棂，弥望皆是”的景象。[39]团城曾先后被袁世凯的“政治会议”、财政整理委员会、古物保管委员会、中国地理学会等单位占用。此后几年，北海曾临时开放过几次，但主要用于举办游园会、游艺会、水灾赈济会等活动。

1916年6月27日，国务院召开会议，讨论内务部总长许世英在国务会议上提出的《开放北海为国有公园》案，内中提及：“查京师往日名胜地点，或僻在郊原，或囿于寺观，公共游览，诸有未宜。中央公园，最为适中，然亦嫌其过狭。其他如新辟之先农坛，又偏于城西南。北城地方，尚付阙如，不足以示普及。且以都下户廛之密，人口之多，仅此两处公园，仍无以适应市民需要。”此案顺利通过，由内务部通知京都市政公所，划拨经费两万元，并派司长祝书元任董事，与北海驻军交涉接受事宜，但时局动荡，这一计划并未付诸实行。1917年，京都市政公所督办张志潭、浦殿俊又先后奔走于内务部，督促开放北海公园，但仍未成功。

1919年春，北海北岸阐福寺内佛殿被驻军烧毁，古迹的命运再次引发关注。市政公所吴承湜处长请示督办钱能训，提出开放北海为公园，以此保护北海，他列举的理由主要包括：总统府已迁居它处，安全防卫的问题已经不再紧要；大佛楼遭焚毁，根本原因在于没有正当的保管机关。如果仍因循不问，未来的损失会更大；当时筹办北海开园的两万元经费仍未动用，可以此为启动资金；北京的公园极度缺乏，中央公园与城南公园不敷使用，北城尚无公园；公园性质有利无害，都市多一公园，则社会多增一分健康，市民多养一分道德。钱能训委派吴承湜等几人与总统府庶务司协商，但开园一事仍无结果。

1922年6月，大总统黎元洪重来京师，内务总长张国淦呈请总统下令开放北海：

> 查京师为首善名区，万方辐辏，既属崇闳之都会，应有高尚之游观。惟兹三海公开，实洽兆民私望。紫光阁上，褒鄂之毛发如生；阅古楼中，羲献之文章宛在。从此谈瀛海客，得共睹我邦兴建之规；入洛士夫，亦藉寻历代经营之绪。拟即由本部陆续接受，厘定开放规章，呈候钧览，以副我大总

> 统发展都市、嘉惠士民之至意。

黎元洪批准内务总长之请，命内务部成员二十多人组成开放三海委员会，拟开放北海。但后因曹锟逼宫，黎元洪离京，北海再次进驻军队，开放之事未能实施。

1925 年 5 月，内务总长龚心湛仿中央公园先例，制定《北海公园开放章程》，经临时执政段祺瑞批准，交京都市政公所办理。市政督办朱深主持成立“北海公园筹备处”，制定《北海公园游览规则》、《公园售票员规则》、《公园查票生遵守规则》、《售票收款办法》等规章，“招商贩认租领地。凡文品商摊、照相馆、大茶楼、球房、饭店，均在招募之列”。[40]6 月 13 日“北海公园筹备处”正式接收北海，原驻扎在园内的消防队移驻苑外，京师警察厅派警员入内看守。经过一个多月的准备，8 月 1 日，北海公园正式对外售票，据报章记载：“是日虽然微雨，而各界游人，尚称踊跃。”[41]

《旧都文物略》也介绍了北海改造成公园的基本过程：

> 北海肇自辽金，风景佳胜，殿宇崇闳，为历代帝王之别苑，盛于明清。入民国后，交还政府管理。民国五年，内务总长许世英始建议开放，由市政公所拨二万元整理。正筹备间，时局倏变，不果行。六年、八年，均经议及，卒不得当。至十四年，内务总长兼市政督办朱深，始实行开放，定名为北海公园，组织董事会。春秋佳日，游人蚁集，而内部一切，亦逐渐整理完好。游览有水、陆二路。入园门，略转西向，北经堆云积翠桥。桥北为琼华岛，有永安寺。南向在琼岛山麓，北为法论殿，旁有意远楼。再上为正觉殿。普安殿上有白塔，为琼岛最高处。[42]

北海开放为公园的过程中，对园内许多基础设施进行了改造，使之适应要求，如对静心斋整修一新，成为“北海之冠”；将承光左门至五孔桥之土路改修为石路，由五孔桥以北往东直达蚕桑门之大桥，改成马路；将白塔南面永安寺内佛像移出，对殿房重新修整后改为西餐饭店；对水面四周的小马路加宽，供汽车、马车通行；对白塔后的远帆阁戏楼重新装修，聘请梨园界男女名角演唱戏剧；在白塔前之漪澜堂内设祥记饭店，设置多个茶楼、茶座，既可饮茶，又可观景。

作为一个现代意义上的公园，北海开放之后通过增添新设备，为游人提供了一些新的娱乐方式，如在园内添设电影场、照相馆、球房，购买新式望远镜数架，置于静心斋及小白塔前之铜亭，供游人远眺，设置游船备人乘坐等。同时，北海公园通过实行一些管理制度，对游人的行为进行规范，如禁止游人捶帖琼岛春阴状元府的名人墨迹，在水面四周装设木栏，禁止垂钓等，实际上也是对现代文明方式的一种普及。中南海也是北京城内较早开放游泳池的场所，经营理念也很先进，如设立团体票，70 人以上可以享受半价，学生还可以买到月票。游泳池还专门聘请了教练。[43]

在民国北京，虽然开放时间偏晚，但北海公园可谓后来居上，与中央公园齐名，这不只因其良好的基础，还因其经营有方，园内服务设施齐全，《故都变迁记略》描述："三海自辟为公园后，亦招商设酒肆、茶肆，与中央公园同。中南海各殿宇以未完全开放，故酒馆、茶社较鲜。北海则漪澜堂、道宁斋、濠濮涧、五龙亭、慧日亭、般若香台等处均设肆，外且于积翠堆云桥西邻水筑屋五楹，名揽翠轩。天王殿、快雪堂之间筑屋一区，为仿膳社，皆为茶点肆。故都女士夏则泛艇，冬则嬉冰，盖为稷园外第一之胜地也。"[44] 当时的《旅行杂志》介绍：

> 北海自民国六年以来，即有改为公园之议，荏苒数载，至民国十三年始实行开放，定名为北海公园。以"团城"东首之承光左门为其正门，并于西"不压桥"之南辟一新门，为其北门，其南面之"桑园门"及东西之"陟山"、"阳泽"二门，迄未开启。园中除画舫斋为公园董事办事之所，静心斋为政府留待宾客之地，快雪堂为松坡图书馆外，余若漪澜堂、五龙亭、濠濮间各处，俱辟为品茗设肆之区。每当春秋佳日，夕阳西下，新月微开，和风送凉，金波曜景，游人士女，三五群集，或打桨中流，或吹箫隔岸，或赌棋于别墅，或放饮于池头，西湖秦淮，殊不是过。若夫时届严冬，万籁萧瑟，游人既多敛足，而近年漪澜堂、五龙亭左右，各设冰场，以为滑冰之戏，事实沿旧，不知者乃以为欧美高风，青年之人，趋之若鹜。化装竞走，亦足以倾动一时，较之他处人造之冰场，复乎胜矣。[45]

北海开放为公园之后，无论冬夏，均为市民日常娱乐的极佳场所。"而三海之中风景优美，自以北海为最。……一入北海，则白塔碧波，悠然意远，余最爱漪澜堂之长廊，小坐品茗，浑忘尘俗”。[46]尤其是在寒冷冬日，北海冰面如镜，用杉篙、芦席在冰面上围出冰场，此时的北海是北京城最热闹、时尚的场所之一，以青少年为主的群体在冰面上相互追逐嬉戏，1930年代在北海还出现了冰上化装舞会，造型各异，在当时可谓“时代先锋”。

8、京兆公园

地坛又称“方泽坛”，建成于明世宗嘉靖九年（1530），是明清两朝皇帝祭祀“皇地祇神”的场所，与天坛相对应，分别象征地与天，几百年间逐渐形成了方泽坛、皇祇室、神库、斋宫、宰牲亭、神厨、祭器库、乐器库、神马殿、牌楼、钟楼等建筑，一直是神圣之地，属皇家禁地。清帝逊位之后，地坛逐渐成为一座荒园，已经丧失了曾有的庄严，由于园内面积开阔，各系军阀部队多在此地驻扎，官方对此疏于管理，“其余各处，仍多荆榛，且时驻军队，坛墙房屋，年久失修，半皆倾圮，茂树恶木，嘉苑毒卉，杂乱争植，几成秽墟”。[47]

1924年底，薛笃弼调任京兆尹，[48]第二年3月，他向内务部呈文，请求将地坛划拨归京兆，辟为公园。内务部批准了这一请求，薛笃弼开始多方招募集资，并得到了财政部、交通部及其他机关的一些捐助。在几个月的准备期间，在坛内平垫马路、栽植柏墙，添设各处亭台，内坛整修一新，外坛为农事试验场。1925年8月2日，京兆公园正式开放，内部新辟世界园、公共体育场、儿童游嬉场、田径赛场、足球场、篮球场、抛球场、网球场、图书馆等。这是北京地方当局创办的第一个公园，也是在北京外城建立的第一个公园。

1928年国都南迁，北京改为“北平特别市”，京兆公园更名为“市民公园”。《北京特别市市民公园之由来及近况》介绍：

> 北平旧有地坛在安定门外，清时为禁地。民国十四年春，薛京兆尹以该坛年久失修，几成秽墟，爰本废物利用之主张，修葺布置辟作公园，以供士人游览，藉为社会添一相当之娱乐场。乃更地坛名为京兆公园，于时除坛内之东北一小部拨为京兆农林试验场及西南一小部借作贫民救济院外，余均作为公园。凡园中墙壁悉书绘古人嘉言懿行。并画地为图作世界园，以石代山，以草代水，分有国界及各国商埠、铁路、航路等。入斯园者，世界大势一目了然。又有公共体育场，设置各种运动器械，如秋千、溜板、双环、铁杠、平台、木

马、压板、浪木、爬杆、爬绳、转轮、转千、平梯、溜杆、溜绳等件。此外，如儿童游嬉场、田径赛运动场、足球场、篮球场、抛球场、网球场等，设备齐全，俾游人入场，藉以锻炼身体，增进健康。……又有讲演台、通俗图书馆，凡诸设施均期于公共游息之中寓有提倡教育之意。惟因时局多变，屡驻军队，以致园内美好设备多被损坏。十七年夏战地委员会到平，将该园交由平市府工务局派员管理，遂改称北平特别市市民公园。际兹财政困难，仍苦心设法经营，未敢荒废，勉将园内旧有设备分别修整。其已经添设者，如钓鱼塘、养鱼池、大小花台、陈列室、游人休憩室等，并整修古柏林、种植各种树木。此外，更定扩充计划，如天文台、美术台、荷花池、习骑场、赛车场、游船场、戏剧场等，均拟待时实行。此市民公园之由来以及大概之情形也。(49)

此后，因驻军破坏、经费短缺等问题导致公园经营情形每况愈下，园内日趋衰败，名存实亡。“至市民公园，原系地坛，于民国七年五月经前京兆尹请拨一部分扩充京兆养济院。八年四月，又请拨一部分作为京兆农林总局。十四年，呈请拨作京兆公园。十七年，由市政接收，归工务局管理，更名市民公园，并由农事试验场占用一部分，种植树苗，及河北农事第四试验场占用一部分。二十四年，市民公园停办，由本所收回，改以地坛名义，仍旧售票开放。二十五年，北郊医院借用一部分。二十七年，停止售票”。(50)

9、颐和园

颐和园始建于18世纪中叶清乾隆时期，初名“清漪园”，光绪时期，慈禧太后进行了大规模的重修，这里也成为她晚年主要的生活地。清帝逊位之后，民国政府对清室的优待条件规定：“大清皇帝辞位之后，暂居宫禁，日后移居颐和园。”颐和园成为退位皇帝的私产，但溥仪一直居住在紫禁城。

1913年，步兵统领衙门制定了《瞻仰颐和园简章》，其中规定：开放时间“每月以三次为限，以阴历逢六日为参观之期，其余日期概不发照”。“各政党及军学界人等欲入园参观者，政党由本党部长，军界由本管统制，学界由教育部，前三日将姓名，年岁函至步军统领衙门，以便填发执照。仍先期知照内务府，以便放行。每次参观，各界以十人为限，概不多发，女界一概不发执照”。从这些规定看出，参观颐和园的条件比较苛刻，程序繁琐，还不是真正意义的对外开放。不过，后来这一规定做了相应调整。1914 年，为解决清室财政困难，清皇室内务府与步兵统领衙门开始对外售票开放颐和园，收入主要用于补贴王室指出。

1924 年溥仪的家庭教师庄士敦被授任管理颐和园，同年，冯玉祥发动“北京政变”，溥仪被逐出紫禁城，清室优待条件也被修改，不再有移居颐和园的内容。冯玉祥国民军进入颐和园，不过，一直至 1928 年之前，颐和园一直属逊清皇室私产，虽然大部分时间也售票开放，但并不是真正意义上的现代公园。

1928 年北伐战争结束之后，南京国民政府接收北京。同年 7 月 1 日，颐和园正式被政府内务部收归。8 月 15 日，交北平特别市政府进行管理。至此，颐和园成为国家公产，继续对外开放。此后，政府对颐和园虽有局部修缮，但整体投入有限，园内很多地方成为官员私宅，已然失去其皇家行宫的风貌。

10、景山公园

景山位于紫禁城外正北方，是明清两代的皇家御园。早在辽金时期，周边就已经出现了宫殿建筑群。元代成为皇家禁苑，园中曾有一个称作“青山”的小土丘，明朝初期曾用作堆煤的场所，因此又称“煤山”。明永乐修建紫禁城时，将开挖护城河的泥土及拆除元朝宫殿遗址的渣土，堆积在媒山上，逐渐形成了一座由人工堆筑为主体的土山，最初定名为万岁山，此后，在万岁山南北地势平坦的处所，修建了亭台、楼阁、殿宇，并在园内种植松柏、花草。因而在明朝时期，此处即成为封建皇帝游幸与经常安排一些重要活动的御园。清朝入关以后，于顺治十二年（1655）将“万岁山”改称“景山”。明代和清初时的每年重阳节，皇帝由大臣陪同到此登山为乐，平时是“视射校士”及观赏游玩的活动场所。

辛亥革命以后，按《优待清室条件》的规定，景山仍由居住在紫禁城内廷的逊清皇室管理使用。清皇室此时无力顾及，景山一度荒芜。1924 年 11 月，溥仪被驱出宫之后，景山作为清室财产，由清室善后委员会接管。

1925 年 8 月，《社会日报》公布了北京市民姜绍谟等 120 人致清室善后委员会函，请求开放景山，公诸当世，以免胜迹荒颓：

查景山地处北京中央，高可俯瞰全城，松柏苍古，风景怡人，最适于公共游览之用。旧为清室占据，不使开放。弃置多年，日就圮废，京中人士莫不深惜。去岁义军反正，废帝出宫，禁悉由贵会保存，景山攸归国有，此实开放良机，急宜公诸国人。同人等居近景山，渴望之情尤切。用敢为贵会陈请，请即日开放作为公园。既为民众开一游览之区，又可藉以时加修葺，不致使胜迹有荒颓之憾，一举两得，实为公便。(51)

1925 年 10 月，故宫博物院成立，景山由其收归管理。1928 年稍加修葺整理，以公园形式对外开放。但寿皇殿、观德殿等殿宇未作开放景点，仍由故宫博物院管理使用。

此后，在“七七事变”发生前的数年间，故宫博物院筹措一定数量的工程经费，对景山进行了大规模修缮，包括景山门外的马路、四周的围墙，园内的绮望楼、山峰上的五座亭子和寿皇殿、观德殿等建筑，先后进行了路面修筑，内外墙修砌，楼阁殿亭瓦顶拔草、揭瓮，木架油漆彩画以及修整上下山的道路等工程数十项，同时还进行了补种松柏树、栽植花草等绿化工程。1930 年在景山东边山脚下，明朝末代皇帝崇祯自溢的地方，树立了“思宗殉国碑”。

这期间工程量最大的，首先要属山峰上五座亭子的瓦顶揭窟，其中万春亭还进行了大木拨正与更换、添配槛框及油漆彩画等工程和上下山道路的修筑工程。原有的上下山道路是依山坡修筑的简易土路，上下很不方便，尤其遇有雨雪天气，路面泥泞陡滑更不好走。经过修整的路面，改为用旧砖铺砌的台阶式的砖路。

原在景山南门北上门与神武门之间，沿着紫禁城护城河墙北侧，有一条东西走向的窄路。它是辛亥革命之后，为方便城区东西方向通行而开辟的一条简易马路。由于路面极狭，只能供行人与小型车辆通过，大型交通工具通过十分困难，加之地面为土路，若遇雨雪，泥泞不堪。故宫博物院和景山相继对外开放以来，由于过往通行车辆增多，经常导致道路阻塞。30 年代，在景山门与北上门之间，将原有旧路拓宽，新开辟一条东西走向的柏油马路，东西城区之间的通行更加顺畅。经过这次改造，原为景山南门的北上门，则与景山门之间被路面隔开，原北上东门与北上西门则被拆除。北上门成为进入紫禁城神武门的一道外门。

日据时期，对景山各处的修缮工程大大减少。抗战结束后由于时间短暂，北平市政府对此并未顾及。1948 年初，故宫博物院曾在观德殿内筹办职工子弟小学。当年 12 月解放军包围北平后，景山又被国民党军队占用。1949 年北平和平解放以后，经过重新修整，景山于 1950 年 6 月恢复开放，并将太庙图书分馆的图书阅览室移至景山绮望楼对外开放。

11、中南海公园

中南海位于故宫的西侧，由中海和南海构成，与北海旧称“三海”，又名“西苑”、“太液池”。始建于辽金，历经元、明、清的扩建。自清代起，中南海成为皇家禁苑，是皇帝避暑听政的场所，尤其进入清后期，成为实质意义上的政治中心。同治、光绪年间，慈禧太后及皇帝按礼制从颐和园移居紫禁城时，大多在中南海内居住，仅在行礼时前往紫禁城。

庚子年间，八国联军直接侵入北京，总司令瓦德西就居住在中南海仪莺殿，该殿后来被八国联军焚毁。慈禧太后回銮之后，耗费 500 万两白银在废墟上重建新仪鸾殿，更名为“佛照楼”。1908 年末，慈禧在中南海“佛照楼”辞世。

辛亥革命，清帝退位，溥仪虽然可以暂居宫禁，但西苑三海须移交民国政府。1913 年 3 月，袁世凯将总统府由铁狮子胡同陆军部大楼（今北京东城区张自忠路 3 号院）迁入中南海，把中南海改为新华宫，“佛照楼”改成了怀仁堂，宝月楼改成了新华门。[52] 以金鳌玉蛛桥为界，西苑三海被分为北海和中南海两个部分。自此，它相继成为黎元洪、曹锟的总统府和张作霖的大元帅府。1928 年北伐军进入北京之后，北洋政府使命正式终结，作为总统府所在地的中南海一度闲置。

1928 年 8 月 6 日，北平市政府工务局长华南圭就中南海的保护和管辖事宜曾给市长致函，国民政府回函应由北平市政府管理，但如何开放保管，由公用局、工务局、公安局三局会同办理。1928 年 12 月，中南海董事会向北平市工务局呈递了关于召开成立大会的函件，建议将中南海归于市民直接管理，筹备真正代表民意、直接管理中南海的董事会，“以绝罪恶之根株，以供游人之玩赏”。在清点物品并进行修缮的基础上，1929 年 4 月，中南海公园董事会成立，熊希龄被推举为主席委员，不久，北平市政府也成立了“中南海公园临时委员会”，负责管理中南海。至此，中南海正式向全体公民开放。

中南海总面积约为 1500 亩，其中水面面积约为 700 亩，远远超过了北海。作为当时北京内城最大的一片水域，除了观赏皇家园林，中南海公园的特色还是水上项目。比如垂钓、游船，其游泳池的经营也颇为现代，设立了团体票，70 人以上可以得到五折优惠，学生还可以享受练习月票。游泳池还特聘了游泳导师，帮助指导提高游泳技巧。中南海的市民滑冰场也名声在外，还曾举办过化装溜冰比赛运动会。开放的中南海人车俱杂，不仅有脚踏车，还有人力车、汽车，不过要购买脚踏车证、人力车券和汽车券。为了增加收入，中南海公园将园内一些房屋盘活经营，除各机关借用一部分外，其余的大多租给了老百姓居住。而诸如怀仁堂等场地，时常有公务用途，则对外零散出租，用于宴请宾客，祝寿结婚等。中南海公园也曾自筹经费维护古迹，“公园中的流水音、千尺雪一带，建筑古雅、风景幽秀，为本园名胜之一，复当冲要之区，而为中外观瞻所系，惟因年久失修，不无减色。本园有鉴及此，爰经鸠工油饰整理、焕然一新，所有费用均为本园自行筹措”。[(53)]

中南海开放为公园之后，气质比较独特，有人评价：“北平的四处公园，在她们的品格上分类：先农是下流人物传舍，中山装满了中流人物，北海略近于绅士的花园，那么，南海！让我赠你以艺术之都的嘉名吧！”[(54)]1937 年，北平市社会局为“改进习俗，提倡节约，尊重婚礼起见”，参照民间刚刚兴起的文明结婚仪式，在中南海公园怀仁堂举办“集团婚礼”。若干对新婚夫妇在同一天、同一地点，在同一证婚人主持下，统一举行婚礼。为此，当时还成立了北平市社会局市民集团婚礼事物委员会，具体办理相关事宜，以后成为定例。

北平沦陷之后，以王克敏为首，建立起华北地区伪政权“中华民国临时政府”，地点便设在中南海。1941 年，中南海公园登记在册的进驻机构还包括：满洲帝国通商代表部、最高法院华北分院、最高法院检察署、华北救灾委员会等。当时的怀仁堂成了所谓中日亲善的表演地，中、小学生日语会，中日儿童亲善会等，皆在怀仁堂举行，中南海再度成为权力中枢。

抗日战争结束后，李宗仁的“北平行辕”就设在中南海。新中国成立前夕，华北“剿匪”总司令傅作义将指挥部搬进了中南海，将司令部设在了居仁堂。1949 年 1 月解放军接管北平后，立即对中南海进行紧急疏浚。新中国成立后，中南海成为中共中央和国务院的办公所在地。

第三节　作为都市“公共空间”的现代公园

现代公园是近代中国城市一种新型的公共空间，[(55)]是构成城市整体的重要组成部分，一道特殊的人文景观，也是城市近代化的重要标志。公共空间不只是简单的位置概念，而是由在其中活动的主体赋予了一定的社会价值，从而具有了社会性。对于千年古都北京而言，传统的城市建设和空间秩序反映了国家政治制度和结构。作为封建帝王权力的空间和物质象征，北京在城市空间布局中便包含了一种上下贵贱的社会秩序观念，强化了政治与文化意味。随着帝制的消亡，特权领域收缩，昔日在皇权统治下的皇家禁苑纷纷向大众开放，普通市民的公共空间扩展，具有公共性质的设施和场所的开辟和建设对北京的城市物质空间和市民的精神空间均有着重要的影响，旧的权力等级制度造成的空间分隔宣告终结。正如有论者所言，朝会、新式商场、天桥、公园及游乐园等场所的发展，使北平逐渐摆脱国都时期官民两极化的二元消费模式，出现了以广大市民为对象的都市消费空间。北平逐步拉近帝制时代由内、外城的区别所衍生与象征的身份、阶级与消费的尊卑差距。[56]20世纪30年代中期出版的《北平一顾》如此描述当时北平的公园：

> 北平的公园，是真有着古气盎然壮严伟大的，富于东方艺术的圣洁高雅，能使诗人们追怀古今，文人们所谓良辰美景的迷恋吧？那样的大而又花木楼阁甚多的，真是城市里的人们游目骋怀，旷心怡神的桃源境界了。近来已是夏神的季节，于是应时的公园里不用说即有人满之患，尤其文化城的摩登士绅，男女如云，也是其他地方不敢同北平市的公园一样来比美的。我们先说“北海公园”和“中山公园”。因为它们是姊妹园有着共同性的，全是封建时代遗留给我们的。同时还是在北平市里唯我独尊的车如流水马如龙的胜地。自然是一年四季这两处总可说是最好玩的地方。如“北海”古色的率真，松柏森森，小船荡桨，山洞白塔，的确幽妙得很。况且春有桃红柳绿，夏则茂林丛荫，秋则落叶浮水，冬则踏雪可以寻梅呢？慢说还有种种花草人物的应时点缀。而“中山公园”的灵雅清淡，虽然加了些最近修的时代浓妆，那松柏森然，仍苍苍表现着古色古香。[57]

民国时期的北京公园不只是放松身心的休闲场所，更是集娱乐、教育、商业、文化和政治多种内容于一身的新兴多功能公共空间，承载了城市生活的方方面面，各种社会力量在此聚集、争夺与妥协。政府选择在这里开展政治活动，塑造主流意识形态，并进行社会教化，市民与学生选择在这里举行集会，一些政党与社会团体也选择在公园宣传他们的各种主张，与此同时，公园也在很大程度上改变了市民的生活与休闲方式。

公园里的政治活动

由于环境较为宽松，空间较为开阔，气氛较为自由，辐射面较为广泛，公园成为政府、各种社会组织以及政治力量进行政治活动的重要场所，他们把公园当作一种有效的社会控制工具，在这一公共空间中进行自身权威和政治合法性的塑造。中央公园是其中的典型代表，它不仅是一处市民休闲场所，也是北京城中一处政治意味浓厚的公共空间。1915 年 4、5 月间，北京商会等民众团体在中央公园连续发起集会，抗议日本扩大侵华权益的“二十一条”。1918 年 11 月 28 日，为庆祝一战中协约国的胜利，北京政府在中央公园召开大会，国务总理钱能训、参战督办段祺瑞等军政各界要人到会演说。同一时期，北京大学也以“欧战总结”为主题在此举办多场演说大会，李大钊在这里发表了著名的讲演——《庶民之胜利》。1919 年，北京政府将原来德国人建在东单的克林德碑转移到中央公园，并改为“协约战胜纪念碑”，“以便众览，亦雪国耻之意也”，[58]段祺瑞亲自主持了盛大的奠基典礼。

中央公园经常举行比较大型的群众政治集会。1924 年 7 月 13 日，北京学生联合会、社会主义青年团、马克思学说研究会等 50 多个团体及国会议员胡鄂公等约 230 人在中央公园来今雨轩举行了反帝国主义运动大联盟成立大会。1925 年 8 月 20 日，全国各团体在中山公园来今雨轩召开大会，声讨教育总长与司法总长章士钊，先后有北京大学、中央大学、复旦社、全国各界妇女联合会代表、全国学生总会等 47 个团体到会。

中央公园还经常举办赈灾等公益活动，如 1917 年天津水灾筹赈会；1920 年 9 月华北救灾秋节游园助赈会；1921 年 2 月全国急募赈款大会；1921 年 7 月贵州赈灾游艺会；1921 年 10 月江苏水灾筹赈会；1921 年 11 月湖南新宁筹赈会；1923 年 4 月河南灾荒赈济会；1923 年 5 月山西旱灾会；1923 年秋旅京贵州镇远筹赈会；1935 年 9 月湖北赈灾会；1936 年 2 月苏北水灾筹赈会等。

南京国民政府建立之后，公园开始成为其进行孙中山偶像崇拜、塑造意识形态的重要场所，各地或将原有公园改名，或者开建新的中山公园，中山公园成为国民党推行孙中山崇拜的重要空间，“中山公园是社会记忆生成的装置，它的空间性被化约为一种心灵的建构。国民党正是藉由中山公园空间建构大众关于孙中山的社会记忆”。[59]从这个意义上说，中山公园已经超越了单纯意义上的“公园”而成为一套政治符号，北京中央公园因曾安放过孙中山先生灵柩，更是成为国民党进行“领袖崇拜”的中心地点之一。

1925年3月12日孙中山在北京逝世之后，灵柩由协和医院移至中央公园，安置在拜殿中，供全体市民公祭，全国各地也举行声势浩大的追悼仪式。为了永久纪念这位民国领袖，当时即有建议修建中山纪念堂和中山公园这一类永久性纪念场所。1928年7月，中央公园董事会奉国民党北平特别市政府令，改称“中山公园”。1929年，国民政府把原停放在香山碧云寺的孙中山灵柩移往南京中山陵，北平市政府命名曾作为灵堂的社稷坛“拜殿”为“中山堂”，以作为永久性的纪念场所。此外，由北平妇女协会等五民间团体发起，经市政府批准，在中山公园内建成“孙中山奉安纪念碑”。1937年北平沦陷之后，中山公园复改为中央公园，中山堂一度更名为“新民堂”，成为“新民会”的活动场所。1945年抗战胜利之后，中山公园名称得以恢复，沿用至今。

中央公园的名称也不断改变，展示的是整个民国时期的阶段特征。“任何一个空间的命名实际上都是一种观念、意识对空间进行控制的体现，改名更是对原有空间意义的重构，反映出改名者对空间新生意义的强调。政府将公园改名既是一种经济的选择，同时也是政府意志在空间重构中的体现，国民党透过公园更名与改建，取得对孙中山符号诠释的正当性霸权，从而体现出其作为孙中山继承人在政治上的合法性地位。”[60]

社会教化

中国现代意义上的公园作为一个公共空间，作为具有新思潮象征的载体，不仅具有市政建设的意义，不仅可以改善环境、供人休闲、娱乐，而且也是政府进行社会教化的重要场所，许多公园都建有图书馆、民众教育馆、音乐堂、阅报亭、卫生展览所、博物馆、国货陈列所、纪念碑、格言亭等，按照公园设计者的初衷，即“于公共游息之中，寓提倡教育之意”。[61]民国时期的造园专家陈植也指出了公园的这种功用：“公园不仅足以补助学生学校教育之不足，且无形中，熏陶市民道德，其功亦伟”。[62]教化作用不仅是民国时期北京公园一项比较特殊的功能，与西方公园相比，中国的公园被赋予了增长国民见识、提高国民素质、养成良好精神的任务。

民国时期北京大部分主要的公共图书馆、民众教育馆都设在公园之中，公园被赋予了增长国民见识、提升国民素质的职责。中央公园开放不久就由教育部捐资，将社稷坛的大殿改造为中央图书阅览所，于1916年开放，这是中国最早的公立图书馆之一，城市居民可以从这里借到书籍、杂志和报纸。而由梁启超建立的松坡图书馆也一直设在北海公园内的快雪堂。

1923年，为纪念自己的挚友和学生、著名的护国军将领蔡锷（字松坡），梁启超向时任民国大总统的黎元洪上书，表达建立松坡图书馆的诚意，并请求划拨闲置官房以为馆舍。不久，黎元洪下达总统令，划拨今北海公园北部的快雪堂作为馆舍。同年11月14日，松坡图书馆正式宣布成立，梁启超被推为馆长。后来北洋政府又将收购杨守敬的24000册藏书拨给松坡图书馆，与原有图书合并，形成了松坡图书馆的基本馆藏。

快雪堂位于北海公园北端高台之上，始建于清乾隆四十四年（1779），时由国外技师设计，外形新颖别致。快雪堂背山面水，古木参天，环境十分优雅。进门三进院落。一进为当年之阅览室，墙壁上悬挂蔡锷遗像和梁任公手书松坡传略、祭松坡文及松坡图书馆记。二进是书库。三进院中有太湖石假山，正房是蔡公祠堂，正面墙壁悬挂蔡锷及云南起义烈士遗像，柜中陈列军服、军刀及勋章等遗物。

北海快雪堂为松坡图书馆第一馆，馆藏书以中文为主，其中以《四库全书》复本及杨守敬的24000多册藏书为主，内容涉及到哲学、史学、佛经、文学、艺术、地志、宗教、社会科学、自然科学、应用科学、传记等多种学科。梁启超拟订了《松坡图书馆劝捐启》、《筹办劝捐简章》，还撰写了《松坡图书馆记》。除向社会募捐外，又拿出自己变卖书法作品所得补充松坡图书馆经费，中外新旧图书兼收，成为当时北京颇具规模和社会影响的私人图书馆。后来历经磨难，一直维持到北平解放，1949年春并入北京图书馆。

北海公园旁还设有北海图书馆，由“中华教育基金董事会”利用美国退还的庚款于1926年建立，初名为北京图书馆，1928年改名为“北海图书馆”，1929年与前身为“京师图书馆”的国立北平图书馆合并，成为新的国立北平图书馆，由蔡元培担任馆长。除此之外，北海公园也开设阅报室。实际上，当时开放的许多公园都设有图书阅览室，如北平香山教育图书馆，北平故宫博物院图书馆及其景山分馆与太庙分馆，以及颐和园图书馆等，这是那个时期北京公园中比较普遍的一种现象。1925年10月，京兆尹薛笃弼成立京兆通俗教育馆，内部组织分讲演、博物、图书各部，这也是后来北京民众教育馆的前身。

民国时期的北京公园也成为政府宣传国家观念、凝聚民族共识的重要阵地，其中以京兆公园最为典型。该园除一般的游乐设施外，还在园中建有“世界园”，园门正反面的对联分别是：“大好山河，频年蚕食鲸吞，举目不胜今昔感；强权世界，到处鹰瞵虎视，惊心莫当画图看”；“要有国家思想，须具世界眼光”。为进一步强化公众的认识，设计者在公园内特建一世界模型，对我国所失国土特加标明。

京兆公园内还建有“共和亭”，形状为五面形，绘成五色，亭上左右有匾二，“共和国之主权在人民”，“共和国之元气在道德”。亭内悬挂五族伟人画像，分别为汉族之黄帝、满族努尔哈赤、蒙古族成吉思汗、回族穆罕默德、藏族宗喀巴，并叙其简单事略，以示“五族一家”之意。有秋亭内置对联“一熟为丰再熟为稔，十年树木百年树人”，教稼亭内置对联“五谷熟人民育，三阶平天下宁”。通俗图书馆中挂通俗教育画、地图、节俭图、卫生图，有对联“勤俭治家，孝悌立身；为善为乐，读书便佳”。

中央公园和京兆公园都建有格言亭，京兆公园内还介绍世界名人简章事略，公园的建设者希望通过这种方式为民众尤其是青年人树立正确的行为规范，宣扬积极的人生价值观，最终目的是发扬民气、陶铸国魂，塑造现代国民。

一些公园的建设者将公园作为培养强健国民的场所，因此在园内建立公共体育场，如城南公园、京兆公园等，体育被提升到“救国大计”层面。公园也成为民国北京市民运动、健身的重要场所，园内添置的体育设施为市民进行体育运动提供了机会。天坛在未开放成公园之前，已经于1913、1914年举办了两届华北运动会。1914年5月21日至22日，第二届全国运动会也在天坛举行。1915年5月，中央公园内建立了北京第一个公共讲习体育场所——行健会，设有棋类、台球、网球、投壶、弓矢，并聘请武术教师教练拳术、剑术，后来又增加了排球、篮球、乒乓球、羽毛球等活动。只要定期缴纳一定数量的会费，即可成为行健会会员，凭会员证可免费进入公园并享有使用、参加行健会一切设施、活动的权力。1928年之后，园内又新建儿童体育场、溜冰场、高尔夫球场等。1926年，北海公园在园内开辟了儿童运动场。1933年，中南海公园开设了公共游泳池，并开办游泳训练班，聘请游泳教练进行技术指导。1938年，颐和园在南湖西码头开设了游泳场。

在公园这一公共空间之中，民众被灌输一些新的思想与观念，接受所谓健康文明的生活方式与社会规范。以“卫生”为例，公园成为普及卫生知识、强化卫生观念的重要场所。公园建立的直接目的之一，即是为了改善城市的环境状况，增进公众健康，在西方理论中，公园被称为“城市之肺”。《大公报》1905年刊发的文章《中国京城宜创设公园说》就指出，“皇城帝都者……市井繁密，车马殷盛，空气少而炭气多，无公园以疏泄之，则不适于卫生而疾病易起”。[63]在清末民初国人众多的阐述中，建立公园最直接目的之一，就是为了改善城市的环境卫生状况，以增进市民的健康水平。1915年，京都市政公所“鉴于都市卫生的重要，为灌输人民卫生常识起见”，在中山公园社稷坛西侧配房设立了卫生陈列所，常年进行公共卫生教育展览活动。主要陈列各种卫生图画、模型、标本及有关卫生的书报，供人随时参观，以增进市民的卫生观念。[64]1917年，内务部在社稷坛前建立了“公共卫生知识展览厅”，通过展出医学标本、解剖图等，在城市居民间传播关于公共卫生的科学知识。

随着公园的开放，各个公园都制定了相关的游览规则，开始限制人们的行为规范，如进入公园需要购票，在公园内游览有各种注意事项，一些在园外非常普遍的行为在园内被禁止。相比较而言，传统庙会则更具有自主性。

民国时期北京公园的兴起过程中，被政府附加了许多额外的教化功能，以开启大众之民智，强国强种。他们强调“游学”一体化，所谓“寓教育于游戏之中”。如在公园内设置图书馆、举办各种知识展览、普及卫生观念等，但实际效果并不理想，市民对此并不热衷，以中山公园图书馆为例，“每日赴馆者不过二十，研究学术者寥落”。[65]而公园里的卫生展览，虽然观者并不算少，但多数只是逛公园时的随意之选，属于猎奇心态，很难达到展览设计者的初衷。针对公园规章制度的约束，有些人就表达了不满。《京报》上有人撰文，称其在游览刚由太庙改建而成的和平公园时，看到沿路有的木牌上写着禁条：“不准持手杖及相匣等”、“不准吸烟及吐痰”，心里就觉得“有点不和平”。[66]对于普通民众而言，公园就是一个“游目骋怀”、“博取愉快”的场所，政府的初衷并不被他们接受。

公园里的社会交往

近代北京公园的开放为市民的社会交往提供了一个崭新的活动空间。公园既为市民提供了开阔的活动场所，也为社会公共生活铺设了一个平台。在这个平台上，市民的生活空间不是彼此隔绝、相互无关的，来自不同地域、有着不同背景的人们开始建立并感受到一种新的社会联系。

相对而言，城市里的知识群体更注重现代公园里的社会交往功能，公园作为西方近代文明的象征被引进中国，在民国文人的物质生活与精神生活中都占据了很重要的位置。公园里的优美环境比较符合他们的审美趣味，同时，购票规则对进入公园的人群进行了一种过滤性选择，一定程度上保证了公园内部的氛围，他们经常在公园举行各种聚会，中央公园一直是知识群体的首选，“它为民国文人交流学术思想、建构文化沙龙提供了优越条件，又是民国文人发生浪漫情事、表达故园之思的寄情场所”。[67]中央公园的诱惑力毋庸置疑：“当春秋之交，鸟鸣花开，池水周流，夹道松柏苍翠郁然，中外人士选胜来游，流连景光不能遽去。至于群众之集合，学校之游行，裨补体育之游戏运动，以及有关地方有益公众之聚会咸乐，假斯园以举行。”[68]既有景色怡人的环境，又是自由开放的空间，中央公园为文人构筑文化沙龙提供了绝佳条件，文人演讲、结社、展览、闲聊乃至宴会等集体活动都可以置于中央公园。《新青年》杂志社、文学研究会、少年中国学会、国语研究会、新潮社、语丝社等团体在中央公园亦留下了诸多痕迹。

1923 年 11 月在此成立“中国清真教学界协进会”；1935 年水榭修葺，北京文坛推举陈三立为主盟，聚会赋诗。1936 年为苏东坡 900 岁生日会，四十多人到会，当场作诗二十余首，时论赞为风雅盛事。同年还在此成立“中国书学研究会”。蔡元培、胡适、鲁迅、章士钊、吴宓、戴季陶、于右任、朱自清、沈从文、萧乾、徐志摩、林徽因、老舍、李苦禅、张恨水等各界文人经常光顾这里。张恨水在《啼笑因缘》的自序部分曾回忆：

> 那是民国十八年，旧京五月的天气。阳光虽然抹上一层淡云，风吹到人身上，并不觉得怎样凉。中山公园的丁香花、牡丹花、芍药花都开过去了……这天，我换了一套灰色哔叽的便服，身上清爽极了。袋里揣了一本袖珍笔记本，穿过‘四宜轩’，渡过石桥，直上小山来。在那一列土山之间，有一所茅草亭子，亭内并有一副石桌椅，正好休息。我便靠了石桌，坐在石墩上。这里是僻静之处，没什么人来往，由我慢慢的鉴赏着这一幅工笔的图画。虽然，我的目的，不在那石榴花上，不在荷钱上，也不在杨柳楼台一切景致上；我只要借这些外物，鼓动我的情绪。我趁着兴致很好的时候，脑筋里构出一种悲欢离合的幻影来。这些幻影，我不愿它立刻即逝，一想出来之后，马上掏出日记本子，用铅笔草草的录出大意了。这些幻影是什么？不瞒诸位说，就是诸位现在所

读的《啼笑因缘》了。[69]

茶馆是北京民众日常聚会的重要空间，北京的茶馆不仅数量多，而且种类丰富，有清茶馆、书茶馆、棋茶馆、野茶馆等。民国时期北京的很多公园都设有茶座，成为各种聚会的重要选择，当时最受欢迎的是中央公园和北海公园的茶座。

中央公园的茶座有五六处之多，最为知名的为来今雨轩，客人主要来自于社会上层，并且有比较浓厚的文化气息。1921年1月4日，周作人、郑振铎、沈雁冰、叶圣陶、王统照、许地山等人组织的文学研究会在中央公园来今雨轩召开了成立大会；半年以后的6月30日，北京大学、男女两高师等五家单位在来今雨轩为美国学者杜威离华举办送别宴会，包括学界名流等80人出席。胡适的日记曾这样记录杜威事件："这是1921年的来今雨轩国际文化盛会，当年似此国际文化盛会，在此不知举行过多少次，如果仔细收集，足可编一本很厚的书，足见一个时代的文化气氛。只是这种气氛消失了，花钱可以盖大宾馆，花钱却难买到文化气氛了。"

在来今雨轩，沈从文、萧乾以《大公报·文艺副刊》编辑的身份定期组织约稿会，邀请青年学生与作家畅谈文学，朱光潜、梁宗岱、林徽因等人也会参与，这完全是一种漫谈式的聚会，"'来今雨轩'等北平的公共场所在20世纪30年代扮演了一个'公共空间'的角色"，"这个空间集结的文人却超越了单一性，成为众多京派文人尤其是学生辈的文人建立社会网络的黄金通道"。[70]还有论者认为，新旧文人、知识分子可在此交游、聚会、探讨思想或者联络感情。它甚至作为一种新式的文化符号，沈从文及其自叙传主人公一类的"边缘知识分子"。可以借此获得一种象征意义的文化资源——不能正式进入高等学府，便转而到公共图书馆自修；或去风雅的公园茶座跻身文化名流之中，从而为自己贴上一个新型知识分子的标签。[71]

同在中央公园之内，不同的茶座也有不同的顾客群体。"春明馆"被称为"老人堂"，茶客中不少都是飘洒着长髯的老人。"这里是专门下围棋、鉴赏古董的地方。……这里的点心，带着浓厚的旧时代色彩，还是保持着古色古香的面目"。"柏斯馨"，十足的洋化，"那是洋派人物、摩登爱侣谈情话的地方。这里不卖茶而卖咖啡、柠檬水、橘子水、等等；不卖包子、面条之类的面食，而卖咖喱饺、火腿面包之类的点心。当然，老先生是不到这里来的，正像青年们不到春明馆去一样"。而"长美轩"的主顾多半是中年人或知识阶级。[72]历史地理学家谭其骧去中山公园时常坐“长美轩”，“来金雨轩是洋派人物光顾的地方，我不爱去。春明馆是老先生聚会的地方，我自觉身份不称，不愿去”。他还在回忆中写道，曾在春明馆座上遇到林公铎（损），座无他人，被拉坐下。林公铎口语都用文言，“之乎者也”，讲几句就夹上一句“谭君以为然否”？(73)不同的茶座对不同的生活趣味与社会群体进行了划分。

相对于中央公园的热闹，北海公园则相对宁静，年轻的作家高长虹曾如此形容：“平庸的游人们当然是最好到那平庸的中山公园去写意了！因为一切都是对的，所以三海留给诗人和艺术家以不少的清净。我在北海停了两点钟，没有看见五十个人，所以她做了我的最好的工作室了！”(74)谢冰莹在《北平之恋》中曾回忆：

> 漪澜堂和五龙亭以及沿着北海边的茶座，一到晚饭后，游客便坐满了。他们有的偕着女友，有的带着全家大小，有的邀集二三知己，安静地坐着，慢慢地喝着龙井香片，吃着北平特有的点心豌豆糕，蜜枣，或者油炸花生；他们的态度是那么清闲，心境是那么宁静。年轻的男女们，老喜欢驾一叶扁舟，漫游于北海之上；微风轻摇着荷叶，发出索索的响声，小鱼在碧绿的水里跳跃着；有时，小舟驶进了莲花丛里，人像在画图中，多么绮丽的风景！(75)

公园里的市民生活

北京现代意义上的“公园”的出现不仅成为民初市政改革的重要内容之一，而且成为一种新兴的社会时尚的载体，对城市的社会生活产生了重要的影响。

到了20世纪30年代，北京对外开放的公园已经有10家左右。这些公园分布在城内城外不同的位置，定位各有侧重，消费有高有低。不同的社会阶层会选择不同的公园，《晨报》对此描述，“下等人可到海王村去，中等人可到城南去，上等人可到中央公园去”。(76)作家师陀则形容“倘若拉住一位北京市民，问北平地方哪里顶好玩，他的回答一定是什刹海而绝非中央公园。”(77)而北海公园“因为临近北大与国立图书馆，所以在清晨，时有大学教授等等名流雅士，手提文明杖，漫步在荷叶青青、藕花艳艳的海岸”。(78)此外，北海公园票价虽不算很高，但对于当时大多数只能温饱的北平市民而言，逛北海仍属奢侈，“当时一般的人家去趟北海也是一件大事，一年中是难得有一两次的。比不得富豪之家或者高薪阶层，可以每天坐包车或汽车去北海座茶座，不当回事”。[79]

民国北京公园除了日常开放外，还会定期或不定期举办各种游园会。北海公园每逢开放纪念日、民俗节日及双十节等，一般都会在园内燃放焰火，举办灯彩游园晚会。1917年10月中央公园举办了一场游园会，内容十分丰富，包括“烟火、电影、中外军乐队、各种新奇幻术、艺伎杂唱、各种技术、童子军操、十番音乐游戏、天津吹会、竞枪、票友清唱、奇兽、音乐、游戏、跳舞、大台宫戏、双师会、北京大学新戏、北京大学生击技、双石头会、清华学校新戏等类”。[80]此外，中央公园还会举办以筹款为目的的赈灾会，添加进娱乐内容，如抽奖等。

公园所承载的现代生活方式，不仅体现在市民感官层面的愉悦上，更反映出日常观念的变化与精神层面的更新。很多新生事物都在公园这个场所中实现了自我展示。1923年10月，徐志摩与陆小曼在北海公园举行了规模盛大的婚礼，证婚人为梁启超，观礼宾客众多，许多报纸纷纷予以报道，形成了一个关注度很广的舆论事件。1937年6月，北平市社会局组织的首届“集团婚礼”在中南海怀仁堂举办，若干对新婚夫妇在同一地点，由同一证婚人主持，统一举行婚礼。这种结婚方式在当时所体现出的“时尚”意义以及传播效力对于北京市民婚礼样式的革新都具有重要的引领作用。

传入中国不久的现代话剧、舞蹈等娱乐样式也在北京的公园里确立了自己的演出空间，并且成为吸引游人的娱乐项目。据1922年3月26日出版的《晨报》报道：“燕大在社稷坛所演新剧，名曰‘这是谁的错’一出，有声有色，尽善尽美，通才育专所演之滑稽剧，效美国滑稽大王贾波林惟妙惟肖，真令观者捧腹不已。……北大音乐及该校跳舞，妙响清音，天花乱坠，游观者无不击节叹赏，诚及一时之盛。适至七时散会，游人成流连不忍去。”[81]

清代以来，滑冰不仅是冬季北京市民比较普遍的娱乐方式，也是八旗官兵的训练项目，城内城外的湖泊、护城河、河道结冰之后便成了人们溜冰的场所。北海、中南海开放为公园之后，因有广阔的水域，无论冬夏，均为市民日常娱乐的极佳场所。尤其是在寒冷冬日，冰面如镜，用杉篙、芦席在冰面上围出冰场，此时的北海是北京城最热闹、时尚的场所之一，以青少年为主的群体在冰面上相互追逐嬉戏。张恨水就描述了20世纪二三十年代北海冬季的溜冰景象：“走过这整个北海，在琼岛前面，又有一湾湖冰。北国的青年，男女成群结队的，在冰面上溜冰。男子是单薄的西装，女子穿了细条儿的旗袍，各人肩上，搭了一条围脖，风飘飘地吹了多长，他们在冰上歪斜驰骋，作出各种姿势，忘了是在冰点以下的温度过活了。在北海公园门口，你可以看到穿戴整齐的摩登男女，各人肩上像搭梢马裢子似的，挂了一双有冰刀的皮鞋，这是上海香港摩登世界所没有的。”[82]

北海公园、中南海公园在20世纪二三十年代还举办化妆溜冰大会。《晨报》报道：

> 北海公园漪澜堂前自组织溜冰场后，滑冰者与参观者，络绎于途，该堂经理昨又广约中外人士，幻作奇异服装演出曼妙之身手，共同竞赛。会场设在漪澜堂前，分为内外二圈套，外套略圆而方广约四十余丈。长约五十余丈，四围以芦席，高仅及肩。围外即参观者之座位也。东西两边均有出入口，音乐台在此，柱均竖有五色国旗，内围方约二十余丈，四围高悬番旗，即跳舞之地也。此次与会比赛，其装束奇异者，均有奖品，故凡与会比赛者，不吝破资，具备奇服异装以博赏心，故与会比赛人数达百三十余名。男女各半，衣冠华丽，无所不有。西妇方面，除九人饰牛羊马或兔令人捧腹不计外。中妇方面服装奇妙，尤以粤人张女士之饰蝴蝶，及某女士之饰印度妇，尤为妙绝。男人方面，有某君所饰欧洲七代之武士，又有饰莲花游船等，亦均有可观。三时由指挥鸣笛集会，与赛者按号数之次序，鱼贯入场，围一圆形，摄影后，即在该场舞跳。事毕自由竞走比赛，竞走种类，计分五项，即角力持烛，递棒，传物等五种。先开角力竞走，次持烛竞走，又次燃烟，各显所长，均称绝技。如斯盛会，琼岛为之生姿，瑶池为之增色，洵为北京各年冬令所未有之盛事。至五时半分别男女，及儿童，各择优秀者六人，给予奖品，尽欢而散。[83]

《燕都丛考》亦载：

> 近年漪澜堂、五龙亭左右，各设冰场，以为滑冰之戏，事实沿旧，不知者乃以为欧美高风，青年之人，趋之若骛。化装竞走，亦足以倾动一时，较之他处人造之冰场，复乎胜矣。[84]

在中国传统社会中，对两性的交往有比较严格的限定，女性的生活环境基本处于一种隔绝的状态，他们的角色被固定在家庭这样一个狭小的封闭空间中，从另外一个意义上说，被剥夺了社会交往的权利。

现代公园出现之初虽然对女性进入也有一些规定上的限制，但迅速废除，在民国初年，公园成为都市女性展示自身形象、延展社会关系网络的一个重要空间。女性开始大规模进入公共场所，她们的身份与角色的社会化进程加深，与此同时，城市新女性意识得到凸显，他们的思想观念与生活方式也发生了相应变化。

公园作为近代中国新生事物，是中西文化交流在都市中的物化表现。不仅是市民休闲娱乐的一个公共空间，同时又涵盖了社会发展与民众日常生活的多个层面，展现了丰富的时代信息，对于帝都北京而言更是如此。公园的出现，既是政治制度变革的衍生结果，也是民间力量兴起的标志之一，还在一定程度上改变了北京市民的生活方式、交往方式与思想观念，为多个社会阶层提供了活动舞台。《大公报》的一篇文章就指出，公园能使一般市民“都能够在当中，从精神的受其洗涤……社会的教养，都概行提高。加之，更有了都市生产上效率的增进，都市全体，因能够有疲劳与困惫的灭亡上效果。凡是文化的远大之理想，也是它应有的职能和功效了”。(85)

公园最初是市政建设的重要内容，官方在提供市民休息、游乐场所的同时，也赋予公园社会教化等附加功能，成为一个社会休闲活动、政治活动共存的开放空间。公园改变了北京延续数百年的城市空间结构，是北京城市发展走向近代化的一个缩影，反映出中国从传统农业社会开始向现代工业社会转型过程中的很多深层次的变化。

注释：

（1）史明正著，王业龙、周卫红译，杨立文校：《走向近代化的北京城——城市建设与社会变迁》，北京大学出版社1995年版，第137页。

（2）李德英：《城市公共空间与城市社会生活——以近代城市公园为例》，天津社会科学院历史研究所编：《城市史研究》第19辑，天津社会科学出版社2000年版。

（3）徐珂：《清稗类钞》，中华书局1984年版，第132页。

（4）《中国京城宜创造公园说》，《大公报》1905年7月21日。

（5）《考察政治大臣端方、戴鸿慈奏陈各国导民善法请次第举办折》，《大公报》1906年12月8日。

（6）《盛京时报》1906年12月24日。

（7）《公共花园论》，《大公报》1910年6月8日—10日。

（8）《光绪末年规划改建什刹海为公园史料》，《北京档案史料》1999年第3期。

（9）京都市政公所：《公园论》，《市政通告》（第1—23期合刊），1914年，第9—10页。

（10）（11）（18）（29）（35）《关于农事试验场乐善公园沿革组织及办理情形》《请开放京畿名胜酌订章程缮单请示》（1914年5月25日），吴廷燮：《北京市志稿·前事志·建置志》，燕山出版社1998年版，第636—637、558、597、616、618页。

（12）（17）（42）汤用彬等著：《旧都文物略》，书目文献出版社1986年版，第59、180、65页。

（13）《大公报》1908年6月18日。

（14）《泰晤士报》1908年9月29日，引自窦坤《西方记者眼中的清末北京"新政"》，《北京社会科学》2008年第2期。

（15）杨米人：《清代北京竹枝词：十三种》，北京古籍出版社1982年版，第122页。

（16）中华图书馆编辑部编纂：《北京指南》，中华图书馆1917年发行，第326页。

（19）（21）中央公园委员会编：《中央公园廿五周年纪念刊》，中央公园事务所，1939年，第1、10页。

（20）引自王炜、闫虹编著：《老北京公园开放记》，学苑出版社2008年版，第52页。

（22）《社稷坛公园预备之过去与未来》，《市政通告》第2期，1914年11月。

（23）（25）（45）（84）陈宗藩：《燕都丛考》，北京古籍出版社1991年版，第141—143、141、137、136—137页。

（24）赵高梧：《北游心眼》，《旅行杂志》第二卷第一期，1928年，第7页。

（26）陶亢德：《北平一顾》，宇宙风社，1936年，第113—114页。

（27）《国庆日的娱乐》，《京报副刊》第294期，1925年10月10日。

（28）（31）杨曼青：《游坛纪盛》，《正宗爱国报》，1913年1月12日、1月13日。

（30）《市政通告》第18期，1915年5月5日。

（32）《天坛开放》，《群强报》1917年12月30日。

（33）（36）（37）（50）余棨昌著：《故都变迁纪略》，陈克明校勘，北京燕山出版社2000年版，第104、617—618、616—617页。

（34）孙殿起辑：《琉璃厂小志》，北京古籍出版社1982年版，第63页。

（38）马芷庠编：《北平旅行指南》，经济新闻社，1937年版，第103—104页。

（39）《北海公园景物略》，北海公园事务所编印，1925年版，第54—60页。

（40）《北海公园筹备之情形》，《益世报》1925年7月21日。

（41）《北海开幕后之第一日》，《益世报》1925年8月3日。

（43）《中南海公园事务报告书（1938年1月1日—6月30日）》，《北京档案史料》2000年第2期。

（46）赵君豪：《东北屐痕记》，《旅行杂志》1930年第4卷第2期，第21页。

（47）京兆公园事务所：《京兆公园纪实》，京城印书局1925年版，第1页。

（48）京兆特指北京政府时期的北京及其附近地区。民国建立之后，改顺天府为京兆，府尹为京兆尹，南京国民政府建立之后废除。

（49）《民国十八年工务特刊》，第171页。

（51）《市民请开放景山，胜迹荒颓殊为可惜》，《社会日报》1925年8月27日。

（52）中南海原无南门，清乾隆二十三年在南岸修建了二层的“宝月楼”，以为南海南岸点景。民国时，袁世凯的大总统府设在中南海，需要开辟南门，直通长安街，于是就把“宝月楼”的下层开通为门—新华门，成为中南海正门。至于门的命名，因正阳门内的皇城正门“大清门”已改称“中华门”，顺势就把新辟的大总统府正门，定名为“新华门”。

（53）《中南海事务报告书（1939年1月1日—6月30日）》，《北京档案史料》2000年第2期。

（54）高长虹：《南海的艺术化》，姜德明编：《梦回北京：现代作家笔下的北京（1919—1949）》，三联书店2009年版，第90页。

（55）近年来，很多关于近代中国城市公园的研究都从“公共空间”角度入手。熊月之从公共空间拓展的角度，分析了晚清上海张园、徐园、愚园等私人花园的对外开放过程，并指出这种开放是上海特殊的社会结构、复杂的社区特点、租界的缝隙效应等多种因素造成的。参见《晚清上海私园开放与公共空间的拓展》，《学术月刊》，1998年第8期；李德英认为，作为新兴的城市公共空间，近代公园在开辟和发展的过程中，既为社会各个阶层提供了舞台，又是各种社会矛盾的交汇点之一，是一处社会冲突比较集中的空间。参见《公园里的社会冲突——以近代成都城市公园为例》，《史林》，2003年第1期；陈蕴茜提出，近代公园最初由西方殖民势力引入中国，作为人们日常生活中的休闲娱乐空间，伴随着殖民主义的渗透而成为政治空间，由此导致国人对公园的定位更强调教育功能，并从公园名称、空间布局、建筑等方面突出民族主义精神。参见《日常生活中殖民主义与民族主义的冲突——以中国近代公园为中心的考察》，《南京大学学报》，2005年第5期；王琴通过对民国时期北京公园的研究指出，作为一个公共空间，不能过分强调“公共性”，公园中并不真正存在“四民齐一”的平等和自由，我们可以很清楚地看到由复杂的社会分层在其中所造成的空间分隔，要重视公园作为城市空间所呈现出的多元化和差异性。参见王琴《公共空间与社会差异——民国北京公园研究》，《北京档案史料》，2005年第2期；戴一峰认为，公共空间是一个来自西方社会科学的概念，一个与私人空间相对应的概念。城市公园作为一种新型的公共空间，作为来自西方的跨文化移植，具有特殊的外形和内涵，因而格外引人瞩目。参见《多元视角与多重解读：中国近代城市公共空间——以近代城市公园为中心》，《社会科学》2011年第6期。

（56）许慧琦：《故都新貌——迁都后到抗战前的北平城市消费（1928—1937）》，台北学生书局2008年版，第150页。

（57）陶亢德：《北平一顾》，宇宙风社1936年版，第113—114页。

（58）商务印书馆编译所编：《实用北京指南》，商务印书馆1930年版，第31页。

（59）陈蕴茜：《空间重组与孙中山崇拜——以民国时期中山公园为中心的考察》，《史林》2006 年第 1 期。

（60）陈蕴茜：《时间、仪式维度中的“总理纪念周”》，《开放时代》2005 年第 4 期。

（61）薛笃弼：《京兆公园开幕志盛》，《社会日报》1925 年 8 月 4 日。

（62）陈植：《造园学概论》，中国建筑工业出版社 2009 年版，第 3 页。

（63）《中国京城宜创设公园说》，《大公报》1905 年 7 月 21 日。

（64）相关内容参见杜丽红《20 世纪 30 年代北平市的公共卫生教育》，《北京档案史料》2004 年第 3 期；何江丽：《民国前期北京的公共空间与公共卫生》，《中国国家博物馆馆刊》2011 年第 11 期。

（65）《中央图书馆近况》，《晨报》1918 年 6 月 7 日。

（66）《和平公园还欠和平》，《京报副刊》第 434 期，1926 年 3 月 10 日。

（67）高兴：《北京中央公园与民国文人的文化心态》，《北京社会科学》2012 年第 3 期；戴海斌：《中央公园与民初北京社会》，《北京社会科学》2005 年第 2 期。

（68）中央公园委员会：《中央公园二十五周年纪念册》，中央公园事务所 1939 年版，第 136 页。

（69）张恨水：《啼笑因缘 1930 年作者自序》，浙江人民出版社 1980 年版，第 451 页。

（70）许纪霖等：《近代中国知识分子的公共交往 1895—1949》，上海人民出版社 2008 年版，第 339—340 页。

（71）林峥：《民初北京公共空间的开辟与沈从文笔下的都市漫游》，《励耘学刊》（文学卷）2011 年第 1 期。

（72）谢兴尧：《中山公园的茶座》，陶亢德：《北平一顾》，宇宙风社 1936 年版，第 118—127 页。

（73）谭其骧：《一草一木总关情》，《谭其骧全集》，人民出版社 2015 年版。

（74）高长虹：《北海漫写》，《长虹周刊》1929 年 8 月第 22 期。

（75）谢冰莹：《北平之恋》，姜德明：《北京乎》，三联书店 2005 年版，第 675 页。

（76）《晨报》，1922 年 6 月 18 日。

（77）师陀：《什刹海与小市民》，《漫画漫话》（1934 年 4 月创刊号），转引自《如梦令——名人笔下的旧京》，第 254 页。

（78）《大公报》1933 年 7 月 25 日。

（79）邓云乡：《增补燕京乡土记》，中华书局 1998 年版，第 429 页。

（80）《京畿水灾游艺助赈会纪详》，《晨钟》1917 年 10 月 17 日。

（81）《昨日尚义师范游艺会纪盛》，《晨报》1922 年 3 月 26 日。

（82）张恨水：《张恨水说北京》，四川文艺出版社 2001 年版，第 90 页。

（83）《昨日北海之化装滑冰会》，《晨报》1926 年 2 月 1 日。

（85）《大公报》1929 年 2 月 1 日。

主要参考文献

一、正史

（西汉）司马迁：《史记》，中华书局标点本。

（东汉）班固：《汉书》，中华书局标点本。

（南朝宋）范晔：《后汉书》，中华书局标点本。

（唐）房玄龄：《晋书》，中华书局标点本。

（北齐）魏收：《魏书》，中华书局标点本。

（晋）陈寿：《三国志》，中华书局标点本。

（唐）李百药：《北齐书》，中华书局标点本。

（后晋）刘昫等：《旧唐书》，中华书局标点本。

（宋）欧阳修等：《新唐书》，中华书局标点本。

（元）脱脱等：《辽史》，中华书局标点本。

（元）脱脱等：《金史》，中华书局标点本。

（明）宋濂等：《元史》，中华书局标点本。

（清）张廷玉等：《明史》，中华书局标点本。

（清）赵尔巽等，《清史稿》，中华书局标点本。

二、实录档案

《明实录》，台湾 1962 年校印本。

《清实录》，中华书局 1991 年影印本。

中国第二历史档案馆编：《中华民国史档案资料汇编》，江苏古籍出版社 1997 年版。

中国第一历史档案馆编：《纂修四库全书档案史料》，上海古籍出版社 1997 年版。

三、政书

《明太学志》，北京文苑出版社 1996 年版。
（明）俞汝楫等编：《礼部志稿》，台湾商务印书馆 1969 年版。
（明）申时行等：《大明会典》，北京图书馆出版社 2009 年版。
《大明律集解附例》，学生书局 1970 年版。
（清）嵇璜等：《续通典》，浙江古籍出版社 2007 年版。
（清）刘锦藻撰，《清朝续文献通考》，浙江古籍出版社 1988 年版。
《钦天监、国子监全宗》，中国第一历史档案馆藏。
《大清会典事例》，新文丰出版公司 1976 年影印版。

四、类书、辞书、总集

（唐）徐坚等：《初学记》，中华书局 2004 年版。
（宋）徐梦莘：《三朝北盟会编》，上海古籍出版社 1987 年版。
（金）元好问：《中州集》，中华书局 1959 年版。
（元）苏天爵：《国朝文类》，文渊阁四库全书本。
（元）房祺：《河汾诸老诗集》，中华书局 1985 年版。
（明）朱存理：《珊瑚木难》，中华书局 2016 年版。
（清）黄宗羲编：《明文海》，中华书局 1987 年版。
（清）董诰等：《全唐文》，中华书局 1983 年版。
（清）彭定球编：《全唐诗》，中华书局 1985 年版。
（清）张金吾：《金文最》，中华书局 1990 年版。
（清）顾嗣立：《元诗选》，中华书局 1987 年标点本。
（清）钱仪吉等编：《清代碑传全集》，上海古籍出版社 1987 年版。
（清）李桓：《国朝耆献类徵初编》，广陵书社 2007 年版。
（清）朱彝尊：《明诗综》，中华书局 2007 年版。

五、文集笔记

（汉）佚名著，陈直校证：《三辅黄图校证》，陕西人民出版社 1982 年版。
（北魏）郦道元著，陈桥驿校证：《水经注校证》，中华书局 2007 年版。
（唐）陈子昂：《陈拾遗集》，上海古籍出版社 1992 年版。
（唐）康骈：《剧谈录》，四库全书本，商务印书馆 1989 年版。

（唐）胡曾：《咏史诗》，岳麓书社 1988 年版。

（宋）刘敞：《公是集》，中华书局 1985 年版。

（宋）苏颂：《苏魏公文集》，中华书局 1988 年版。

（宋）苏辙：《栾城集》，吉林出版集团 2005 年版。

（南宋）李心传：《建炎以来系年要录》，上海古籍出版社 2008 年版。

（金）赵秉文：《滏水集》，吉林出版集团 2005 年版。

（金）元好问：《遗山集》，吉林出版集团 2005 年版。

（元）耶律楚材：《湛然居士集》，中国书店 2009 年版。

（元）李志常：《长春真人西游记》，河北人民出版社 2001 年版。

（元）郝经：《陵川集》，吉林出版集团 2005 年版。

（元）耶律铸《双溪醉隐集》，四库全书本，商务印书馆 1989 年版。

（元）萧□：《勤斋集》，四库全书本，商务印书馆 1989 年版。

（元）王恽：《秋涧集》，吉林出版集团 2005 年版。

（元）尹廷高：《玉井樵唱》，四库全书本，商务印书馆 1989 年版。

（元）刘秉忠：《藏春集》，四库全书本，商务印书馆 1989 年版。

（元）姚燧：《牧庵集》，中州古籍出版社 2016 年版。

（元）魏初：《青崖集》，四库全书本，商务印书馆 1989 年版。

（元）马祖常：《石田集》，吉林出版集团 2005 年版。

（元）汪元量：《湖山类稿》，中华书局 1984 年版。

（元）汪元量：《水云集》，四库全书本，商务印书馆 1989 年版。

（元）刘因：《静修集》，吉林出版集团 2005 年版。

（元）胡祗遹：《紫山大全集》，四库全书本，商务印书馆 1989 年版。

（元）赵孟頫：《松雪斋集》，西泠印社出版社 2010 年版。

（元）方回：《桐江续集》，四库全书本，商务印书馆 1989 年版。

（元）张之翰：《西岩集》，四库全书本，商务印书馆 1989 年版。

（元）范梈：《范德机诗集》，国家图书馆出版社 2006 年版。

（元）杨载：《杨仲弘集》，福建人民出版社 2007 年版。

（元）张养浩：《归田类稿》，上海古籍出版社 1981 年版。

（元）陈旅：《安雅堂集》，吉林出版集团 2005 年版。

（元）郭钰：《静思集》，四库全书本，商务印书馆 1989 年版。

（元）虞集：《道园学古录》，吉林出版集团 2005 年版。

（元）虞集：《道园遗稿》，吉林出版集团 2005 年版。

（元）贡奎：《云林集》，四库全书本，商务印书馆 1989 年版。
（元）欧阳玄：《圭斋集》，吉林出版集团 2005 年版。
（元）张昱：《可闲老人集》，四库全书本，商务印书馆 1989 年版。
（元）周巽：《性情集》，四库全书本，商务印书馆 1989 年版。
（元）刘鹗：《惟实集》，四库全书本，商务印书馆 1989 年版。
（元）周伯琦：《近光集》，四库全书本，商务印书馆 1989 年版。
（元）陈孚：《陈刚中诗集》，四库全书本，商务印书馆 1989 年版。
（元）宋褧：《燕石集》，四库全书本，商务印书馆 1989 年版。
（元）许有壬：《至正集》，四库全书本，商务印书馆 1989 年版。
（元）许有壬《圭塘小稿》，吉林出版集团 2005 年版。
（元）郭钰：《静思集》，四库全书本，商务印书馆 1989 年版。
（元）张翥：《蜕庵集》，四库全书本，商务印书馆 1989 年版。
（元）张雨：《句曲外史集》，四库全书本，商务印书馆 1989 年版。
（元）程钜夫：《雪楼集》，四库全书本，商务印书馆 1989 年版。
（元）袁桷：《清容居士集》，浙江古籍出版社 2015 年版。
（元）乃贤：《金台集》，四库全书本，商务印书馆 1989 年版。
（元）陶宗仪：《南村辍耕录》，中华书局 2004 年版。
（明）萧洵：《故宫遗录》，北京古籍出版社 1980 年版。
（明）姚广孝：《逃虚子诗集》，北京图书馆出版社 1998 年版。
（明）黄佐：《翰林记》，国家图书馆出版社 2013 年版。
（明）廖道南：《殿阁词林记》，国家图书馆出版社 2009 年版。
（明）李东阳：《李东阳集》，岳麓书社 2008 年版。
（明）吕毖：《明宫史》，北京古籍出版社 1980 年版。
（明）刘若愚：《酌中志》，北京古籍出版社 1994 年版。
（明）宋讷：《西隐集》，四库全书本，商务印书馆 1989 年版。
（明）蒋一葵：《长安客话》，北京古籍出版社 1982 年版。
（明）王士性：《广志绎》，中华书局 1981 年版。
（明）沈德符：《万历野获编》，北京燕山出版社 1998 年版。
（明）沈榜：《宛署杂记》，北京古籍出版社 1982 年版。
（明）刘侗、于奕正：《帝京景物略》，北京古籍出版社 1983 年版。
（明）薛冈：《天爵堂文集》，四库全书本，商务印书馆 1989 年版。
（明）朱国祯：《涌幢小品》，上海古籍出版社 2012 年版。
（明）文徵明：《甫田集》，吉林出版集团 2005 年版。
（清）谈迁：《北游录》，中华书局 2006 年版。
（清）韩菼：《有怀堂文稿》，康熙四十二年刻本。

（清）麟庆：《鸿雪因缘图记》，道光二十九年刻本。

（清）张廷玉：《澄怀园语》，光绪间刊本。

（清）顾炎武：《顾亭林诗文集》，中华书局 1959 年版。

（清）顾炎武：《昌平山水记》，北京古籍出版社 1982 年版。

（清）纳兰性德：《通志堂集》，上海古籍出版社 1979 年版。

（清）昭梿：《啸亭杂录》，中华书局 1980 年版。

（清）钱泳：《履园丛话》，中华书局 1979 年版。

（清）洪亮吉：《更生斋文集》，民国四部备要本。

（清）阮葵生：《茶余客话》，上海古籍出版社 2012 年版。

（清）富察敦崇：《燕京岁时记》，北京古籍出版社 1981 年版。

（清）潘荣陛：《帝京岁时纪胜》，北京古籍出版社 1981 年版。

（清）麟庆：《鸿雪因缘图记》，道光二十九年刻本。

（清）杨米人等著：《清代北京竹枝词》（十三种），北京古籍出版社 1982 年版。

（清）孙承泽：《春明梦余录》，北京古籍出版社 1982 年版。

（清）孙承泽：《天府广记》，北京古籍出版社 1984 年版。

（清）黄景仁：《两当轩集》，上海古籍出版社 1983 年版。

（清）张廷玉：《澄怀园语》，光绪年间刊本。

（清）江藩：《国朝汉学师承记》，中华书局 1983 年版。

（清）徐珂：《清稗类钞》，中华书局 1984 年版。

（清）陈康祺：《郎潜纪闻》，中华书局 1984 年版。

（清）戴璐：《藤阴杂记》，上海古籍出版社 1985 年版。

（清）李渔：《一家言》，浙江古籍出版社 1992 年版。

（清）王士禛：《池北偶谈》，中华书局 1982 年版。

（清）王士禛：《居易录》，中华书局 1985 年版。

（清）王士禛：《精华录》，上海古籍出版社 1999 年版。

（清）震钧：《天咫偶闻》，北京古籍出版社 1982 年版。

（清）况周颐：《餐樱庑随笔》，山西古籍出版社 1996 年版。

（清）陈恒庆：《谏书稀庵笔记》，民国刻本。

（清）方浚师：《蕉轩随录》，中华书局 1995 年版。

（清）无名氏：《燕京杂记》，北京古籍出版社 1986 年版。

（清）吴长元：《宸垣识略》，北京古籍出版社 1983 年版。

（清）吴庆坻：《蕉廊脞录》，中华书局 1990 年版。

（清）刘大櫆：《海峰文集》，清刊本。

（清）夏仁虎：《旧京琐记》，北京古籍出版社 1986 年版。

（清）余蛟：《梦厂杂著》，上海古籍出版 1988 年版。
（清）陈宗蕃：《燕都丛考》北京古籍出版社 1991 年版。
（清）姚鼐：《惜抱轩文集》，上海古籍出版社 1992 年版。
（清）汪启淑：《水曹清暇录》，北京古籍出版社 1997 年版。
（清）吴振域：《养吉斋丛录》，中华书局 2005 年版。

六、志书

（南宋）宇文懋昭著，崔文印校证：《大金国志校证》，中华书局 1986 年版。
（元）熊萝祥辑：北京图书馆善本组编，《析津志辑佚》，北京古籍出版社 1983 年版。
孛兰盼等：《元一统志》（赵万里辑本），中华书局 1986 年版。
（明）李贤：《明一统志》，上海古籍出版社 1978 年版。
（明）陈循：《寰宇通志》，国家图书馆出版社 2014 年版。
《（雍正）畿辅通志》，文渊阁四库全书本，上海人民出版社版。
《清一统志》文渊阁四库全书本，上海人民出版社版。
（清）周家楣、缪荃孙等编纂：《光绪顺天府志》，北京古籍出版社 1987 年版。
（清）于敏中等：《日下旧闻考》，北京古籍出版社 1981 年版。
（清）朱一新：《京城坊巷志稿》，北京古籍出版社 1982 年版。
（民国）吴廷燮：《北京市志稿》，北京燕山出版社 1989 年版。
（今人）孙文启等编《颐和园志》，中国林业出版社 2006 年版。

七、今人著述

陶亢德：《北平一顾》，宇宙风社 1936 年版。
马芷庠编：《北平旅行指南》，经济新闻社 1937 年版。
中央公园委员会：《中央公园二十五周年纪念册》，中央公园事务所 1939 年版。
邓之诚：《骨董琐记全编》，三联书店 1955 年版。
张恨水：《啼笑因缘 1930 年作者自序》，浙江人民出版社 1980 年版。
张恨水：《张恨水说北京》，四川文艺出版社 2001 年版。
孙殿起、雷梦水：《北京风俗杂咏》，北京古籍出版社 1982 年版。
戈公振：《中国报学史》，三联书店 1985 年版。
谭伊孝：《北京文物胜迹大全》，北京燕山出版社 1991 年版。

曹子西主编：《北京通史》，中国书店 1994 年版。

李华编：《明清以来北京工商会馆碑刻选编》，文物出版社 1980 年版。

赵光华《北京园林史话》，中国林业出版社 1994 年版。

史明正著，王业龙、周卫红译，杨立文校：《走向近代化的北京城——城市建设与社会变迁》，北京大学出版社 1995 年版。

韩光辉：《北京历史人口地理》，北京大学出版社 1996 年版。

冯其利：《清代王爷坟》，紫禁城出版社 1996 年版。

北京市档案馆编：《北京寺庙历史资料》，中国档案出版社 1997 年版。

北京市档案馆编：《北京市会馆档案史料》，北京出版社 1997 年版。

邓云乡：《增补燕京乡土记》，中华书局 1998 年版。

刘志琴主编：《近代中国社会文化变迁录》（1—3），浙江人民出版社 1998 年版。

苏秉琦：《中国文明起源新探》，三联书店 1999 年版。

余棨昌著：《故都变迁纪略》，陈克明校勘，北京燕山出版社 2000 年版。

苏云峰：《从清华学堂到清华大学（1911—1929）》，三联书店 2001 年版。

王光英：《中国会馆志》，方志出版社 2002 年版。

赵园：《北京：城与人》，北京大学出版社 2002 年版。

杨义：《京派海派总论》，中国社会科学出版社 2003 年版。

邓云乡《文化古城旧事》，河北教育出版社 2004 年版。

罗哲文主编：《北京历史文化》，北京大学出版社 2004 年版。

陈平原、王德威主编：《都市想象与文化记忆》，北京大学出版社 2005 年版。

姜德明：《北京乎》，三联书店 2005 年版。

陈旭麓：《近代中国社会的新陈代谢》，上海社会科学院出版社 2006 年版。

陈平：《燕文化》，文物出版社 2006 年版。

王宇信、秦刚、王云峰主编：《北京平谷与华夏文明国际学术研讨会论文集》，社会科学文献出版社 2006 年版。

宋大川：《清代园寝制度研究》（上、下册），文物出版社 2007 年版。

储兆文：《中国园林史》，东方出版中心 2008 年版。

王茹芹：《京商论》，中国经济出版社 2008 年版。

许纪霖等：《近代中国知识分子的公共交往 1895—1949》，上海人民出版社 2008 年版。

刘燕主编：《法海寺壁画・序》，香港一画出版社 2008 年版。

王炜、闫虹编著：《老北京公园开放记》，学苑出版社 2008 年版。

许慧琦《故都新貌——迁都后到抗战前的北平城市消费（1928—1937）》，台湾学生书局 2008 年版。

吴建雍等著：《北京城市发展史》，北京燕山出版社 2008 年版。

陈植：《造园学概论》，中国建筑工业出版社 2009 年版。

姜德明编：《梦回北京：现代作家笔下的北京（1919—1949）》，三联书店 2009 年版。

徐广源：《大清皇陵秘史》，学苑出版社 2010 年版。

李路珂等编著：《北京古建筑地图・法海寺》（中），清华大学出版社 2011 年版。

王丹丹：《北京地区公共园林的发展与演变历程研究》，中国建筑工业出版社 2016 年版。

郑永华主编：《北京宗教史》，人民出版社 2011 年版。

张同乐：《华北沦陷区日伪政权研究》，三联书店 2012 年版。

八、其他

汤用彤等：《旧都文物略》，书目文献出版社 1986 年版。

中华图书馆编辑部编纂：　《北京指南》，中华图书馆发行，1917 年。

北海公园事务所编印：《北海公园景物略》，1925 年。

商务印书馆编译所编：《实用北京指南》，商务印书馆 1930 年版。

《清代诗文集汇编》编纂委员会：《清代诗文集汇编》，上海古籍出版社 2010 年版。

陈述：《全辽文》，中华书局标点本。

九、论文

薛笃弼：《京兆公园开幕志盛》，《社会日报》1925 年 8 月 4 日。

阎文儒：《金中都》，《文物》1959 年第 9 期。

王德恒、王长福：《金陵通考》，《社会科学辑刊》1984 年第 3 期。

赵光华：《北京地区园林史略（一）》，《古建园林技术》1985 年第

4 期。

王灿炽：《金中都宫苑考略》，《北京社会科学》1987 年第 2 期。

[英] 贺翼河：《戈登在中国》，载《人物》1987 年第 1 期。

于德源：《辽南京（燕京）城防宫殿苑囿考》，《中国历史地理论丛》1990 年第 4 期。

齐心、王玲：《辽燕京佛教及其相关文化考论》，《北京文物与考古》，北京燕山出版社 1991 年版。

姜舜源：《元明之际北京宫殿沿革考》，《故宫博物院院刊》1991 年第 4 期。

孙敏贞：《北京明清时期寺庙园林的发展及其特点》，《北京林业大学学报》1991 第 1 期。

孙敏贞：《明清时期北京寺庙园林的几种类型》，《北京林业大学学报》1992 第 4 期。

余光度：《金中都的琼林苑》，《北京社会科学》1994 年第 4 期。

齐心：《近年来金中都考古的重大发现与研究》，《中国古都研究》第 12 辑，1994 年。

齐心：《金中都宫、苑考》，《北京文物与考古》第 6 辑；民族出版社 2004 年版。

杜春和：《李鸿章与安徽会馆》，《安徽史学》1995 年第 1 期。

黄春和《隋唐幽州城区佛寺考》，《世界宗教研究》1996 年第 4 期。

于杰：《中都金陵考》，《金中都》，北京出版社 1999 年版。

李燮平：《燕王府所在地考析》，《故宫博物院院刊》1999 年第 1 期。

杨亦武：《大房山金陵考》，《北京文博》2000 年第 2 期。

李德英：《城市公共空间与城市社会生活——以近代城市公园为例》，天津社会科学院历史研究所编：《城市史研究》第 19 辑，天津社会科学出版社 2000 年版。

周峰：《辽南京皇城位置考》，《黑龙江社会科学》2001 年第 1 期。

汤羽扬、贾珺：《海淀乐家花园》，《古建园林技术》2002 年第 1 期。

贾珺：《台榭富丽水石含趣—记清末京城名园那家花园》，《中国园林》2002 年第 4 期。

贾珺：《北京后海振贝子花园》，《中国园林》2007 年第 6 期。

贾珺：《北京私家园林社会文化内涵探析》，《建筑学报》2008 年第 1 期。

贾珺：《北京西郊礼王园再探》，《中国园林》2008 年第 2 期。

贾珺：《北京西城涛贝勒府园》，《中国园林》2008 年第 5 期。

贾珺：《北京恭王府花园新探》，《中国园林》2009 年第 8 期。

贾珺：《北京西城棍贝子府园》，《中国园林》2010 年第 1 期。

刘凤云：《清代北京文人官僚的居家观念与时尚》，《北京社会科学》2004 年第 2 期。

北京市文物研究所：《金陵遗址调查与研究》，《北京文物与考古》第 6 辑，北京燕山出版社 2004 年版。

戴海斌：《中央公园与民初北京社会》，《北京社会科学》2005 年第 2 期。

陈蕴茜：《时间、仪式维度中的“总理纪念周”》，《开放时代》2005 年第 4 期。

习五一：《解析近代北京寺庙的类型结构—兼与施博尔教授商榷》，《世界宗教研究》2006 年第 1 期。

裴效维：《吴趼人生于分宜故第考》，《徐州师范大学学报（哲学社会科学版）》2006 年第 1 期。

诸葛净：《出世与入世—辽金元时期北京城市与寺院宫观研究》，《建筑师》2006 年第 4 期。

陈蕴茜：《空间重组与孙中山崇拜——以民国时期中山公园为中心的考察》，《史林》2006 年第 1 期。

李文辉：《北京有两个琼华岛》，《北京社会科学》2007 年第 3 期。

王岗：《燕地佛教之始兴述略》，《北京历史文化研究》2007 年第 2 期。

王岗：《北京宣南地区的辽金寺庙与碑刻》，《北京联合大学学报》2011 年第 4 期。

白颖：《燕王府位置新考》，《故宫博物院院刊》2008 年第 2 期。

黄可佳：《大房山金陵的初建》，《文史知识》2008 年第 9 期。

孙勐：《佛教在辽南京的传播和影响——以考古发现为中心》，《北京学研究文集》2010 年。

戴一峰：《多元视角与多重解读：中国近代城市公共空间——以近代城市公园为中心》，《社会科学》2011 年第 6 期。

林峥：《民初北京公共空间的开辟与沈从文笔下的都市漫游》，《励耘学刊》（文学卷）2011 年第 1 期。

高兴：《北京中央公园与民国文人的文化心态》，《北京社会科学》2012 年第 3 期。

后　记

本书是北京市社会科学院重点科研课题《北京专史集成》中的《北京园林史》卷，是历史所同仁合作完成的一项集体科研成果。其中，《概述》、第三章《元大都的园林》由王岗负责撰写，第一章《战国至隋唐时期北京地区的园林》、第二章《辽金时期北京地区的园林》由靳宝负责撰写，第四章《明代北京地区的园林》中《皇家园林》、《坛庙园林》、《陵寝园林》由郑永华负责撰写；《寺观园林》、《私家园林》、《公共园林风景区》由董焱负责撰写，第五章《清代北京地区的园林（上）》由刘仲华负责撰写，第六章《清代北京地区的园林（下）》由赵雅丽负责撰写，第七章《民国时期北京现代公园的兴起》由王建伟负责撰写。

在写作过程中，院领导给予了充分的关心和支持，各章的承担者付出了辛勤劳动！由于本书是集体科研成果，体例和写作风格前后不尽统一，再加上水平有限，书中错误和缺陷在所难免，北京园林史的内容丰富繁杂，近年来不断有新的研究成果推出，真心希望得到批评指正。

《北京园林史》编写组

2019 年 5 月

图书在版编目（CIP）数据

北京园林史 / 董焱主编.
– 北京：人民出版社，2019.5
（北京专史集成 / 王岗主编）
ISBN 978-7-01-019945-0

Ⅰ.①北…　Ⅱ.①董…　Ⅲ.①园林建筑 – 建筑史 – 北京
Ⅳ.① TU-098.42

中国版本图书馆 CIP 数据核字（2018）第 236943 号

北京专史集成 · 北京园林史

BEIJINGZHUANSHIJICHENG · BEIJINGYUANLINSHI

丛书主编：王　岗
丛书策划：张秀平
本书主编：董　焱
责任编辑：张秀平
封扉设计：徐　晖

人民出版社 出版发行
地　　址：北京市东城区隆福寺街 99 号金隆基大厦
邮政编码：100706　http://www.peoplepress.net
经　　销：新华书店总店北京发行所经销
印刷装订：北京中科印刷有限公司
出版日期：2019 年 5 月第 1 版　2019 年 5 月北京第 1 次印刷
开　　本：730 毫米 × 960 毫米　1/16
印　　张：24.5
字　　数：450 千字
书　　号：ISBN 978-7-01-019945-0
定　　价：79.90 元

版权所有，盗版必究。有奖举报电话：（010）65251359
人民东方图书销售中心电话：（010）65250042　65289539